水利技术示范项目
《水利先进实用技术重点推广指导目录》项目

高标准免管护新型淤地坝
理论技术研究与实践

张金良　等著

黄河水利出版社
·郑州·

内 容 提 要

在深入分析辨识现行淤地坝存在问题的基础上,识别了淤地坝漫顶不溃技术的研发需求,以需求为导向、以问题为目标,围绕小流域水文计算新方法、黄土固化新材料和可实现坝身安全过流的复合坝工结构开展了理论技术研发,基于室内试验、模型试验、施工生产试验、原型坝建设及科学试验和试点坝建设实践等,提出了高标准免管护新型淤地坝整套理论技术体系,并扩展介绍了以新型淤地坝为统领的黄土高原小流域综合治理研究和水土保持监测体系建设研究成果。

本书可供从事水利水保方面科学研究、规划设计和建设管理的专业技术人员及师生阅读与参考。

图书在版编目(CIP)数据

高标准免管护新型淤地坝理论技术研究与实践/张金良等著. —郑州:黄河水利出版社,2021.12
ISBN 978-7-5509-3207-4

Ⅰ.①高… Ⅱ.①张… Ⅲ.①坝地-研究 Ⅳ.①S157.3

中国版本图书馆 CIP 数据核字(2021)第 272084 号

策划编辑:岳晓娟 电话:0371-66020903 E-mail:2250150882@ qq. com

出 版 社:黄河水利出版社 网址:www.yrcp.com
地址:河南省郑州市顺河路黄委会综合楼 14 层 邮政编码:450003
发行单位:黄河水利出版社
发行部电话:0371-66026940、66020550、66028024、66022620(传真)
E-mail:hhslcbs@ 126. com
承印单位:河南省邮电科技有限公司
开本:787 mm×1 092 mm 1/16
印张:22. 25
字数:514 千字 印数:1—1 000
版次:2022 年 3 月第 1 版 印次:2022 年 3 月第 1 次印刷

定价:198.00 元

序 一

我国黄土高原地区水土流失严重,贡献了几乎全部的入黄泥沙,是生态环境脆弱的地区之一。淤地坝既能拦蓄坡面侵蚀汇入沟道的泥沙,从源头上封堵泥沙输移通道,又能抬高侵蚀基准面遏制沟底下切、沟岸扩张、沟头前进,是水土流失治理最直接最有效的措施。淤地坝最初由黄土高原地区人民群众在生产实践中创造,以实现淤地造田。随着政府介入,尤其是人民治黄以来,淤地坝建设得到了系统发展,主要功能已由最初的淤地造田逐步发展到拦泥减蚀、减少入黄泥沙。据统计,黄土高原地区现存淤地坝约5.88万座,形成了拦减入黄泥沙的最后一道防线,累计拦减入黄泥沙95.4亿t,淤地10.3万 hm²,对提高黄土高原地区水土保持能力、改善人民生产生活条件发挥了巨大作用。淤地坝为均质土坝,抵御洪水能力低,易漫顶溃决,常诱发坝系连溃,是长期制约淤地坝建设运行的重大难题。一旦出现大面积溃决,沟道侵蚀基准面降低,将导致拦沙防线失守,前期淤沙重返河道,治理成效不保,即使"淤满"退出后,问题依然存在。陕西省吴起县印岔子淤地坝"淤满"后,1992年遭遇超标准洪水溃坝,未及时维修,至1994年坝体冲毁一大半,前期拦蓄的百万立方米泥沙重返河道,几十年治理成效付诸东流。另外,由于淤地坝位于黄土高原洪水泥沙汇集的主要通道,在拦截泥沙的同时会蓄滞洪水,形成高风险"头顶库",溃坝后洪水叠加,逐级放大,往往诱发严重的洪水灾害。如何筑牢拦沙防线、解决"头顶库"防洪风险,是关键的技术问题。传统设计通过预留滞洪库容、增设泄洪设施、优化坝系布局等措施,降低溃坝风险、实现相对安全,但无法从根本上解决拦沙防线脆弱和"头顶库"防洪风险等问题。

作者长期工作在治黄一线,数十年来不断钻研黄河泥沙治理新手段、新方法。经过系统深入研究黄土高原地区水土流失治理情况,以"为淤地坝穿上'防护衣',阻断坝系连溃灾害链"为解决思路,发明了经济且漫顶不溃的淤地坝,在小流域高含沙洪水设计方法、防溃决新型坝工结构、黄土固化新技术等方面取得了系列创新成果。创建了"首级防护、节点控制"的淤地坝系安全控制理论,建立了小流域暴雨产洪产沙动力学模型,发明了小流域高含沙可能最大暴雨洪水设计方法;提出了"为淤地坝穿上'防护衣',滞洪库容用于拦沙"的设计新理念,发明了全断面固化、坝面固化、坝面预制连锁块防护三种新型淤地坝复合坝工结构,构建了低弹模防护结构新型坝工设计指标及阈值体系;研发了耐崩解、低渗透、强度高、抗冲性能良好的无机黄土固化剂,构建了抗冲刷保护层固化土性能检测技术标准体系,发明了组合式成套施工装备,提出了新型淤地坝施工工法和质量控制体系。成果实现了淤地坝系长期安全稳定,守牢了"头顶库"防洪安全底线,可用于黄土高原新建淤地坝建设、老旧淤地坝改建。作者研发的成套技术已成功应用于甘肃庆阳西峰示范坝工程、陕西省和内蒙古13座防溃决高标准新型试点淤地坝工程等项目,取得了较好的经济效益、社会效益和生态效益。

　　基于本人几十年来对黄土高原的认识,我认为该书提出的成果对今后黄土高原地区水土流失治理具有深远意义。该书的出版,可为从事黄土高原水土流失治理研究的水利科研、设计、管理及高等院校的教学工作者提供技术参考和实践经验,同时可为推进黄土高原山水林田湖草沙一体化系统治理、助力黄河流域生态保护和高质量发展重大国家战略落地实施提供技术支撑。

2022 年 3 月

序 二

黄河是世界上最为复杂难治的河流,症结在于泥沙。黄河泥沙90%来源于黄土高原,大力开展黄土高原地区水土流失治理和生态保护,是减少入黄泥沙的根本措施。淤地坝是黄土高原水土流失治理和生态保护的关键措施。我国现存淤地坝5.88万座,坝体为均质土坝,标准低、数量多、分布散,运行管理长期存在溃决风险高、拦沙不充分、管护压力大"三大痛点",综合效益无法得到充分发挥,严重制约淤地坝的建设和发展。新时期积极推广应用安全可靠、经济适用的新材料、新技术、新工艺,建设新型淤地坝是实施黄河流域生态保护和高质量发展重大国家战略的必然选择。

淤地坝坝体为散粒体结构是制约新时期淤地坝建设运行管理的症结所在。为此,作者提出"为淤地坝穿上'防护衣',阻断坝系连溃灾害链"的思路,围绕新型淤地坝坝工结构、小流域高含沙洪水设计、黄土固化剂新材料及施工装备等关键技术问题,开展持续攻关,破解了淤地坝建设中防护结构设计、防护标准确定、防护材料研发等技术难题,发明了集新理论、新方法、新材料、新结构、新工艺等技术于一体的能够实现坝身安全过流的新型淤地坝,从而达到淤地坝防溃决、多拦沙和易管护的新目标。主要创新成果如下:

(1)创建了防溃决多拦沙新型复合坝工结构。针对传统淤地坝坝身散粒体结构不能过流的技术瓶颈,提出了在坝面设置抗冲刷保护层,为淤地坝穿上"防护衣",实现坝身过流,防溃决、多拦沙、易管护;发明了全断面固化、坝面固化、坝面预制连锁块防护三种新型淤地坝复合坝工结构,开展了系统的数值模拟、室内及现场试验研究,构建了低弹模防护结构新型坝工设计指标及阈值体系。

(2)发明了抗冲刷无机黄土固化剂。揭示了基于离子交换和复合碱激发提高固化黄土性能的改良机制,探明了固化黄土新材料的宏观性能演变规律,研发了耐崩解、低渗透、强度高、抗冲性能良好的无机黄土固化剂;研发了高流速、高含沙室内冲刷试验设备,提出了筑坝新材料抗冲刷评价方法,确立了不同性能指标、不同使用环境下抗冲刷保护层的固化剂最佳掺量指标,构建了抗冲刷保护层固化土性能检测技术标准体系。

(3)发明了组合式成套施工装备。研发了黄土固化剂粉碎-拌和一体化设备、斜坡自平衡布料机和牵引振动斜坡碾,构建了淤地坝防冲层施工质量控制标准和施工工法,优化了施工流程,解决了坝面斜坡固化黄土防护层施工布料和碾压设备移动不便的难题。

(4)创建了"首级防护、节点控制"的淤地坝系安全控制理论,建立了小流域暴雨产洪产沙动力学模型,发明了小流域高含沙可能最大暴雨洪水设计方法。

研究成果已成功应用于甘肃庆阳西峰防溃决高标准示范坝工程和陕西、内蒙古多座试点淤地坝工程建设,破解了传统淤地坝遭遇超标准洪水易溃易决的技术难题,取得了显著的社会效益、经济效益和环境效益,对推进黄土高原山水林田湖草沙一体化系统治理、支撑黄河流域生态保护和高质量发展重大国家战略和行业技术进步具有重要意义。

　　黄土高原地区水土流失治理是一项长期而复杂的问题,《高标准免管护新型淤地坝理论技术研究与实践》一书是在总结大量研究成果的基础上凝练而成的。该书的出版将对黄河流域水土保持、泥沙处理、淤地坝建设运行与管理等方面的理论技术发展起到推动作用。

王复明

2022 年 3 月

前　言

黄河是我国第二条大河,也是世界上著名的多泥沙河流。黄河中游黄土高原地区,是我国乃至世界上水土流失最为严重、生态环境最为恶劣的地区之一,全流域年输沙量高达16亿 t。历史上,黄河流域一直是中华民族繁衍生息的中心地区,也是政治、经济和文化的中心地区。严重的水土流失,造成该地区经济社会发展滞后、人民群众生活贫困,对黄河下游的防洪安全也构成了极大的威胁。1947 年以前黄河下游曾经发生过 26 次大改道,1 500 多次决口,给两岸人民带来深重灾难。下游河道以"善淤、善变、善决、善徙"著称,河床不断抬升,是著名的"地上悬河"。

黄河泥沙问题突出,是世界上最为复杂难治的河流;黄河泥沙问题表象在黄河,根子在流域,建设淤地坝防治水土流失是解决这一问题的重要措施,同时是黄土高原保护修复的重要措施。2019 年 9 月 18 日,习近平总书记在黄河流域生态保护和高质量发展座谈会上指出,"中游要突出抓好水土保持""有条件的地方要大力建设淤地坝"。2020 年 5月 22 日,习近平总书记在陕西省调研后指出要采用高标准、新工艺建设一批新型淤地坝,为淤地坝建设提出了新要求。

受散粒体坝特性制约,传统淤地坝的坝身不可过流运用,需设置一定校核标准的滞洪库容用以保证坝体的防洪安全,而一旦遭遇超过相应校核标准洪水,就会导致坝身漫顶过流,发生溃坝事件,极大限制了淤地坝综合作用的发挥。同时,淤地坝多数没有进行工程设计或设计标准偏低,也没有进行坝系整体布局规划,加之多数工程已经运用了四五十年,后期管护、配套措施跟不上,目前一定数量的坝已经淤满,且设施老化失修,滞洪拦沙能力大幅度降低,病险情况日趋严重,存在溃决风险高、管护压力大、拦沙不充分等"三大痛点",导致拦沙防线失守、"头顶库"防洪风险大等系列问题,综合效益未得到充分发挥。

本课题研究以需求为导向、以问题为目标,提前部署谋划,依托具有自主知识产权的小流域可能最大洪水计算新方法、黄土固化新材料和可实现坝身安全过流的复合坝工结构等核心技术,提出了高标准免管护新型淤地坝整套理论技术体系,并据此完成了室内试验、生产施工试验、室内冲刷试验、原型坝建设等一系列工作,并开展了高标准免管护新型淤地坝理论技术研究、技术示范与成果转化等工作,相关成果列为水利部水利技术示范项目,并列入水利部《水利先进实用技术重点推广指导目录》。

本书基于高标准免管护新型淤地坝理论技术,以甘肃庆阳西峰南小河沟水土保持试验场的原型试验坝为依托,结合陕西、甘肃、内蒙古等省(区)批复的试点坝建设,系统开展了新型淤地坝坝工设计和施工、水文计算、黄土固化新材料等科学问题研究,并对研究成果进行了系统总结。本书理论研究与工程实践相结合,研发的高标准免管护新型淤地坝突破了传统淤地坝坝身不可过流运用的技术瓶颈,克服了传统淤地坝存在的溃决风险高、管护压力大、拦沙不充分"三大痛点",具有巨大的经济效益、社会效益与生态效益潜力,为助力黄河流域生态保护和高质量发展提供了重要的技术支撑。

本书共分为 11 章,主要内容如下:第 1 章概述了黄土高原的水土流失及治理情况;第 2 章综述了高标准新型淤地坝设计理论;第 3 章开展了水文计算理论方法研究;第 4 章开展了黄土固化新材料研究;第 5 章开展了新型淤地坝设计方案研究;第 6 章开展了新型淤地坝施工工艺研究;第 7 章介绍了新型淤地坝科学试验研究;第 8 章扩展介绍了以新型淤地坝为统领的黄土高原小流域综合治理研究;第 9 章介绍了新型淤地坝建设实践;第 10 章介绍了水土保持监测体系;第 11 章对高标准新型淤地坝理论技术进行了总结与展望。

本书撰写具体分工如下:第 1 章由张金良、景来红撰写;第 2 章由张金良、景来红、杨会臣、李占斌撰写;第 3 章由盖永岗、陈松伟撰写;第 4 章由袁高昂、吴向东撰写;第 5 章由宋修昌、胡艳杰撰写;第 6 章由牛富敏、张书磊、宋海印撰写;第 7 章由宋志宇、袁高昂撰写;第 8 章由罗秋实、张超撰写;第 9 章由胡艳杰、李潇旋撰写;第 10 章由何刘鹏、李鹏撰写;第 11 章由张金良撰写。全书由张金良统稿。

本书在研究和撰写过程中,得到了苏茂林、毛文然、付健、李超群、杨晨等诸多专家的悉心指导,得到了黄河水利委员会水土保持局、黄河水利委员会绥德水土保持治理监督局、陕西省水土保持和移民工作中心、鄂尔多斯市水利局等单位的大力支持和帮助,在此表示衷心的感谢!

由于高标准免管护新型淤地坝涉及诸多技术领域,加之撰写人员水平有限,书中疏漏之处在所难免,敬请读者批评指正。

作　者

2022 年 3 月

目　录

第 1 章　绪　论

1.1　黄土高原水土流失及治理情况

1.1.1　黄土高原水土流失概况

1.1.1.1　水土流失的现状

　　水少沙多、水沙关系不协调,是黄河复杂难治的症结所在。黄土高原剧烈的水土流失是黄河泥沙问题的主要诱因。黄河流域的黄土高原地区是我国乃至世界上水土流失最严重、生态环境最脆弱的地区,黄土高原的多沙粗沙区是黄河泥沙的主要来源区。

　　黄土高原地区自然环境差异明显,从东南到西北,降雨、土壤和植被等呈规律性变化,根据地形、地貌和水土流失特点等,可分为黄土丘陵沟壑区、黄土高塬沟壑区和土石山区等(见表 1-1)。

表 1-1　黄土高原地区主要水土流失类型区基本情况

侵蚀类型区	面积/ km²	占比/ %	沟壑密度/ (km/km²)	切割深度/m	地面组成物质	植被覆盖率/%	人口密度/ (人/km²)	耕垦指数/%	侵蚀模数/ [t/(km²·年)]
黄土丘陵沟壑区	211 829	33.0	2.0~7.0	50~200	黄土	10~35	77	10~30	3 000~30 000
黄土高塬沟壑区	35 573	5.54	1.0~3.0	100~200	黄土	20~30	180	14~50	2 000~5 000
土石山区	132 780	20.68	2.0~4.0	100	土石	20~40	29~80	1~20	1 000~5 000

　　黄土高原水土流失最严重的地区是黄土丘陵沟壑区、黄土高塬沟壑区,面积约 25 万km²,一般侵蚀模数为每年每平方公里 5 000~10 000 t,少数地区高达 20 000~30 000 t。该地区土地面蚀和沟蚀均十分严重,面蚀以坡耕地为主,每年每公顷土壤流失 75~100 t;沟蚀主要发生在沟壑区,沟底下切、沟岸扩张十分剧烈,崩塌、塌陷等重力侵蚀也十分普遍。

1.1.1.2　水土流失的特点

　　1. 强度高、面积大

　　据第二次全国水土流失遥感调查,黄土高原地区水土流失面积约 45.4 万 km²,侵蚀模数大于 5 000 t/(km²·年)的面积占全国同类面积的 38.9%;侵蚀模数大于 8 000 t/(km²·年)的面积占全国同类面积的 64.1%;侵蚀模数大于 15 000 t/(km²·年)的面积占全国同类面积的 89%。

　　2. 时空分布较为集中

　　黄土高原地区水土流失多集中在每年的 6~9 月(汛期),占全年的 60%~90%。黄河中游多沙粗沙区面积仅占黄土高原地区总面积的 12.2%,其多年平均输沙量却占入黄泥沙总量的 62.8%。该地区的汛期,来沙往往集中于几场暴雨洪水,一次暴雨的侵蚀量占全年总侵蚀量的 60% 以上(见表 1-2)。

表 1-2　黄土高原地区典型小流域一次暴雨侵蚀量

地点	暴雨量 /mm	时间 (年-月-日)	历时 (时:分)	洪水		泥沙		测站
				数量/ (m³/km²)	占年总量 百分比/%	数量/ (t/km²)	占年总量 百分比/%	
陕西彬县 鸣玉池	103.3	1960-07-04	13:25	2 367	65.1	926	75.4	沟口
陕西绥德 韭园沟	45.1	1956-08-08	02:30	17 680	48.7	4 668	70.0	沟口
甘肃天水 吕二沟	74.3	1962-07-26	20:45	8 934	62.5	2 416	62.3	沟口
甘肃西峰南 小河沟	99.7	1960-09-01	20:57	7 985	56.5	3 105	66.3	沟口
山西离石 王家沟	87.6	1969-07-26	06:00	47 473	87.7	36 456	90.8	沟口

3. 沟道侵蚀十分严重

黄土高原地区的沟道侵蚀主要表现为沟底下切、沟岸扩张和沟头前进等几种形式。强烈的沟蚀作用,把黄土地面切割得支离破碎,形成千沟万壑、峁梁密布的地貌特征。黄土高原全区长度大于 0.5 km 的沟道达 27 万余条,仅河龙区间沟长在 0.5~30 km 的沟道就有 8 万多条(见表 1-3)。

表 1-3　黄河河口镇至龙门区间沟道情况统计

沟长/km	0.5~3	3~5	5~10	10~20	20~30	合计
沟数/条	73 000	4 500	2 300	720	35	80 555

黄土高原的千沟万壑是入黄泥沙的主要来源。黄土丘陵沟壑区沟谷面积占总面积的 45%~55%,而产沙量却占 50%~70%;黄土高塬沟壑区沟谷面积占总面积的 30%~40%,而产沙量却占 85% 以上(见表 1-4)。

1.1.1.3　水土流失的原因

水土流失的产生与气候、地形地貌、土壤、植被、降水及人类的频繁活动有密切关系。自然因素是客观条件,而人类不合理、不科学的行为则加剧了水土流失。

1. 自然因素

1)降雨因素

降雨是发生水力侵蚀的主要外力。降雨量是影响侵蚀的主要因素之一,多雨年的土壤侵蚀量往往是少雨年的 2~3 倍;降雨强度是影响侵蚀的最主要原因,降雨强度越大,水土流失越严重。汛期一次特大暴雨的侵蚀量可占年侵蚀量的 60%~70%。

表 1-4 黄土高原地区典型小流域产沙情况

流域	地区	类型区	沟间地/%		沟谷地/%	
			面积	产沙量	面积	产沙量
韭园沟	陕西绥德	丘陵沟壑区	44.2	30.2	55.8	69.8
赵家沟	陕西清涧	丘陵沟壑区	53.0	27.3	47.0	72.7
吕二沟	甘肃天水	丘陵沟壑区	53.6	41.4	46.4	58.6
王家沟	山西离石	丘陵沟壑区	50.3	24.5	49.7	75.5
南小河沟	甘肃西峰	高塬沟壑区	63.2	13.7	36.8	86.3

2) 地形地貌因素

黄土高原地区地形复杂,坡陡谷深,沟谷密度大。坡面的坡度越大,降雨入渗量越小,地表径流的冲刷力越大;坡度相同时,坡面越长,汇集的径流越多,下部土壤的冲刷越剧烈,导致水土流失越严重。

3) 土壤因素

黄土主要由粉砂壤土组成,质地疏松多孔,内部含有胶结颗粒,遇水容易发生水化反应,具有很强的湿陷性,并且抗冲能力、抗蚀能力很弱,极易流失。

4) 植被因素

植被覆盖率越大,水土流失越轻微。林草所形成的地面植被,枯枝落叶覆盖地面保护土壤,可以保护黄土表面免于直接受到雨滴打击,增加土壤入渗,减少地表径流量和降低流速,从而提高土壤的抗侵蚀性,减少水土流失。

2. 人为因素

1) 开荒造田毁林毁草

随着人口的增加、经济的发展和城市的扩张,人们极力扩大耕地面积,大量毁林毁草陡坡开荒加剧了水土流失;严重的水土流失又造成地形地貌的更加破碎,土地更加贫瘠,生态环境进一步恶化,从而陷入恶性循环中。

2) 资源开采和基本建设

人类在黄河流域的资源开采和建设活动,不仅破坏植被,而且直接或间接地破坏地貌和土层,造成了非常严重的水土流失后果。

3) 铲草挖根与过度放牧

由于黄河流域部分农民和牧民环保意识不强,铲草皮、挖草根,破坏草场植被,过度放牧,使草场出现严重的沙化,造成的水土流失现象十分严重,同时导致沙尘暴天气发生的频率也大幅度上升。

1.1.1.4 水土流失的危害

(1) 破坏基本农田,蚕食土地资源,降低土地生产力。

长期以来,由于严重的水土流失,黄土高原地区生态环境不断恶化,境内沟壑纵横,梁峁棋布,地形支离破碎。沟壑面积日益扩大,耕地面积日益缩小。黄土高原的坡耕地土壤遭受侵蚀后,水、土、肥一起流失,以致土地日益瘠薄,成为发展农业生产的主要制约因素。

(2)生态环境恶化,制约经济社会的可持续发展。

水土流失不仅蚕食土地资源,而且破坏植被,恶化生态环境,影响当地群众生产、生活、生存条件,地力的降低形成"越垦越穷,越穷越垦,越垦越流失"的局面。水土流失极大地影响了当地人民的生产和生活,制约着区域经济的发展,是当地经济落后、群众贫困的根源。

(3)淤积河道、渠库,影响工程效益发挥,威胁下游安全。

多沙粗沙区严重的水土流失是造成黄河下游粗沙淤积、河床逐年抬高、洪水泛滥、两岸人民的生命财产安全受到严重威胁的根源。产生的大量泥沙淤积下游河床、渠库,不仅增加了防洪难度,同时影响水利工程效益发挥,限制水资源的有效利用。

(4)旱、涝等自然灾害加剧,损失严重。

黄土高原大部处在干旱、半干旱地区,降雨量少而蒸发量大,是造成干旱的基本原因。降雨年内分布不均,汛期暴雨成灾,在缺乏植被的情况下,坡耕地表面的土壤受到暴雨的打击,土壤孔隙被堵塞,雨水下渗速度小,大量径流顺坡而下,易引发滑坡、滑塌等重力侵蚀及泥石流、水石流等地质灾害和混合侵蚀。

1.1.2　黄土高原治理情况

1.1.2.1　黄土高原治理现状

中华人民共和国成立以来,黄河流域黄土高原地区一直是我国水土保持工作的重点,开展了大规模的水土流失防治,从单项措施、分散治理到以小流域为单元不同类型区分类指导的综合、规模治理;从防护性治理到治理开发相结合;从单纯依靠行政手段到行政、法律手段并重,依法防治;从人工治理为主到人工治理与自然修复相结合。特别是近年来,按照"防治结合,保护优先,强化治理"的思路,黄河流域的水土保持工作在工程布局上实现了由分散治理向集中连片、规模治理转变;由平均安排向以多沙粗沙区治理为重点、以点带面、整体推进转变。

近十多年来,国家加大了水土流失治理力度,先后在黄河流域实施了黄河上中游水土保持重点防治工程、国家水土保持重点治理工程、黄土高原淤地坝试点工程、农业综合开发水土保持项目等国家重点水土保持项目。在国家重点水土保持项目的带动下,黄河流域水土流失防治工作取得了显著成效。截至现状年(2019年)年底,黄河流域累计初步治理水土流失面积25.24万km²,其中,修建梯田608.02万hm²、营造水土保持林1 263.54万hm²、种草234.30万hm²、封禁治理418.35万hm²、建设大型淤地坝5 905座、中型淤地坝12 169座,小型淤地坝40 720座,兴建各类小型水土保持工程183.91万处(座)。多沙粗沙区初步治理水土流失面积3.17万km²,建设骨干坝1 100多座,中小型淤地坝4.5万座。这些淤地坝主要分布在无定河、皇甫川、三川河、秃尾河、孤山川、窟野河、清涧河、延河等黄河重点一级支流。

经过多年的实施,水土保持工作取得了显著成效。一是有效减少了入黄泥沙。通过现状水土保持措施的实施,平均每年减少入黄泥沙4亿t左右,在一定程度上降低了下游河床的淤积抬高速度。二是初步改善了流域的生态环境,局部地区的水土流失和荒漠化得到了遏制。陕西省无定河流域是国家重点治理项目区,通过 2003~2007 年连续五年的治理,基本形成了层层设防、节节拦蓄的综合防护体系,项目区剧烈水土流失面积比例由 18.8% 减少到 7.3%,极强度水土流失面积由 25.0% 减少到 13.2%。三是改善了农业生产和群众生活条件,促进了新农村建设。据初步分析,通过水土保持措施的实施,黄土高原地区累计增产粮食约 670 亿 kg,解决了约 1 000 万人的温饱问题。

1.1.2.2　治理工程措施

1. 淤地坝

实践证明,在黄土高原地区特别是多沙粗沙区开展淤地坝建设,是减少入黄泥沙、减轻下游河道淤积的重要措施;淤地坝将泥沙就地拦蓄,将荒沟变为高产稳产的水土保持基本农田,可为陡坡地退耕还林还草提供有利条件,对缓解人畜饮水困难及生态用水不足有重要作用,有的淤地坝坝顶还能兼顾连接乡村之间的道路。根据实测资料,坝地一般亩(1 亩 = 1/15 hm²,下同)产 250~300 kg,高的可达 500 kg,是坡耕地的 5~10 倍。

2. 梯田

梯田具有保持水土、改善农业生产条件和生态环境、促进退耕还林还草、发展当地经济等重要作用。梯田建设规划必须把有效解决当地粮食和增收问题放到重要位置,遵循"以建保退,治理与建设并重"的原则,通过建设梯田等措施,确保退耕还林还草等水土流失综合治理工作的顺利开展。

3. 林草植被

水土保持林是以保持水土、改善自然环境、促进经济建设为目的的一种防护林,在土地贫瘠的地区采用灌木相结合,在容易发生水土流失的地方禁止放牧,实行乔灌木结合、营造坡地水土保持林等。根据适地适树原则,因地制宜,进行科学植树种草,提高林分质量,变单一林种、树种为多林树种,发展混交林。提高森林覆盖率,消灭裸地和荒芜,发展森林涵养水源,保持水土生态效益。在造林时,根据不同立地条件,综合运用各种不同的能保持水土的整地方式。

1.2　淤地坝的基本概况

1.2.1　淤地坝的产生和发展

1.2.1.1　明清时期的淤地坝

1. 自然的赠礼:天然"聚湫"

黄土高原地区最早的淤地坝并非人工修筑,而是山体天然滑塌形成的,距今已有 400 多年的历史。据史料记载,明代隆庆三年(公元 1569 年),陕西省子洲县黄土圪村因九牛山沟岸发生巨型滑坡,堵塞沟道,而后坝内泥沙逐年淤积形成淤地坝,百姓叫天然"聚湫"(见图 1-1),坝高 62 m,集水面积 2.72 km²,淤成坝地 54 hm²。坝地土质肥沃,连年丰收,平均亩产粮食 250 kg 左右。这类天然"聚湫"广泛分布于黄土高原地区,据 20 世纪 60 年代的水土保持调查,这种天然淤地坝,北至鄂尔多斯沙漠边缘,南至秦岭,东至吕梁山,西至兰州的广大地区都大量存在,尤以六盘山附近的黄土残塬区和丘陵沟壑区最多。中华人民共和国成立后,黄土高原地区许多地方修建的淤地坝,均是在此类天然"聚湫"基础上改造而成的,至今仍发挥着保持水土和淤地造田的功效。

图1-1　陕西省子洲县黄土圪天然"聚湫"

2. 自然的启示:淤地坝的孕生

明清时期,社会经济稳步发展,人口增长超过以往任何一个时期,尤其是清中叶之后,人多地少成为当时主要的矛盾。在各级沟道之中筑坝淤田,变荒沟为良田,便成为一部分农民的理性选择。受天然"聚湫"的启示,农民们考虑依靠人力在沟道中横筑一道坝墙,拦蓄流域内流失的水土,经层层沉淀,形成平坦的耕地,以此淤地造田。据史料记载,最早的人工修筑淤地坝始于400年前明代万历年间(1573~1619年)山西汾西一带。汾西地处黄河左岸,属于典型的丘陵沟壑区,支离破碎,沟壑众多,水旱频仍。据山西汾西县志记载,"涧河沟渠下湿处,淤漫成地,易于收获高田,值旱可以抵租,向有勤民修筑",有坝地"易于收获高田,值旱可以抵租"的高产稳产、旱涝保收之故,方有"勤民修筑"的盛况。

淤地坝的推广最早也始于山西省西部地区。清代嘉庆时期(1800年前后),山西省离石县佐主村回千沟的四级淤地坝和骆驼嘴华家塌沟的五级淤地坝都筑于不同的沟道中。嘉庆十二年(1807年),柳林县贾家垣农民贾本春,在本村盐土沟用青砖、石灰砌筑一座"高3.6丈,长36丈,宽1.5丈"(1丈=3.33 m)的淤地坝。该坝是中华人民共和国成立前山西省规模最大的淤地坝。经过十余年洪水泥沙的淤积,已淤成坝地8 hm²。光绪三年(1877年)大旱,附近坡地颗粒无收,而该坝地仍亩产小麦140 kg,坝地丰产的事实曾轰动一时。

1.2.1.2　民国时期的淤地坝

1. 淤地坝建设的理论构想

1925年,我国近代水利科学先驱李仪祉先生在其《沟洫》一文中提出沟道之中修筑横堰(今日之淤地坝)的构想:要筑横堰也很容易,就用壑内之土,从壑口向上节节筑堰……但需宽厚,要用打堤埝法,层土层硪筑成,里外也成坦坡,水不能翻过。所带之泥土,停留堰后,久而自平,等到淤平之后,可以堰上加堰……则壑可以逐渐淤高淤平,交通也便利了。淤平之地也可以耕种了,泥土也不至于被流水带到河里去了,水不流出地土也润泽了,其益甚多。

自20世纪40年代起,国民政府在全国许多地方设立水土保持试验区。1941年1月,黄河水利委员会(简称黄委)在甘肃天水成立陇南水土保持试验区,并于同年7月,在关中和陇东分别成立关中水土保持试验区和陇东水土保持试验区。依托建立于黄土高原地区的水土保持试验区,中外专家学者纷纷对黄河上中游进行实地考察和科学试验,渐渐形成了比较科学合理的水土保持理论。

2. 民国时期淤地坝的建设

民国时期第一座由黄河水利委员会批准,政府出资修建的淤地坝是1945年关中水土保持试验区在西安市郊区荆峪沟流域修建的。这座淤地坝历时两个月建成,控制流域面积2.6 km²,土方2万 m³。次年关中水土保持试验区利用美国援华水土保持专款500万元在荆峪沟又修建了第二座淤地坝,即南寨沟淤地坝,控制流域面积6.17 km²,坝高16.2 m,土方4.65万 m³。这两座淤地坝至今还在发挥功能,运行状况良好。

1946年,在黄河水利委员会编制的《黄河治本问题之研讨》一书中专门列有"沟壑治理工程计划"方面的内容,提出的"查黄土之冲刷,可概分为二型,曰坡冲与沟冲……沟冲系雨水流入沟壑,来势凶猛,冲刷沟岸沟底,挟泥土以俱去……近而阻碍交通,摧毁农田,远则危害黄河,造成溃决之患。防止之法,当以治理沟壑收效最速……唯此项工程非大规模兴办,不足以彻底清除泥沙",不但对泥沙来源、沟道侵蚀的危害性做了较深刻的阐述,而且指出了建设沟道坝系工程和大型拦沙坝对于黄河治理的重要性和艰巨性。

1.2.1.3 中华人民共和国成立以来的淤地坝

1949年中华人民共和国成立以来,党中央、国务院把黄土高原地区水土保持作为全国的重点,黄土高原地区各省(区)党委、政府把水土保持工作作为改变农业生产条件、提高农村生活水平、治理黄河和改善当地生态环境的根本措施加以重视和支持。淤地坝作为水土保持的一项重要沟道工程措施也得到了很大发展。

回顾70多年来以黄河流域黄土高原地区,淤地坝建设从无到有,从少到多,从随意到科学,从单坝到坝系的发展过程,充分反映了淤地坝发展的历史进程和生命力。经过长期的实践总结,从客观的角度出发,按照淤地坝建设时序可分为试验示范、全面推广、大力发展、巩固完善、建设滞缓和新时期共六个阶段。

1. 淤地坝重点试办和示范阶段(1949~1957年)

1949年秋冬,陕北行署农业处米脂农场水土保持组人员在米脂农场孙家山和水花园试修了3座淤地坝。1950年又修了11座淤地坝。1952年,西峰水土保持科学试验站在南小河沟建成了陇东第一坝。1952年绥德水土保持科学试验站成立后,以绥德、米脂、佳县、吴堡4县为重点试办区,积极宣传推广建坝淤地,两年内筑坝214座,一般坝高5~10 m,单坝控制面积0.5 km²以下。拦泥淤地增产效益显著,深受群众欢迎。

在1953年底召开的全国水利会议上明确提出了"在黄河上游的黄土高原地区应有步骤地大力开展水土保持工作,同时在支流修筑小型水库或淤地坝以减少泥沙和洪水下泄……"的工作方针。自1953年起,西北黄河工程局在各省(区)的大力配合下相继在陕北、晋西、陇东和呼和浩特等地通过水土保持科学试验站积极示范推广淤地坝建设,截至

1954 年底,陕西省淤地坝已发展到 3 000 多座,可淤地超过 2 300 hm²。截至 1956 年 4 月,山西省中阳县就建坝 1 700 多座,石楼县仅 1958 年就建坝 4 200 多座。到 1957 年,陕北榆林地区共建淤地坝 9 200 多座,其中有 29 座淤地坝的库容超过了 100 万 m³。

这一期间主要是进行淤地坝的重点试办和示范。主要布设在小流域的干沟中下游,并按照小型水库的技术规程进行设计,坝体、泄水洞、溢洪道"三大件"齐全,施工质量较好,有利于淤地坝的长期运行和生产,并推动了黄土高原淤地坝建设的发展。经过几年的实践,筑坝技术开始在各地的干部群众中得到普及。

2. 淤地坝全面推广和坝系形成阶段(1958~1970 年)

由于前一阶段的试办成功,群众尝到了甜头、看到了希望,对建坝淤地增强了信心,于是筑坝淤地技术在黄河中游地区全面推广。仅 1960 年上半年,黄委的西峰、绥德、天水、会宁 4 个水土保持科学试验站采用定向爆破修筑土坝 33 座,提高工效 40~50 倍。1958~1970 年,黄土高原地区共建设淤地坝 2.76 万座,可淤地 3.3 万多 hm²。

在晋西、陕北等淤地坝建设开展较好的典型小流域内,在坝地上游的适当位置加修一座或几座"腰坝",拦截上游洪水,组成一个简单的坝系。这是"坝系"概念的开始。此后,随着淤地坝的增多,坝地的防洪保收问题越来越突出。从 1961 年起,绥德水土保持科学试验站在坝地较多的王茂沟小流域进行了坝地防洪保收试验研究,即把其中淤地较多的淤地坝作为生产保收坝,排出洪水种地;把淤地较少的淤地坝作为抢收坝,把生产坝排出的洪水引入存蓄,形成"蓄种相间,计划淤排";从原来的生产坝中选一座加高后作为拦洪抢收坝,形成"轮蓄轮种",把防洪、拦泥、生产三者统一起来,建成坝系,收到较好效果。

3. 淤地坝大力发展建设阶段(1971~1985 年)

1971 年起,黄河水利委员会成立了陕晋水坠坝试验研究工作组,专门进行水坠坝试验研究,取得了丰硕成果。由于水坠法筑坝具有工效高、成本低、质量好、施工简便、群众易掌握等优点,比人工夯筑、碾压坝一般提高几倍甚至几十倍工效,为淤地坝的发展增添了新的动力,使淤地坝建设有了突破性的发展,形成前所未有的高潮。据 1977 年不完全统计,山西、陕西两省建成的水坠坝已达 8 000 多座。短短几年,仅榆林地区就建坝 1.5 万座。延安、榆林地区仅 1973~1975 年就新增坝地 1.17 万 hm²。山西省有近一半的坝地是在这一时期建设的。内蒙古皇甫川流域这一时期建设的淤地坝占目前淤地坝总座数的 60% 以上。

由于这一阶段淤地坝的布设在干支沟全面铺开,许多工程是群众自发兴建的,有些地方在筑坝淤地中出现了不重视科学、脱离自然规律的倾向;有的地方坝系规划与工程设计不合理,甚至有的工程没有经过设计,片面追求速度,施工质量差,导致这些工程在以后的生产运用中,尤其在 1977~1978 年两次特大暴雨洪水中,遭到了不同程度的水毁损失。尽管如此,通过不断总结经验教训,这段时期不但淤地坝的发展数量、坝系布设和施工技术等都比过去有了较大的突破,而且在拦泥淤地、增产增收等方面的效益也十分显著。

4. 淤地坝巩固完善阶段(1986~2000 年)

20 世纪 80 年代以后,全面进入了治沟骨干坝建设的新阶段,也是坝系工程的完善阶段。这一时期,虽然淤地坝的建设速度有所减缓,但筑坝技术、施工方法、淤地坝效益则比以前有了进一步提高。为了加快黄土高原的治理,国家进一步加强和重视了黄土高原地区的淤地坝建设方向和水土保持科学技术措施的研究。各地都能在认真总结前 30 多年筑坝淤地经验教训的基础上,注重加强对淤地坝的坝系规划、工程结构、设计标准、建坝顺序的研究工作,其中"以坝保库,以库保坝""小多成群有骨干"的经验广为群众共识。

1985 年,国家计划委员会批复将治沟骨干工程列入基本建设计划,从"七五"计划第一年开始实施,主要内容是在黄土高原水土流失最严重地区[年侵蚀模数在 5 000 t/(km²·年)以上],配合坡面上的梯田、林草与小沟小坝,在集水面积为 3~5 km² 的支沟内兴修治沟骨干坝,库容大多为 50 万~100 万 m³,少数为 100 万~200 万 m³,个别可达 500 万 m³,作为控制性骨干工程,用以提高沟道中坝系的防洪标准,同时可拦泥淤地。

1986~1989 年,在陕、晋、甘、宁、内蒙古 5 省(区),共兴修治沟骨干工程坝库 249 座(陕西 112 座、山西 64 座、内蒙古 52 座、甘肃 19 座、宁夏 2 座),其中新建 183 座,旧坝加固 66 座。共控制流域面积 2 152.7 km²,总库容 3.3 亿 m³,可拦泥 2.9 亿 t,淤地 4.4 万亩,主要修建在河口镇到龙门区间 10 万 km² 内。新建淤地坝质量有显著提高,旧坝加固维修后质量得到了进一步的巩固提高。

20 世纪 90 年代后,随着治沟骨干工程的大规模开展和旧坝加固工程及淤地坝配套建设,涌现出像内蒙古自治区的准格尔旗川掌沟、西黑岱沟,山西省汾西县康和沟等一批接近相对稳定的坝系典型。国家更加大了淤地坝建设的投入,从而进一步加快了淤地坝建设进程。

5. 淤地坝建设滞缓阶段(2000~2019 年)

由于现行淤地坝为均质土坝,其为散粒体结构,坝身不能过流,若发生超标准洪水导致漫坝等坝身过流,则极易溃决并在下游产生洪水灾害,成为制约淤地坝功能发挥的技术瓶颈。随着我国水利事业的发展,水利工程事业已经从重视建设向建管并重发展,淤地坝近年来的防汛责任也逐步压实,但防汛责任的压实与淤地坝水毁灾害频发的现状情况构成了矛盾冲突,导致淤地坝近年来的建设发展基本处于停滞状态,同时随着"绿水青山就是金山银山"口号的深入人心,淤地坝在新时期新阶段的新发展迫在眉睫。

6. 淤地坝新阶段(2019 年以后)

2019 年 9 月 18 日,习近平总书记在黄河流域生态保护和高质量发展座谈会上指出,"中游要突出抓好水土保持""有条件的地方要大力建设淤地坝"。2020 年 1 月 3 日,习近平总书记在中央财经委员会第六次会议上强调,"黄河流域生态保护和高质量发展要实施水土流失治理等工程,推进黄河流域生态保护修复"。新时期,习近平总书记为黄河流域指出了生态保护和高质量发展之路,也为淤地坝的建设发展擘画了新蓝图。

2021 年 10 月 8 日,中共中央、国务院印发的《黄河流域生态保护和高质量发展规划纲要》(简称《规划纲要》)指出:加强对淤地坝建设的规范指导,推广新标准、新技术、新工艺,在重力侵蚀严重、水土流失剧烈区域大力建设高标准淤地坝。排查现有淤地坝风险隐患,加强病险淤地坝除险加固和老旧淤地坝提升改造,提高管护能力。建立跨区域淤地坝信息监测机制,实现对重要淤地坝的动态监控和安全风险预警。《规划纲要》进一步为淤地坝的建设发展明晰了方向和着力点。

1.2.2 淤地坝的结构组成和分类

1.2.2.1 淤地坝的结构组成

传统淤地坝一般由坝体、泄水洞和溢洪道"三大件"组成,其平面布置一般如图 1-2 所示。

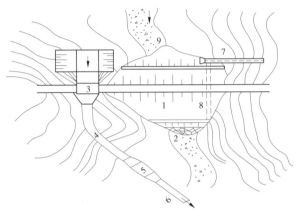

1—土坝;2—排水体;3—溢洪道;4—溢洪道陡槽;5—消力池;6—排水渠;7—卧管;8—泄水洞;9—沟底。

图 1-2 淤地坝平面布置图

1. 坝体

坝体是淤地坝的主体工程,主要由就地取材的黄土组成,一般为黄土均质坝。坝体的主要作用是拦洪淤地,它与一般水库大坝相比,既有相同之处,也有所区别;淤地坝工程的坝体主要任务是拦泥,而不是长期用来蓄水,拦泥形成的坝地用于生产,而不再起蓄水作用。尤其是对于无常流水的沟道,淤地坝只起滞洪作用,坝体内形不成浸润线,因此淤地坝土坝的坝坡可以比水库坝体的坝坡陡一些,对基础地质条件要求较低,对坝下游坡脚排水设施要求较简单,一般不考虑放水骤降引起的坝坡稳定性问题。

2. 泄水洞

泄水洞主要为无压涵洞,分级卧管,少量采用压力管道和竖井等。其主要作用是排除坝地中滞留的积水(防止坝地作物受淹和坝地盐碱化),还可以利用前期蓄水灌溉下游农田或给人畜供水。在常流水沟道中修建淤地坝,设置的放水洞具有经常性排流功能,遇暴雨还可兼顾部分排洪任务;在无常流水的沟道中,小型淤地坝工程遇到暴雨具有就地全部拦蓄功能。

3. 溢洪道

大部分淤地坝采用开敞式溢洪道或陡坡溢洪道,个别采用挑流鼻坎或利用沟坡岩石层排洪水入支沟。溢洪道的主要作用是排洪,保证坝体及坝地生产安全。一般大中型淤地坝必须配置溢洪道,而且必须安全可靠。对于小型淤地坝和有加高条件的大中型淤地坝,为了保证淤地坝拦泥作用的持续发挥,缩减工程投资,可暂时不设溢洪道,待淤地坝加高到最终坝高后再设置溢洪道。一般要求是在正常情况下,能排泄设计洪水径流;在非常情况下,能排泄校核洪水径流。

根据坝址地形、地质条件和淹没损失等条件的差异,淤地坝在结构配置上主要有"三大件"(坝体、泄水洞、溢洪道)、"两大件"(坝体、泄水洞)和"一大件"(坝体)。在实际工程中,"三大件"并不是每一个淤地坝工程都必备的,考虑到投资及后期坝体加高的影响,"两大件"和"一大件"占有相当大的比例。根据对陕北淤地坝的现状调查结果,"两大件"淤地坝有 5 068 座,占该地区总数的 15.9%;"一大件"淤地坝有 26 233 座,占该地区总数的 82.5%。

1.2.2.2　淤地坝的分类

淤地坝有不同的分类方式,生产实践中最常用的是按工程规模进行分类,此外也可按照施工技术进行分类。

1. 按照工程规模进行分类

根据《水土保持工程设计规范》(GB 51018—2014)和《淤地坝技术规范》(SL/T 804—2020)规定,淤地坝以库容为主并参考坝高、淤地面积进行分级,分级标准如表 1-5 和表 1-6 所示。

表 1-5　淤地坝分级标准

分级标准	坝高/m	库容/万 m³	淤地面积/亩
大型	>25	>50	>100
中型	15~25	10~50	30~100
小型	5~15	1~10	3~30

表 1-6　淤地坝分级设计洪水标准

| 分级标准 | 坝高/m | 库容/万 m³ | 淤地面积/亩 | 洪水重现期/年 | | 淤积年限/年 |
				设计	校核	
大型	>25	>50	>100	30~50 20~30	300~500 100~300	20~30 10~20
中型	15~25	10~50	30~100	10~20	50~100	5~10
小型	5~15	1~10	3~30	10	50	5

1)大型

一般坝高 25 m 以上,库容 50 万~500 万 m³,淤地面积 7 hm² 以上,修在主沟的中、下游或较大支沟下游,单坝集水面积 3~5 km² 或更多。建筑物一般是"三大件"齐全。

2)中型

一般坝高 15~25 m,库容 10 万~50 万 m³,淤地面积 2~7 hm²,修在较大支沟下游或主沟上中游,单坝集水面积 1~3 km²。建筑物少数为土坝、溢洪道、泄水洞"三大件",多数为土坝与溢洪道或土坝与泄水洞"两大件"。

3) 小型

一般坝高 5~15 m,库容 1 万~10 万 m^3,淤地面积 0.2~2 hm^2,修在小支沟或较大支沟的中上游,单坝集水面积 1 km^2 以下,建筑物一般为坝体与溢洪道或土坝与泄水洞"两大件",可采用定型设计。

2. 按照施工技术进行分类

1) 人力夯实淤地坝

20 世纪 50 年代初期,在黄土高原严重缺水的边远落后地区,人民群众在没有施工机械的情况下,利用铁锹、镢头、架子车、石夯等工具自行在沟道中修建小型拦泥淤地建筑物。一般为中小型淤地坝,而且设计标准较低(或没有规划设计,随意建设),施工质量差,一遇较大暴雨洪水容易造成垮坝。

2) 水坠坝

水坠坝指用机械方式提水到山坡上的取土场,冲动筑坝土料拌成一定浓度的稠泥浆,沿人工控制的流路流入预先围埝的坝体填畦,经脱水固结成为密实的坝体。水坠坝要求土料崩解速度快,易于脱水固结,固结后的土体有一定的防渗性能。一般在土料透水性好且有常流水或能引水的沟道中采用。水坠坝具有进度快、工效高、工期短、投资少、质量好、适应范围广等显著特点。20 世纪 50 年代中期到 80 年代末期,黄土高原多沙粗沙区人民群众在技术人员指导下,在有水源的沟道中大多修建水坠坝。

3) 机械碾压淤地坝

机械碾压淤地坝是指在缺水或水源很小的沟道,为了提高施工进度,利用人工配合挖掘机、推土机上土、拖拉机碾压筑坝。其显著特点是机械化程度高,施工进度快。20 世纪 80 年代中期到 90 年代初,黄土高原大部分地区均有采用。

1.2.3　淤地坝坝系

1.2.3.1　坝系基本概念

坝系是指以小流域为单元,通过科学规划,在沟道中合理布设骨干坝和淤地坝等沟道工程,为提高流域整体防御能力,实现沟道水沙资源的全面开发和利用而建立的沟道防治体系。

建立坝系,就是在工程规划布局上改变了过去工程布局分散、规模效益低的状况,坚持以多沙粗沙区为重点,以小流域为单元,以骨干坝为支撑,以原有沟道工程为基础,完善了小流域淤地坝工程建设,使之形成布局合理的坝系,充分发挥了坝系工程整体防护的综合效益。在流域沟道中,通过实施以骨干坝为骨架,大、中、小淤地坝相结合,形成拦、蓄、排和防、种、养相结合的有机系统;就是要立足对流域系统洪水泥沙的长期控制,充分利用水沙资源,科学合理地布设治沟工程,系统分担滞洪、淤地、人畜饮水、灌溉、养殖等不同任务,使防洪、拦泥、生产相结合,使干支沟、上下游相协调,使水土流失趋于良性循环,地形达到相对稳定,实现防洪减沙、淤地保收增产的最终目标,为沟道生态环境和人与自然的和谐相处提供了重要保障。

1.2.3.2　坝系建设特点

黄土高原地区的沟道坝系建设历史悠久。1949 年以来,由重点试办到全面发展,由农民群众为主建坝到政府组织和出资建设，由分散治理到以小流域为单元的大规模坝系建设，由缺乏规划、设计到不断完善前期工作的规范化建设，由重建设轻管护到建设与管护并重，虽然在 70 多年的淤地坝建设和管理中，经历了许多曲折，甚至饱受争议，但黄土高原地区的淤地坝建设和管理工作仍然取得了举世瞩目的伟大成就，产生了显著的生态效益、经济效益和社会效益。

　　"十五"以来，黄土高原各省(区)先后完成了 253 条小流域坝系可行性研究报告的编制工作，为黄土高原地区淤地坝建设做好了项目前期储备。根据黄河水利委员会统一部署，初步完成了黄土高原 7 省(区)48 条小流域坝系科研报告的技术审查，其中青海 4 条、甘肃 5 条、宁夏 3 条、内蒙古 9 条、陕西 13 条、山西 9 条、河南 5 条。在此基础上，根据黄河水利委员会审查批复的 83 条小流域坝系可行性研究报告，黄河上中游管理局及黄土高原 7 省(区)水利厅、发展和改革委员会及有关地(市)水行政主管部门分别按照各自的职责权限，审查批复了 2 099 座淤地坝的初步设计报告，其中骨干坝 408 座、中型坝 710 座、小型坝 981 座，审批投资总额为 6.5 亿元。见表 1-7。

表 1-7　黄河中游典型坝系建设情况

坝系名称	韭园沟	王茂沟	榆林沟	王家沟	西黑岱沟	康河沟
水系	无定河	无定河	无定河	三川河	皇甫川	汾河
流域面积/km^2	70.7	5.97	65.8	9.1	32.0	48.8
主沟长/km	18.0	3.75	16.0	5.6	9.7	17.0
主沟比降/%	1.2	2.7	1.44	2.7	1.03	—
沟壑密度/(km/km^2)	5.34	4.3	4.3	7.01	3.7	4.4
年降水量/mm	508	513	450	495	400	546
年径流量/mm	23.5	23.7	39.8	28.5	59.8	—
年侵蚀模数/(万 t/km^2)	1.8	1.8	1.8	1.59	1.0	0.8
建坝总数/座	263	35	121	24	16	
建坝密度/(座/km^2)	3.7	5.86	1.84	2.64	0.5	
综合治理程度/%	58.7	63.3	61.6	77.3	67.6	51.0
人口密度/(人/km^2)	141	138	151	166	23	111
人均耕地/(亩/人)	3.7	2.75	4.3	4.0	5.0	3.92
单坝拦泥/(万 m^3/座)	9.49	6.33	22.49	12.48	22.53	—
单坝淤地/(亩/座)	15.0	12.67	29.3	22.9	50.56	—
每亩拦泥/(t/亩)	6 317	4 998	7 673	5 451	4 457	2 400
坝地与流域面积比	1/26.9	1/20.2	1/27.8	1/24.8	1/59.3	1/11.2

1.2.3.3　坝系相对稳定

　　坝系相对稳定，是指以沟道小流域为单元，在一定频率的暴雨洪水条件下，坝系中各淤地坝能够保持工程安全和坝地作物保收,实现对洪水泥沙的控制作用。

坝系相对稳定的最初提法是单坝相对平衡,这一概念 20 世纪 60 年代初已经被提出,是从天然"聚湫"对洪水泥沙的全拦全蓄、不满不溢现象得到启发的,认为当淤地坝达到一定高度、坝地面积与淤地坝控制流域面积的比例达到一定数值之后,一次暴雨产流产沙在坝内地面上的聚集深度及滞停时间不致影响坝地作物生长,即洪水泥沙在坝内被消化利用,达到产水产沙与用水用沙的相对平衡。目前,在一些沟道已经形成的坝系中,为了使淤地坝与坝系工程的防洪安全结合起来,多采用"坝系相对稳定"一词。

坝系相对稳定的含义可概括为:一是在一定保坝频率的洪水泥沙条件下,保证坝系的安全;二是在保收频率洪水下坝地农作物高产稳产;三是泥沙基本不出沟,充分合理利用水沙资源;四是盐碱危害小,水工建筑相适应;五是在淤土上能长期不断维修加高,维修工程量小,当地群众建立健全管护机制,能自我维持、自我发展。由此可见,要达到淤地坝坝系的相对稳定,影响因素很多,问题很复杂。在水文方面,与暴雨量、暴雨历时、暴雨时间、洪峰、洪量有关;在地质条件方面,与流域地形地貌、地质、土壤、治理程度、治理措施分布等有关;在主观能动性方面,与当地的需求、管理水平、维修水平及与坝地面积、作物种类、排水规模等有关。不同因素的影响大小,在不同地区也不相同,在规划设计中应按不同类型区的具体条件分别进行研究布设。

淤地坝系相对稳定条件一般采用坝地面积与坝控制流域面积之比作为衡量指标。该指标的提出也是从长期处于相对稳定的天然"聚湫"得到启发的。在一定流域面积内,来水来沙量基本是一定的,随着坝地面积逐渐增加,当坝地面积与坝控制流域面积之比足够大时,一定频率的洪水形成的淹水深度将不致影响作物生长,洪水泥沙全部在坝地内消化利用,此时流域产水产沙与用水用沙达到相对平衡,即淤地坝系达到相对稳定阶段。

1.2.4　淤地坝的作用

"宁种一亩沟,不种十亩坡""打坝如修仓,拦泥如积粮,村有百亩坝,再旱也不怕""沟里筑道墙,拦泥又收粮""垒埝如垒仓,澄泥如澄粮,有坝就有地,有地就有粮"等民谚,是黄土高原地区群众对淤地坝作用的高度概括。淤地坝作为黄土高原地区人民在征服自然和改造自然的过程中,长期探索和实践逐步总结出的一项独特的水土保持工程措施,在黄土高原生态保护修复中发挥了巨大作用。

1.2.4.1　拦泥保土,减少入黄泥沙

陕北黄土高原地形破碎,沟壑纵横,密度达 $4\sim6$ km/km^2。特别是黄河流域多沙粗沙区的 60% 在陕西境内,是入黄泥沙的主要来源区。修建于各级沟道中的淤地坝,从源头上封堵了向下游输送泥沙的通道,在泥沙的汇集和通道处形成了一道人工屏障,它不但能抬高沟床,降低侵蚀基准面,稳定沟坡,有效制止沟岸扩张、沟底下切和沟头前进,减轻沟道侵蚀,而且能够拦蓄坡面汇入沟道内的泥沙。据有关调查资料,大型淤地坝每淤一亩坝地,平均可拦泥沙 8 720 t,中型淤地坝为 6 720 t,小型淤地坝为 3 430 t,尤其是典型坝系,拦泥效果更加显著。

在坝系布设较好的沟道,当遇较大暴雨时,滞洪减沙效益更加明显。陕西省绥德县的王茂沟小流域(韭园沟支流),流域面积 5.97 km^2,1953～1983 年共建 42 座淤地坝,累计

拦泥 120 万 m³,淤地 367.2 亩。30 多年来,基本上达到洪水泥沙不出沟。1964 年 7 月 5 日和 1977 年 8 月 5 日两次暴雨,坝系拦泥效益分别为 82.4% 和 73.2%(见表 1-8),特别是 1977 年 8 月 5 日大暴雨,干沟 1 号淤地坝安全无恙,支沟坝系中虽个别坝拉开缺口和部分坝地庄稼受淹,但是当年还是收粮 5 万 kg。王茂沟与邻近自然条件相似但打坝较少的李家寨小流域相比,在 1959 年 8 月 19 日和 1961 年 8 月 1 日两次暴雨中,王茂沟洪峰流量为 4.0 m³/s 和 2.1 m³/s,而李家寨为 43.0 m³/s 和 18 m³/s,王茂沟坝系削减洪峰的作用达 90.7% 和 88.3%(见表 1-9)。

表 1-8 1964 年与 1977 年两次暴雨王茂沟坝系拦蓄效益

时间 (年-月-日)	降雨量/ mm	径流量/ 万 m³	产沙量/ 万 t	坝系拦泥		坡面措施拦沙		合计拦泥效益	
				数量/ 万 t	效益/ %	数量/ 万 t	效益/ %	数量/ 万 t	效益/ %
1964-07-05	131	46.92	18.77	13.53	72.1	1.94	10.3	15.47	82.4
1977-08-05	162.7	58.27	23.31	13.61	58.4	3.45	14.8	17.06	73.2

表 1-9 王茂沟与李家寨沟沟口流量对比

时间 (年-月-日)	降雨量/ mm	平均强度/ (mm/h)	洪峰流量		
			李家寨沟/(m³/s)	王茂沟/(m³/s)	削减/%
1959-08-19	100	6.42	43.0	4.0	90.7
1961-08-01	77.1	17.1	18.0	2.1	88.3

1.2.4.2 改良土壤,增大耕地面积,提高粮食产量

1. 改良土壤

淤地坝的坝地主要由山坡表土随坡面径流汇入沟道淤积而成,水分充足,抗干旱能力强,而且大量的牲畜粪便、枯枝落叶及有机肥料随水流入坝内,使坝地非常肥沃,易于耕作,农业增产作用与效益十分显著。绥德县水土保持科学试验站实测资料表明,一般坝地的土壤养分较坡耕地高 3%~8%,新淤坝地高于坡耕地 28%~36%,坝地土壤含水量高于坡耕地土壤含水量 86%(见表 1-10)。

表 1-10 不同土地类型土壤水肥含量

土地 类型	有机质		全氮		水解氮		含水量	
	含量/ %	比值/ %	含量/ %	比值/ %	含量/ %	比值/ %	含量/ %	比值/ %
坡地	0.289	100	0.053	100	4.451	100	9.47	100
梯田	0.363	126	0.071	133	5.924	133	10.72	113
坝地	0.305	106	0.057	108	4.574	103	17.61	186
新淤坝地	0.394	136	0.068	128	5.703	130		

2. 增大耕地面积

淤地坝将泥沙就地拦蓄,使荒沟变成良田,增加了耕地面积,许多沟道实现了川台化,

水沙资源得到充分、合理的利用。据绥德县水土保持科学试验站调查,韭园沟干沟打坝淤地后,净增耕地面积占坝地总面积的28.3%;在其支沟王茂沟打坝淤地后,净增耕地面积占坝地总面积的75.5%。陕北地区淤地坝普查资料显示,建坝后目前已增加耕地2.63万 hm^2,还可增加4 000 hm^2,为发展优质高效农业提供了土地资源。目前,坝地已成为基本农田的重要组成部分,对改善农业生产条件起到了很大作用,尤其是干旱年份,坡地颗粒无收,坝地就成了"保命田"。

3.提高粮食产量

淤地坝将泥沙拦蓄在沟道内,形成坝地,使荒沟变成了人造小平原,增加了耕地面积,同时坝地聚集了随坡面径流汇入沟道的地表土和有机肥料,形成了水肥条件良好的高产稳产基本农田。有关典型调查资料表明,坝地平均亩产量250～300 kg,高的达500 kg以上,是坡地的4～6倍,是梯田的2～3倍,尤其在干旱年份坝地增收作用更加明显。榆林市现有坝地3万 hm^2,仅占全市耕地面积的2.4%,但粮食产量占全市总产量的20%左右;陕北目前有3万多座淤地坝,可淤地近8.1万 hm^2,已淤地6.4万 hm^2。坝地粮食产量,已成为黄土丘陵沟壑区主要粮食来源之一(见表1-11、表1-12)。

表1-11 典型乡村坝地粮田面积与产量统计

村名	粮田面积/亩	粮食总产量/万 kg	坝地				
			种植面积/亩	占粮田百分比/%	粮食总产量/万 kg	平均亩产量/kg	占总产百分比/%
绥德王茂沟	3 225	28.5	289.5	9.0	7.85	271.2	27.5
米脂高西沟	1 185	14.0	220.0	18.6	7.75	352.3	55.4
子洲石板沟	1 500	13.5	251.0	16.7	3.45	137.5	25.6
横山红石峁	6 150	26.7	440.0	7.2	3.89	88.4	14.6
合计	12 060	82.7	1 200.5	9.9	22.94	191.1	27.7

表1-12 不同耕地、不同年份亩产量对比调查 单位:kg/亩

村名	旱坝地			梯田			坡地		
	丰水年	干旱年	一般年	丰水年	干旱年	一般年	丰水年	干旱年	一般年
横山县红石峁	400	100	300	150	50	100	50	15	35
靖边县渭水河	225	125	175	50	25	35	40	15	25
子洲县彭家河	225	125	150	150	75	100	150	25	50
定边县甲岘	200	60	75	150	40	70	45	20	35
平均	262.5	102.5	175	125	47.5	76.25	71.25	18.75	35.25

1.2.4.3 抬高侵蚀基准面,稳定沟坡

在水土流失严重区,通过淤地坝建设,不仅能使泥沙淤积,而且有效地阻止沟底下切,延缓溯源侵蚀和沟岸扩张,抬高侵蚀基准面,对减弱滑坡、崩塌等重力侵蚀,稳定沟床等都具有十分重要的意义。1989 年 7 月,内蒙古自治区的准格尔旗川掌沟流域遭遇 150 年一遇洪水,坝系工程拦蓄洪水 593 万 m³,缓洪 514 万 m³,削减洪量 89.7%,有效保护了下游坝地和群众生产、生活设施的安全。

据无定河普查资料(见表 1-13),黄土丘陵沟壑区,流域面积 3~5 km² 的沟道比降为3.5%,淤地坝建设使流域川台化,沟道比降变缓,一般为 0.65%,从而巩固并抬高了沟床,有效地制止了沟床下切,相应地稳定了沟坡,减轻了沟壑侵蚀。陕西省子洲县张家山沟,流域面积 1.5 km²,从 1962 年开始打坝到现在,泥沙未出沟,共拦泥 67.7 万 t,侵蚀基准面抬高 7.6 m。以小流域为单元,骨干坝控制,中小型淤地坝相结合的沟道坝系,发挥了整体防护功能,层层拦截,具有较强的削峰滞洪能力,能有效地防止洪水泥沙对沟道下游造成的危害。

表 1-13 黄土丘陵沟壑区沟道情况

沟道长度分级/km	每条沟道面积/km²	每条沟道长度/km	沟道比降/%
0.5~1	0.35	0.79	11.9
1~3	2.26	2.30	6.4
3~5	5.78	3.92	3.5
5~10	17.49	7.28	2.41
10~20	49.18	12.80	1.69

1.2.4.4 促进退耕还林还草,调整农村经济发展

陕北黄土高原地区经济发展的基本特征是自给自足的小农经济,商品生产落后。剧烈的水土流失造成自然条件十分恶劣,人民的生活温饱问题长期得不到解决,致使土地耕垦指数高,利用极不合理,特别是群众习惯于广种薄收,一味追求扩大种植面积,大量垦荒,形成了"越穷越垦,越垦越穷"的恶性循环,进一步加剧了水土流失,恶化了生态环境。淤地坝工程不仅可以解决农民的基本粮食需求,也为优化土地利用结构和调整农村产业结构,促进退耕还林还草,发展多种经营创造了条件。

据分析,1 亩坝地可促进 6~10 亩的坡地退耕。陕西省清涧老舍古流域大力发展淤地坝后,人均基本农田达 2.7 亩,人均产粮 415 kg,退耕 3 万亩,占原耕地面积的 43.9%。绥德县王茂庄小流域有坝地 400 多亩,在人口增加、粮食播种面积缩小的情况下,粮食总产量稳定增加,大量坡耕地退耕还林还草,耕地面积由占总面积的 57%下降到 28%,林地面积由 3%上升到 45%,草地面积由 3%上升到 7%,实现了人均林地 36 亩、草地 5 亩、粮食超千斤。

1.2.4.5　促进农村产业结构的调整

淤地坝促进了旱涝保收基本农田建设,为发展优质高效农业和农村产业结构调整奠定了基础,使过去单一的粮食生产结构,转变为农、林、牧、副、渔各业并举,多种经营,增加了农民收入,发展了农村经济。内蒙古自治区清水河县范四天流域,过去"靠天种庄园,雨大冲良田,天旱难种田,生活犯熬煎",自从开展以小流域为单元治沟打坝以来,带动了各业生产,2001年人均纯收入达1 970元,电视、电话、摩托车等高档产品也普遍进入寻常百姓家。甘肃省定西市把治理水土流失与群众脱贫致富相结合、规模治理与综合开发相结合、生态效益与经济效益相结合,走出了一条具有定西特色的"修梯田-保水土-调结构-兴产业-增收入"的旱作农业发展之路。目前,黄土高原地区已涌现出一大批"沟里坝连坝,山上林草旺,家家有牛羊,户户有余粮"的富裕山村。

黄土高原地区农村产业结构的变化是和土地利用结构变化相伴而行的,因而与淤地坝建设及坝地面积的增加密切相关。坡耕地退耕为其他各业用地,特别是为林牧业的发展提供了土地资源,促进了农村商品经济的发展。陕北各县的种植业已由单一粮食生产变为粮食、经济作物并重,向日葵、蓖麻等大面积种植,且使传统的粮食作物(如马铃薯、谷子、高粱、玉米等)由于吃剩有余,一部分作为牧畜的精饲料,另一部分进入市场,商品率大大提高。林业方面,苹果、梨、枣等经济林木得到了空前大发展,效益十分显著,成为流域治理的拳头产品。草地的扩大及精饲料的保证也大大促进了畜牧业、养殖业的发展。

1.2.4.6　促进了水资源的合理利用

黄土高原干旱、半干旱地区水资源比较紧张。淤地坝在工程运行前期,对有常流水的沟道或已初步形成坝系的流域,可将淤地坝作为水源工程,解决当地工农业生产用水和发展水产养殖业,特别是对水资源缺乏的黄土高原干旱、半干旱地区的群众改善生产生活条件、促进经济发展,发挥了重要作用。

在有常流水的沟道或已初步形成坝系的流域,可利用建坝初期的坝内蓄水发展水面养鱼。黄土高原地区由于干旱少雨,加之以前坝库工程较少,养鱼业相当落后。20世纪60年代和70年代大规模淤地坝建设为养鱼提供了基础条件。由于可利用水面大,加之气候、水质适宜,有利于草鱼、鲤鱼、鲢鱼等的生长,发展潜力很大,加之改革开放、市场经济的发展,为淤地坝前期蓄水发展养鱼提供了广阔的市场。1992年,黄河上中游管理局对1986年以来兴建运用的293座骨干坝进行了跟踪调查,已有109座骨干坝养鱼,投放鱼苗443.1万尾,由于投放时间不长,年捕捞量还较低。随着时间的推移,骨干坝养鱼效益越来越大。宁夏西吉县1991年与美国大豆协会(ASA)成功地进行了小网箱养鲤鱼试验,单产达到160 kg/m³。这一试验的成功,为淤地坝的水面综合利用积累了经验。

1.2.4.7　坝路结合,便利交通

道路是交通运输中不可缺少的基本条件。黄土高原开发治理的目的是通过水土保持从土地中获得尽可能多的农副产品,促进地方经济发展。输出这些农副产品和在生产过程中向土地输入种子、肥料、农药,以及生产上需要进行的物质分配、交换和调拨活动,农机具的往返及人员的来往等,都需要靠道路运输来解决。即使在治理开发过程中,也离不开道路这种"劳动手段"。

许多地方通过淤地坝建设,做到坝路结合,坝顶成了连接深沟两岸的桥梁,形成了坝系经济区的骨架,大大改善了农业生产条件,降低了劳动强度,进而提高了劳动生产率。首先,坝地在沟道中形成山间小平原,有利于实现机械化和水利化。其次,泥沙淤积改变了沟道自然条件,便利了交通,播种、收获、施肥等都十分方便,有利于集约化经营。最后,黄土高原地区群众居住地大多在沟道,种植沟坝地离家近,不用爬山,十分便利。有些地方的公路干线利用淤地坝过沟,减少了修路和建桥费用。

1.3 淤地坝建设现状

淤地坝作为黄土高原地区水土保持的重要工程措施之一,在当地生态环境建设和农业生产中占有极其重要的地位。经过几十年的发展建设,黄土高原地区共有淤地坝58 776座,其中大型坝5 905座、中型坝12 169座、小型坝40 702座,分别占淤地坝总数的10.05%、20.70%、69.25%,在拦泥滞洪、淤地造田等各方面发挥了巨大的生态效益、经济效益和社会效益。这些淤地坝主要分布在黄河河口镇到龙门区间和洛河、汾河等流域。其中大约90%的淤地坝集中分布于黄土丘陵沟壑区、土石山区、黄土阶地区和黄土高塬沟壑区。

1.3.1 黄土高原各省(区)淤地坝建设现状

黄河流域黄土高原地区沟壑纵横,水土流失非常严重,而淤地坝正是针对黄土高原地区的实际条件发展起来的独特的工程措施。目前,我国的淤地坝基本上都集中在黄土高原,以地处黄土高原腹地的陕西、山西、内蒙古等省(区)为最多。各个省份淤地坝建设的数量统计如表1-14所示。

表 1-14 黄土高原各省(区)淤地坝建设现状统计

淤地坝类型	各省(区)淤地坝数量/座							
	青海	甘肃	宁夏	内蒙古	陕西	山西	河南	合计
大型坝	173	559	329	877	2 651	1 191	125	5 905
中型坝	128	451	373	702	9 483	844	188	12 169
小型坝	373	590	400	698	21 953	16 126	562	40 702
合计	674	1 600	1 102	2 277	34 087	18 161	875	58 776

1.3.2 多沙粗沙区淤地坝建设现状

多沙区、多沙粗沙区、粗沙集中来源区是黄土高原地区水土流失重点区域,其淤地坝数量分别为52 241座、40 876座、12 072座,各占黄土高原地区淤地坝总数的88.88%、69.39%和20.54%(见表1-15)。

表 1-15　黄土高原地区水土流失重点区域淤地坝统计

分区	不同类型淤地坝数量/座				占比/%
	大型坝	中型坝	小型坝	合计	
粗沙集中来源区	1 104	3 680	7 288	12 072	20.54
多沙粗沙区	3 174	9 652	28 050	40 876	69.39
多沙区	4 930	11 269	36 042	52 241	88.88
黄土高原地区	5 905	12 169	40 702	58 776	100

1.3.3　淤地坝淤积现状

黄土高原地区淤地坝已淤满 41 008 座,占总数的 69.77%。现状淤地坝设计总库容 110.33 亿 m³、淤积库容 77.50 亿 m³,目前已淤积 55.04 亿 m³,实际淤积率为 49.89%。其中,1986 年以前、1986~2003 年、2003 年以后修建的淤地坝淤积率分别为 72.57%、43.47%、18.74%,见表 1-16。

表 1-16　黄土高原地区淤地坝淤积情况统计

时段	淤满坝数/座	总库容/亿 m³	设计淤积库容/亿 m³	已淤积库容/亿 m³	剩余库容/亿 m³	淤积率/%
1986 以前	28 198	52.90	41.31	38.39	2.92	72.57
1986~2003 年	8 624	23.81	15.35	10.35	5.00	43.47
2003 年以后	4 186	33.62	20.84	6.30	14.54	18.74
合计	41 008	110.33	77.50	55.04	22.46	49.89

1.4　淤地坝理论技术研究进展

1.4.1　单坝理论技术研究

1.4.1.1　拦泥减蚀机制方面

从 20 世纪 50 年代开始,有关水土保持研究单位对淤地坝的拦泥减蚀作用开展了大量的研究,探索了确定淤地坝拦沙量的实测法、淤地面积-坝高-库容曲线法、不同年代地形信息源法等。有关研究表明:单位面积坝地的拦泥量与坝高成正比,坝越高,单位面积坝地拦泥量越大;淤地坝淤积总量占总库容的比例(淤积比)达到 77%左右时,淤地坝就失去了拦沙的功能;淤地坝具有抬高侵蚀基准面、控制沟道下切和沟岸坍塌扩展的作用,进而减轻重力侵蚀,具有减蚀作用,如无定河赵石窑以上坝库的减蚀量约为多年平均输沙量的 20.8%;淤地坝减沙量是拦沙量和减蚀量之和,且减蚀量是淤地坝的可持续减沙量。

1.4.1.2　设计技术方面

淤地坝坝库的设计技术主要开展了设计洪水标准、工程结构、最优土坝断面确定的研究。设计洪水标准方面的研究从 20 世纪 50 年代后期开始,提出了推求设计洪水的经验公式法、邻近地区暴雨资料推算法、水文手册法等。在 1977~1978 年大暴雨后制定了淤地坝技术规范,确定骨干坝控制面积为 3~5 km²、设计防洪标准为 20 年一遇、校核防洪标准为 200 年一遇。在工程结构方面,1953 年开始参照水利工程(土坝)建设的相关结构,确定了淤地坝结构为"三大件",在具体的建设中"一大件"(闷葫芦坝)、"两大件"(坝体和泄水洞或坝体和溢洪道)、"三大件"(坝体、泄水洞、溢洪道)的淤地坝分别以小型坝、中型坝、骨干坝为主。

1.4.1.3　筑坝技术方面

淤地坝施工技术在传统的人工夯实和机械碾压两种方式基础上,先后在定向爆破法筑坝和水坠法筑坝等方面进行了大量的试验研究,同时对特殊材料的筑坝方法也做了有益的探索。定向爆破筑坝技术的试验成功,解决了干旱少水、交通不便、缺乏大型机械地区筑坝的困难。

水坠法筑坝技术指用机械方式提水到山坡上的取土场,冲动松土成稠泥浆,沿人工控制的流路流入预先围埝的坝体填畦,经脱水固结成为密实的坝体。1973 年水电部组织有关单位(共 3 个单位)开展水坠坝试验研究(坝体稳定观测和施工技术试验研究等),解决了水坠坝施工期的稳定计算、确定边埝的宽度和质量、掌握好泥浆的浓度、控制好冲填速度、做好排水措施、经常进行观测。水坠法筑坝由于对施工条件要求不高、成本低、技术简单而便于群众掌握,从而在黄土高原全面推广。此外,特殊材料筑坝也曾进行过试验研究。陕西、内蒙古等地在盖沙丘陵区,利用风沙土筑坝获得成功。绥德站于 20 世纪 90 年代初曾进行过砒砂岩筑坝材料的研究,包括砒砂岩的物理力学性质、化学成分测试分析和冻融对力学性质影响的试验,取得了大量的第一手资料。

1.4.1.4　单坝管理方面

在淤地坝管理方面主要开展了坝地防洪保收、防治盐碱化和坝地综合利用模式研究。1979~1990 年,黄委绥德站和山西省水土保持研究所开展了坝地防洪保收试验研究,试验表明,在侵蚀模数为 1.8 万~2.0 万 t/(km²·年)的地区,坝地面积相对稳定指标为流域面积的 1/20,坝地高秆农作物的耐淹深不超过 0.8 m,耐淹时间为 5~7 d,耐淤厚度不超过 0.3 m/次。黄委绥德站在横山县赵石畔流域开展坝地盐碱化防治研究,总结出治理坝地盐碱化的措施:开挖排水沟、降低地下水位;打井挖泉,修池蓄水,排灌结合,变旱坝地为水坝地,降低地下水位;引洪漫地,垫土压碱,引沟洪、坡洪、渠洪漫淤坝地,淋洗坝地土壤,降低含盐量;种植水稻等耐碱作物。在坝地综合利用方面,提出了以下几种模式:坝系防洪、拦泥、生产综合运用,即上坝拦洪、下坝生产,上坝生产、下坝拦洪,轮蓄轮种、蓄种灌结合,支沟滞洪、干沟生产;淤地坝滞洪、灌溉、治碱利用,即淤排结合、防洪保收、涵洞排水、治碱保收,修池围井、变坝地为水地;淤地坝土地合理种植,即以种植秋季作物为主、秋夏季作物结合,深翻改土、科学施肥,合理密植、科学管理。

1.4.2　坝系研究

1.4.2.1　坝系规划方面

1959 年,黄委绥德站基于韭园沟小流域淤地坝建设和试验研究,把一条沟道中的坝分为主坝和腰坝,初步提出了"坝系"的概念。之后,提出了"小多成群、骨干控制、综合利用"的原则,以合理利用水沙资源,充分发挥淤地坝防洪、拦泥、生产、灌溉等综合功能。在建坝顺序方面,提出支毛沟由下到上、干沟由上到下或上下结合的方法。1963~1990年,黄委绥德站采用正交试验、线性规划、非线性规划、动态仿真等方法,对李家寨沟、孙家沟、王茂沟、马连沟、埝堰沟等小流域坝系的布坝密度、骨干坝位置、放水建筑物形式、打坝顺序及建坝时间间隔等进行试验研究,取得了以骨干坝布局、规模及建坝顺序为重点的坝系规划方案,此后坝系规划的理念得到推广和应用。

1.4.2.2　坝系相对稳定方面

坝系相对稳定研究的核心内容是坝系相对稳定系数即坝系淤地总面积与控制面积之比应达到多大,所得主要结论:已淤面积与控制面积之比为1/25~1/20,可淤面积与控制面积之比为1/15~1/10;小流域控制性骨干坝总剩余滞洪库容应大于坝系设计洪水总量(一般为100~200年一遇);坝系由骨干坝和中、小型淤地坝等组成,不同的坝发挥防洪、拦泥、生产和蓄水等不同功能,坝系中骨干坝(治沟骨干工程)安全无病险。

1.4.2.3　坝系安全运行和监测方面

2002年,黄委在"十五"重大科研项目中安排了"黄河多沙粗沙区坝系工程安全评价方法研究",其对小流域坝系安全评价的研究内容包括工程安全、拦泥安全、生产安全等三方面。项目承担单位即黄委绥德站通过研究归纳出了4个层次2个系统共14个指标的坝系工程安全评价指标体系及各指标的赋值标准,同时构建了14个评价模型,进而构建了坝系工程安全度模型。

2003年,"小流域坝系监测方法及其评价系统研究"被列入黄河水土保持世界银行贷款二期科研项目,项目组采用调查统计、地面观测、遥感、地理信息系统等多种方法,进行了淤地坝工程建设动态、拦沙蓄水、坝地利用及增产效益、坝系安全等四方面的监测,形成了一套完整的小流域坝系监测方法。

1.5　淤地坝建设面临的形势与问题

1.5.1　面临形势

黄河是中华民族的母亲河,是我国重要的生态屏障和生态廊道;然而黄河泥沙问题突出,是世界闻名的多沙河流,也是世界上最为复杂难治的河流。黄土高原地区是我国水土流失最严重、生态环境最脆弱的地区之一,水土流失面积之广、强度之高、危害之大堪称世界之最,是黄河泥沙的主要来源区,黄土高原严重的水土流失造成了黄河下游河道淤积形成"地上悬河"。因此,黄河泥沙问题表象在黄河,根子在流域,建设淤地坝、防治水土流失是解决泥沙问题的重要措施。

淤地坝是黄土高原地区人民群众在长期同水土流失斗争实践中创造的一种行之有效的既能拦截泥沙、保持水土,又能淤地造田、增产粮食的水土保持工程措施。从明代隆庆三年(公元1569年)陕西子洲县天然"聚湫"形成黄土圪天然淤地坝至今,淤地坝的发展经历了由传统经验到系统科学、由单坝到坝系、由自生自灭到强化管护的发展历程,在淤地造田、滞洪拦沙等方面发挥了重要的作用。特别是人民治黄以来,黄河流域建设淤地坝约 5.88 万座,拦减入黄泥沙 95.4 亿 t,淤地 10.3 万 hm²,2000 年以来年均减沙量在 3 亿 t 以上,对黄土高原生态保护修复发挥了巨大作用。然而,由于现行淤地坝为均质土坝,其

为散粒体结构,若发生超标准洪水导致漫坝等坝身过流时极易溃决并在下游产生洪水灾害,成为制约淤地坝功能发挥的技术瓶颈。随着我国水利事业的发展,水利工作已经从重视建设向建管并重发展,淤地坝近年来的防汛责任也逐步压实,但防汛责任的压实与淤地坝水毁灾害频发的现状情况构成了矛盾冲突,导致淤地坝近年来的建设发展基本处于停滞状态,见图 1-3。

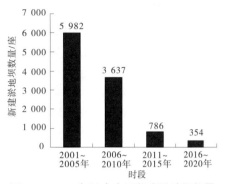

图 1-3　2000 年以来全国新建淤地坝数量

淤地坝作为被实践证明为行之有效的水土保持工程措施,其建设发展受到党中央和国家领导人的关注。2015 年 2 月 13 日,习近平总书记在陕西省延川县梁家河考察调研时指出,"淤地坝是流域综合治理的一种有效形式,要因地制宜推行"。2019 年 9 月 18 日,习近平总书记在黄河流域生态保护和高质量发展座谈会上指出,"中游要突出抓好水土保持""有条件的地方要大力建设淤地坝"。2020 年 1 月 3 日,习近平总书记在中央财经委员会第六次会议上强调,"黄河流域生态保护和高质量发展要实施水土流失治理等工程,推进黄河流域生态保护修复"。2020 年 5 月 22 日,习近平总书记在陕西省调研后指出要采用高标准、新工艺建设一批新型淤地坝,为淤地坝建设提出了新要求。新时期,习近平总书记为黄河流域指出了生态保护和高质量发展之路,也为淤地坝的建设发展擘画了新蓝图。

2021 年 10 月 8 日,中共中央、国务院印发的《黄河流域生态保护和高质量发展规划纲要》指出:加强对淤地坝建设的规范指导,推广新标准、新技术、新工艺,在重力侵蚀严重、水土流失剧烈区域大力建设高标准淤地坝。排查现有淤地坝风险隐患,加强病险淤地坝除险加固和老旧淤地坝提升改造,提高管护能力。建立跨区域淤地坝信息监测机制,实现对重要淤地坝的动态监控和安全风险预警。《规划纲要》进一步为淤地坝的建设发展明晰了方向和着力点。

为了贯彻落实《规划纲要》,加强对淤地坝建设管理的规范指导,黄委研究制定并报请水利部水土保持司同意后,印发了《高标准淤地坝建设管理指南》,要求淤地坝建设管理要严格执行技术规范、加强工程建设管理、夯实安全运用责任、积极推进"三新"应用。其中针对"三新"应用,提出"条件适宜的地方积极推广应用已有成熟稳定、经济可行、安全可靠的新材料、新技术、新工艺"。进一步明确了淤地坝的建设发展要积极推广应用新材料、新技术、新工艺,按照高标准淤地坝进行建设管理。

新形势下,在黄河流域生态保护和高质量发展及乡村振兴等重大国家战略逐步实施的时代背景下,黄土高原地区经济社会发展和人民群众生命财产安全等都对强化淤地坝建设质量、保障经济安全运行和提升综合效益发挥等提出了迫切的需求,基于需求牵引,从国家层面到行业管理机构层面,都提出了高标准新型淤地坝的建设发展要求。

1.5.2　现状问题

结合治黄前沿和新形势下淤地坝建设的时代发展需求,为推动高标准新型淤地坝技术发展,超前谋划,组织开展了全面系统的调研,深入辨识分析了现状淤地坝在设计、建设及运行管理中存在的问题,识别出现状情况下,传统淤地坝面临着"溃决风险高、管护压力大、拦沙不充分"三大痛点,导致黄土高原拦沙防线脆弱、"头顶库"防洪风险大等一系列问题。

1.5.2.1　溃决风险高

首先,淤地坝坝体一般为均质土坝,为散粒体结构坝体,一旦遭遇洪水漫顶过流,散粒体材料胶结性能差,难以抵抗水流冲刷,极易发生溃决,成为新时期制约淤地坝建设发展的重要技术瓶颈。

其次,淤地坝设计标准总体较低。第一,目前淤地坝工程套用小型水库的设计标准,一般大型淤地坝为30~50年一遇,中小型淤地坝为10~30年一遇,淤地坝的防洪标准总体偏低,整体防洪能力较弱;第二,淤地坝作为一项重要的水土保持工程措施,在我国各类水利工程的建设发展过程中,虽然发挥了重要的作用,却一直"出身贫寒",在工程建设管理中受工程的投资和技术限制,淤地坝大多未设溢洪道等泄流建筑物,发生超标准洪水时存在防洪安全隐患,甚至存在溃决风险;第三,淤地坝工程控制流域面积较小,大多位于黄土高原地区,容易发生局部暴雨引起的超标准洪水,超标准洪水已成为导致淤地坝水毁甚至溃决的最主要因素;第四,淤地坝的布设多表现为串联的坝系组成特点,往往上游坝溃决,会引起连锁溃坝,直接威胁着人民群众的生命财产安全。

所以,淤地坝溃决风险高已成为制约淤地坝建设发展的重要原因。因超标准洪水导致的淤地坝水毁、溃决、连锁溃坝等事件时有发生。1994年7~8月陕北多次发生百年一遇以上暴雨,超标准的暴雨洪水造成中小型淤地坝发生漫顶垮坝;2012年7月15日,陕西省绥德县韭园沟流域发生暴雨,暴雨频率为83年一遇,共有9座中小型淤地坝水毁,其中3座最终发生漫顶垮坝;2016年8月16~18日,鄂尔多斯市局部地区发生特大暴雨,最大24 h降雨量404 mm,超过各级淤地坝防洪标准,导致洪水漫坝而过,共造成达拉特旗西柳沟和罕台川2个流域19座淤地坝垮坝(含12座骨干坝),占该区域淤地坝总数的11%。不从根本上解决淤地坝设计洪水问题,超标准洪水始终存在,无法解决淤地坝溃坝问题。

1.5.2.2　管护压力大

近年来,淤地坝工程的安全运用和防护管理对当地防汛部门提出了非常高的要求。水利部相继制定并出台了《关于进一步加强黄土高原地区淤地坝工程安全运用管理的意见》《黄土高原地区淤地坝工程安全度汛监督检查实施方案(办法)》等,其中提出淤地坝工程数量大,多建于20世纪六七十年代,建设标准低,泄洪设施不完善,安全度汛风险较大,工程在运行管理中存在管理责任主体不明确、"三个责任人"落实不到位、防汛预案针对性不强、管理经费不落实、运行管理薄弱等影响安全的突出问题,并针对有关问题对淤地坝的安全运用管理提出了非常高的要求。组织开展"四不两直"暗访督查,针对督查发现的问题,水利部印发了"一省一单",责成7省(区)水利厅组织有关单位建立问题台账,限期整改到位,同时要求举一反三,认真检视辖区内淤地坝安全运用管理方面存在的问题,及时采取有效措施,消除安全隐患,按照"责任追究标准"对有关省区进行问责,将淤地坝安全度汛压力传导给了各级有关责任单位和个人。

目前,黄河流域分布有淤地坝58 776座,分布范围广,位置偏远,交通不便。按照淤地坝的安全运用管理要求,防汛管理部门需要经常进行排查、巡检,且淤地坝均为土质坝坡,遇暴雨时极易损坏,在日常运行中由于缺乏管养经费,很多损毁破坏难以得到及时修复,积患成灾的情况普遍存在,随着水利工程强监管的逐步落实,淤地坝防汛要求每座坝落实"三个责任人"。因此,淤地坝的管护压力大,管护成本高,防汛监管任务越来越艰巨,淤地坝防汛已经成为地方各级主管部门的一大难题,极大地抑制了地方建设淤地坝的热情,制约了淤地坝的建设,影响了淤地坝工程效益的发挥。

1.5.2.3　拦沙不充分

按照传统淤地坝设计运用理念,若淤地坝设置溢洪道,则需预留校核标准洪水经溢洪道泄流调蓄后所需的滞洪库容用于保证坝体自身的防洪安全,而对于不设置溢洪道的淤地坝,则是按照全部拦蓄校核标准的洪水所需的滞洪库容用于保证坝体自身的防洪安全,其所需的滞洪库容更多,导致淤地坝工程规模更大,滞洪库容是为了坝体自身防洪安全而设置的,不可用于拦淤泥沙。

据统计,现存骨干坝共计5 621座,其中,共设置滞洪库容22.4亿 m^3,占骨干坝总库容56亿 m^3 的40%,该滞洪库容部分长期空置,见图1-4。根据淤地坝的设计功能,该部分库容是用于保障在遭遇标准内洪水时坝体的防洪安全所用,不能用来拦沙,不可发挥拦沙作用。因此,从传统淤地坝的设计运用理念上讲,其库容设计中用于拦沙库容比例较低,导致传统淤地坝存在拦沙不充分问题。

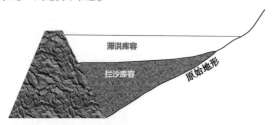

图1-4　淤地坝库容分布示意图

综上所述,传统淤地坝存在溃决风险高、管护压力大、拦沙不充分"三大痛点",导致黄土高原拦沙防线脆弱、"头顶库"防洪风险大等一系列问题。

(1)拦沙防线失守,治理成效不保。

构筑长期稳定的淤地坝系是拦减入黄泥沙、保持水土流失治理成效的关键。淤地坝大面积溃决后,淤沙释放,侵蚀基准面降低,沟道侵蚀动力恢复,治理成效大打折扣。例如,1977年7～8月,黄河中游3次大暴雨洪水致陕甘晋3省13县淤地坝水毁率达53.2%,坝地水毁率达50.6%,进入河道泥沙增加50%。在淤地坝"淤满"退出后,问题依然存在,如陕西省吴起县印崂子淤地坝"淤满"后,1992年遭遇超标准洪水溃坝,未及时维修,至1994年坝体冲毁一大半,前期拦蓄的百万立方米泥沙重返河道,几十年治理成效付诸东流。

（2）溃坝洪水梯级叠加，"头顶库"防洪风险大。

黄土高原淤地坝累计库容 110 亿 m³，位于洪水泥沙汇集的主要通道，在拦截泥沙的同时也会蓄滞洪水，形成高风险"头顶库"。溃坝洪水叠加，逐级放大，往往诱发严重的洪水灾害。例如，1977 年 8 月，孤山川超标暴雨洪水致 600 多座库坝冲毁 500 多座，溃坝洪水叠加暴雨洪水，使洪峰流量增加近 50%，形成了 10 300 m³/s 历史最大洪水，致使府谷县和保德县城一片汪洋；1977 年 7 月，延河流域特大暴雨洪水致延安 6 446 座库坝冲毁 3 869 座，溃坝洪水叠加暴雨洪水，使洪峰流量增加近 1 倍，形成了 9 050 m³/s 历史最大洪水，河道洪水位暴涨 20~30 m，延安城区水深达 4~8 m，损失巨大。

淤地坝"三大痛点"及其导致的系列问题使得淤地坝系综合效益不能得到充分发挥，主要归因于淤地坝为均质土坝，抵御洪水能力低，易漫顶溃决，且常诱发坝系连溃。如何实现淤地坝漫顶不溃，是当前淤地坝建设发展亟待解决的重要问题。

1.6　主要研究内容及创新点

1.6.1　本书主要研究内容

本书介绍了高标准免管护生态淤地坝理论技术体系，创新淤地坝设计运用理念，构建高标准免管护生态淤地坝设计施工成套技术；发展了小流域 PMF 估算方法，提出淤地坝水文计算新方法，突破黄土高原地区小流域高含沙 PMF 估算技术；研发了新型黄土固化剂，用于固化黄土，制成黄土固化新型材料，具有较高的强度和良好的耐久性，解决水泥等传统固化材料不能适用于固化黄土的难题，可就地取材选用当地黄土掺和固化剂作为免管护淤地坝新结构的填筑材料，针对坝工设计与施工、水文计算、免管护新材料等内容全面进行技术创新。本书研发成果可成功解决淤地坝坝身过流的技术难题，实现淤地坝防溃决、免管护、多拦沙等目标，最终将助力黄河流域生态保护和高质量发展。本书研究的高标准免管护新型淤地坝理论技术体系主要包括以下内容：

（1）淤地坝水文计算新方法。基于免管护淤地坝防溃决的思想，将可能最大洪水计算方法引入淤地坝水文计算中，从边界外包的角度推求出流域的近似上限洪水，并考虑上游洪水组成等因素，通过暴雨模式设计和产洪产沙规律分析等，推求可能最大洪水泥沙，可定量计算出影响坝身过流安全的暴雨洪水上限。

（2）黄土固化新材料。研制了新型黄土固化剂，具有较高的强度和良好的耐久性，解决了水泥等传统固化材料不能很好地固化黄土的世界性难题，为免管护淤地坝就地取材选用黄土作为新结构填筑材料创造了技术解决方案。将黄土、黄土固化剂和细砂按照一定比例掺和制成的淤地坝防冲刷保护层，7 d 无侧限抗压强度可以达到 8.7 MPa，5 d 吸水率为 4.01%，冻融 30 个循环后强度损失率为 23.3%，总体强度和耐久性可以满足淤地坝下游坝面防护要求。

（3）新型复合坝工结构。多数中小型淤地坝没有溢洪道，大型淤地坝虽然有溢洪道，但受全球气候变化影响，近几年局部极端天气频发，大坝漫顶时有发生，淤地坝仍然面临较大的漫顶溃坝风险。本书在总结已有过水土坝成功经验的基础上，提出了基于固化黄土材料的新型坝工结构,明确了防冲刷保护层的布置原则,给出了过水土坝的水力计算和稳定计算方法,建立了不同条件下抗冲刷结构防护体系,实现土坝过流,保证漫顶条件下淤地坝"漫而不溃"或"缓溃"。

(4)新型淤地坝施工成套新技术。根据不同设计工况,开展了黄土固化防护层施工工程模拟试验,设计研发了淤地坝小坡面固化土防冲刷保护层快捷施工工艺及集"拌和、摊铺、碾压"等施工全过程一体化组合式成套设备,实现了固化土防冲刷层施工高效、成本低廉的工程化应用。

1.6.2　主要创新点

本研究创新点主要有以下几点:

(1)PMF 估算技术在重要水利水电工程和核电工程中有较多应用,但针对黄土高原地区小流域淤地坝的水文计算,尤其是考虑高含沙的 PMF 估算技术尚属空白,本书提出了小流域高含沙可能最大洪水计算方法。

(2)研制的新型黄土固化剂具有较高的强度和良好的耐久性,解决了水泥等传统固化材料不能很好地固化黄土的世界性难题,为免管护淤地坝就地取材选用黄土作为新结构填筑材料创造了技术解决方案。

(3)提出了基于固化黄土材料的新型坝工结构,明确了防冲刷保护层的布置原则,给出了过水土坝的水力计算和稳定计算方法,建立了不同条件下抗冲刷结构防护体系。

(4)设计了固化土防冲刷保护层"修→拌→铺→平→压→养"施工工序,构建了"静-振"结合交互式斜坡碾压方式,发明了淤地坝小坡面固化土防冲刷保护层快捷施工工艺,发明了"拌和、摊铺、碾压"等施工全过程一体化组合式成套设备,实现了固化土防冲刷层施工高效、成本低廉的工程化应用。

参 考 文 献

[1] 艾开开. 黄土高原淤地坝发展变迁研究[D].咸阳:西北农林科技大学, 2019.
[2] 安娜. 浅谈黄土高原丘陵沟壑区的淤地坝建设[J]. 科技资讯,2011(4):108.
[3] 安阳,付明胜. 浅析淤地坝工程设计及改进[J].陕西水利,2012(3):157-158.
[4] 白晓刚,康瑞敏. 黄土高原地区淤地坝建设的地位及发展思路[J]. 山西水土保持科技,2010(3):6-8.
[5] 曹文洪,胡海华,吉祖稳.黄土高原地区淤地坝坝系相对稳定研究[J].水利学报,2007,38(5):606-610.
[6] 常茂德,郑新民,王英顺,等.黄土丘陵沟壑区小流域坝系相对稳定及水土资源开发利用研究[M].郑州:黄河水利出版社,2007.
[7] 畅春辉.黄土高原地区淤地坝建设前景展望[J].山西水土保持科技,2011(1):31-33.
[8] 车璐炜.武山县张家沟淤地坝运行管理存在的问题和解决办法[J].现代农业,2020(9):76-77.
[9] 陈广宏.宁夏淤地坝建设的成效与经验[J].中国水土保持,2005(4):36-37.
[10] 陈瑞东.黄土区淤地坝渗流稳定分析及其防渗设计对比研究[D].咸阳:西北农林科技大学,2018.

[11] 陈晓梅,杨惠淑.淤地坝的历史沿革[J].河南水利与南水北调,2007(1):65-66.

[12] 陈祖煜,李占斌,王兆印.对黄土高原淤地坝建设战略定位的几点思考[J].中国水土保持,2020
(9):32-38.

[13] 程平福.淤地坝防汛与安全度汛[J].中国水土保持,2020(8):7-9.

[14] 程正学.马建小流域淤地坝建设现状及经验分析[J].农业科技与信息,2011(10):43-44.

[15] 崔亦昊,谢定松,杨凯虹,等.淤地坝坝面过水试验研究[J].中国水利水电科学研究院学报,
2006,4(1):42-46.

[16] 党维勤,党恬敏,高璐媛,等.黄土高原淤地坝及其坝系试验研究进展[J].人民黄河,2020,42
(9):141-145.

[17] 党维勤,郝鲁东,高健健,等.基于"7·26"暴雨洪水灾害的淤地坝作用分析与思考[J].中国水
利,2019(8):52-55.

[18] 党维勤,王晓,马三保,等.黄土高原小流域坝系监测方法及评价系统研究[M].郑州:黄河水利
出版社,2008.

[19] 党维勤.黄土高原小流域坝系评价理论及其实证研究[M].北京:中国水利水电出版社,2011.

[20] 丁红春.田家沟淤地坝运行管理模式与成效[J].中国水土保持,2010(10):53-54.

[21] 段金晓.淤地坝不同淤积程度对水动力过程影响模拟研究[D].西安:西安理工大学,2019.

[22] 段菊卿.小流域淤地坝建设的水土保持效益浅析[J].水土保持研究,2012,19(1):144-147.

[23] 高雅玉,田晋华,李嘉楠.基于水土资源高效利用的淤地坝建设潜力分析[J].人民黄河,2019,
41(9):102-105.

[24] 高哲.称钩河坝系拦沙数量来源及淤地坝除险加固分析[D].兰州:甘肃农业大学,2018.

[25] 缑锋利.延安地区小流域淤地坝工程设计与实践[D].西安:西安建筑科技大学,2012.

[26] 谷黎明.淤地坝蓄水运行黏土防渗改造与渗流分析[D].太原:太原理工大学,2019.

[27] 韩彧.榆林市淤地坝管理现状研究[D].咸阳:西北农林科技大学,2017.

[28] 何兴照,喻权刚.黄土高原小流域坝系水土保持监测技术探讨[J].中国水土保持,2006(10):
11-13.

[29] 胡中生.庆阳市淤地坝坝系工程水资源利用途径探析[J].甘肃农业,2014(23):86-87.

[30] 黄河上中游管理局.黄土高原淤地坝安全运用管理探讨[J].中国水土保持,2020(10):27-29.

[31] 黄河上中游管理局.淤地坝概论[M].北京:中国计划出版社,2004.

[32] 黄自强.黄土高原地区淤地坝建设的地位及发展思路[J].中国水利,2003(17):8-11.

[33] 惠波,王答相,张涛.关于新时期黄土高原地区淤地坝建设管理的几点思考[J].中国水土保持,
2020(2):23-26.

[34] 惠波,王志雄,惠露,等.关于黄土高原地区淤地坝降等、销号、报废的思考[J].中国水土保持,
2018(11):1-2.

[35] 惠波.黄土高原小流域淤地坝系淤积特征及其生态效应研究[D].西安:西安理工大学,2015.

[36] 姬文娜.府谷县老维梁淤地坝除险加固效益探讨[J].陕西水利,2020(9):266-267.

[37] 贾锋,赵俊峰.陕北淤地坝管理运用的经验、问题及对策[J].中国水土保持,1994(11):44-46.

[38] 姜峻,都全胜.陕北淤地坝发展特点及其效益分析[J].中国农学通报,2008(1):503-509.

[39] 蒋耿民.淤地坝坝系工程总体布局综合评价指标体系及模型研究[D].咸阳:西北农林科技大学,
2010.

[40] 寇志强,申军,白云鹏.关于淤地坝工程管护的思考[J].现代农业,2007(10):66-67.

[41] 李彬权,朱畅畅,梁忠民,等.淤地坝拦蓄作用下的产流阈值估算[J].水电能源科学,2019,37
(8):11-13.

[42] 李国相. 西吉县淤地坝工程建设现状与分析[J]. 价值工程,2012,31(27):68-69.

[43] 李金玉,荆振民. 坝地盐碱化的防治[J]. 人民黄河,1980,2(3):60-66.

[44] 李靖,秦向阳,柳林旺. 国内小流域综合治理规划方法刍议[J]. 水土保持通报,1995,15(3):8-11.

[45] 李靖,郑新民. 淤地坝拦泥减蚀机理和减沙效益分析[J]. 水土保持通报,1995,15(2):33-37.

[46] 李勉,杨剑锋,侯建才. 王茂沟淤地坝坝系建设的生态环境效益分析[J]. 水土保持研究,2006(5):145-147.

[47] 李勉,姚文艺,史学建. 淤地坝拦沙减蚀作用与泥沙沉积特征研究[J]. 水土保持研究,2005,12(5):111-115.

[48] 李世武,常战怀,寇俊峰,等. 淤地坝在陕北经济建设中的地位和作用[J]. 中国水土保持,1994(11):26-28.

[49] 李涛. 新时期陕西省淤地坝建管探讨[J]. 中国水土保持,2020(7):11-12.

[50] 李想. 基于物联网的土质淤地坝监测预警系统[D]. 太原:太原理工大学,2018.

[51] 李晓坚. 山西省淤地坝运行管理现状分析[J]. 中国水土保持,2011(6):44-45.

[52] 李晓兰. 称钩河流域水土保持监测和坝系工程建设评价[J]. 中国水土保持,2012(11):58-60.

[53] 李晓霞. 甘肃省黄土高原地区淤地坝安全运用对策探讨[J]. 中国水土保持,2012(6):23-24.

[54] 李占斌. 小流域淤地坝坝系防洪风险评价技术[M]. 北京:科学出版社,2018.

[55] 蔺明华,朱明绪,白风林,等. 小流域坝系优化规划模型及其应用[J]. 人民黄河,1995,17(11):29-33.

[56] 刘汉喜,田永宏,程益民. 绥德王茂沟流域淤地坝调查及坝系相对稳定规划[J]. 中国水土保持,1995(12):16-19.

[57] 刘家宏,王光谦. 基于数字流域的淤地坝减水减沙效果模拟[J]. 中国水土保持,2006(9):20-22.

[58] 刘蕾,李庆云,刘雪梅,等. 黄河上游西柳沟流域淤地坝系对径流影响的模拟分析[J]. 应用基础与工程科学学报,2020,28(3):562-573.

[59] 刘晓燕. 黄河近年水沙锐减成因[M]. 北京:科学出版社,2016.

[60] 刘雅丽,王白春. 黄土高原地区淤地坝建设战略思考[J]. 中国水土保持,2020(9):48-52.

[61] 卢天杰,程国旗,白丽,等. 混凝土面板堆石坝的特性及其发展[J]. 山西水利科技,1999(S1):16-17.

[62] 路晓刚,邱城春. 淤地坝在生态建设中的重要作用[J]. 青海环境,2006(3):112-113.

[63] 马宁,朱首军,王盼. 陕北大、中型淤地坝现状调查与分析[J]. 水土保持通报,2011,31(3):155-160.

[64] 马宁. 陕北淤地坝现状调查与效益评价[D]. 咸阳:西北农林科技大学,2011.

[65] 秦鸿儒,孙浩,刘正杰,等. 2013 年暴雨过程中黄土高原淤地坝受损原因分析及建议[J]. 中国水土保持,2014(3):22-24.

[66] 冉大川,罗全华,刘斌,等. 黄河中游地区淤地坝减洪减沙及减蚀作用研究[J]. 水利学报,2004,35(5):7-13.

[67] 史红艳. 黄土高原淤地坝防汛监控预警系统建设展望[J]. 中国防汛抗旱,2019,29(3):16-19.

[68] 史学建,付明胜,左仲国,等. 小流域坝系相对稳定研究[M]. 郑州:黄河水利出版社,2009.

[69] 水利部关于进一步加强黄土高原地区淤地坝工程安全运用管理的意见[J]. 中华人民共和国国务院公报,2019(21):70-72.

[70] 水利部关于进一步加强黄土高原地区淤地坝工程安全运用管理的意见[J]. 中华人民共和国水利部公报,2019(2):1-3.

[71] 宋建军,肖金成,刘通. 黄河大保护应做好黄土高原生态治理——基于陕北生态保护和淤地坝建设的调研[J]. 宏观经济管理,2020(7):30-36.

[72] 唐鸿磊. 淤地坝全寿命周期内的流域水沙阻控效率分析[D]. 杭州:浙江大学, 2019.

[73] 田杏芳,柏跃勤,张丽,等. 淤地坝试验研究[M]. 北京:中国计划出版社,2005.

[74] 宛士春,刘连新,宛玉晴. 非线性规划在坝系优化规划中的应用[J]. 武汉水利电力大学学报,1995,28(3):260-266.

[75] 宛士春,刘连新,严鹏,等. 黄土丘陵沟壑区第四副区治沟骨干工程总体布局及坝系优化规划研究[J]. 青海大学学报(自然科学版),1995,13(2):36-44.

[76] 汪习军,王英顺. 小流域坝系工程建设可行性研究报告编制实务[M]. 郑州:黄河水利出版社,2010.

[77] 汪自力,张宝森,刘红珍,等. 2016年达拉特旗淤地坝水毁原因及拦沙效果[J]. 水利水电科技进展,2019,39(4):1-6.

[78] 王博. 黄土高原淤地坝施工技术、质量控制与运行安全保障措施[D]. 西安:西安理工大学,2007.

[79] 王丹,哈玉玲,李占斌,等. 宁夏典型流域淤地坝系运行风险评价[J]. 中国水土保持科学,2017,15(3):17-25.

[80] 王建荣. 坝地盐碱化防治探讨[J]. 山西水土保持科技,1996(4):19-20.

[81] 王理想,何影. 淤地坝工程可持续能力评价[J]. 华北水利水电学院学报,2013,34(2):43-47.

[82] 王楠,陈一先,白雷超,等. 陕北子洲县"7·26"特大暴雨引发的小流域土壤侵蚀调查[J]. 水土保持通报,2017,37(4):338-344.

[83] 王培元,于德广. 关于淤地坝建设的几个问题[J]. 中国水土保持,1987(4):18-19.

[84] 王晓华. 陕北黄土高原地区淤地坝建设与维护探讨[J]. 陕西水利,2014(6):98-99.

[85] 王焱,纪咏贵,周艳梅,等. 榆阳区淤地坝工程建设中存在的问题及对策[J]. 科技致富向导,2013(24):223.

[86] 王玉. 黄土高原淤地坝的建设与发展初探[J]. 农业技术与装备,2009(10):21-23.

[87] 吴凯,殷会娟,何宏谋,等. 基于水文连通特征的黄土高原淤地坝系水资源挖潜调控利用体系[J]. 应用基础与工程科学学报,2020,28(3):717-726.

[88] 席国珍,董俊天. 关于淤地坝管护的思考[J]. 中国水土保持,2005(8):30-31.

[89] 肖金成,宋建军,刘通,等. 淤地坝是黄河治理的"牛鼻子"[J]. 中国投资,2020(3):80-83.

[90] 谢畅. 淤地坝在山西水土流失治理中的作用与效益[J]. 中国水土保持,2014(12):60-61.

[91] 熊贵枢. 黄河流域水利水保措施减水减沙分析方法简述[J]. 人民黄河,1994,16(11):33-36.

[92] 杨吉山,史学建,左仲国,等. 河南省淤地坝建设与运用情况调查与分析[J]. 中国水土保持,2020(10):10-12.

[93] 杨稳新. 紧抓新时代发展机遇促进陕西淤地坝高质量发展[J]. 中国水土保持,2020(9):68-69.

[94] 姚彦龙. 淤地坝加固除险必要性与对策研究[J]. 中国新技术新产品,2012(9):47.

[95] 陕西省水土保持和移民工作中心. 陕北黄土高原上的亮丽风景[J]. 中国水土保持,2019(10):3-4.

[96] 喻权刚,罗万勤,马安利,等. 淤地坝监测系统建设总体思路[J]. 中国水利,2003(17):81-83.

[97] 喻权刚,马安利,赵帮元. 3S技术在黄土高原水土保持动态监测中的研究与实践[J]. 水土保持研究,2004,11(2):33-35.

[98] 喻权刚,马安利. 黄土高原小流域淤地坝监测[J]. 水土保持通报,2015,35(1):118-123.

[99] 张汉雄. 陕北黄土丘陵区淤地坝的规划和利用模式及效益评价[J]. 水土保持研究,1994,1(1):75-81.

[100] 张红武,张欧阳,徐向舟,等. 黄土高原沟道坝系相对稳定原理与工程规划研究[M]. 郑州:黄

河水利出版社, 2010.

[101] 张江林, 王占花, 王守满. 大通县水土保持淤地坝建设的几点经验[J]. 中国西部科技, 2011, 10 (28):48-49.

[102] 张意奉, 焦菊英, 唐柄哲, 等. 特大暴雨条件下流域沟道的泥沙连通性及其影响因素:以陕西省子洲县为例[J]. 水土保持通报, 2019, 39(1): 302-309.

[103] 张勇. 淤地坝在陕北黄土高原综合治理中的地位和作用研究[D]. 咸阳:西北农林科技大学, 2007.

[104] 张勇. 淤地坝在陕北黄土高原综合治理中地位和作用研究[D]. 咸阳:西北农林科技大学, 2007.

[105] 张忠平. 庄浪县淤地坝建设与管理成效[J]. 中国水土保持, 2013(6): 17-19.

[106] 赵红, 赵忠伟, 陈振华. 淤地坝筑坝规划新技术应用的探讨[J]. 水科学与工程技术, 2008(5): 71-73.

[107] 郑宝明, 王晓, 田永红, 等. 淤地坝试验研究与实践[M]. 郑州: 黄河水利出版社, 2003:3-6.

[108] 支再兴. 淤地坝对沟道水流的调控作用研究[D]. 西安:西安理工大学, 2018.

[109] 中华人民共和国水利部. 水土保持治沟骨干工程技术规范[M]. 北京:中国水利水电出版社, 2003.

[110] 钟少华. 王茂沟流域淤地坝防洪风险评价与除险方法研究[D]. 西安:西安理工大学, 2020.

[111] 朱昌荣, 李菊林. 浅析庄浪县淤地坝建设与管理成效[J]. 农业科技与信息, 2017(14): 32-33.

第 2 章   高标准新型淤地坝设计理论

2.1   基本定义

新形势下,在全面贯彻落实黄河流域生态保护和高质量发展规划纲要及乡村振兴等重大国家战略的背景下,针对传统淤地坝存在的溃决风险高、管护压力大、拦沙不充分等问题,国家不同层面都提出了高标准新型淤地坝的建设发展要求。

水利部作为包括淤地坝在内的水土保持行业主管部门,2020 年,印发了淤地坝最新版本的规范——《淤地坝技术规范》(SL/T 804—2020),为淤地坝的勘测设计及建设运行管理进行了更为全面和详细的规范指导。然而,该规范中未能针对新形势下国家各层面对高标准新型淤地坝的建设管理要求做出相应规定。

黄河水利委员会于 2021 年 4 月 8 日印发了《高标准淤地坝建设管理指南》,指出“高标准淤地坝是适应黄河生态保护和高质量发展需要,在黄土高原沟道重力侵蚀和水土流失严重区域,以小流域为单元,按照整体规划、科学布局、因地制宜、合理配置的原则,建成的工程安全可靠、配套设施齐全、整体环境美观、运行管护到位、综合效益显著的高质量沟道治理工程”,并对工程安全可靠、配套设施齐全、整体环境美观、运行管护到位、综合效益显著等方面的含义进行了阐述。黄委对高标准淤地坝的定义主要是对淤地坝在建设、管理等方面按照规范要求的角度提出的,而规范的前提仍然是现行淤地坝的设计建设理念,也未对新形势下要求的高标准新型淤地坝提出有关定义,但也提出了积极推进“三新”应用的要求。

紧跟新形势下发展需求,深入辨识了传统淤地坝存在的问题,针对新时期黄土高原地区经济社会发展和人民群众生命财产安全对淤地坝降低溃决风险、减轻管护压力、提高拦沙效益、增加蓄水能力等的功能需求,提出了高标准免管护新型淤地坝的有关定义。

高标准免管护新型淤地坝的定义主要聚焦于“防溃决、免管护、多拦沙”,结合部分地区的实际情况还可增加蓄水功能。

2.1.1   防溃决

高标准免管护新型淤地坝首要实现的功能就是防溃决、保安全。高标准免管护新型淤地坝通过采用新材料、新工艺在淤地坝土坝坝身设置防冲刷保护层,增强淤地坝过流坝段的抗冲刷能力,其设计既要符合现行规范要求,又能有效防范“黑天鹅”事件,使得新型淤地坝可在一定标准内实现坝身过流而不致溃决,增强淤地坝遭遇超标洪水时坝体漫顶而不溃或缓溃的能力,具有一定的防溃决功能,可极大地增加对下游人民群众生命财产安全的保障。

2.1.2　免管护

高标准免管护新型淤地坝工程通过新建防冲刷保护层与土坝坝体构成复合坝工结构,其防冲刷保护层结构具有较高的强度和抗冲耐磨性,在有效增加坝体抵抗过流洪水冲刷的同时,还可有效保护原散粒体土质坝体的坝坡,极大地解决传统淤地坝土质坝坡易于遭受暴雨冲蚀和其他破坏的问题。新型复合坝工结构具有工程安全可靠、自身管护压力小的优越性能,若配套智能化的监测设施和规范的管理措施,可进一步减轻管护压力。

2.1.3　多拦沙

高标准免管护新型淤地坝工程通过创新淤地坝运用理念,在保证坝体自身防洪安全的前提下,尽可能不留或少留滞洪库容,从而将滞洪库容部分转换为拦沙库容,可更加充分地实现淤地坝工程的拦沙功能,拦沙淤地效益更加显著。

综上所述,高标准免管护新型淤地坝是指在合理规划、科学布局的前题下,既满足现行规范要求,对正常洪水能完全消纳,遭遇超标洪水时可实现坝身过流而不溃或缓溃,工程综合造价与传统淤地坝相接近,同时根据实际情况,结合当地实际需求还可兼顾蓄水供水和生态功能的淤地坝。

2.2　设计理念

传统淤地坝在工程设计中,考虑与淤地坝规模相匹配的拦沙年限和拦沙库容基础上,再以相应设计标准洪水进行调蓄确定所需滞洪库容用于防御相应标准的洪水,以保证坝体的防洪安全。根据前述章节,采用传统设计理念建设的淤地坝存在溃决风险高、管护压力大、拦沙不充分等问题。

紧紧围绕传统淤地坝存在的三大问题,根据新时期经济社会发展和人民群众生命财产安全对淤地坝降低溃决风险、减轻管护压力、提高拦沙效益、因地制宜地增加蓄水功能等的时代需求,在特小流域高含沙可能最大洪水计算方法、黄土固化剂新型材料、固化黄土防冲刷保护层新型复合坝工结构、黄土固化新材料施工设备及工艺等方面开展了大量研究,提出了高标准免管护新型淤地坝理论技术体系。

高标准免管护新型淤地坝技术创新了淤地坝设计运用理念,见图 2-1,以突破散粒体结构的淤地坝土坝坝身过流技术瓶颈为重要突破点,应用自主研发的黄土固化剂新材料,就地取材利用当地黄土作为主要建设材料并进行固化,于淤地坝坝身设置防冲刷保护层,在极大提升淤地坝土质坝坡防破坏性能的同时,可实现淤地坝坝身过流运用,使得新型淤地坝可在遭遇设计标准内洪水时实现坝身过流而不溃决,在遭遇超标准洪水时也可通过坝身泄流而达到不溃或缓溃,进而可将传统淤地坝为保证工程防洪安全而设置的部分滞洪库容转换为淤沙库容,在同等坝高条件下增加了拦沙库容,在实现同等拦沙能力条件下降低坝体工程规模,从而可在完成传统淤地坝功能的基础上,进一步实现淤地坝防溃决、免管护、多拦沙等优越技术性能,结合实际需求还可兼顾蓄水供水和生态功能,极大地提高了淤地坝的综合效益。

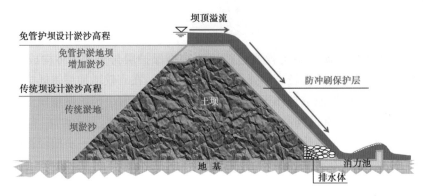

图 2-1　高标准免管护淤地坝结构示意图

2.3　坝系规划

淤地坝建设的主要目的是防洪减沙、拦泥淤地和发展生产,新时期,黄河流域生态保护和高质量发展及乡村振兴等重大国家战略的实施,对淤地坝的建设提出了新的要求,淤地坝蓄水兴利、改善生态等功能的需求越来越强烈。高标准免管护新型淤地坝技术立足于新时期淤地坝综合功能的实现,具有优越的推广应用前景,考虑新型淤地坝技术的应用,在坝系规划中结合黄土高原地区水沙关系协调度的科学研究,对小流域水沙关系协调度进行评价,从改善水系关系协调度的角度,进行淤地坝系的合理规划布设。

2.3.1　小流域水沙关系协调度评价

水沙关系一般是指水沙过程中水量(流量)、沙量(含沙量)、悬移质泥沙颗粒级配的组合搭配关系。水沙关系不协调就会直接影响水流输沙能力,进而导致河道淤积,阻碍河道行洪排沙功能。"水少沙多,水沙关系不协调"是黄河复杂难治的症结所在,也造成了黄河下游河道严重淤积。尽管干流骨干水库在调水调沙方面发挥了巨大作用,特别是1999年小浪底水库下闸蓄水后,1999~2019年下游河道全线冲刷,累计冲刷泥沙30亿 t,河槽平均冲刷下降 2.5 m,最小平滩流量 1 800 m³/s 增加至 4 300 m³/s,对减小洪水漫滩及滩区小水受灾的概率、逐步遏制"二级悬河"的发展等发挥了重要的作用。但是,进入三门峡水库、小浪底水库的水沙关系不协调的本质没有改变,需要采取措施塑造协调的水沙关系。

我们把长时段内维持黄河下游河道(主槽)冲淤平衡的水沙搭配过程称为黄河协调的水沙关系。相应地,黄河水沙关系的协调度也应该相对黄河下游而言。为定量表达黄河不同来源区水沙对黄河下游的协调程度,提出水沙关系协调度的概念,即以某一断面的来沙系数和下游临界来沙系数的比值来表征水沙关系的协调度:

$$C_{un}(i) = -\ln\left(\frac{\varphi_i}{\varphi_T}\right) \tag{2-1}$$

式中　$C_{un}(i)$——某支流的水沙关系协调度,该值小于 0 代表水沙关系相对不协调,大于或等于 0 代表水沙关系相对协调,值越大代表协调度越高;

φ_i——河道实际来沙系数；

φ_T——黄河下游河道冲淤平衡临界来沙系数。

其中,临界来沙系数一般是指相对于河道是否淤积而言的。在相同的条件下,如果进入河道的水沙过程刚好使河道处于冲淤转换的临界状态,则该水沙过程的来水系数就是临界来沙系数。根据实测资料,建立黄河下游来沙系数和河道冲淤效率的相关关系(见图 2-2),分析下游河道冲淤平衡条件下的水沙搭配。由图 2-2 可知,河道冲淤和来沙系数呈正相关关系,说明河道来沙系数大,河道处于淤积状态,水沙关系表现为不协调;反之,若河道来沙系数小,河道处于冲淤平衡状态或冲刷状态,水沙关系表现为协调,河道冲淤平衡的临界来沙系数为 $0.01 \ \mathrm{kg \cdot s/m^6}$。

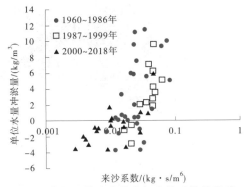

图 2-2　黄河下游冲淤效率与来沙系数的关系

利用 1956~2018 年实测水沙资料,计算出河龙区间各支流的水沙关系协调度,见图 2-3。所有支流的水沙关系协调度均远远小于 0,说明黄河中游各支流水沙关系非常不协调。正是由于中游各支流不协调的水沙入黄,才导致黄河下游来水来沙的水沙关系不协调。

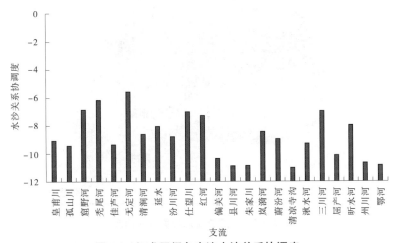

图 2-3　河龙区间各支流水沙关系协调度

选择无定河、泾河流域分析水沙关系协调度的空间分布情况,见图 2-4、图 2-5。可以看出,在地貌条件基本相同的条件下,位于流域出口远端的小流域小支沟的水沙关系协调度相对更低。

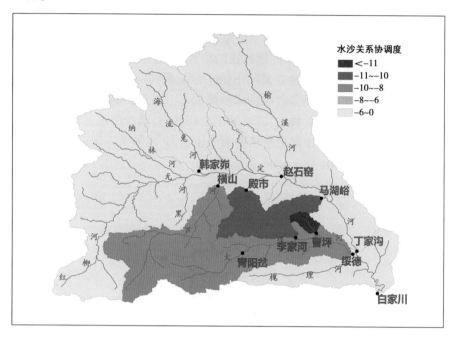

图 2-4 无定河流域水沙关系协调度

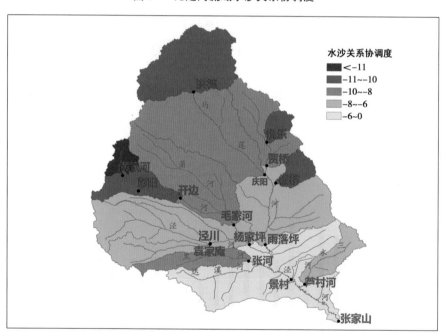

图 2-5 泾河流域水沙关系协调度

对于无定河,干流控制站赵石窑站、丁家沟站、白家川站的水沙关系协调度为−6~
−5,其一级支流大理河的水沙关系协调度较低,为−12~−9,该区位于黄土丘陵沟壑区,其
中又以二级支流控制站曹坪站、李家河站偏低明显,原因在于该区侵蚀模数较大,其侵蚀

模数分别高达 8 010 t/(km²·年)、6 673 t/(km²·年),水沙关系协调度均小于-10。

对于泾河,干流控制站泾川、杨家坪、景村、张家山站的水沙关系协调度为-7~-5,马莲河庆阳以上、蒲河毛家河以上水沙关系协调度较低,在-9 左右,其中洪德、悦乐以上区域侵蚀模数分别高达 8 016 t/(km²·年)、6 995 t/(km²·年),水沙关系协调度均小于-10。

对于黄河而言,支流是黄河水沙的主要来源,特别是黄河中游黄土高原地区。从河潼区间天然径流量来看,来水量占潼关以上来水量不到 35.1%,但来沙量占潼关以上来沙量达到 89.2%。可见,黄河中下游的水沙关系不协调很大一部分原因是主要产沙区的来水来沙本身的水沙关系不协调。一些来沙量较大的支流、支沟,水沙关系不协调特点更为明显。适合建设淤地坝的位置一般主要是小流域、小支沟,具有非常高的水沙关系不协调度。因此,在建设淤地坝的过程中,可以考虑在保证流域水资源总量不变的情况下,拦蓄泥沙和部分水资源,尽淤地坝的最大能力拦沙,仅损失一小部分河川径流量。

2.3.2　坝系规划

2.3.2.1　坝系规划概述

1. 坝系规划的目的及含义

坝系是以小流域为单元,为充分利用水沙资源,在沟道中修建的以防洪、拦泥、淤地、种植生产为主要目的的淤地坝工程体系。对于一个特定的小流域,坝系规划的目的是防治沟谷土壤侵蚀,抬高侵蚀基准,改变沟道侵蚀输沙及淤积的边界条件,有效控制沟谷重力侵蚀、沟床下切、沟岸扩张,确保整个坝系在设计频率的暴雨洪水下安全运行。在超标暴雨洪水情况下尽量减少损失,控制上游及区间来水来沙,利用水沙资源,快速淤地,促进基本农田建设,调整流域土地利用结构。同时改善流域生态环境,促进区域经济开发与工农业生产建设。

坝系规划不是单坝规划的简单集合,而是根据当地自然和社会经济条件(沟道特征、劳力、财力及技术水平等),按照各种工程的不同作用和功能,以小流域为单元,从实际出发,因地制宜,因害设防,大、中、小型坝科学布设,干支沟、上下游系统优化,充分考虑生态效益,突出经济效益,兼顾社会效益,从而形成沟道水土流失防治体系,提高流域整体防洪拦泥能力,促进沟道水土资源的有效利用,实现坝系相对平衡和效益的可持续发挥。

2. 坝系规划分类

坝系规划按照工程作用和规划范围,有不同的分类体系。

1) 按工程作用分类

按照在水土保持中所起的不同作用,坝系规划分为骨干工程(骨干坝)规划、中小型淤地坝规划、小塘坝规划。骨干坝在坝系中主要功能是防洪安全和保障下游中小型淤地坝安全生产,所以规划以均衡分担流域设防标准洪水和蓄滞校核标准洪水确定布设数量、位置的实施方案。中小型淤地坝即生产坝,在坝系中的作用主要是实现坝地保收和流域水沙相对稳定,因此规划以多淤地和快速形成坝系确定布设数量和实施方案。小塘坝在坝系中以水资源利用为主要目的,其规划是以合理的位置和规模,通过提高水资源利用率来确定布设数量、位置的实施方案。

2)按规划范围分类

根据规划范围的大小不同,坝系规划分为区域规划、支流规划、小流域规划。区域规划以行政区或特定区域作为规划范围,包括省级规划、县级规划及跨省、跨县规划等;支流规划多以大江大河的一级支流水系或具有某一重要意义的多个支流区间进行,其规划范围面积一般在 1 000 km² 以上;小流域规划多以支流水系 50~100 km² 流域面积范围进行,它是区域规划和支流规划的组成单元。区域规划、支流规划、小流域坝系规划都是由骨干坝规划、中小型淤地坝规划、小塘坝规划三者组成的。根据规划工作深度的不同,区域规划和支流规划多为宏观规划,主要作为一个时期国家行业建设宏观决策的依据;小流域坝系规划则为实施规划,具有可操作性,一般情况下可作为工程建设的具体实施依据。同时,典型小流域坝系规划又是区域规划和支流规划的基础。因此,小流域坝系规划是淤地坝规划的基本单元规划。

2.3.2.2　区域及支流坝系规划

区域及支流坝系规划一般范围广、面积大,是以某一自然地理单元、某一行政区或某一流域(片)为对象而进行的规划,规划的重点是确定淤地坝的规模数量、建设布局、实施计划安排等。

1.区域及支流坝系规划的作用

1)为国家宏观决策提供科学依据

开展淤地坝工程建设是经济社会发展的重要组成部分。但其建设规模、建设的重点区域、具体布局和投资等,均需要科学合理的规划,做出科学的论证分析,并确定出定量的技术经济指标,为上级领导宏观决策提供科学依据。

2)有利于处理好整体与局部的关系,为区域生态建设、大江大河治理提供科学依据

区域及支流坝系规划一般解决方向性、战略性问题,将一个区域、流域作为一个整体进行规划,有利于协调地区间、上下游、左右岸之间的相互关系,有利于分清轻、重、缓、急,处理好整体与局部、长远与眼前的利益关系。通过规划,确定科学合理的淤地坝规模数量、布局方案等,为区域生态建设、大江大河治理提供科学的实施依据。

3)对小流域坝系规划具有一定的指导意义

区域及支流坝系规划是以典型小流域坝系规划为基础,又是小流域坝系规划的主要依据,对小流域坝系规划具有指导意义。小流域坝系规划要符合区域及支流坝系规划的总体要求。

4)为淤地坝建设提供科学依据

淤地坝工程建设要以支流为框架、小流域为单元,按坝系进行科学论证,优化布设。区域及支流淤地坝规划确定了宏观方向和总体布设原则及要求,避免了工程建设过程中的随意性和盲目性。通过规划,淤地坝建设才能科学有序地进行。

2.区域及支流坝系规划的原则

区域及支流坝系规划应以党和国家的大政方针为指导,结合本区域、本支流经济、社会、生态发展的总体规划,通过坝系建设,拦沙蓄水淤地,有效利用和保护水土资源,建设高产稳产基本农田,为农业增产、农民增收、农村经济发展创造条件。其规划原则是:

(1)坚持以水土流失重点区为核心,统筹安排淤地坝建设。

（2）坚持水土资源优化配置、有效利用和节约保护。

（3）坚持与区域经济和社会发展相结合,生态效益、社会效益、经济效益相统一。

（4）坚持以建设管理体制与机制的创新,促进坝系的健康发展。

（5）坚持因地制宜、科学布局。

（6）坚持与综合治理措施相结合。

3. 区域及支流坝系规划的内容

区域及支流坝系规划的主要内容包括前期准备、确定规划目标、确定建设规模等,具体如下。

1）前期准备

区域及支流坝系规划由于范围面积较大,在收集现有成果资料的基础上,应选择有代表性的小流域进行典型调查,掌握第一手资料,资料是否完整直接关系到最终规划成果的质量。

基础资料包括:规划区的自然条件、社会经济条件、水土保持治理现状和淤地坝建设方面的资料等。基础资料应按流域、水土保持类型区、省(区),采用点面结合与综合分析法进行系统整理,摸清规划区的基本情况、存在的主要问题。在此基础上选择有代表性的典型小流域,详细调查流域内地形地貌、沟道特征、水文气象、土壤植被、自然资源等自然条件资料;人口、劳力、土地利用、工农业生产、群众生活、交通等社会经济资料;水土流失、水土保持生态建设、坝系建设等方面的资料;流域沟道淤地坝科研、试验、规划、设计等方面的成果资料和基础图件,为开展规划提供技术依据。

2）确定规划目标

区域及支流坝系规划总目标是改善生态环境、促进国民经济发展。具体目标包括减沙目标、淤地目标、生产利用目标等,首先要符合国民经济和社会发展的方针政策及上一级区域坝系建设规划和水土保持生态环境建设规划的总体要求;其次要结合当地实际,根据存在的主要问题,实事求是地确定规划目标,做到因地制宜,因害设防,充分利用水沙资源,发挥其效益。对于水土流失严重、土地资源缺乏地区,坝系规划应以防洪拦泥淤地、发展基本农田为主要目标;对于水资源缺乏地区,应以拦蓄洪水、发展灌溉、解决人畜饮水为主要目标。

3）确定建设规模

坝系的建设规模与小流域地形地貌、土壤侵蚀程度密切相关,沟壑密度越大,侵蚀模数越高,可布设淤地坝数量就越多。在实际规划中,选择具有代表性的典型小流域进行坝系规划,根据规划结果,推算区域及支流淤地坝的建设规模,经综合分析,最终确定区域、支流的淤地坝建设规模。具体步骤如下:

（1）按照地形地貌、沟道特征、产流产沙、社会经济状况等进行类型区划分。

（2）按不同类型区实地调查土壤侵蚀方式,收集土壤侵蚀观测资料,并进行统计分析,确定各类型区多年平均侵蚀模数。

（3）根据各类型区土壤侵蚀面积和多年平均侵蚀模数,计算出各类型区的多年平均侵蚀量。

（4）在各类型区选择典型小流域,进行实地勘测,确定各类型区淤地坝的布坝数量、布坝密度,骨干坝与中小型淤地坝的配置比例。

(5)根据典型小流域坝系建设规模,推算各类型区大、中、小型淤地坝的可建数量,骨干坝单坝控制面积,防洪库容,中小型淤地坝单坝平均拦泥库容。汇总各类型区淤地坝的建设数量,经分析论证和综合平衡,确定坝系建设总规模,以及骨干坝与中小型淤地坝配置比例。

4)确定淤地坝建设布局

根据区域差异特征,将规划区域划分成若干个土壤侵蚀类型区、行政区(片)或小流域;根据其水土流失特点、建坝条件、社会经济状况和发展目标,分别确定坝系的建设规模、配置比例和规划布局方案。总的原则是因地制宜,因害设防,先易后难,突出重点,兼顾一般。

此外,坝系规划布局还应考虑行政单元的完整性,以便实施。大区域、大流域一般以县为单元。沟道坝系要以骨干坝为主体,中小型淤地坝合理配置,形成高起点、高质量、高效益的坝系建设格局。

5)制订实施计划

区域及支流坝系规划范围较大,计划安排不可能具体到每一座坝,而是根据轻重缓急,分类型区、行政区(片)或小流域制订实施计划。近期实施计划应详尽,远期计划可适当粗略。

6)投资估算与资金筹措

本着实事求是、科学合理的原则编制投资估算。坝系建设是一项社会公益性事业,所规划实施的区域一般是贫困地区,地方财政困难,群众生活贫困,地方资金匹配和群众自筹能力很差。因此,为确保工程建设的顺利实施,编制投资估算应遵循国家、地方和群众共同投资,以国家投资为主的原则。

7)经济评价

采用定性和定量分析的方法,分析计算规划实施后预期达到的生态效益、经济效益和社会效益。淤地坝属水土保持生态工程,应从国民经济发展的角度评价工程建设对促进国民经济发展的作用及工程规划的合理性。评价依据一般采用《水利建设项目经济评价规范》(SL 72—2013)及《水土保持综合治理效益计算方法》(GB/T 15774—2008)。

8)建立坝系建设与运行管理机制

在调查坝系建设和运行管理的成功经验和存在问题的基础上,紧密结合本地区实际,制订坝系工程建设和运行管理方案,提出坝系工程建设的管理机构,拟定建设期的管理办法和运行期的管理机制。

根据国家现行有关社会公益性项目的管理要求,建立淤地坝工程建设管理体制时,应注意以下几点:

(1)加强行业管理,实行统一规划。

(2)严格基建程序,实行基本建设"三项制度"。

(3)流域管理与行政区域管理相结合。

(4)中央资金管理,严格执行国库集中支付制度。

9）拟定规划保障措施

（1）列入国家基本建设计划。坝系工程在防洪拦泥减沙、控制水土流失、改善当地生产生活条件和生态环境等方面有着巨大的作用，对大江大河的长治久安有着重要影响，可促进黄土高原地区全面建设小康社会。因此，应将坝系建设列入国家基本建设计划进行实施。

（2）优惠政策。淤地坝效益显著、影响范围广、利用时效长，其经济效益具有一定的滞后性，为调动地方政府和人民群众建坝和管坝的积极性，国家或地方政府应制定优惠政策，加速坝系的发展。

（3）落实管护责任。工程管护是坝系规划的重要内容之一。工程建成后，当地政府负责落实管护责任，并坚持"谁受益、谁管护"的原则，确保工程的正常运行和综合效益正常发挥。

（4）加强科学研究。针对坝系工程建设中的关键问题，有目的、有计划地设立科学研究和科技攻关项目，引进和推广淤地坝建设先进技术，提高淤地坝建设的科技含量，保证工程质量，降低工程投资，加快建设进度，发挥其规模效益。

4. 区域及支流淤地坝规划的方法

1）逐级汇总法

将区域或支流划分为不同的类型区、行政区（片）和小流域，分别按小流域进行坝系规划，自下而上汇总。对汇总成果再进行自上而下平衡、补充调整，考虑全局，增补大型控制性骨干工程，形成比较翔实和全面的科学规划。

逐级汇总法适用于范围不太大、类型较为简单，且过去已有一定的规划成果资料，规划基础较好的地区。

2）典型推算法

（1）按照自然条件（包括水土流失特点、产流产沙特性、流域沟道特征等）和经济社会发展要求（对坝系生态农业可持续发展要求），将区域或支流划分为若干类型区。

（2）在每个类型区选择具有代表性的典型小流域进行坝系规划。

（3）根据小流域坝系规划成果，采用"以点推面"的方法推算每个类型区淤地坝工程建设规模，包括工程控制面积、各类型坝的数量与配置比例、技术经济指标等。

（4）将各类型区进一步汇总形成区域及支流淤地坝工程总体规划。

典型推算法的关键技术是进行类型区划分和选择具有代表性的典型小流域，并对小流域进行坝系规划。这种方法一般应用于规划范围较大、类型较为复杂，且过去规划成果资料较少的地区。

（5）以类型区、行政区（片）和小流域为单元，制订坝系建设实施计划。

（6）进行投资估算、效益分析、经济评价。

2.3.2.3　小流域坝系规划

小流域是一个完整的自然集水单元，是组成流域或支流的基本单元，其面积一般为 $30 \sim 100 \ km^2$。坝系是指以小流域为单元，合理布设骨干坝和中小型淤地坝等工程，以提高流域整体防洪能力，有效开发和利用水土资源而建设的沟道工程防治体系。

小流域坝系规划是以小流域为范围编制的淤地坝规划。它是将小流域各类淤地坝作为对象,选择合适的工程规模,将坝系的防洪安全、水资源合理利用、工程建设投入、坝系经济效益、生态效益等进行综合考虑,以效益最大为目标而制订的小流域工程建设方案。小流域坝系规划既要符合支流淤地坝规划的总体要求,又要与小流域水土保持综合治理规划相协调。

1. 小流域坝系规划的作用

小流域坝系规划的作用和意义主要体现在以下三个方面:

(1)小流域坝系规划是坝系规划的基本单元,应依据区域经济社会发展需求和小流域水土流失特点进行坝系规划。对干、支、毛沟大、中、小型淤地坝合理布局,有水资源的沟道要适当布设水库、塘坝或蓄水池,以充分利用沟道水沙资源,快速淤地生产。同时,应沟坡兼治,科学配置各项治理措施,形成小流域综合防护体系。小流域综合治理是水土流失防治的有效途径。

(2)小流域坝系规划是区域和支流坝系规划的基础。以小流域为单元开展坝系规划,能够与当地自然、社会经济条件和水土流失特点紧密结合起来,有效地控制水土流失,优化土地利用结构和产业结构,促进小流域人口、环境和资源的协调发展。为此,开展流域或区域坝系规划,必须在小流域坝系规划的基础上进行。

(3)小流域坝系是黄土高原地区特别是黄土丘陵沟壑区防治水土流失、开展水土保持生态建设的主要工程措施。小流域是水土流失的基本单元,沟壑既是泥沙的主要产源地,又是洪水泥沙的主要通道。开展沟道工程建设,在减少入黄泥沙、防治黄河水患、改善区域生态环境方面具有重要作用。

2. 小流域坝系规划的原则

1)统筹兼顾原则

在对小流域淤地坝系进行规划时,应充分考虑当地的自然环境与水土流失特点,制定出符合当地实际与自然规律的综合治理模式。妥善处理好流域上游与下游、干沟与支沟、沟道与坡面、工程措施与生物措施、近期利益与长远利益的关系;要突出重点,统筹安排,量力而行,合理确定建设规模;要按照轻重缓急,分步实施,制订实施方案。以小流域为单元,治沟与治坡并重,全面规划,综合治理。

2)因地制宜原则

坝系规划应从流域的实际情况出发,充分考虑流域经济发展和人口增长,促进淤地坝拦泥淤地,发展当地农业生产,提高粮食产量,增加农民收入,改善群众生产、生活条件;促进坡耕地退耕还林还草,"粮食下川,林草上山",加快流域生态建设;紧密结合防洪拦沙、减少入黄泥沙,防治下游水患。

3)综合利用原则

淤地坝具有拦泥、生产、防洪及灌溉等诸多方面的用途。但是,不同类型的坝系工程各自的分工和职能又有所差异。例如,骨干坝除具有拦泥、淤地等基本作用外,最主要的是对小流域沟道的防洪安全起控制性作用。因此,在对小流域淤地坝系进行规划时,要通过系统分析,科学合理地布设骨干坝、中小型淤地坝等不同类型的沟道坝系工程,从而使小流域沟道工程布局合理、配置适宜,实现综合利用、全面开发的目的。

4）安全运行原则

坝系规划必须将小流域的防洪安全置于首位,确保坝系工程在汛期能够安全运行,同时要保证小流域周围村庄及工矿企业的防洪安全,这是对小流域进行规划时必须充分考虑和严格论证的问题。例如,在一些坝系工程分布较多、周围人口比较密集、工矿企业相对较多的小流域应该根据相应的防洪标准,合理规划建设对防洪安全起控制性作用的骨干坝工程。淤地坝作为一项重要的水土保持工程措施,也要实现对小流域沟道的洪水泥沙长期而有效的控制。

3. 小流域坝系规划的内容

小流域坝系规划的主要内容包括:基本资料收集与整理、沟道工程规划、坡面措施规划、投资估算、方案论证、效益分析和实施保障措施等。

（1）基本资料收集与整理。主要包括流域自然社会经济情况、土壤侵蚀特征、水土流失规律、土地利用现状和水土保持治理经验与存在问题。

（2）沟道工程规划。包括治沟骨干工程规划（新建坝和旧坝加固配套）、淤地坝和塘坝规划、其他配套工程（渠系、道路、治河造地、农田灌溉等）规划。分别确定各类工程的布局、枢纽组成、工程规模、建设顺序、工程造价和工程效益等。

（3）坡面措施规划。依据土壤侵蚀方式和侵蚀程度,因地制宜地规划不同措施的布局和规模,采取工程措施与生物措施相结合、沟道治理与坡面治理相结合,建立小流域立体防护体系。

（4）投资估算。依据工程造价估算的有关规定和国家的投资政策,结合当地的实际情况,编制坝系规划投资估算报告,提出工程总投资中国家、地方和群众投资比例,以及分年度投资计划。

（5）方案论证。若采用综合平衡规划法,至少应有两个以上规划方案进行对比分析论证。条件许可时,采用系统工程规划法。

（6）效益分析。包括拦泥减沙效益、经济效益、生态效益和社会效益。

（7）保障措施。提出保障规划实施的组织领导措施、技术措施、资金筹措和劳动力投入措施等。

4. 小流域坝系规划的方法

淤地坝规划方法主要有综合平衡规划法（经验法）和系统工程规划法。但淤地坝工程的坝高、淤地面积、工程量之间存在着非线性关系,在条件许可的情况下应尽量采用系统工程规划法。

1）综合平衡规划法

综合平衡规划法是工程技术人员根据行政及业务管理部门的决策意向,对小流域进行实地调查或查勘,按照有关技术规范的要求,利用专业知识及经验,综合考虑流域的农业生产、水资源利用、流域产水产沙与淤地坝蓄水拦沙趋于或达到平衡等因素,进行人工智能干预与决策而获得规划方案的一种规划方法。

综合平衡规划法对小流域坝系规划布局适用性强,可以充分利用现有资料,所用的参变数容易取得,数据较可靠,规划手段、计算方法简便、易操作,不需要高科技手段,适用范围广;但其工作量大,编制规划所需时间长,需要进行多次平衡计算,变化发展趋势难以定量预测。

用综合平衡规划法进行坝系规划,首先根据需要和可能确定控制性骨干工程,然后合理配置中小型淤地坝及蓄水塘坝,最后确定加固配套工程。通过对规划的各类坝型的坝高、库容、淤地面积、工程量、投工、投资等指标的分析计算,提出坝系规划初步方案。根据坝系规划目标对规划方案做进一步调整、修改。规划时,须提出两个以上的规划方案,并进行对比分析和优选。

综合平衡规划法流程见图 2-6。

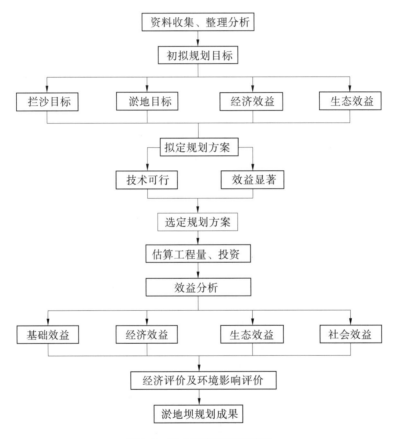

图 2-6　综合平衡规划法流程

2) 系统工程规划法

系统工程规划法是利用系统工程学的优化原理,以建设工程获得最大经济效益为目标函数,根据参变数和约束条件,建立相关的数学模型,编制计算机程序,上机运算求解,获得最优规划方案的一种规划方法。

系统工程规划法基于运用方便、安全可靠,拦蓄效益、经济效益最大,工程量和投资费用最小的角度,能同时解决好布坝密度和工程规划、建坝时序、建坝间隔时间三个问题。系统工程规划法适用于解决多因子、多层次复杂问题的流域坝系规划布局,可利用计算机技术等高科技手段,计算速度快,在多种约束条件下,对极其复杂的系统问题进行优化处理,得到基本符合实际的优化规划方案。

系统工程规划法较综合平衡规划法有较大的优越性,可以在一定程度上排除人为因素的干扰,针对较为复杂的模型,得到基本符合实际的优化规划方案。但目前阶段,系统工程规划法也存在着一定的局限性,坝系规划所涉及的可变因素很多,如布局问题、规模问题、建设时序问题、溢洪道的优化等,使模型十分复杂,难以求解。一个比较完善的系统工程规划模型需要以遥感技术、地理信息系统(GIS)技术、计算机技术和专业理论、经验为技术支撑。

系统工程规划法的技术路线是:在初选坝址的基础上,以工程费用最小、收益最大作为目标函数,建立数学模型。当目标函数达到极小值时,说明工程费用极小而收益极大,相应的决策变量(各坝拦沙、滞洪库容)的取值最佳,以此确定淤地坝建设规模、布局和座数;同时以总费用与总收益作为目标函数建立关系式,确定淤地坝建坝顺序和建坝间隔时间。系统工程规划法流程见图 2-7。

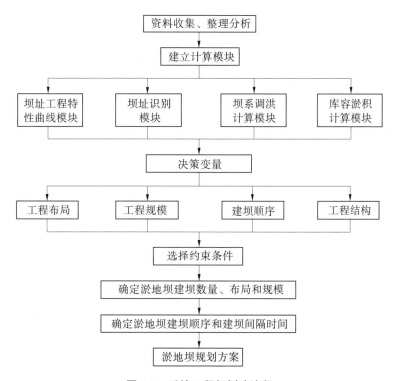

图 2-7　系统工程规划法流程

2.3.2.4　高标准新型淤地坝坝系规划

高标准新型淤地坝基于新方法、新材料、新结构等系列创新技术,按照水沙关系极其不协调的洪水泥沙就地拦蓄原则,创新了淤地坝坝型设计和运用理念,突破小流域高含沙可能最大洪水估算方法,从而实现淤地坝防溃决、保安全、免管护、多拦沙、低造价等目标。

高标准新型淤地坝可按照传统淤地坝进行坝系规划,但在计算设计暴雨量、设计洪水(洪峰流量、洪量、洪水过程、调洪演算)和输沙量等水文特征值时,要综合考虑其自身的设计和运用理念,引入小流域高含沙 PMF 估算技术为坝系规划提供水文数据。在利用综合平衡规划法或系统工程规划法确定工程布局、工程规模、建坝顺序和工程结构时,引入水沙协调度指标,对协调度极差的水沙就地拦蓄;另外,需要根据高标准新型淤地坝本身的优势,对基础效益(减沙效益、减洪效益)和经济效益进行修正计算。

我国极端强降雨事件整体呈增多趋势,高标准新型淤地坝建设是贯彻落实新时期防灾减灾救灾新理念的必然选择。未来需要在完善高标准新型淤地坝规划中用到的水沙规律、水沙相对平衡及坝系相对稳定等理论的基础上,进一步研究并掌握流域水沙演变机制,使坝系规划更具现实意义。运用流域水沙模拟和"3S"(遥感 RS、地理信息系统 GIS、全球定位系统 GPS)等高新技术,提高规划成果的科学性、先进性,使淤地坝规划高效率和数字化。

2.4 设计指标体系

2.4.1 指标体系构建依据

高标准新型淤地坝工程设计指标体系是在充分考虑现行淤地坝工程设计、建设和运行管理体系的基础上,结合新型淤地坝的设计理念、技术特点、功能作用等提出的一套指导高标准新型淤地坝工程设计、建设和运行管理的指标体系,指标体系的构建主要参考以下内容:

(1)《碾压式土石坝设计规范》(SL 274—2020);

(2)《淤地坝技术规范》(SL/T 804—2020);

(3)国家和地方政府及有关部门颁布的有关法律、法规、规范、规章条例、办法及政策等;

(4)高标准免管护新型淤地坝理论技术研究成果。

2.4.2 指标体系构建要求

综合考虑高标准免管护新型淤地坝工程设计的功能实现,淤地坝设计、建设及管理的特点,黄土高原地区小流域综合治理需求等因素,探讨构建切实可行的设计指标体系,该指标体系的构建应遵循如下要求:

一是能够全面反映新型淤地坝工程建设及坝系工程构建的状况。设计指标体系要综合反映技术、经济、社会、生态环境和管理等各方面的综合要求,该指标体系还应具有一定的系统性和完整性。

二是静态指标与动态指标相结合。经济、社会、生态环境、管理等各方面的要求本身都处于不断变化之中,其相互间的关系也是动态的,因此要求"协调发展"的指标体系既能反映其现状,又能反映其主要的变化趋势,在指标体系的构建中,应能够做到静态指标与动态指标相结合。

三是定量指标与定性指标相结合。为了能够运用指标体系对新型淤地坝及坝系工程总体布局的各主要方面做出全面准确的评价和判断,所选指标必须尽可能量化,同时对一些有重要意义而又难以量化的要素,可用定性指标对其进行描述。

四是指标体系应该具有实用性和针对性。所选指标应该比较易于获取或测定,并且是针对本区域发展情况的。

五是所选指标应该与新型淤地坝及包含其在内的坝系工程布局有密切关系或对其有直接影响。影响新型淤地坝及坝系工程布局的因素很多，只有那些与评价结果有着密切关系的、有直接影响的指标才应被选入。

2.4.3 指标体系构成

高标准免管护新型淤地坝工程以防溃决、免管护、多拦沙为主要研发目标，以因地制宜可蓄水为兼顾目标，基于其较好的功能实现，可为黄土高原地区小流域综合治理提供强有力的技术支撑。综合考虑高标准免管护新型淤地坝工程设计的功能实现和对黄土高原地区小流域综合治理的技术支撑作用，构建切实可行的设计指标体系，主要包括如下几方面。

2.4.3.1 功能定位

淤地坝的基本开发功能包括控制侵蚀、滞洪拦泥、淤地造田、减少入黄泥沙等。然而，长期以来，淤地坝一直因设计和建设标准低、管理和养护程度差等，存在着溃决风险高、管护压力大、拦沙不充分"三大痛点"。结合新时期黄土高原地区经济社会发展和人民群众生命财产安全对淤地坝降低溃决风险、减轻管护压力、提高拦沙效益、增加蓄水能力等方面提出的新的功能需求，在传统淤地坝开发功能的基础上，提出高标准免管护新型淤地坝工程开发的功能定位，主要包括控制侵蚀、滞洪拦泥、淤地造田、减少入黄泥沙、减灾便管、蓄水兴利、支撑小流域综合治理。

根据高标准免管护新型淤地坝工程开发的功能定位，提出其功能定位的指标体系，包括减蚀率（拦泥率）、削洪率、造地面积、年均供水量。

2.4.3.2 坝址选择

淤地坝工程选址主要考虑小流域综合治理需求、流域减蚀控制要求、蓄水兴利位置与高程需求、地形地质条件限制、库区淹没限制、防洪保安治理要求等方面因素的制约，高标准免管护新型淤地坝在坝址选择方面基本也需遵循上述原则。此外，需要根据坝址处河道地形条件选择新型淤地坝的过水断面防护形式。

结合高标准免管护新型淤地坝工程设计特点，提出其在坝址选择方面的指标体系，包括流域水土流失面积控制率、年均拦沙量、供水控制面积、坝体高长比、库区淹没范围、保护对象重要性。

2.4.3.3 工程规模

新型淤地坝的工程等级和设计标准参照《淤地坝技术规范》（SL/T 804—2020）进行制定，该规范中，淤地坝工程等级和设计标准是参照水库工程有关指标进行下延而制定的，主要指标包括工程等别、建筑物级别和洪水标准。

（1）淤地坝工程等别和建筑物级别，应根据库容按表2-1确定。

对于失事后损失巨大或影响严重的淤地坝工程中5级主要永久性水工建筑物，经论证可提高一级。

当永久性水工建筑物基础的工程地质条件复杂或采用新型结构时，5级建筑物可提高一级。

（2）淤地坝工程设计标准应根据建筑物级别按表2-2确定。

表 2-1　淤地坝工程等别及建筑物级别

工程等别	工程规模		总库容/万 m³	永久性建筑物级别		临时性建筑物级别
				主要建筑物	次要建筑物	
Ⅳ	大型淤地坝	1 型	500~100	4	5	5
Ⅴ		2 型	100~50	5	5	—
Ⅴ	中型淤地坝		50~10	5	5	—
—	小型淤地坝		10~1	—	—	—

表 2-2　淤地坝建筑物设计标准

工程规模		建筑物级别	洪水重现期/年	
			设计	校核
大型淤地坝	1 型	4	30~50	300~500
	2 型	5	20~30	200~300
中型淤地坝		5	20~30	50~200
小型淤地坝		—	10~20	30~50

对于大型淤地坝控制区域外的中型淤地坝,校核洪水重现期应取上限。

2.4.3.4　筑坝材料

淤地坝一般单体工程量小,资金来源渠道单一,工程建设质量受投资规模影响大,使得淤地坝工程建设在筑坝材料选择上一般只能选用当地材料,对于卧管(竖井)、涵洞(涵管)、溢洪道等构筑物,则需要采用砌石或钢筋混凝土材料,然而,随着国家生态环保管理的不断加强,石料和砂石骨料限采力度不断强化,导致砌石或钢筋混凝土价格快速上涨,工程投资本就受限的淤地坝工程筑坝材料选择进一步受到限制。因此,就地取材进行淤地坝建设是重要的解决思路。

高标准免管护新型淤地坝技术重要的创新点在于利用研发的黄土固化剂新型材料,就地取材选用当地黄土进行固化,设置防冲刷保护层作为淤地坝泄流构筑物,提供了生态环保且造价低廉的筑坝材料。为规范新型材料在高标准免管护新型淤地坝建设中有效使用,提出筑坝材料的指标体系,包括施工用土料指标:黄土类型、湿陷性、力学指标、物理特性;施工用固化剂指标:固化剂掺量、固化土初凝时间、7 d 抗压强度、28 d 抗压强度、固化土吸水率、固化土抗冻融循环次数等;施工用水指标:酸碱度、硫酸盐含量、氯含量等。

2.4.3.5　防冲刷保护层结构设计

高标准新型淤地坝的重要工程措施就是在土坝坝坡设置防冲刷保护层用以保护散粒体结构坝体免受洪水冲蚀,防冲刷保护层的设计应考虑坝体本身的规模,包括坝高、坝长、坝坡等;还应考虑上游洪水的特性,包括相应标准洪峰流量、洪水历时等。此外,应考虑防冲刷保护层的抗冻融保护措施,主要考虑因素是冬季最大冻土深度。

综合上述因素,提出防冲刷保护层设计指标体系,包括防冲刷保护层设计厚度、设计宽度、设计坡度。

2.4.3.6 施工标准

传统淤地坝坝体施工主要包括碾压坝施工和水坠坝施工两类。高标准新型淤地坝坝体及防冲刷保护层的施工均采用碾压施工方法,其中,土坝坝体的施工与传统淤地坝坝体施工要求基本相同,由于防冲刷保护层采用黄土固化新型材料进行设置,固化新型材料的施工也主要采用碾压方法(包括平碾和斜坡碾)。

为保证新材料建设防冲刷保护层的施工质量,针对性地提出其施工标准指标体系,包括拌和指标体系:最优含水量、初拌时间、路拌时间、堆积时间;摊铺指标体系:摊铺厚度;碾压指标体系:碾压方式、碾压速度、压实度。

2.4.3.7 监测系统

高标准新型淤地坝监测系统应对标新时期《黄土高原生态保护和高质量发展规划纲要》关于淤地坝监测的要求进行建设,监测对象应涵盖坝体工程的监测和水雨情的监测。根据以上要求,提出监测系统指标体系,主要包括降雨监测、水位监测、渗流监测、位移监测。

2.4.3.8 运行管理

目前,黄土高原地区中型以上淤地坝的管护责任主体以乡(镇)人民政府为主,小型坝的管护责任主体以村民委员会为主,管护主体偏于基层。此外,由于淤地坝数量众多、位置偏僻、交通不便、管护资金落实困难,导致淤地坝的运行管理制度执行落实不到位,管护效果较差。

为切实提高淤地坝运行管理水平,结合淤地坝运行管理现状和发展需求,提出运行管理指标体系,包括三个责任人落实度、管护经费落实度、隐患排查执行率、日常管护频度、防汛预案落实度。

2.5 设计方法体系

2.5.1 溃决洪水分析模型

溃坝洪水的计算,常采用的有商业软件 MIKE ZERO 中的 DAMBRK 模型,还有一些实用的经验公式,目前国内外常采用的有圣维南-里特尔公式、肖克利契公式、黄河水利科学研究院(简称黄科院)公式和辽宁省水文总站公式等。各类模型方法简介如下。

2.5.1.1 DAMBRK 溃坝洪水计算模型

DAMBRK 溃坝洪水计算模型运用主要包括两部分:一是溃口参数确定,即溃口的几何形态及其随时间的变化;二是溃口下泄流量过程计算,与溃口形状、入库流量、库容、溃口上下游水位等有关。

1. 溃口参数

溃口参数主要是指溃口形态和溃口形成时间。本模型假定底宽是从一个点开始,在溃决历时 t 内,按线性比率扩大,直到形成最终宽度,溃口底部则冲蚀到水库底部高程或溢洪道底高程,若 t 小于 10 min,则溃口底部从 b 值开始,而不是从一点开始。模拟大坝失事时,当库水位 h 超过溃坝时水位时,就开始形成溃口,溃坝时水位一般取为坝顶高程或略高于坝顶高程;当库水位低于坝高时,可模拟为管涌失事。

2. 坝址流量过程线

溃坝洪水流量过程的计算公式为

$$Q = c_v k_s \left[c_{weir} b \sqrt{g(h - h_b)} (h - h_b) + c_{slope} S \sqrt{g(h - h_b)} (h - h_b)^2 \right] \tag{2-2}$$

式中　b——溃口的底宽;

　　　h——上游水位;

　　　h_b——溃口的底高程;

　　　S——溃口的边坡;

　　　c_{weir}——溃口水平部分的堰系数,取 0.546 430;

　　　c_{slope}——溃口边坡部分的堰系数,取 0.431 856;

　　　c_v——入流收缩损失的修正系数;

　　　k_s——淹没修正系数。

$$c_v = 1 + \frac{c_B Q_p^2}{g W_R^2 (h - h_{b,term})^2 (h - h_b)} \tag{2-3}$$

$$k_s = \max \left[1 - 27.8 \times \left(\frac{h_{ds} - h_b}{h - h_b} - 0.67 \right)^3 , 0 \right] \tag{2-4}$$

式中　c_B——无量纲系数,其值等于 0.740 256;

　　　W_R——水库宽度即未破坏的坝顶长度;

　　　$h_{b,term}$——溃口最终底高程;

　　　Q_p——上一迭代中溃口的过流量;

　　　h_{ds}——下游水位。

2.5.1.2　经验公式计算方法

1. 圣维南-里特尔公式

假定河道为矩形,河底无阻力,下游无水,联解圣维南方程组可得:

$$c^2 = \frac{1}{9} (2c_1 - x/t)^2 \tag{2-5}$$

$$v = \frac{2}{3} (c_1 - x/t) \tag{2-6}$$

$$c = (gh)^{1/2} \tag{2-7}$$

$$c_1 = (gH)^{1/2} \tag{2-8}$$

式中　c——溃坝水流面上的元波流速;

　　　c_1——坝址上游断面的负波流速;

　　　v——断面平均流速;

　　　H——坝上游水深;

　　　h——溃坝水流面上水深;

　　　x——距坝址距离。

当计算溃坝最大流量时,$x = 0$,代入式(2-5)、式(2-6)得坝址水深及流速:

$$h = \frac{4}{9}H$$

$$v = \frac{2}{3}(gH)^{1/2}$$

由此,坝址流量为

$$Q_{\mathrm{m}} = hvB = \frac{8}{27}g^{1/2}BH^{3/2} \tag{2-9}$$

式中　B——断面宽度。

当下游水深很浅($h_0/H<0.05$,h_0 为下游水深),且考虑阻力时,波形与式(2-5)相近,式(2-9)也可以近似使用;当下游水深较大($h_0/H>0.05$),且有阻力时,形成了明显立波,虽波形与式(2-5)相差较大,但式(2-7)仍可近似使用。

因为圣维南-里特尔公式解假定"河道为矩形,河底无阻力,下游无水",因此式(2-7)计算结果往往偏大,可以作为各种方法计算结果的上限约束条件。

2.正波、负波相交法

当土坝瞬时全溃后,在坝上游形成负波额,在坝下游形成正波额,假定河槽为平底,无阻力,可联解连续方程和运动方程,求出正、负波额流量方程。

顺行正波波额流量:

$$Q^+ = \frac{A_1}{A_2}Q_2 + \sqrt{gM^+\frac{A_1}{A_2}(A_1 - A_2)} \tag{2-10}$$

逆行负波波额流量:

$$Q^- = \frac{A_1}{A_0}Q_0 + \sqrt{gM^-\frac{A_1}{A_0}(A_0 - A_1)} \tag{2-11}$$

式中　下角标 0、1、2——上游断面、坝址断面、下游断面;

A——过水面积;

M——压力差;

Q_2——坝下断面流量;

Q_0——坝上断面流量。

计算压力差的方法有静面矩法、有限差分法、矩形概化法、矩形概化微波法等多种,本次选用了静面矩法,即

$$M^+ = Y_1 A_1 - Y_2 A_2 \tag{2-12}$$

$$M^- = Y_0 A_0 - Y_1 A_1 \tag{2-13}$$

断面形心深度的计算方法是,先将断面按宽度平均竖割为几块,然后将每一小块概化为矩形,求其形心深度和压力,利用压力加权的方法求得全断面平均形心深度,即

$$Y = \sum (P_i y_i) / \sum P_i \quad (i = 1, 2, \cdots, n) \tag{2-14}$$

由式(2-12)、式(2-13)可以看出,在大坝瞬时全溃时,Y_0、A_0、Y_2、A_2 是固定的(因上、下断面水位固定),可通过 Y_1、A_1 的变化(坝上水位 Z_1 变化)计算不同的 Q^+ 与 Q^-,由试算法求出 Q^+ 与 Q^- 相同的 Z,此时的 Q^+ 即为最大溃坝流量。

3.肖克利契公式

该公式由试验得出,在瞬时局部溃坝计算中运用较多。当大坝溃到河床底部(或库区淤积面高程)时,其公式如下:

$$Q_m = \frac{8}{27} g^{1/2} (B/b)^{1/4} b h_0^{3/2} \tag{2-15}$$

式中 Q_m——溃坝时坝址处最大流量,m^3/s;

h_0——溃坝前的坝前水深,m;

B——坝址断面的平均宽度,m;

b——缺口宽度,m;

g——重力加速度,m/s^2。

4.黄科院公式

在 1970~1972 年,黄河水利委员会水利科学研究所在小浪底水利枢纽附近对小浪底土坝溃决洪水进行了模型试验。经分析,最大流量公式为

$$Q_m = 0.928 (B/b)^{0.4} b h_0^{3/2} \tag{2-16}$$

式中符号意义同前。

5.辽宁省水文总站公式法

辽宁省水文总站曾根据堰流波流交汇法,推得大坝瞬时全溃时最大流量计算公式为

$$Q_m = 0.91 B h_0^{3/2} \tag{2-17}$$

式中符号意义同前。

大坝局部溃决时最大流量计算公式为

$$Q_m = 0.206 (B/b)^{1/4} b (2g)^{1/2} (h_0 - h_2)^{3/2} \tag{2-18}$$

式中 h_2——下游水深;

其他符号意义同前。

2.5.2 渗流模型

2.5.2.1 达西渗流定律

19 世纪 50 年代,法国工程师达西在沙质土壤中进行了大量的试验研究,得出了著名的渗流基本定律——达西渗流定律(见图 2-8)。

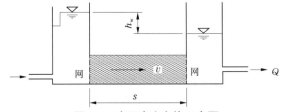

图 2-8 达西渗流定律示意图

$$Q = kA \frac{h_w}{s} \quad \text{或} \quad v = \frac{Q}{A} = k \frac{h_w}{s} = kJ \tag{2-19}$$

式(2-19)即为达西渗流定律,式中 k 称为渗透系数,一般由试验确定。该定律适用于

恒定、均匀、层流渗流,无土体结构的渗透变形。

2.5.2.2　渗流的基本方程

1.运动方程

纳维-狄托克斯方程可表示为

$$
\left.\begin{array}{l}
\dfrac{\mathrm{d}v_x}{\mathrm{d}t} = f_x - \dfrac{1}{\rho}\dfrac{\partial p}{\partial x} + v\,\nabla^2 v_x \\[2mm]
\dfrac{\mathrm{d}v_y}{\mathrm{d}t} = f_y - \dfrac{1}{\rho}\dfrac{\partial p}{\partial y} + v\,\nabla^2 v_y \\[2mm]
\dfrac{\mathrm{d}v_z}{\mathrm{d}t} = f_z - \dfrac{1}{\rho}\dfrac{\partial p}{\partial z} + v\,\nabla^2 v_z
\end{array}\right\}
\tag{2-20}
$$

式(2-20)的物理意义为质量力、流体压力、流动阻力与加速力的平衡关系,也是描述能量守恒的运动方程。

2.连续性方程

微元体(见图 2-9)在 $\mathrm{d}t$ 时间内,沿三个方向流入流出的质量差为

$$
-\frac{\partial(\rho v_x)}{\partial x}\mathrm{d}x\mathrm{d}y\mathrm{d}z\mathrm{d}t
$$

$$
-\frac{\partial(\rho v_y)}{\partial y}\mathrm{d}x\mathrm{d}y\mathrm{d}z\mathrm{d}t
$$

$$
-\frac{\partial(\rho v_z)}{\partial z}\mathrm{d}x\mathrm{d}y\mathrm{d}z\mathrm{d}t
$$

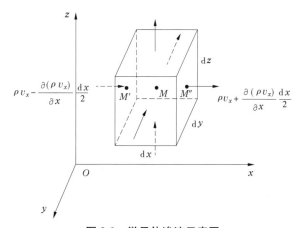

图 2-9　微元体渗流示意图

$\mathrm{d}t$ 时间内,纯流入微元体的流体质量为

$$
-\left[\frac{\partial(\rho v_x)}{\partial x} + \frac{\partial(\rho v_y)}{\partial y} + \frac{\partial(\rho v_z)}{\partial z}\right]\mathrm{d}x\mathrm{d}y\mathrm{d}z\mathrm{d}t
\tag{2-21}
$$

由质量守恒定律建立连续性方程:

$$
-\left[\frac{\partial(\rho v_x)}{\partial x} + \frac{\partial(\rho v_y)}{\partial y} + \frac{\partial(\rho v_z)}{\partial z}\right]\mathrm{d}x\mathrm{d}y\mathrm{d}z\mathrm{d}t = \frac{\partial(\rho \varphi)}{\partial t}\mathrm{d}x\mathrm{d}y\mathrm{d}z\mathrm{d}t
\tag{2-22}
$$

简化为

$$\frac{\partial v_x}{\partial x} + \frac{\partial v_y}{\partial y} + \frac{\partial v_z}{\partial z} = 0 \tag{2-23}$$

3. 稳定渗流微分方程式

将达西渗流定律代入式(2-23)可得稳定渗流的微分方程:

$$\frac{\partial}{\partial x}\left(k_x \frac{\partial h}{\partial x}\right) + \frac{\partial}{\partial y}\left(k_y \frac{\partial h}{\partial y}\right) + \frac{\partial}{\partial z}\left(k_z \frac{\partial h}{\partial z}\right) = 0 \tag{2-24}$$

当各向渗透性为常数时,式(2-24)为:

$$k_x \frac{\partial^2 h}{\partial x^2} + k_y \frac{\partial^2 h}{\partial y^2} + k_z \frac{\partial^2 h}{\partial z^2} = 0 \tag{2-25}$$

式(2-25)只包含一个未知数,综合边界条件就有定解。虽然该式是稳定渗流的微分方程,但对于不可压缩介质和非稳定流的流体,也可进行瞬时稳定场的计算。

2.5.3 应力变形分析模型

2.5.3.1 邓肯-张模型

1963 年,康纳根据大量土的三轴试验的应力-应变曲线,提出可用双曲线拟合出土的一般三轴试验的$(\sigma_1-\sigma_3) \sim \varepsilon_1$曲线,即

$$\sigma_1 - \sigma_3 = \frac{\varepsilon_a}{a + b\varepsilon_a} \tag{2-26}$$

式中　a、b——试验常数。

对于常规三轴试验,$\varepsilon_a = \varepsilon_1$。之后邓肯等在此基础上提出了目前广泛应用的增量弹性模型,即邓肯-张(Duncan-Chang)模型。

1. 常规三轴加载试验

1)切线弹性模量E_t的推导过程

在常规三轴加载试验条件下,式(2-26)可写为

$$\frac{\varepsilon_1}{\sigma_1 - \sigma_3} = a + b\varepsilon_1 \tag{2-27}$$

常规三轴加载试验的结果按$\varepsilon_1/(\sigma_1-\sigma_3) \sim \varepsilon_1$的关系进行整理(见图 2-10),发现二者近似呈线性关系。其中,a为直线的截距,b为直线的斜率。

在常规三轴加载试验中,切线弹性模量为

$$E_t = \frac{\mathrm{d}(\sigma_1 - \sigma_3)}{\mathrm{d}\varepsilon_1} = \frac{a}{(a + b\varepsilon_1)^2} \tag{2-28}$$

由图 2-10 可以看出,当$\varepsilon_1 = 0$时,$E_t = E_i$,结合式(2-28)有

$$E_i = \frac{1}{a} \tag{2-29}$$

当$\varepsilon_1 \to \infty$时,由式(2-26)可得

$$(\sigma_1 - \sigma_3)_{ult} = \frac{1}{b} \tag{2-30}$$

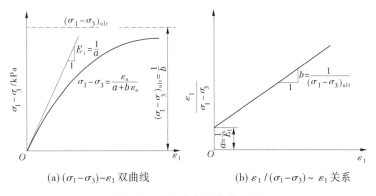

(a) $(\sigma_1 - \sigma_3) \sim \varepsilon_1$ 双曲线　　　　(b) $\varepsilon_1 / (\sigma_1 - \sigma_3) \sim \varepsilon_1$ 关系

图 2-10　应力应变双曲线关系

式(2-29)中的 a 代表起始弹性模量 E_i 的倒数,式(2-30)中的 b 代表双曲线的渐近线所对应的极限偏差应力 $(\sigma_1 - \sigma_3)_{ult}$ 的倒数。

在土的常规三轴试验中,不可能使 ε_1 无限大,因此如果将应力-应变曲线近似看作双曲线,则一般根据一定应变值($\varepsilon_1 = 15\%$)对应的应力值来确定土的强度 $(\sigma_1 - \sigma_3)_f$;对于有峰值点的应力-应变曲线,则一般取 $(\sigma_1 - \sigma_3)_f = (\sigma_1 - \sigma_3)_{峰}$。

此时定义破坏比 R_f 为

$$R_f = \frac{(\sigma_1 - \sigma_3)_f}{(\sigma_1 - \sigma_3)_{ult}} \tag{2-31}$$

结合式(2-30)可得

$$b = \frac{1}{(\sigma_1 - \sigma_3)_{ult}} = \frac{R_f}{(\sigma_1 - \sigma_{3f})} \tag{2-32}$$

为了便于应用,一般将 E_t 表示为应力的函数形式,由式(2-27)变换得到

$$\varepsilon_1 = \frac{a(\sigma_1 - \sigma_3)}{1 - b(\sigma_1 - \sigma_3)} \tag{2-33}$$

将式(2-33)代入式(2-28)得

$$E_t = \frac{1}{a\left[\dfrac{1}{1 - b(\sigma_1 - \sigma_3)}\right]^2} \tag{2-34}$$

将式(2-29)和式(2-32)代入式(2-34)可得

$$E_t = E_i\left[1 - R_f \frac{\sigma_1 - \sigma_3}{(\sigma_1 - \sigma_3)_f}\right]^2 \tag{2-35}$$

根据莫尔-库仑强度准则,有

$$(\sigma_1 - \sigma_3)_f = \frac{2c\cos\varphi + 2\sigma_3\sin\varphi}{1 - \sin\varphi} \tag{2-36}$$

根据试验结果绘制的 $\lg(E_i/p_a) \sim \lg(\sigma_3/p_a)$ 关系图近似呈直线关系,可得

$$E_i = Kp_a\left(\frac{\sigma_3}{p_a}\right)^n \tag{2-37}$$

式中　p_a——大气压力($p_a = 101.40\ \text{kPa}$);

K、n——试验常数,分别代表 $\lg(E_i/p_a) \sim \lg(\sigma_3/p_a)$ 直线的截距和斜率。

将式(2-36)和式(2-37)代入式(2-35)得

$$E_t = Kp_a\left(\frac{\sigma_3}{p_a}\right)^n\left[1 - R_f\frac{(\sigma_1 - \sigma_3)(1 - \sin\varphi)}{2c\cos\varphi + 2\sigma_3\sin\varphi}\right]^2 \tag{2-38}$$

由以上推导可以看出,切线弹性模量 E_t 的公式中共包含 5 个材料常数 K、n、c、φ、R_f。

2)切线泊松比 ν_t 的推导过程

邓肯等根据一些试验资料,假定在常规三轴加载试验中轴向应变 ε_1 与侧向应变 ε_3 之间也存在双曲线关系(见图2-11)。

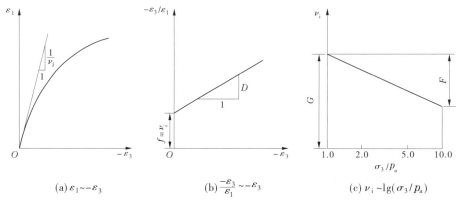

(a) $\varepsilon_1 \sim -\varepsilon_3$　　(b) $\frac{-\varepsilon_3}{\varepsilon_1} \sim -\varepsilon_3$　　(c) $\nu_i \sim \lg(\sigma_3/p_a)$

图2-11　切线泊松比有关参数

图2-11(a)的双曲线方程可写为

$$\varepsilon_1 = \frac{-\varepsilon_3}{f + D(-\varepsilon_3)} \tag{2-39}$$

图2-11(b)的直线方程可写为

$$-\varepsilon_3/\varepsilon_1 = f + D(-\varepsilon_3) = f - D\varepsilon_3 \tag{2-40}$$

由试验数据进行拟合,结合式(2-40)可得截距 f 和斜率 D。

当 $-\varepsilon_3 = 0$ 时,$-\varepsilon_3/\varepsilon_1 = f = \nu_i$,即初始泊松比;当 $-\varepsilon_3 \to \infty$ 时,$D = 1/(\varepsilon_1)_{ult}$。

试验表明土的初始泊松比与围压有关,假设在单对数坐标中是一条直线[见图2-11(c)],有

$$\nu_i = f = G - F\lg(\sigma_3/p_a) \tag{2-41}$$

式中　G、F——试验常数,其确定见图2-11(c)。

对式(2-39)微分得

$$\nu_t = \frac{-\mathrm{d}\varepsilon_3}{\mathrm{d}\varepsilon_1} = \frac{\nu_i}{(1 - D\varepsilon_1)^2} \tag{2-42}$$

将式(2-33)和式(2-41)代入式(2-42)得

$$\nu_{t} = \frac{G - F\lg(\sigma_3/p_a)}{\left\{1 - \dfrac{D(\sigma_1 - \sigma_3)}{Kp_a\left(\dfrac{\sigma_3}{p_a}\right)^n\left[1 - R_f\dfrac{(\sigma_1 - \sigma_3)(1 - \sin\varphi)}{2c\cos\varphi + 2\sigma_3\sin\varphi}\right]}\right\}^2} \tag{2-43}$$

式中　G、F、D——与切线泊松比有关的试验常数。

2. 常规三轴卸载试验

1) 切线弹性模量 E_t 的推导过程

侧向卸载是指土样固结后轴向压力保持不变,侧向压力减小。与邓肯-张模型思路一样,假设土体是各向同性介质,根据广义胡克定律,应力应变有如下关系:

$$\left.\begin{array}{l} \varepsilon_1 = \dfrac{1}{E_t}[\sigma_1 - \nu_t(\sigma_2 + \sigma_3)] \\[2mm] \varepsilon_2 = \dfrac{1}{E_t}[\sigma_2 - \nu_t(\sigma_1 + \sigma_3)] \\[2mm] \varepsilon_3 = \dfrac{1}{E_t}[\sigma_3 - \nu_t(\sigma_1 + \sigma_2)] \end{array}\right\} \tag{2-44}$$

常规三轴试验中,$\sigma_2 = \sigma_3$,$\varepsilon_2 = \varepsilon_3$,式(2-44)消去泊松比后写成

$$E_t = \frac{\Delta\sigma_a(\Delta\sigma_a + \Delta\sigma_r) - 2\Delta\sigma_r^2}{\Delta\varepsilon_a(\Delta\sigma_a + \Delta\sigma_r) - 2\Delta\varepsilon_r\Delta\sigma_r} \tag{2-45}$$

式中　$\Delta\sigma_a$——轴向压力增量,$\Delta\sigma_a = \Delta\sigma_1$;

$\Delta\sigma_r$——侧向压力增量,$\Delta\sigma_r = \Delta\sigma_3$;

$\Delta\varepsilon_a$——轴向应变增量,$\Delta\varepsilon_a = \Delta\varepsilon_1$;

$\Delta\varepsilon_r$——侧向应变增量,$\Delta\varepsilon_r = \Delta\varepsilon_3$。

当轴向压力增量 $\Delta\sigma_a = 0$,侧向压力增量 $\Delta\sigma_r \neq 0$ 时,切线弹性模量 E_t 可写为

$$E_t = \frac{-2\Delta\sigma_r}{\Delta\varepsilon_a - 2\Delta\varepsilon_r} = \frac{\partial[2(\sigma_a - \sigma_r)]}{\partial(\varepsilon_a - 2\varepsilon_r)} \tag{2-46}$$

参照邓肯-张模型的推导过程,假设侧向卸载条件下,土体的 $2(\sigma_{rc} - \sigma_r) \sim \varepsilon_a - 2\varepsilon_r$ 曲线仍然用双曲线拟合,即 $(\varepsilon_a - 2\varepsilon_r)/2(\sigma_{rc} - \sigma_r) \sim \varepsilon_a - 2\varepsilon_r$ 曲线是直线(见图 2-12),其中 σ_{rc} 为侧向固结压力。

与邓肯-张模型类似,同样假设初始切线弹性模量 E_i[E_i 为 $2(\sigma_{rc} - \sigma_r) \sim \varepsilon_a - 2\varepsilon_r$ 曲线上原点处的斜率]随轴向固结压力 σ_{ac} 而变化,且在双对数纸上点绘 $\lg(E_i/p_a)$ 和 $\lg(\sigma_{ac}/p_a)$ 直线的截距为 K、斜率为 n,有

$$E_i = Kp_a\left(\frac{\sigma_{ac}}{p_a}\right)^n \tag{2-47}$$

大量试验表明:不同应力路径下土的强度准则仍然符合莫尔强度准则,所以侧向卸载时,由莫尔圆可推出破坏偏应力为

$$(\sigma_a - \sigma_r)_f = \frac{2c\cos\varphi + 2\sigma_{ac}\sin\varphi}{1 + \sin\varphi} \tag{2-48}$$

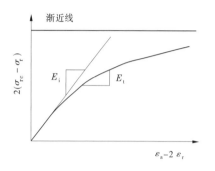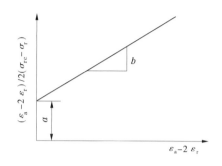

(a)$2(\sigma_{rc}-\sigma_r)\sim\varepsilon_a-2\varepsilon_r$曲线 　　　　　(b)$(\varepsilon_a-2\varepsilon_r)/2(\sigma_{rc}-\sigma_r)\sim\varepsilon_a-2\varepsilon_r$曲线

图 2-12　侧向卸载应力-应变曲线

又因为在侧向卸载时 $\sigma_a=\sigma_{ac}=\text{const}$，经过推导式（2-46）可以变为

$$E_t = Kp_a\left(\frac{\sigma_{ac}}{p_a}\right)^n\left[1-R_f\frac{(\sigma_{rc}-\sigma_r)(1+\sin\varphi)}{2c\cos\varphi+2\sigma_{ac}\sin\varphi-(\sigma_{ac}-\sigma_{rc})(1+\sin\varphi)}\right] \qquad (2\text{-}49)$$

由以上推导可以看出，切线弹性模量 E_t 的公式中共包含 5 个材料常数 K、n、c、φ、R_f。

2）切线泊松比 ν_t 的推导过程

因为泊松比代表的是侧向应变和轴向应变比值的绝对值，即

$$\nu = \frac{-\varepsilon_3}{\varepsilon_1} \qquad (2\text{-}50)$$

对比卸载和加载路径，可知二者的轴向应变 ε_1 均增大，ε_3 均减小，对试验产生的效果是一样的，从这个角度来看，加载和卸载过程的泊松比的推导过程是一致的，因此卸载过程的泊松比最终可表达为

$$\nu_t = \frac{G-F\lg(\sigma_3/p_a)}{\left\{1-\dfrac{D(\sigma_1-\sigma_3)}{Kp_a\left(\dfrac{\sigma_3}{p_a}\right)^n\left[1-R_f\dfrac{(\sigma_1-\sigma_3)(1-\sin\varphi)}{2c\cos\varphi+2\sigma_3\sin\varphi}\right]}\right\}^2} \qquad (2\text{-}51)$$

式中参数意义同加载过程一致。

2.5.3.2　Mohr-Coulomb 模型的基本理论

1. 模型屈服面

Mohr-Coulomb 模型的屈服准则为剪切破坏准则，模型屈服面（见图 2-13）函数如下：

$$F = R_{mc}q - p\tan\varphi - c = 0 \qquad (2\text{-}52)$$

式中　φ——土的摩擦角，取 $0°\sim90°$；

　　　c——土的黏聚力。

$R_{mc}(\theta,\varphi)$ 控制了屈服面在 π 平面的形状：

$$R_{mc} = \frac{1}{\sqrt{3}\cos\varphi}\sin\left(\theta+\frac{\pi}{3}\right) + \frac{1}{3}\cos\left(\theta+\frac{\pi}{3}\right)\tan\varphi \qquad (2\text{-}53)$$

式中　θ——极偏角，定义为 $\cos(3\theta)=r^3/q^3$，r 为第三偏应力不变量。

2. 塑性势面

由于莫尔-库仑模型屈服面存在尖角，如果采用相关连的流动法则，则在尖角处会使

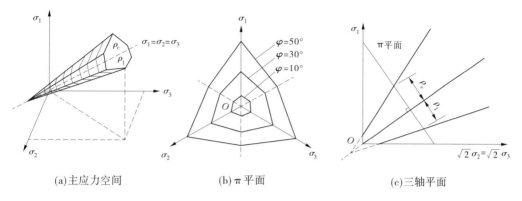

(a)主应力空间　　　　　　(b)π平面　　　　　　(c)三轴平面

图 2-13　Mohr-Coulomb 模型中的屈服面

塑性流动的方向不唯一,进而导致数值模拟计算过程的复杂化,使计算结果难以收敛。为解决这一问题,有限元软件里面采用连续光滑的椭圆函数作为塑性势面,其公式如下:

$$G = \sqrt{(\varepsilon c_0 \tan\psi)^2 + (R_{mw}q)^2} - p\tan\psi \tag{2-54}$$

式中　ψ——材料剪胀角;

　　　c_0——初始黏聚力;

　　　ε——子午面上的偏心率。

若 $\varepsilon = 0$,则塑性势面在子午面上将是一条倾斜向上的直线。$R_{mc}(\theta,e,\varphi)$ 控制其在 π 面上的形状,其计算公式为

$$R_{mw} = \frac{4 \times (1 - e^2)\cos^2\theta + (2e - 1)^2}{2 \times (1 - e^2)\cos\theta + (2e - 1)\sqrt{4 \times (1 - e^2)\cos^2\theta + 5e^2 - 4e}} R_{mc}\left(\frac{\pi}{3}, \varphi\right) \tag{2-55}$$

式中　e——π 面上的偏心率,主要控制 π 面上 $\theta = 0 \sim \pi/3$ 的塑性势面的形状。

e 的默认值由式(2-56)计算:

$$e = \frac{3 - \sin\varphi}{3 + \sin\varphi} \tag{2-56}$$

2.5.3.3　修正剑桥模型(MCCM)

剑桥模型是由英国剑桥大学罗斯柯(Roscoe)等建立的一个有代表性的土的弹塑性模型。它主要是在正常固结黏土和轻超固结黏土的试验基础上建立起来的,后来也推广到强超固结黏土及其他土类。这个模型采用了帽子屈服面和相适应的流动规则,并以塑性体应变为硬化参数,它在国际上被广泛地接受和应用。1965 年,英国剑桥大学的勃兰德(Burland)采用了一种新的能屈方程形式,得到了修正剑桥模型。正常固结黏土物态边界面见图 2-14。

1.基本方程

1)屈服面方程

$$f = q^2 + M^2 p'(p' - p_c) = 0 \tag{2-57}$$

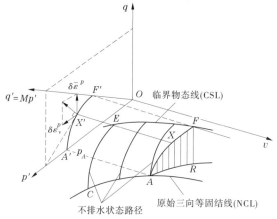

图 2-14　正常固结黏土物态边界面

2）流动法则

$$d\varepsilon_v^p = d\lambda \frac{\partial f}{\partial p'} \tag{2-58}$$

3）剪胀方程

$$\frac{d\varepsilon_v^p}{d\varepsilon_s^p} = \frac{M^2 - \eta^2}{2\eta}$$

其中

$$\eta = q/p' \tag{2-59}$$

4）硬化方程

$$\frac{dp_c}{p_c} = \frac{\nu}{\lambda - \kappa}d\varepsilon_v^p \tag{2-60}$$

5）一致性条件

$$df = \frac{\partial f}{\partial p'}dp' + \frac{\partial f}{\partial q}dq + \frac{\partial f}{\partial \varepsilon_v^p}d\varepsilon_v^p = 0 \tag{2-61}$$

2. 弹塑性应力–应变关系

1）弹性关系

$$d\varepsilon_v^e = \left(\frac{\kappa}{\nu p'}\right)dp' \tag{2-62}$$

$$d\varepsilon_s^e = \frac{2\kappa(1 + \mu)}{9\nu p'(1 - 2\mu)}dq \tag{2-63}$$

2）塑性关系

塑性应变可由式（2-58）计算，但需要先计算出 $d\lambda$。由一致性条件可得

$$df = \frac{\partial f}{\partial p'}dp' + \frac{\partial f}{\partial q}dq + \frac{\partial f}{\partial p_c}\frac{\partial p_c}{\partial \varepsilon_v^p}d\varepsilon_v^p = 0 \tag{2-64}$$

将式（2-58）代入式（2-64）可得

$$\mathrm{d}f = \frac{\partial f}{\partial p'}\mathrm{d}p' + \frac{\partial f}{\partial q}\mathrm{d}q + \frac{\partial f}{\partial p_c}\frac{\partial p_c}{\partial \varepsilon_v^p}\mathrm{d}\lambda\,\frac{\partial f}{\partial p'} = 0 \tag{2-65}$$

由式(2-65)可解出 $\mathrm{d}\lambda$ 的表达式如下：

$$\mathrm{d}\lambda = -\frac{\dfrac{\partial f}{\partial p'}\mathrm{d}p' + \dfrac{\partial f}{\partial q}\mathrm{d}q}{\dfrac{\partial f}{\partial p_c}\dfrac{\partial p_c}{\partial \varepsilon_v^p}\dfrac{\partial f}{\partial p'}} \tag{2-66}$$

由屈服方程求偏导可得

$$\frac{\partial f}{\partial p'} = M^2(2p' - p_c) = p'(M^2 - \eta^2) \tag{2-67}$$

$$\frac{\partial f}{\partial q} = 2q \tag{2-68}$$

$$\frac{\partial f}{\partial p_c} = -M^2 p' \tag{2-69}$$

由硬化方程可得

$$\frac{\partial p_c}{\partial \varepsilon_v^p} = \frac{\nu}{\lambda - \kappa}p_c \tag{2-70}$$

由屈服方程变形得

$$p_c = p' + \frac{q^2}{M^2 p'} \tag{2-71}$$

将式(2-67)~式(2-71)代入式(2-66)可得：

$$\mathrm{d}\lambda = \frac{1}{p'^2(\eta^2 + M^2)}\frac{\lambda - \kappa}{\nu}\left(\mathrm{d}p' + \frac{2\eta\mathrm{d}q}{M^2 - \eta^2}\right) \tag{2-72}$$

将式(2-67)和式(2-72)代入式(2-58)可得

$$\mathrm{d}\varepsilon_v^p = \frac{M^2 - \eta^2}{\eta^2 + M^2}\frac{\lambda - \kappa}{\nu p'}\left(\mathrm{d}p' + \frac{2\eta\mathrm{d}q}{M^2 - \eta^2}\right) \tag{2-73}$$

由式(2-73)和剪胀方程得

$$\mathrm{d}\varepsilon_s^p = \frac{2\eta\mathrm{d}\varepsilon_v^p}{M^2 - \eta^2} = \frac{2\eta}{\eta^2 + M^2}\frac{\lambda - \kappa}{\nu p'}\left(\mathrm{d}p' + \frac{2\eta\mathrm{d}q}{M^2 - \eta^2}\right) \tag{2-74}$$

则式(2-73)和式(2-74)为塑性应力-应变关系表达式。

2.5.4　稳定分析

圆弧法早在 1916 年由瑞典 Perttson 首先提出，之后由 Fellenius 和 Taylors 等不断改进，逐渐完善成为现在通称的简单条分法或瑞典圆弧法。它基于平面应变假定，视滑面为一个圆筒面，分析时通常将滑体分成许多竖条，以条为基础进行力的分析，各条之间的力大小相等，其方向平行于滑面，以整个滑面的稳定力矩与滑动力矩之比作为安全系数。此后，许多学者在土力学及其工程研究中对极限平衡方法做了进一步研究，根据不同的适用条件，主要有摩根斯坦-普瑞斯(Morgenstern-Price)法、毕肖普(Bishop)法、简布(Janbu)

法、推力法、萨尔玛(Sarma)法等。

2.5.4.1　瑞典圆弧法

该法假设条块之间的作用力对圆弧形滑动面上的法向应力分布没有影响,则作用于各垂直条块上的力如图 2-15 所示。

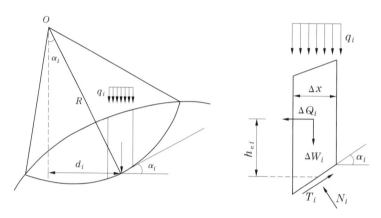

图 2-15　瑞典圆弧法受力情况示意图

其抗滑力与下滑力之比即为安全系数 F_s:

$$F_s = \frac{\sum_{i=1}^{n}(c_i \Delta x \sec\alpha_i + N_i \tan\varphi_i)}{\sum_{i=1}^{n}(\Delta W_i + q_i \Delta x)\sin\alpha_i + \sum_{i=1}^{n}\Delta Q_i(\cos\alpha_i - h_{ei}/R)} = \frac{M_R}{M_S} \qquad (2\text{-}75)$$

由于忽略了条间力,瑞典圆弧法计算所得安全系数偏小,在圆弧中心角较大和孔隙水压力较大时,计算的安全系数的误差较大,计算结果甚至会出现异常。它的优点是能够写出关于安全系数的显式表达式,计算简便,在早期计算能力较低的情况下,其简便性和实用性是毋庸置疑的。

2.5.4.2　毕肖普法

毕肖普在瑞典圆弧法的基础上,考虑了土条间的法向作用力 E_i,忽略了切向力 X_i,(见图 2-16),这种忽略了切向力的方法亦称简化毕肖普法。毕肖普法仍然假定滑动面为图 2-15 的圆弧。

在图 2-16 中,安全系数 F_s 可写为

$$F_s = \frac{\sum_{i=1}^{n}\frac{1}{m_{\alpha i}}[(\Delta W_i + q_i \Delta x)\tan\varphi_i + c_i \Delta x]}{\sum_{i=1}^{n}(\Delta W_i + q_i \Delta x)\sin\alpha_i - \sum_{i=1}^{n}\Delta Q_i(\cos\alpha_i - h_{ei}/R)} \qquad (2\text{-}76)$$

简化毕肖普法采用了圆弧滑动面,对于土质比较均匀的边坡,其计算结果是足够精确的。简化毕肖普法是实用可靠的,其缺点是不能用于任意形状滑动面。关于瑞典圆弧法和简化毕肖普法可以这样理解:瑞典圆弧法相当于一根根彼此没有相互作用的木条直立在一块,简化毕肖普法则相当于将这些木条用绳子扎成一捆放置。显然后者的稳定性要

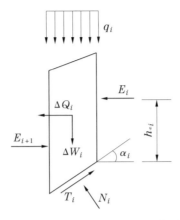

图 2-16　简化毕肖普法受力示意图

好于前者。这也说明条块间法向力对稳定的影响是主要的,而切向力的影响则相对较小。

2.5.4.3　简布法

简布假定各土条间推力 E_i 的作用点连线为光滑连续曲线,称为推力作用线,如图 2-17 所示的 ab,即假定条块间力的作用点位置为已知量。简布法对滑动面的形状不做假定,可以用于任意形状滑动面,所以也叫作普遍条分法,或者通用条分法。

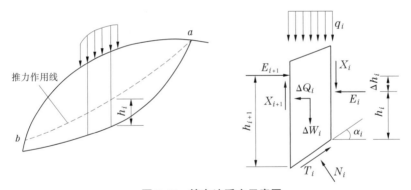

图 2-17　简布法受力示意图

在图 2-17 中,安全系数 F_s 可写为

$$F_s = \frac{\sum\limits_{i=1}^{n} \left[(\Delta W_i + \Delta X_i) \tan\varphi_i + c_i \Delta x \right] \dfrac{1}{m_i \cos\alpha_i}}{\sum\limits_{i=1}^{n} (\Delta W_i + \Delta X_i) \tan\varphi_i} \tag{2-77}$$

简布法需经多次循环计算,直至收敛。简布法分析边坡的稳定性计算工作量较大,且非常烦琐,但其原理比较清晰。

强度折减法是边坡稳定性有限元计算稳定性系数 F_s 的一种方法。原理简单概括为:计算中通过不断降低边坡的安全系数 F_s,折减后的参数不断代入模型进行重复计算,直到模型达到极限发生破坏,此时发生破坏前的值就是边坡的安全系数 F_s。

1975 年,Zienkiewicz 等首次在土工弹塑性有限元数值分析中提出了抗剪强度折减系数的概念。抗剪强度折减系数定义为:在外荷载保持不变的情况下,边坡坡体所发挥的最大抗剪强度与外荷载在边坡内所产生的实际剪应力之比。当假定边坡内所有坡体抗剪强度的发挥程度相同时,这种抗剪强度折减系数定义为边坡的整体稳定系数。

强度折减系数概念能够将强度储备安全系数与边坡的整体稳定系数统一起来,而且在有限元数值分析中无须事先确定滑动面形状与位置,因此在实际中逐渐得到广泛应用。有限元强度系数折减法的基本原理是将坡体强度参数(黏聚力和内摩擦角)同时除以一个折减系数 F_s,得到一组新的值,然后作为新的材料参数输入,再进行试算,利用相应的稳定判断准则,确定相应的 F_s 值为坡体的最小稳定安全系数,此时坡体达到极限状态,发生剪切破坏,同时可得到坡体的破坏滑动面。

强度折减法的算法主要分为以下三个步骤:

(1)建立边坡的有限元分析模型,赋予坡体各种材料不同的单元材料属性,计算边坡的初始应力场。初步分析重力作用下边坡的应力、应变和位移变化。

(2)按一定的步长逐渐增加边坡的安全系数(土体抗剪强度的折减系数)F_s,将折减后的强度参数赋给计算模型,重新计算。

(3)重复第(2)步,如前所述,不断增大 F_s 的值,降低坡体的材料参数,直至计算不收敛,边坡发生失稳破坏。计算发散前一步的 F_s 值就是边坡的安全系数。

对于边坡本来就不稳定、第(1)步计算就不收敛的情况,在第(2)步和第(3)步计算时,安全系数应该逐渐减小,直至计算收敛,边坡获得稳定。

2.5.5 生态效益评价模型

2.5.5.1 水源涵养功能

流域尺度的水源涵养量计算基于产水量图层,考虑地形、土壤等因素计算水源涵养量,公式如下:

$$Q_{wr}(x) = \min(1, \frac{0.9T_1}{3}) \times \min(1, \frac{K_{sat}}{300}) \times \min(1, \frac{249}{v}) \times Y(x) \tag{2-78}$$

式中 Q_{wr} ——水源涵养量,mm;

T_1 ——由 DEM 计算得到的无量纲地形指数;

K_{sat} ——土壤饱和导水率,cm/d,利用 ArcGIS 软件中的地统计插值得到流域土壤饱和导水率;

v ——不同土地利用类型的流速系数。

2.5.5.2 土壤保持功能

基于通用土壤流失方程(Universal Soil Loss Equation,USLE),结合土地利用类型、土壤属性数据、地理数字高程和气候降雨因子计算土壤保持量,公式如下:

$$Q_{sr} = RKLS - USLE \tag{2-79}$$

$$USLE_i = (R \cdot K \cdot L \cdot S \cdot C \cdot P)_i \tag{2-80}$$

式中 Q_{sr} ——土壤保持量,t/年;

$USLE_i$ ——i 地理单元的土壤侵蚀量;

R ——降雨量侵蚀力因子,MJ·mm/(hm²·h·年);

K——土壤可蚀性因子,$t \cdot hm^2 \cdot h/(hm^2 \cdot MJ \cdot mm)$;

L 和 S——坡长和坡度因子;

C——植被与经营管理因子;

P——治理措施因子。

2.5.5.3　防风固沙功能

在风蚀过程中,植被减少土壤裸露,对土壤形成保护,减少风蚀输沙量,还可以通过根系固定表层土壤,提高土壤抗风蚀的能力。通过生态系统减少的风蚀量计算防风固沙功能,公式如下:

$$Q_{wr}(x) = 0.169\,9 \times (WF \cdot EF \cdot SCF \cdot K')^{1.371\,1} \times (1 - C^{1.371\,1}) \qquad (2\text{-}81)$$

式中　Q_{wr}——防风固沙量,t/年;

WF——气候侵蚀因子,kg/m;

EF——土壤侵蚀因子;

SCF——土壤结皮因子;

K'——地表粗糙因子;

C——植被覆盖因子。

2.5.5.4　碳汇功能

净生态系统生产力(NEP)是定量化分析生态系统碳源/汇的重要科学指标,生态系统固碳量可以用 NEP 衡量:

$$Q_{t,CO_2} = \frac{M_{CO_2}}{M_C} \cdot NEP \qquad (2\text{-}82)$$

式中　Q_{t,CO_2}——陆地生态系统固碳量,$t \cdot CO_2$/年;

M_{CO_2}/M_C——44/12(C 转化为二氧化碳的系数);

NEP——净生态系统生产力,$t \cdot C$/年。

参 考 文 献

[1] 郑宝明,田永宏,王煜,等.黄土丘陵沟壑区第一副区小流域坝系建设理论与实践[M].郑州:黄河水利出版社,2004.

[2] 黄河上中游管理局.淤地坝规划[M].北京:中国计划出版社,2004.

[3] 高照良.基于土地利用变化的淤地坝坝系规划研究[D].咸阳:西北农林科技大学,2006.

[4] 史丹.淤地坝坝系时序优化研究[D].西安:西安理工大学,2006.

[5] 杨朴.基于 GIS 的坝系规划时空计算机模型研究[D].北京:北京林业大学,2006.

[6] 张晓明.黄土高原小流域淤地坝系优化研究[D].咸阳:西北农林科技大学,2014.

[7] 刘冠男,叶大羽,高峰,等.幂率型裂隙分布煤层渗流场与变形应力场耦合模型及数值模拟[J].岩石力学与工程学报,2022,41(3):492-502.

[8] 舒实,施建勇.气压和温度变化共同作用下垃圾填埋场边坡稳定性研究[J].岩土工程学报,2022,44(1):82-89.

[9] 胡建林,孙利成,崔宏环,等.基于修正摩尔库伦模型的深基坑变形数值分析[J].科学技术与工程,2021,21(18):7717-7723.

[10] 郑川, 潘标开, 莫红艳. 土壤一维渗流-传热耦合模型实验及数值模拟[J]. 土工基础, 2021, 35 (3):338-342,351.

[11] 陈栋, 李红军, 朱凯斌. 基于新主滑趋势方向的矢量和边坡稳定分析方法[J]. 岩土力学, 2021, 42 (8):2207-2214,2238.

[12] 姬建, 王乐沛, 廖文旺, 等. 基于 WUS 概率密度权重法的边坡稳定系统可靠度分析 J]. 岩土工程 学报, 2021, 43(8):1492-1501.

[13] 周鹏, 王霜, 王恺. 不同结构堤基渗流的数值模拟和管涌临界条件[J]. 人民黄河, 2021, 43(3): 57-62.

[14] 张超, 宋卫东, 李腾, 等. 破碎岩体应力-渗流耦合模型及数值模拟研究[J]. 采矿与安全工程学 报, 2021, 38(6):1220-1230.

[15] 黄震, 曾伟, 李晓昭, 等. 岩溶区地下工程裂隙渗流突水数值模拟研究[J]. 应用基础与工程科学 学报, 2021, 29(2):412-425.

[16] 陈云敏, 马鹏程, 唐耀. 土体的本构模型和超重力物理模拟[J]. 力学学报, 2020, 52(4):901-915.

[17] 张勇, 饶淳淳, 董皇帅, 等. 重塑软黏土固结排水三轴试验和本构模型研究[J]. 岩土工程学报, 2019, 41(S2):101-104.

[18] 王秋生, 周济兵. 基于广义热力学的超固结土本构模型[J]. 岩土力学, 2019, 40(11):4178-4184, 4193.

[19] 张国军, 张勇. 基于摩尔-库伦准则的岩石材料加(卸)载分区破坏特征[J]. 煤炭学报, 2019, 44 (4):1049-1058.

[20] 王丹, 王国富, 路林海, 等. 黄河流域冲积层本构模型的深基坑适用性研究[J]. 土木与环境工程 学报(中英文), 2019, 41(1):36-47.

[21] 李修磊, 李金凤, 施建勇. 考虑纤维加筋作用的城市生活垃圾土弹塑性本构模型[J]. 岩土力学, 2019, 40(5):1916-1924.

[22] 余周武, 王小威. 考虑层状岩体各向异性强度的地下厂房稳定分析[J]. 人民长江, 2018, 49(11): 57-63.

[23] 马骁尧, 高启聚, 石鹏程, 等. 基于摩尔-库伦准则级配碎石强度研究[J]. 公路, 2017, 62(5):209- 215.

[24] 罗爱忠, 邵生俊, 陈昌禄, 等. 黄土的湿载结构性本构模型研究[J]. 岩土力学, 2015, 36(8):2209- 2215.

[25] 俞缙, 李天斌, 郑春婷, 等. 滨海相软土延拓邓肯-张模型的数值模拟研究[J]. 岩石力学与工程学 报, 2014, 33(S2):4271-4281.

[26] 胡向东, 舒畅. 考虑 FGM 特性的双排管竖井冻结壁应力场分析[J]. 工程力学, 2014, 31(1):145-153.

[27] 连宝琴, 朱斌, 高登, 等. 应变硬化垃圾堆体抗局部沉陷研究[J]. 土木工程学报, 2012, 45(7): 162-168.

[28] 张琰, 张丙印, 李广信, 等. 压实黏土拉压组合三轴试验和扩展邓肯张模型[J]. 岩土工程学报, 2010, 32(7):999-1004.

[29] 高志军, 姜亭亭, 黄满刚, 等. 模型参数对邓肯-张非线性弹性模型应用影响研究[J]. 北方工业大 学学报, 2009, 21(3):56-61.

[30] 陈五一, 韩永, 刘品, 等. 基于邓肯-张模型的土石坝有限元分析[J]. 人民长江, 2008(8):60-63.

第 3 章　水文计算理论方法研究

3.1　黄土高原暴雨及小流域产洪产沙特征

一般认为,黄土高原范围是东起太行山西坡,西至乌鞘岭和日月山东坡,南达秦岭北坡,北止长城,面积约 40 万 km²。在黄土高原的水土保持研究中,从水沙来源和水系流域的完整性考虑,往往把其北部界线扩展到大青山、阴山以南,包括了整个黄河中游,面积约 62 万 km²,称为黄土高原地区。黄土高原的水土流失主要集中在黄河中游的黄土高原部分,主要包括中游河口镇至龙门区间的各个支流,泾河、北洛河、渭河、汾河流域及上游的祖厉河、清水河流域,面积约 32 万 km²。

暴雨是指在短期内出现的大量降水,即降雨强度超过一定量值的猛烈降雨。国家标准化管理委员会 2012 年 6 月 29 日批准发布的《降水量等级》(GB/T 28592—2012)规定 24 h 雨量≥50 mm 或 12 h 雨量≥30 mm 为暴雨。暴雨是一个强度概念,它应是雨量和时间的函数,因此它也应反映出不同历时的雨量大小。目前我国气象部门的规定一般并不能包括 24 h 雨量<50 mm 或 12 h 雨量<30 mm,但降雨强度却很大的降雨。而在黄土高原,这类暴雨的发生频率非常高,造成的水土流失最为严重,对水土保持工程造成的危害也最大。

正是基于黄土高原的降雨特征及洪水危害综合考虑,不少学者对黄土高原的暴雨特征进行了专门研究,拟定了黄土高原的暴雨标准,但各标准在降雨前 30 min 内的差异比较大。

3.1.1　黄土高原地区暴雨特征

黄河中游是黄土高原典型的代表区域,本节以黄河中游为主要对象说明黄土高原暴雨特征。

3.1.1.1　暴雨的一般特点

黄河流域的暴雨主要发生在 6~9 月。开始日期一般是南早北迟,东早西迟。黄河中游大暴雨多发生在七八月,其中三花间特大暴雨多发生在 7 月中旬至 8 月中旬。黄河中游的主要暴雨中心地带是六盘山东侧的泾河中上游,山陕北部的神木一带,三花间的垣曲、新安、嵩县、宜阳,以及沁河太行山南坡的济源、五龙口等地。

黄河中游暴雨主要来源于河龙间、龙三间和三花间。

(1)河龙间,经常发生区域性暴雨,其特点可概括为暴雨强度大,历时短,雨区面积在 4 万 km² 以下。例如,1971 年 7 月 25 日,窟野河上的杨家坪站,实测 12 h 雨量达 408.7 mm,雨区面积为 17 000 km²。最突出的记录是 1977 年 8 月 1 日,在陕西、内蒙古交界的乌审旗附近发生的特大暴雨(暴雨中心在流域内的闭流区),中心点 9 h 雨量达 1 400 mm

(调查值),50 mm雨区范围为24 650 km²。

(2)龙三间,泾河上中游的暴雨特点与河龙间相近。渭河及北洛河暴雨强度略小,历时一般2~3 d,在其中下游,也经常出现一些连阴雨天气,降雨持续时间一般可以维持5~10 d或更长,一般降雨强度较小,这种连阴雨天气发生在夏初时,往往是江淮连阴雨的一部分;秋季连阴雨则是我国华西秋雨区的边缘,如1981年9月上中旬,渭河、北洛河普遍降雨,总历时在半个月以上,其中强降水历时在5 d左右,大于50 mm雨区范围为70 000 km²,这场降水形成渭河华县洪峰流量5 360 m³/s。在出现有利的天气条件时,河龙间与泾河、洛河、渭河中上游两地区可同时发生大面积暴雨,这种大面积暴雨还有间隔几天相继出现的现象,如1933年8月上旬,暴雨区同时笼罩泾河、北洛河、渭河和北干流无定河、延水、三川河流域,雨带呈西南东北向,雨区面积达10万km²以上,主要雨峰出现在6日,其次是9日。这种雨型是形成三门峡大洪水和特大洪水的典型雨型。

(3)三花间暴雨发生次数频繁,强度也较大,暴雨区面积可达2万~3万km²,历时一般2~3 d。例如,1958年7月中旬暴雨,垣曲站7月16日雨量达366 mm,洞河任村日雨量达650 mm(调查值)。1982年7月底8月初的三花间大暴雨,7月29日暴雨中心石涡最大24 h雨量达734.3 mm,8月5日雨深200 mm以上笼罩面积超过44 000 km²。据历史文献记载,清乾隆二十六年(1761年)暴雨几乎遍及整个三花区间,有关县志描述该场暴雨为"七月十五日至十九日暴雨五昼夜不止""暴雨滂沱者数日",这是形成三花间大洪水或特大洪水的典型雨型。

3.1.1.2　暴雨的天气成因

黄河中游的大面积暴雨与西太平洋副热带系统的进退和强度变化最为密切,直接影响暴雨带的走向、位置、范围和强度。黄河中游大暴雨的成因,从环流形势来说分为经向型和纬向型。在经向环流形势下,西太平洋副热带高压中心位于日本海,青藏高压也较强,二者之间是一南北向低槽区,这是形成三花间大暴雨的环流形势。在纬向环流形势下,即西太平洋副热带高压呈东西向带状分布时,其脊线在25°N~30°N或更北,西伸脊点在105°E~115°E时,对形成中游的东西向与西南—东北向大面积暴雨是有利的。

当黄河中游发生较强的大面积暴雨时,在天气图上可以看到一支西南—东北向的强风急流区,经云贵高原东侧北上到黄河中游地区,这是主要的水汽输送通道,将南海和孟加拉湾的暖湿空气输向本地区,在经向型暴雨时,有一支东南风急流,此时东海一带水汽对黄河中游暴雨有重要贡献。

3.1.1.3　黄河中游汛期6~9月暴雨变化分析

黄河中游暴雨变化分析了1956~2015年各年代的暴雨日数、暴雨总量、平均暴雨强度、暴雨笼罩面积及落区分布等暴雨特征指标,重点分析近期25年的暴雨变化情况,由于1991~2000年属降雨偏枯期,汛期6~9月、主汛期7~8月的暴雨特征值一般明显小于其他年代,因此下文不再赘述其暴雨变化情况,而主要分析近期15年的情况。

1. 暴雨日数

查找流域内某日雨量在某一等级的雨量站,然后将所有日雨量在该等级的雨量站权重系数相加,即得单日某一等级的降雨日数,如流域内所有雨量站日雨量均达到某一等级,则该等级降雨日数为1。黄河中游各区间不同年代6~9月降雨日数统计见表3-1。由

表 3-1 可见,河龙间、龙三间 2001~2015 年各等级降雨日数较 1956~2015 年多年均值有所增加,大雨日数较 20 世纪 50 年代有所减少;三花间 2001~2015 年大雨日数较多年均值略有增加,较 50 年代减少 5.1%。黄河中游 2001~2015 年整体大雨日数较多年均值增加 7.6%,较 50 年代减少 5.2%,暴雨、大暴雨日数较多年均值显著增加。

表 3-1　黄河中游各区间不同年代 6~9 月降雨日数统计　　　　　单位:d

降雨量/mm	时段	河龙间	龙三间	三花间	黄河中游
大雨 25~49.9	1956~1960 年	3.20	3.16	4.09	3.28
	1961~1970 年	2.57	3.07	3.87	3.00
	1971~1980 年	2.47	2.73	3.60	2.75
	1981~1990 年	2.41	2.94	3.73	2.86
	1991~2000 年	2.07	2.40	3.22	2.39
	2001~2015 年	2.77	3.14	3.88	3.11
	1956~2015 年	2.55	2.91	3.71	2.89
暴雨 50~100	1956~1960 年	0.65	0.61	1.25	0.70
	1961~1970 年	0.60	0.58	1.05	0.64
	1971~1980 年	0.54	0.59	0.96	0.62
	1981~1990 年	0.41	0.49	0.90	0.52
	1991~2000 年	0.39	0.47	0.92	0.50
	2001~2015 年	0.66	0.64	0.97	0.69
	1956~2015 年	0.54	0.57	0.99	0.61
大暴雨 100 以上	1956~1960 年	0.06	0.03	0.10	0.05
	1961~1970 年	0.06	0.04	0.07	0.05
	1971~1980 年	0.04	0.03	0.09	0.04
	1981~1990 年	0.02	0.03	0.12	0.03
	1991~2000 年	0.02	0.03	0.10	0.03
	2001~2015 年	0.05	0.05	0.12	0.06
	1956~2015 年	0.04	0.03	0.10	0.04

2. 暴雨笼罩面积

将流域内某日所有日雨量在某等级的雨量站权重系数乘以流域面积并叠加,即为单日某等级暴雨笼罩面积。表 3-2 为黄河中游各区间不同年代 6~9 月雨区面积统计,黄河中游 2001~2015 年各等级雨区暴雨笼罩面积较多年均值有所增加,其中 25 mm 雨区暴雨笼罩面积增加 8.9%,50 mm、100 mm 雨区暴雨笼罩面积增加 13.7%~24.2%。与 20 世纪 50 年代相比,黄河中游 2001~2015 年 25 mm、50 mm 雨区暴雨笼罩面积有所减少,减幅为 1.2%~4.4%。黄河中游 2001~2015 年 100 mm 雨区暴雨笼罩面积较 50 年代偏大 6.7%。

表 3-2 黄河中游各区间不同年代 6~9 月雨区面积统计 单位：万 km²

降雨量/mm	时段	河龙间	龙三间	三花间	黄河中游
≥25	1956~1960 年	43.57	72.62	22.65	138.83
	1961~1970 年	35.98	70.40	20.76	127.14
	1971~1980 年	34.02	63.94	19.35	117.30
	1981~1990 年	31.59	65.99	19.80	117.38
	1991~2000 年	27.73	55.33	17.65	100.71
	2001~2015 年	38.85	73.19	20.67	132.71
	1956~2015 年	34.90	66.96	19.98	121.84
≥50	1956~1960 年	7.89	12.38	5.64	25.91
	1961~1970 年	7.33	11.75	4.67	23.75
	1971~1980 年	6.44	11.88	4.38	22.69
	1981~1990 年	4.75	9.90	4.26	18.91
	1991~2000 年	4.59	9.51	4.26	18.37
	2001~2015 年	7.90	13.17	4.53	25.60
	1956~2015 年	6.48	11.50	4.53	22.51
≥100	1956~1960 年	0.68	0.67	0.43	1.78
	1961~1970 年	0.64	0.77	0.29	1.69
	1971~1980 年	0.40	0.64	0.37	1.40
	1981~1990 年	0.19	0.46	0.52	1.17
	1991~2000 年	0.24	0.48	0.42	1.14
	2001~2015 年	0.55	0.86	0.50	1.90
	1956~2015 年	0.44	0.66	0.43	1.53

3. 暴雨总量

将流域内某日所有日雨量在某等级的雨量站控制面积乘以该站的日雨量并叠加，即为单日某一等级暴雨总量。表 3-3 为黄河中游各区间不同年代 6~9 月雨区暴雨总量统计。黄河中游 2001~2015 年各等级雨区暴雨总量较多年均值有所增加，其中 25 mm 雨区暴雨总量增加 9.9%，50 mm、100 mm 雨区暴雨总量增加 14.1%~24.3%。与 20 世纪 50 年代相比，黄河中游 2001~2015 年 25 mm、50 mm 雨区暴雨总量较 50 年代减少 2.2%~4.1%。黄河中游 2001~2015 年 100 mm 雨区暴雨总量较 50 年代偏大 4.9%。

表 3-3 黄河中游各区间不同年代 6~9 月雨区暴雨总量统计 单位:亿 m³

降雨量/mm	时段	河龙间	龙三间	三花间	黄河中游
≥25	1956~1960 年	176.1	284.1	98.3	558.5
	1961~1970 年	148.1	276.0	86.8	510.9
	1971~1980 年	137.8	252.8	81.5	472.0
	1981~1990 年	120.8	251.9	84.5	457.3
	1991~2000 年	108.4	218.4	76.3	403.1
	2001~2015 年	158.2	289.8	87.8	535.8
	1956~2015 年	140.1	262.6	85.0	487.7
≥50	1956~1960 年	56.4	82.9	39.6	178.9
	1961~1970 年	51.5	79.5	32.0	163.0
	1971~1980 年	44.3	78.6	30.3	153.3
	1981~1990 年	31.1	65.4	31.1	127.7
	1991~2000 年	30.5	64.1	30.1	124.6
	2001~2015 年	53.4	88.9	32.7	175.0
	1956~2015 年	44.3	77.1	32.1	153.4
≥100	1956~1960 年	8.3	8.1	6.0	22.4
	1961~1970 年	8.0	9.2	3.5	20.7
	1971~1980 年	5.7	7.4	4.5	17.6
	1981~1990 年	2.2	5.6	7.0	14.8
	1991~2000 年	2.9	5.8	5.3	14.0
	2001~2015 年	6.6	10.6	6.4	23.5
	1956~2015 年	5.5	8.0	5.5	18.9

4. 平均日暴雨强度

将每年 6~9 月某等级降雨量除以相应降雨日数得到逐年平均日暴雨强度。表 3-4 为黄河中游各区间不同年代 6~9 月雨区平均日暴雨强度统计,黄河中游各年代 6~9 月不同等级雨区平均日暴雨强度变幅不大,与多年均值相比,最大为 6.4%,其中 2001~2015 年 6~9 月 100 mm 雨区平均日暴雨强度较多年均值持平。黄河中游 25 mm 雨区、50 mm 雨区、100 mm 雨区 6~9 月多年平均日暴雨强度分别为 39.9 mm/d、67.6 mm/d、121.7 mm/d。

表 3-4　黄河中游各区间不同年代 6~9 月雨区平均日暴雨强度统计　　　单位:mm/d

降雨量/mm	时段	河龙间	龙三间	三花间	黄河中游
≥25	1956~1960 年	40.2	39.1	42.8	40.2
	1961~1970 年	40.5	39.2	41.5	40.0
	1971~1980 年	40.2	39.5	42.0	40.2
	1981~1990 年	38.1	38.0	42.2	38.9
	1991~2000 年	38.8	39.3	42.7	39.8
	2001~2015 年	40.6	39.4	42.6	40.3
	1956~2015 年	39.8	39.1	42.3	39.9
≥50	1956~1960 年	69.8	66.9	69.3	68.8
	1961~1970 年	68.8	67.8	68.2	68.6
	1971~1980 年	66.6	65.9	68.7	67.0
	1981~1990 年	65.1	65.4	69.2	66.6
	1991~2000 年	66.4	66.4	69.3	67.2
	2001~2015 年	67.1	66.8	71.2	67.8
	1956~2015 年	67.1	66.5	69.5	67.6
≥100	1956~1960 年	122.7	119.2	131.3	129.5
	1961~1970 年	124.8	117.1	130.1	121.7
	1971~1980 年	124.7	113.7	119.6	119.0
	1981~1990 年	116.5	121.6	124.9	121.8
	1991~2000 年	123.0	119.7	119.7	120.6
	2001~2015 年	119.0	118.3	123.6	121.7
	1956~2015 年	121.3	118.2	124.1	121.7

3.1.2　小流域产洪产沙特征

3.1.2.1　产洪特征

黄土高原流域,无论是沟道小流域还是大中型流域,洪水过程的基本特点都是峰高、量小、历时短,洪峰陡涨陡落。例如,1979 年 8 月 10~14 日纳林河流域降雨面平均雨量为 160 mm,在 18 min 内洪水流量由 40 m³/s 猛增到 4 220 m³/s(允江,1994)。

虽然洪峰陡涨陡落,但涨洪历时相对落洪历时较短。马文进等(2010)统计分析岔巴沟流域曹坪站(控制面积 187 km²)1960~2006 年 51 场洪水数据,发现涨洪历时占洪水历时的百分比不到 9%,小于该值的有 35 次,占总数的 68.6%;涨洪历时占洪水历时的百分比最大值是 44.6%,表明该流域的洪水都属于陡涨缓落型;其中 29 场为单峰,占洪峰总数的 56.9%,表明该流域洪水峰型以单峰为主;沙峰滞后于洪峰的洪水有 32 次,占洪峰总数的 62.7%,表明该流域沙峰一般滞后于洪峰。在中型流域,也有沙峰超前洪峰的现象,如 1978 年 7 月 27 日陕西清涧河流域(面积 3 468 km²)的大暴雨,面平均雨量 202 mm,延川水文站最大含沙量于 08:42 出现,洪峰滞后沙峰 6 min,于 08:48 出现。

　　影响产流的主要因素有降雨、蒸发、地形、土壤、植被和人类活动等。甘肃省天水市罗玉沟流域的桥子东、西沟两个小流域,治理前的地形、地貌、土壤和植被基本相似。桥子东沟流域面积 1.36 km²,桥子西沟流域面积 1.09 km²。截至 2001 年初桥子东沟治理度已达 53.4%,桥子西沟治理度仅 13.5%。2001 年 6 月 15 日 06:10~07:10,桥子东、西沟所在的罗玉沟流域突降特大暴雨。据实测资料分析,西沟洪水量远大于东沟,而且西沟洪水比东沟起涨时间早,上涨较快,峰值高,但在洪峰降落后的退水阶段,东沟洪水过程线的消退明显滞后西沟。从而可以看出,小流域的暴雨产洪特征与流域的治理程度有密切关系。

　　南小河沟是泾河支流蒲河左岸的一条支沟,位于陇东黄土高塬沟壑区中部(东经 107°30′~107°38′,北纬 35°41′~35°44′)。流域面积为 36.3 km²,海拔 1 050~1 423 m,沟底至塬面相对高差 150~200 m,共有支、毛沟 183 条,流域长 13.6 km,主沟道长 11.8 km。南小河沟流域地理位置如图 3-1 所示。

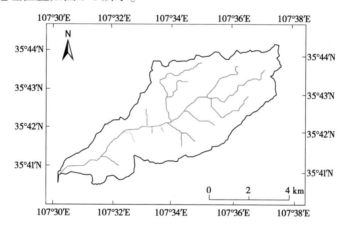

图 3-1　南小河沟流域地理位置

　　南小河沟流域位于董志塬边缘地带,地形破碎,沟道纵横,以主沟道为框架分布。沟道平均比降为 2.8%,沟道密度达 1.69 km/km²,流域内地貌类型主要有塬面、坡面、沟谷三种,为典型的黄土高塬地貌特征。其中,塬面海拔相对较高,宽广平坦,土壤肥沃,坡度较低(5°以下),适用于农业生产用地和居民聚居地,该类面积占流域面积的 56.9%。坡面的坡度大部分处于 10°~30°,少部分用作农耕地,大部分已改造成坡式梯田,坡面面积占流域总面积的 15.7%。坡面以下为沟谷,主要为林、牧基地,坡度 40°~70°,形状似"V"字形,主沟道大多呈"U"字形,沟谷面积占流域总面积的 27.4%。

　　董庄沟和杨家沟为南小河沟中的两条小支沟,具有完整的塬面、坡面和沟谷地貌特征,属于典型的黄土高塬沟壑区,两沟位置毗邻,见图 3-2。1954 年设定杨家沟为治理沟、董庄沟为对比沟进行研究(董庄沟的地形、土壤基本与杨家沟相似,董庄沟的植被与杨家沟治理前的植被相似,处于群众利用的自然状态)。

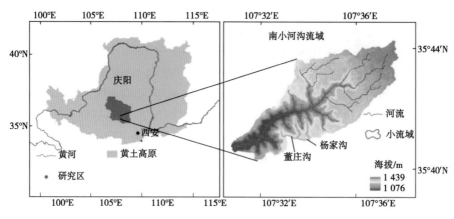

图 3-2　董庄沟和杨家沟地理位置

　　1955 年 8 月 25 日,南小河沟流域发生降雨,通过降雨产洪的洪峰过程线分析不同尺度流域的产洪特征。图 3-3 为南小河沟流域控制流量站,以及其子流域董庄沟小流域和杨家沟小流域流量站的洪峰过程线。从图 3-3 中可以看出,1955 年 8 月 25 日降雨时,南小河沟流域的洪峰过程线相对于它的子流域董庄沟和杨家沟小流域的洪峰过程线平缓。说明在其他条件相同的情况下,流域面积越小,其洪水陡涨陡落的特性越明显;流域面积越大,降雨产洪的过程越复杂,汇水距离越长,陡涨陡落特性被削弱。董庄沟小流域洪峰远大于杨家沟小流域,因为董庄沟没经过治理,而杨家沟经过了治理,说明流域治理能有效减少降雨产洪。

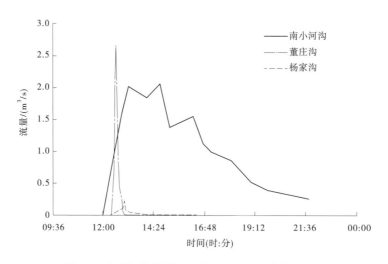

图 3-3　南小河沟流域 1955 年 8 月 25 日洪峰过程线

　　流域尺度不同,其产流模式也存在明显的差异。从分水岭到谷底,径流以片流、散流、暴流和潜流的形式分布于梁峁顶部及梁峁斜坡中上部、下部、谷坡,径流呈现随坡面垂直变化规律;从坡面到毛沟、支沟、干沟,径流过程线随流域尺度也表现出一定的变化规律。汤立群等研究表明,中小尺度及以下尺度的流域,以超渗产流模式为主,中大尺度的流域具有蓄满产流的特征。刘纪根等研究指出小尺度流域洪水过程线比较对称,陡涨陡落,洪水过程线尖峭;中大尺度流域洪水过程线相对平缓,洪前洪后退水过程线不能重合,表现出一定的偏态;沟道小流域的径流主要受全坡面径流的影响,全坡面径流在流域沟口的径流过程起主导作用;当流域面积增加时,随着沟道级别的增加,流域出口的径流过程则以各级沟道的汇流过程起主导作用。

3.1.2.2　产沙特征

黄土高原多属丘陵沟壑型地貌,植被覆盖率低、生态环境脆弱,多年平均降雨在 200～600 mm,特殊的黄土土质结构,成为黄河流域泥沙的主要来源和产生区。流域产沙主要受流域下垫面和降雨两个条件影响,黄土高原降水以局部暴雨为主,局部暴雨对下垫面的强烈冲刷是黄土区产沙的主要动力因素。在相同降雨气候条件下,影响产沙的主要因素是流域下垫面,而流域下垫面则主要包括流域植被覆盖度、流域土壤土质和流域地理形态特征三个要素。

流域产沙量与径流量的关系实际上反映了产沙量与降雨量、降雨过程、地形、土壤、植被等因素的关系。例如,2001 年 6 月 15 日暴雨时,天水市罗玉沟流域治理度小的桥子西沟洪水输沙量明显大于治理度大的桥子东沟,桥子东、西沟小流域流量和含沙量过程变化趋势基本一致,洪峰和沙峰同时出现,且在退水阶段两流域含沙量过程线的消退均明显滞后于流量过程线,但西沟含沙量过程线变率大于东沟。因此,可以看出水土保持综合治理可以改变流域下垫面特性及产汇流条件,从而使桥子东、西沟小流域次暴雨的产流产沙特性产生较大差异。

水流中含沙量增加幅度一般与流量增加幅度不一致,且洪峰与沙峰的出现时刻也不一致;涨水段含沙量随流量增加而增加,落水段流量消退快而含沙量的衰减缓慢。王瑞芳等(2008)通过对罗玉沟流域的典型暴雨实测流量和含沙量资料研究分析,发现其流量和含沙量变化过程趋势基本一致,一般含沙量随降雨强度和流量的变化呈锯齿型,且在洪峰降落后的退水阶段,含沙量过程线的消退明显滞后于流量过程线。流域洪水的沙峰是超前于还是滞后于洪峰与流域本次降雨前土壤的含水量有关。王瑞芳等(2008)研究所选罗玉沟流域的 4 次实测典型暴雨洪水中仅一次主沙峰滞后于洪峰,其余 3 次洪水沙峰均超前于洪峰。据调查分析,沙峰超前于洪峰的暴雨均是汛期第 1 场大暴雨,高强度的降雨以很大的能量冲击疏松裸露的地表,并使地表薄层水流产生强烈紊乱,增加了水流的挟沙能力,加之流域沟道密度大,比降陡,水流下切冲刷力强,沟壁滑坡、崩塌特别发育,因此一开始即形成高含沙水流,从而导致沙峰超前于洪峰;而沙峰滞后于洪峰的暴雨发生在汛期的后期,受前期降雨影响,地表相对湿润,侵蚀减轻,因此沙峰较洪峰相对滞后。秃尾河流域的高家堡站和高家川站的沙峰和洪峰在发生时间上有超前、滞后和同时三种情况。

1955 年 8 月 25 日,南小河沟流域发生降雨,图 3-4 是南小河沟流域产洪产沙过程线,图 3-5 是董庄沟小流域产洪产沙过程线。可以看出,南小河沟流域发生洪水时洪峰和沙峰是同时出现,含沙量过程线回落较陡;董庄沟小流域沙峰滞后于洪峰,含沙量过程线回落较缓;南小河沟流域洪水含沙量显著小于董庄沟小流域洪水含沙量。由此说明,流域尺度会影响洪峰、沙峰出现的时间,洪峰、沙峰的形态,以及洪水含沙量的大小。

黄土高原产沙在时间尺度上也有自身特点,流域产沙年内和年际变化大。纸坊沟小流域产沙特征是年内分布集中和年内、年际变化大,一方面年产沙量高度集中于七八月,

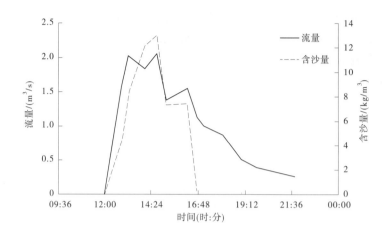

图 3-4　南小河沟流域 1955 年 8 月 25 日产洪产沙过程线

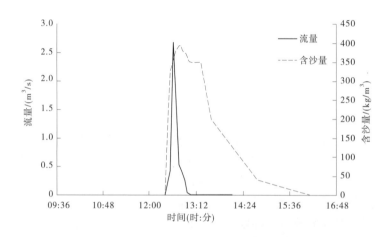

图 3-5　董庄沟小流域 1955 年 8 月 25 日产洪产沙过程线

另一方面一年或多年的产沙主要是由少数几次暴雨造成的,次产沙模数及年产沙模数变化幅度大。皇甫川流域产沙量年际变化很大,主要是暴雨洪水产沙,因此年产沙量与年降雨量相关程度很低。

黄土高原产沙在流域空间尺度下,虽然侵蚀产沙过程中各影响因子都存在,但尺度不同时起主导作用的因子却不同。对小尺度流域而言,小尺度变量如地貌、土壤和植被等起主导作用;但在大尺度流域下,大尺度变量如流域的地形结构及河网结构等的变化起主要作用。侵蚀产沙的子单元与系统之间呈现一种复杂的非线性关系,但当尺度变化到一定范围的大流域时,尽管它由多个非线性和空间变异单元组成,但整体尺度表现有新的特征,如均匀非线性关系或线性关系。从而可以看出,流域的侵蚀产沙是多重尺度化效应的综合结果。

流域尺度上土壤侵蚀过程是一个完整的系统,存在多种侵蚀类型的组合,沟道侵蚀、重力侵蚀和沉积过程变得相当重要,并且侵蚀、输移和产沙的关系比较复杂。在流域尺度上许多其他的土壤侵蚀过程与水蚀过程同时发生,降雨开始时首先产生雨滴击溅侵蚀,产流后发生片蚀,随后产生细沟侵蚀和浅沟侵蚀,并在可能的情况下产生重力侵蚀和潜蚀,当产生暴流时发生沟道侵蚀。区域尺度上的侵蚀产沙规律具有明显差异,大尺度的侵蚀产沙通常涉及气候带、侵蚀类型的差异。区域之间是通过自然条件的相似性来区分的。

　　随着流域尺度的变化,流域侵蚀产沙也呈现一定的变化规律。蔡强国等研究发现黄土丘陵沟壑区从分水岭到谷底土壤侵蚀存在明显的垂直分带性,即坡面随着尺度的变化,侵蚀方式和强度表现出一定的变化规律。陈界仁研究发现随着流域尺度的变化,产流参数和产沙参数均随流域面积增加而增大。蔡名扬在分析了大理河地区十多个小流域的洪水输沙过程后,发现洪水退沙曲线系数与流域面积呈反比关系,洪峰含沙量与洪峰流量关系系数与流域面积呈正比关系。刘纪根等研究发现,流域尺度越大,沟道越长,汇流时间越久,则沟道出口的高含沙量持续的时间也越长;坡面是流域高含沙水流形成的最初部位,而到了流域的沟道,主要以各级沟道网汇流的作用为主,沟道的侵蚀作用较小,只起到泥沙输移的通道;从崾坡到全坡面,随着尺度的增加,平均流量模数、侵蚀模数、平均含沙量、极限含沙量都增大,这是因为尺度增加水流能量增加,对土壤的侵蚀、搬运能力都相应增加;全坡面对毛沟径流和泥沙起主导作用;从毛沟到支沟,由于沟道比降减小,泥沙输移距离加长,沿途产生沉积,所以侵蚀模数又降低,而干沟是由许多支毛沟组成的,其侵蚀产沙模数与这些支毛沟的侵蚀模数有关,同时由于高含沙水流的作用,其侵蚀模数也可维持在一个较高的值。随着流域层级更高,泥沙在更高层级流域输送中的阻力更大。由于阻力更大,含沙量也随流域层级增高而有所减小。

　　尺度问题不仅是一个科学挑战,而且是一个流域管理和侵蚀产沙模型中的实际问题。在小流域的侵蚀产沙计算中,一般都假定流域内植被、地形、土质等下垫面因素相对均匀,但对一个大流域,这一点是不能满足的。例如,坡度、沟道比降、沟壑密度、土质、植被乃至人类活动情况在流域各处的变化,常使得大流域的侵蚀产沙计算更复杂、难度更大。在流域侵蚀产沙研究中,在不同尺度数据相互应用过程中,会出现粗糙和不适用的情况,主要是因为小尺度数据对较大尺度特性的代表性不够,两者主导影响因子不一致。将小尺度流域的机制推广到大尺度流域,或者将大尺度流域的成果应用到小尺度流域都会产生许多问题。师长兴(2006)收集了黄土高原 64 个大小不同流域的水土保持措施减沙效益的变化情况,统计分析结果显示,水土保持措施减沙模数随流域面积没有明显的变化趋势,单位治理面积减沙比与流域面积之间也不存在明显关系。

3.2　现行淤地坝水文计算方法

3.2.1　洪水计算方法

　　淤地坝因大都地处黄土高原地区流域上端的支毛沟内,分布面广、数量众多、位置偏僻,水文资料基础条件差,大多地点没有流量观测资料。据统计,黄河流域现有淤地坝58 776 座,主要分布在甘肃、内蒙古、宁夏、青海、陕西和山西等 6 省(区),且大部分分布在陕西、山西两省。各种规模的淤地坝控制面积一般不超过 10 km²。其中,骨干坝 5 621

座,平均单坝控制面积 5.23 km²,其余 5 万余座为中小型坝,中型坝平均单坝控制面积 1.58 km²,小型坝平均单坝控制面积 0.7 km²,因此不同规模淤地坝均处于特小流域,基本不存在水文测站,难以收集实测水文资料。淤地坝工程一般地处无资料地区,在淤地坝工程规划设计论证中,设计洪水分析计算所依据的实测洪水资料支撑薄弱,少有通过实测洪水资料系列开展设计洪水计算的实例,利用设计暴雨推求设计洪水往往成为主要的计算方法。各地区根据本地区实际情况,结合地区水文手册也发展了经验公式法等其他的计算方法。

《淤地坝技术规范》(SL/T 804—2020)、《水土保持治沟骨干工程技术规范》(SL 289—2003)等对淤地坝设计洪水计算做出了全面的规定,对设计洪峰流量、设计洪水总量、设计洪水过程线等不同设计洪水要素的分析计算均给出了计算依据,以下分别介绍。

3.2.1.1　设计洪峰流量计算

根据《淤地坝技术规范》(SL/T 804—2020)、《水土保持治沟骨干工程技术规范》(SL 289—2003),现行淤地坝设计洪峰流量计算一般包括三种方法:推理公式法、洪水调查法、经验公式法。

1. 推理公式法

淤地坝汇流面积均为特小流域,流域内降雨条件、下垫面及其所形成的产汇流条件等均可认为是相对均匀一致的,从推理公式适用的假定条件而言,是非常符合推理公式的应用条件的。

采用推理公式法计算淤地坝设计洪峰流量时,由于淤地坝集水面积特小,流域汇流时间非常短,一般不会超过 1 h,因此流域汇流一般属于全面汇流类型,故可按推理公式法的全面汇流公式进行计算:

$$Q_P = 0.278 \frac{h}{\tau} F \tag{3-1}$$

$$\tau = 0.278 \frac{L}{mJ^{1/3}Q_P^{1/4}} \tag{3-2}$$

式中　　Q_P——设计频率为 P 的洪峰流量,m³/s;

　　　　h——净雨深,mm,在全面汇流时代表相应于各不同历时时段的最大净雨深,在部分汇流时代表由主雨峰产生的净雨深;

　　　　F——流域面积,km²;

　　　　τ——流域汇流历时,h;

　　　　L——沿主沟道从出口断面至分水岭的最长距离,km;

　　　　m——汇流参数,在一定概化条件下,通过本地区实测暴雨洪水资料综合分析得出;

　　　　J——沿 L 的平均比降(以小数计)。

2. 洪水调查法

若淤地坝工程所在沟道有可靠或较可靠的历史大洪水调查资料,可参照地区水文手册或借用邻近沟道的历年最大流量变差系数 C_v 及偏态系数 C_s,采用洪水调查法计算设计洪峰流量。

1）开展洪水调查

对淤地坝所在沟道全面进行洪水调查,获取相对可靠的洪痕资料、洪水发生年代,调查对象年龄及对洪水发生情况的详细介绍等,对洪痕位置的沟道断面及沟道比降等进行测量和分析计算。

2）推求调查洪峰流量

根据调查的洪痕高程、过水断面、沟道比降,按下列公式推求调查洪峰流量:

$$Q = \omega C \sqrt{Ri} \qquad (3\text{-}3)$$

$$C = \frac{1}{n} R^{1/6} \qquad (3\text{-}4)$$

式中 Q——明渠均匀流公式计算的洪峰流量,m^3/s;

ω——沟道横断面过水面积,m^2;

C——谢才系数;

R——沟道横断面的水力半径,m;

i——水力比降,由上下断面洪痕点的高差除以两断面间沿沟间距而得;

n——糙率,可根据沟道特征选用。

3）调查洪水经验频率计算

对调查的洪水进行经验频率计算,可按式(3-5)进行计算:

$$P = \frac{m}{n+1} \times 100\% \qquad (3\text{-}5)$$

式中 P——调查洪水经验频率;

m——在已调查的几次洪水系列中由大到小的顺序位;

n——调查年代与洪水发生年代之差,年。

4）调查洪水重现期

调查洪水的重现期与经验频率符合下式关系:

$$N = \frac{1}{P} \qquad (3\text{-}6)$$

式中 N——调查洪水重现期,年。

5）设计洪峰流量计算

（1）当只有一个洪水调查值时,设计洪峰流量应按下式计算:

$$\left. \begin{array}{l} \overline{Q} = \dfrac{Q'_P}{K'_P} \\[2mm] Q_P = K_P \overline{Q} \end{array} \right\} \qquad (3\text{-}7)$$

式中 $\overline{Q}$——最大流量系列的均值,m^3/s;

Q'_P——已知重现期的洪水调查值,m^3/s;

K'_P——相应于调查洪水频率 P 的模比系数;

K_P——频率为 P 的模比系数,由 C_v 及 C_s 的皮尔逊-Ⅲ型曲线 K_P 表查得。

（2）当有两个洪水调查值时,设计洪峰流量应按下式计算:

$$\left.\begin{array}{l} \overline{Q}_1 = \dfrac{Q'_{P1}}{K_{P1}} \\[3mm] \overline{Q}_2 = \dfrac{Q'_{P2}}{K_{P2}} \\[3mm] Q_P = K_P \left(\dfrac{\overline{Q}_1 + \overline{Q}_2}{2} \right) \end{array}\right\} \qquad (3\text{-}8)$$

式中　$\overline{Q}_1$、$\overline{Q}_2$——两次调查洪水的洪峰流量均值,m^3/s;

　　　Q'_{P1}、Q'_{P2}——已知重现期的洪水调查值,m^3/s;

　　　K_{P1}、K_{P2}——相应于调查洪水频率 P_1 和 P_2 的模比系数。

3. 经验公式法

利用经验公式法推算洪峰流量 Q_P,可采用洪峰面积相关法或综合参数法。

(1)采用洪峰面积相关法,可按下式计算:

$$Q_P = K_N F^n \qquad (3\text{-}9)$$

式中　K_N、n——重现期为 N 的经验参数,由当地水文手册查得。

(2)采用综合参数法,可按式(3-10)~式(3-12)计算:

$$Q_P = C_1 H_P^\alpha \lambda^m J^\beta F^n \qquad (3\text{-}10)$$

$$\lambda = \frac{F}{L^2} \qquad (3\text{-}11)$$

$$H_P = K_P \overline{H}_{3(6)} \qquad (3\text{-}12)$$

式中　C_1——洪峰地理参数,可由当地水文手册查得;

　　　H_P——频率为 P 的流域中心点 3 h(6 h)雨量,mm;

　　　λ——流域形状系数;

　　　α、m、β、n——经验参数,可采用当地经验值;

　　　$\overline{H}_{3(6)}$——流域最大 3 h(6 h)暴雨均值,mm,可由当地水文手册查得。

3.2.1.2　设计洪水总量计算

采用推理公式法推算设计洪水总量,可按下式计算:

$$W_P = \alpha H_P F \qquad (3\text{-}13)$$

式中　W_P——设计洪水总量,万 m^3;

　　　α——洪水总量径流系数,可由当地水文手册查得。

采用经验公式法推算设计洪水总量,可按下式计算:

$$W_P = A F^m \qquad (3\text{-}14)$$

式中　A、m——洪水总量地理参数及指标,可由当地水文手册查得。

在重力侵蚀严重的黄土丘陵沟壑区第五副区应考虑重力侵蚀对洪水总量的影响。可根据当地实测洪水含沙量或坝库洪水泥沙量分析计算。

3.2.1.3　设计洪水过程线计算

可采用概化三角形过程线法或概化五点过程线法推算设计洪水过程线。

1. 概化三角形过程线法

采用概化三角形过程线法推算设计洪水过程线,如图 3-6 所示。洪水总历时可按下式计算:

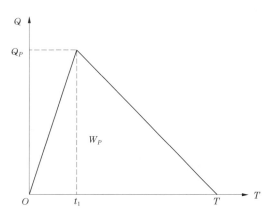

图 3-6　概化三角形洪水过程线

$$T = 5.56 \frac{W_P}{Q_P} \tag{3-15}$$

式中　T——洪水总历时,h。

涨水历时可按下式计算:

$$t_1 = \alpha_{t1} T \tag{3-16}$$

式中　t_1——涨水历时,h;

　　　α_{t1}——涨水历时系数,视洪水产汇流条件而异,其值变化在 0.1~0.5,具体计算时取用当地经验值。

2. 概化五点过程线法

采用概化五点过程线法推求设计洪水过程线,如图 3-7 所示。洪水总历时可按式(3-17)计算:

$$T = 9.63 \frac{W_P}{Q_P} \tag{3-17}$$

3.2.2　泥沙计算方法

淤地坝工程设计中的输沙量可由侵蚀模数进行计算。

流域土壤侵蚀模数应采用下列方法综合确定:

(1)由水文手册查算。

(2)坝、库工程淤积量调查分析。

(3)土壤侵蚀模数分类分级标准及流域土地坡度、下垫面条件、降雨量等因素分析。

(4)多年实测径流泥沙系列资料分析。

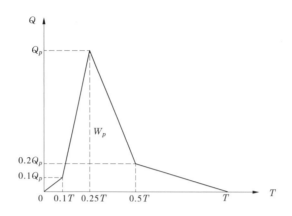

图 3-7　概化五点洪水过程线

根据前述计算方法综合确定出侵蚀模数后,可按式(3-18)进行泥沙计算:

$$\overline{W_{sb}} = FM_0 \tag{3-18}$$

式中　$\overline{W_{sb}}$——多年平均输沙量,t/年;

　　　F——坝控流域面积,km^2;

　　　M_0——侵蚀模数,t/(km^2·年)。

输沙量也可根据悬移质输沙量和推移质输沙量,按下式计算:

$$\overline{W_{sb}} = \overline{W_s} + \overline{W_b} \tag{3-19}$$

式中　$\overline{W_s}$——多年平均悬移质输沙量,t/年;

　　　$\overline{W_b}$——多年平均推移质输沙量,t/年。

3.2.2.1　悬移质输沙量计算

(1)输沙模数图查算法可按下式计算:

$$\overline{W_s} = \sum M_{si} F_i \tag{3-20}$$

式中　M_{si}——分区输沙模数,t/(km^2·年),可根据土壤侵蚀普查数据和查输沙模数等值
　　　　　　线图综合确定;

　　　F_i——分区面积,km^2。

(2)输沙模数经验公式法可按式(3-21)和式(3-22)计算:

$$\overline{M_s} = K\overline{M_0}^b \tag{3-21}$$

$$\overline{W_s} = \overline{M_s}F = K\overline{M_0}^b F \tag{3-22}$$

式中　$\overline{M_s}$——多年平均输沙模数,t/(km^2·年);

　　　$\overline{M_0}$——多年平均径流模数,m^3/(km^2·年);

　　　b、K——指数和系数,可由当地水文手册查得。

3.2.2.2　推移质输沙量计算

推移质输沙量按下式计算:

$$\overline{W_b} = B\overline{W_s} \tag{3-23}$$

式中　*B*——推悬比,可取 0.05~0.15,黄河中游粗泥沙集中来源区取大值,除黄河中游
　　　　粗泥沙集中来源区外的多沙粗沙区取中值,其他区域取小值。

3.3　淤地坝水文计算方法改进

3.3.1　淤地坝所处流域尺度及暴雨洪水特点

3.3.1.1　淤地坝所处流域尺度

目前,对于流域大小的划分尚无准确权威的严格定义,根据以往文献研究为基础进行
分析。在工程设计中一般认为集水面积 1 000 km² 以下的为小流域。张恭肃、钮泽宸等
在对推理公式汇流参数取值规律分析研究中,将集水面积 50 km² 以下的流域定义为特小
流域;董秀颖等在研究特小流域洪水计算时,提出 10 km² 以下的流域为特小流域;也有学
者认为 20 km² 或 30 km² 以下的流域为特小流域。各专家学者认识不尽一致,但对特小
流域集水面积量级的认识相对统一,基本可以认为特小流域集水面积在几十平方千米以
下,一般不会超过 50 km²。

淤地坝大都修建于黄河流域,尤其是黄土高原地区,现有淤地坝 5.88 万座。其中,仅
陕西省就有淤地坝 3.4 万座,占全国总数的 58%,且主要分布在榆林、延安等黄河流域 8
市区,其中榆林、延安淤地坝 3.35 万座,占陕西省淤地坝总数的 98.5%。根据对淤地坝的
调查统计情况,由于淤地坝基本都修建于黄土高原丘陵沟壑区流域内的支毛沟末端沟道
内,集水面积基本都在 10 km² 以下,且占据绝对数量的中小型淤地坝控制面积在 3 km²
以下,因此可以认为淤地坝均处于特小流域内。

3.3.1.2　暴雨洪水特征

1. 暴雨特征

暴雨特征主要指在不同暴雨成因条件下,降雨的时程分配和空间分布。其中,有长历
时、低强度和短历时、高强度,均匀和不均匀,暴雨中心移动、少动等之别。对于特小流域,
一般因其流域面积特小,认为暴雨面分布能满足均匀分布的要求。但是,大量观测资料表
明,情况也不尽然,尤其是中小洪水为甚。暴雨分布不均匀的特性,在很大程度上干扰中、
小量级洪水的参数分析,暴雨分布不均匀多半是在暴雨中心移动的情况下发生的。因此,
与选取的分析计算时段 Δ*t* 有关。对于短时段而言,暴雨面分布是不均匀的;但对较长时
段来说,这种不均匀性又为时间所均化,其面分布又相对是较均匀的。在这种情况下,在
考虑特小流域上暴雨面分布是否均匀时,一般将汇流历时 τ 时段内或主雨峰时段内是否
均匀作为分析判断的标准。总体而言,特小流域因其汇流历时 τ 很短,在很短时间内暴雨
的变化不会太大,因此从实际应用角度考虑,可以认为特小流域的暴雨分布是均匀的。实
际上,目前对于小汇水面积暴雨洪水计算时,都普遍采用点雨量代替面雨量,如推理公式
方法等。

2. 洪水特征

特小流域上的较大洪水,其洪峰往往由强度大、历时短的暴雨所支配,一般多呈单瘦
的尖峰型。对于中小洪水,则比较复杂,洪水过程除受短历时暴雨比例的控制而不同外,

还受不同的下垫面条件作用而有所差别,峰形有时呈尖瘦型,有时呈矮胖型。

在特小流域上,下垫面单一因子的作用比较突出。其中,以土壤植被作用比较明显,主要反映在流域汇流中坡面流所占的比例上,地表流和表层流的比例不同,最终在洪水的退水过程中出现陡涨陡落或者陡涨缓落的差异。

由于特小流域对暴雨径流的调蓄能力有限,流域洪水过程对流域单一因素的变化反应极为敏感,特别是对流域下垫面因素非常敏感。流域出口断面的洪水过程,综合反映了流域内暴雨和下垫面相互制约的结果。同一场暴雨在不同流域的下垫面作用下,将形成不同的流域出口断面洪水过程。特小流域洪水过程有以下 4 种情况。

(1)陡涨、陡落型。这类洪水过程多见于干旱、半干旱地区和湿润地区中的坡度陡、植被差和水土流失比较严重的特小流域。

(2)陡涨、陡落、缓退型。这类洪水过程发生在流域坡面有大片碎砾石覆盖、断层裂隙比较发育的特小流域。

(3)陡涨、缓落型。这类洪水过程发生在湿润地区植被条件比较好,或流域内以水田、塘坝为主,或坡度平缓狭长型的特小流域。

(4)缓涨、缓落型。这类洪水过程一般发生在原始密林、枯枝落叶覆盖层厚或岩溶发育、地下径流十分丰富或坡地平缓的特小流域(含径流试验场)。

淤地坝大都地处干旱、半干旱地区的黄土高原沟壑区或黄土丘陵沟壑区的特小流域,流域面积小、坡度陡、植被差、水土流失严重。暴雨发生时,控制面积基本处于同一雨区,可以忽略其面雨量分布的不均匀性;其下垫面条件基本一致,流域产汇流条件相对一致;产汇流时间短,河网汇流占比较小,以坡面汇流为主,汇流速度快,形成洪峰的时间短,洪水过程属于陡涨、陡落型。

淤地坝工程一般库容规模较小,对洪水调蓄能力差,库水受降雨影响很直接,水位上涨快,在进行工程设计洪水分析计算中,洪峰流量是工程防洪设计应重点关注的主要控制因素。

3.3.2　现行淤地坝水文计算方法改进

3.3.2.1　小流域暴雨洪峰流量成因及特点

小流域暴雨洪峰流量的形成与大流域不同,其特点是单项因素(如暴雨、土壤、地形、地貌、植物被覆等)变化的作用比较突出。而对大流域来说,单项因素在流域内的不同区域里分布不均匀而互相抵偿,单项因素的计算值更带有综合性。

另外,从流域中的水流性质看,小流域的主河槽相对较短,山坡水流过程对流量的形成影响较大,而大流域则属相反的情况。一般来说,较大流域山坡汇流对流量影响小,可以只考虑山坡来水量的大小,而不计算其汇流时间;对于小流域来说,则不仅要考虑山坡来水量大小,而且必须考虑山坡汇流时间;对于特小流域而言,山坡汇流部分甚至在流域汇流中占据主导地位。因此,影响小流域洪峰流量的因素很多,应根据其特点予以考虑。

3.3.2.2　现行设计洪峰流量计算适用性对比研究

前述介绍了淤地坝设计洪水计算规定的 3 种方法:推理公式法、洪水调查法和经验公式法。从总体上看,受现行水文资料条件和技术水平限制,淤地坝设计洪水计算依据和方法发展困难,计算思路从规范标准层面即将其定位在推理、调查、经验等方法范畴内,尚无较大突破性进展。

本部分研究中基于淤地坝极易遭受水毁灾害的实际发展困局,试图对淤地坝设计洪峰流量计算方法进行探讨,拟厘清现行方法的适用条件与特点,并对重点方法进行深入剖析,结合淤地坝特小流域的暴雨洪水特点提出在使用中应关注的要点和需进一步完善的方面,以期可以对淤地坝设计洪峰流量计算的发展进行有益的探索。

1.各方法特点对比

洪水调查法主要适用于淤地坝坝址处沟道有可靠或较可靠的历史大洪水调查资料的情况。由于可靠的调查洪水是历史发生的实际洪水,经过合理的处理后,其在实际运用中相当于基于洪水流量系列进行设计洪水分析计算。因此,应用洪水调查法推求淤地坝坝址设计洪水,将获得相对其他方法更切合实际的设计成果。然而,鉴于淤地坝大都地处黄土高原地区流域末端的支毛沟内,水文基本资料尚且十分匮乏,历史洪水洪痕、洪水流量估算、洪水重现期等可靠的历史洪水调查资料的获取更是难上加难。因此,洪水调查法本身虽是可靠可行的方法,但其实际应用受到洪水资料条件的限制,不宜大范围运用。

经验公式法适用于淤地坝所在地区综合归纳有成熟并经工程实践检验证明为合理可行的经验公式的情况。各地区经验公式一般是根据实测洪峰流量资料或调查的小面积洪水资料推算出设计洪水成果后,与流域面积等流域特征参数、降雨特征参数通过回归分析建立经验关系式,并移用至无资料地区。该方法用于水文气象及下垫面条件相似的地区时,具有一定的计算精度;但是,经验公式的建立主要是资料数据的拟合,很少考虑物理机制,其计算结果的精度与公式建立时所依据的洪水资料情况紧密相关,因而在应用上具有地区局限性,不宜较大范围进行移用,且由于经验公式的建立中普遍缺乏特小集水面积的实测洪水资料,用于地处特小流域的淤地坝设计洪水计算时也应充分考虑其适用性。

推理公式法是目前计算小流域设计洪水最常用的方法之一,其表达形式简单,相关参数易于通过地区水文手册/图集获得,适用于无实测洪水资料对小流域设计洪水分析计算,目前已在水利水电等行业得到越来越广泛的应用。推理公式法相较于其他两种方法而言,具有成因推理的属性,同时结合经验分析进行应用,使得该方法在应用中既具有一定的理论基础,又简单实用,具有一定的计算精度,是淤地坝设计洪水分析计算中应首选的方法。当然,由于淤地坝地处特小流域,在运用推理公式法时,也应深入掌握其各类参数的物理意义,在取值中充分考虑淤地坝地处特小流域的特点,才能使得计算结果更加真实合理。

2.推理公式法适用性及运用要点

1)适用性

推理公式法是由暴雨计算洪水的最早方法之一,距今已经有 180 多年的历史,比较适用于小流域暴雨洪水计算。推理公式法在许多国家和地区得到了广泛应用和发展。1958年,陈家琦等首次在国内提出了推理公式法后,我国诸多专家学者对该方法进行了大量研究和改进。

推理公式法的一个重要基本假定是降雨强度 I、径流系数 C 和汇流速度 v 三者的时空分布都是均匀的。对于淤地坝所在的特小流域而言,因其流域面积特小,暴雨在流域内的时空分布不均匀性可以忽略不计,而流域内的地形、地貌、土壤、植被等下垫面条件相对均匀一致,流域的产流、汇流参数也可视作空间均匀的。因此,推理公式法在淤地坝特小流域内进行应用,相较于中小流域而言,更加符合其运用的基本假定条件。从这个角度看,在淤地坝设计洪水分析计算中,推理公式法的适用性是毋庸置疑的。

2)运用要点

关于推理公式法应用于淤地坝设计洪水计算中需把握的要点,在深入剖析推理公式法中各类参数的物理意义和淤地坝特小流域暴雨及洪水产汇流特性的基础上总结如下。

(1)暴雨参数。

在采用推理公式法进行设计洪峰流量计算时,主要涉及的暴雨参数包括暴雨雨力 S_p 和暴雨递减指数 n 的取值。其中暴雨递减指数 n 值是非常灵敏、变化又非常复杂的参数,一般具有以 1 h、6 h 为分界进行分时段取值(n_1、n_2、n_3)的特点,并且暴雨递减指数 n 值具有点面雨量的区别。

由于淤地坝地处特小流域,设计暴雨成果可直接采用点设计暴雨成果作为流域的设计暴雨,而不需要进行暴雨的点面换算,暴雨递减指数 n 也应注意选取与点雨量对应的 n 值。此外,由于淤地坝地处特小流域,汇流时间短,一般都在 1 h 以内,其洪峰由超短历时雨峰(一般在 1 h 以内)所形成。在此基础上,应特别注意,在运用推理公式法进行淤地坝设计洪峰流量计算时,暴雨递减指数 n 应选取由 10 min 至 1 h 的点雨量资料率定得出的 n_1 值,才能计算得出合理的设计洪峰流量值。

(2)产汇流参数。

采用推理公式法进行设计洪峰流量计算时,产流参数主要为损失参数 μ,μ 是反映暴雨产洪效率的参数。由于淤地坝特小流域内降雨在面上分布比较均匀,全流域供水条件充足,截留入渗量相对较大;同时淤地坝特小流域河网切割较浅,受到地表滞流作用的表层流可能有部分或大部分不能在出口断面以上回归河网,因而暴雨洪水径流系数相对较小,使得淤地坝特小流域相较于中小流域而言,损失参数 μ 要大一些。

采用推理公式法进行设计洪峰流量计算时,汇流参数主要为 m。m 是反映水流汇集过程中阻力特征的参数,当用于流域汇流时,集中反映了流域下垫面的阻力特性,并与流域自然地理条件密切相关。由于淤地坝特小流域汇流中,坡面汇流的作用相对较大,河床质糙率相对也较大,使得其相较于中小流域而言,汇流阻力要大,从而 m 值相对较小。

根据上述分析,推理公式法应用于淤地坝特小流域设计洪水计算时,产汇流参数的取值有其特殊性。然而,现行的推理公式产汇流参数的取值体系大都是根据已有中、小流域水文站的实测雨洪资料为基础而构建的,故在实际应用中,以现有的水文手册/图集中相关规定为取值依据时,应对该特殊性加以把握,产汇流参数的取值应在合理范围内进行相应的倾斜。

此外,建议加强特小流域面积的雨洪资料积累,继续完善特小流域面积时产汇流参数的取值依据,以使推理公式法计算的淤地坝特小流域设计洪水结果更符合客观实际。

(3)流域特征参数。

流域特征参数包括河长 L、比降 J 和面积 F。根据推理公式的定义,河长 L 应为流域最远流程点至出口断面的流程长度,比降 J 则为沿最远流程的平均纵比降。因淤地坝特小流域在雨洪汇流时,坡面汇流占比相对较大,流域内明显的沟道占比较小。因此,应根据地形图进行比较判断,判明最远流程中的坡面部分,才能量算出符合推理公式物理意义的 L 值;而在 J 值计算中,应选取最远流程坡面的顶高程开始沿着最远流程 L 分段进行计算。

3. 实例研究

结合工作实践,选取延安地区拟建的陈家沟淤地坝,对淤地坝设计洪水各计算方法应用进行示例分析。

1)概况

陈家沟淤地坝位于延安富县茶坊镇陈家沟村境内大申号水库库区右岸沟道内,坝址位置东经 $109°20'38.51''$,北纬 $36°2'33.26''$,属北洛河流域,流域属黄土高原丘陵沟壑区,梁峁相间,地形破碎,现状条件下流域内植被尚可。陈家沟淤地坝所在沟道宽阔,为 15 ~ 80 m,沟道内多被开垦为农田,种植有玉米等高秆作物。拟建的陈家沟淤地坝集水面积 3.42 km^2,坝址以上沟道长 2.43 km,沟道平均比降 4.71%。

2)设计洪水计算

(1)洪水调查法。

拟建的陈家沟淤地坝坝址处左岸为陈家沟村,2020 年 8 月现场勘测期间,对陈家沟坝址处开展了洪水调查工作。据 67 岁的陈老汉讲述,其自幼居住在沟边,2013 年发生的一次洪水为其父亲自记事起所见最大洪水,并现场指认了洪痕,勘测组测量了该河段地形图,调查断面见图 3-8。陈老汉父亲 2020 年时寿 90 岁,按其 5 岁记事计算,调查洪水重现期 N 为 85 年。根据 SL/T 804—2020,由曼宁公式计算调查洪水洪峰流量 $Q_{调}$ 为 110 m^3/s,根据陈家沟附近的大申号小型水库设计洪水成果进行分析,确定陈家沟洪峰流量变差系数 C_v 取 0.95,C_s/C_v 取 2.0,可得 $\overline{Q} = \dfrac{Q_{调}}{K_{P,调}} = 27.4$ m^3/s,$K_{P,调}$ 为调查洪峰的模比系数,由 C_v 及 C_s 的皮尔逊-Ⅲ型曲线 K_P 表查得。

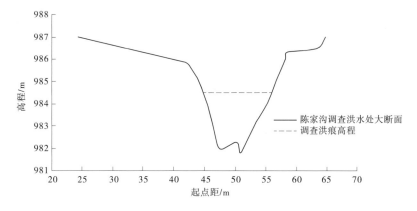

图 3-8　陈家沟淤地坝坝址处调查洪水示意图

从而,可根据 $\overline{Q}$、C_v 及 C_s 值,进一步计算得陈家沟淤地坝坝址设计洪峰流量,计算式为 $Q_P = K_P\overline{Q}$,其中 K_P 取值同前,计算求得的不同频率洪峰流量值见表 3-5。

表 3-5　陈家沟淤地坝不同方法设计洪峰流量计算成果

计算方法	不同频率洪峰流量计算成果/(m³/s)	
	$P=5\%$	$P=2\%$
推理公式法	71	86
经验公式法	66	85
洪水调查法	79	102

（2）经验公式法。

《延安地区实用水文手册》经过了生产实践检验，为延安地区中小流域修建各种中小型水利工程、工矿企业、公路交通和城市建设等有关水文分析计算工作发挥了十分重要的作用，手册中综合给出了地区经验公式及其中有关参数的取值。根据该手册，陈家沟地处延安地区的黄土丘陵Ⅱ副区，相应于50年一遇和20年一遇重现期的 K_N 值分别为40.5、31，n 值取0.61，将不同频率的参数取值代入式（3-9）中，可分别计算得陈家沟淤地坝坝址处不同频率的设计洪峰流量，见表3-5。

（3）推理公式法。

陈家沟淤地坝特小流域沟道长度根据实测地形图，按照洪水最长流程进行量算得 L 为2.43 km，河道平均比降按照洪水最长流程分段计算得 J 为4.71%，根据河道平均比降估算洪水平均流速 s 按1.5 m/s考虑，可计算得流域汇流历时 $t=L/s=27$ min，可以判断出陈家沟淤地坝特小流域汇流历时在1 h以内，在采用推理公式法进行计算时，暴雨递减指数应选用 n_1 值（10 min至1 h的暴雨递减指数），依据《陕西省中小流域设计暴雨洪水图集》，根据该地区的10 min、1 h点雨量统计成果进行分析确定，计算得该地区20~50年一遇暴雨 n_1 值约为0.6。

产流参数 μ 和汇流参数 m 根据《陕西省中小流域设计暴雨洪水图集》中有关规定进行计算。μ 值根据降雨过程中其与土壤含水量的动态变化进行确定，20年一遇暴雨情况下的雨峰段，μ 值为9.67~12.02 mm/h；50年一遇暴雨情况下的雨峰段，μ 值为10.89~14.11 mm/h。考虑到陈家沟淤地坝地处特小流域的特点，μ 取值适当靠近上限，即20年一遇暴雨时取12.02 mm/h，50年一遇暴雨时取14.11 mm/h。根据《陕西省中小流域设计暴雨洪水图集》，陈家沟淤地坝特小流域推理公式中汇流参数 m 的计算公式为 $m=K\theta^{0.325}h_R^{-0.41}$，式中 $\theta=L/(FJ)^{1/3}$；h_R 为产流计算净雨量；K 值根据地区不同具有不同的取值，陕北非沙漠地区的取值为3.6~4.95，考虑到陈家沟淤地坝地处特小流域的特点和 m 取值适当靠近下限的情况，本次 K 取3.6，进而可计算得20年和50年一遇暴雨时的 m 值分别为1.195、1.051。

根据前述确定的有关参数，采用推理公式法计算得陈家沟淤地坝坝址处设计洪峰流量，见表3-5。

（4）结果与分析。

以上3种方法计算的陈家沟淤地坝设计洪水成果总体接近。其中，洪水调查法计算结果最大，经分析，主要是调查洪水重现期取值可能偏小，但未调查到该场洪水重现期更为详细的信息,因此从方法上来讲,本次的洪水调查法计算结果没有问题;经验公式法计算结果最小,但与推理公式法计算结果相差不大,但其仅与流域面积建立联系,未能考虑其他因素,故计算精度难以准确判断。推理公式法计算结果居中,由于推理公式法具有一定的理论基础,成因概念清楚,计算精度较好,因此本书最终推荐采用推理公式法计算的设计洪水成果。

4.讨论与结论

淤地坝作为防治水土流失的重要工程措施,肩负着黄土高原地区生态保护和高质量发展的历史责任和使命,从导致淤地坝极易遭受水毁灾害的洪水问题角度,本部分研究内容针对其设计洪水洪峰流量计算方法开展了探讨。简要介绍了淤地坝现行的推理公式法、洪水调查法、经验公式法等各种设计洪水计算方法,对各方法适用条件和特点进行了分析对比。洪水调查法本身可靠可行,但其实际应用受洪水资料条件限制,不易大范围运用;经验公式法具有一定的精度,但是在应用上具有地区局限性,不宜较大范围进行移用;推理公式法具有一定理论基础和计算精度,且简单实用,应用于淤地坝特小流域时更加符合推理公式法原理的基本假定,因此推理公式法应当作为淤地坝设计洪水分析计算中的首选方法。深入剖析了推理公式法中各类参数的物理意义,结合淤地坝特小流域暴雨及洪水产汇流特性,对重要参数取值提出了注意要点。

(1)暴雨递减指数 n 应选取由 $10\sim60$ min 的点雨量资料率定得出的 n_1 值。

(2)产流参数 μ、汇流参数 m 的取值应在现有的水文手册/图集中取值依据的基础上,着重注意特小流域相较于中小流域而言 μ 偏大、m 偏小的特点,在合理范围内进行相应的倾斜。建议加强特小流域面积的雨洪资料积累,继续完善特小流域面积时产汇流参数的取值依据。

(3)在流域特征参数中的河长 L、比降 J 的量算中,应注意淤地坝特小流域坡面汇流占比较大的特殊性,在判明最远流程中的坡面部分基础上,进行 L 和 J 的量算。

3.3.2.3　淤地坝洪峰流量计算关键参数取值研究

前述已经论述了推理公式法被实践证明是一种行之有效的计算淤地坝特小流域设计洪水的方法,现行淤地坝设计洪水分析计算多采用水科院推理公式法,该方法表达形式简单、相关参数易于获取,已在我国淤地坝等小流域设计洪水计算中得到广泛应用。《水利水电工程设计洪水计算规范》(SL 44—2006)对此也做出了规定。我国各省(区)编制了适用于本省(区)的水文手册及暴雨径流查算图表等,其中对推理公式法在本省(区)的应用及有关参数取值进行了不同程度的规定,为推理公式法在各地区的应用提供了依据和便利。在运用水科院推理公式法进行淤地坝设计洪水计算时,参数的取值十分关键。本书中针对各类关键参数的运用要点进行了分类归纳总结,其中,暴雨递减指数 n 的变化非常复杂且比较灵敏,集水面积特小的淤地坝设计洪峰流量计算时,n 的取值应如何合理把握,本书进行了深入研究探讨。

1.推理公式法及关键参数

1)推理公式法及不同类型参数特征

前述已介绍了推理公式法计算洪峰流量的公式,因其计算简便、具有足够的实用精度,得到了广泛的发展、改进和应用。在我国,陈家琦等提出了水科院推理公式[全流域

产流,且 $\tau < \tau_c$ (τ_c 为产流历时,h)]:

$$Q_m = 0.278 \times (\alpha - \mu) F = 0.278 \times (S_P / \tau^n - \mu) F \qquad (3-24)$$

$$\tau = 0.278 \times \frac{L}{m I^{1/3} Q_m^{1/4}} \qquad (3-25)$$

式中 Q_m——设计洪峰流量,m^3/s;

τ——汇流时间;

F——流域面积,km^2;

I——河道平均比降;

L——河道长度,km;

m——汇流参数;

n——暴雨递减指数;

α——平均暴雨强度,mm/h;

μ——损失参数,mm/h;

S_P——频率为 P 的设计雨力,mm/h。

水科院推理公式属于半推理、半经验的集总型概念性模型,其中,流域特征参数 F、L、I 为基本参数,需根据流域地形图进行量算,其他重要参数包括暴雨参数 S_P 与 n、产流参数(损失参数)μ 和汇流参数 m。

(1)流域特征参数。

关于流域特征参数在前述章节已进行了详细介绍,在自此不再赘述。

(2)产汇流参数。

采用推理公式法进行设计洪峰流量计算时,产流参数主要为损失参数 μ,μ 是反映暴雨产洪效率的参数。产流参数 μ 和汇流参数 m 在不同省(区)的水文手册中一般都分区给出了查算图表,陈家琦等对水科院推理公式法中产流参数 μ 值进行了分析,对不同地区小流域洪水计算中汇流参数 m 的取值进行了分析。另外,关于产汇流参数的详细介绍见前述相关内容。

(3)暴雨参数。

在采用推理公式法进行设计洪峰流量计算时,主要涉及的暴雨参数包括暴雨雨力 S_P 和暴雨递减指数 n 的取值。其中暴雨参数 S_P 一般通过水文手册 S_P 等值线图查算获得,或计算 24 h 设计暴雨后再由暴雨公式转换计算获得。暴雨递减指数 n 是一个变化非常复杂且比较灵敏的参数,水科院推理公式法应用中关于 n 的取值研究较少。

本书中对暴雨递减指数 n 进行了着重研究。

2)暴雨递减指数及其变化特点

水利行业一般采用的指数型暴雨公式如下:

$$a_{tP} = \frac{S_P}{t^n} \qquad (3-26)$$

式中 a_{tP}——频率为 P 的 t 时段设计雨强,mm/h;

S_P——频率为 P 的设计雨力,mm/h;

n——暴雨递减指数。

将式(3-26)的指数型暴雨公式两边取对数,即 $\lg a_{tP} = \lg S_P - n \lg t$,理论上 $\lg a_{tP}$ 与 $\lg t$ 呈线性关系,暴雨递减指数 n 即此直线的斜率,反映了暴雨公式对数化的坡度。

式(3-26)或其对数化公式中,暴雨递减指数 n 又称暴雨衰减指数,用来反映短历时暴雨(一般称小于 24 h 的暴雨为短历时暴雨)在时程分布上的集中(或分散)程度,n 值越大,暴雨越集中。n 值一般用于转换推求短历时时段设计暴雨,具有如下特点:

(1)n 值具有随历时变化的特点。对我国实测暴雨资料的研究表明,大多数地区计算出的 $\lg a_{tP} \sim \lg t$ 关系图在 $t=1$ h、$t=6$ h 处有转折点,即 n 一般有 3 个值(n_1、n_2、n_3),一般而言,$n_1 < n_2 < n_3$。当暴雨在 $t=6$ h 处的转折点不明显时,为便于实际工作需要,可根据暴雨特点将 n_2、n_3 值综合为 n_0,同样具有 $n_1 < n_0$ 的规律。

(2)n 值具有随频率变化的特性。由于暴雨递减指数与雨量的量级关系密切,通常具有雨量增大,n 值减小的特点,因此 n 值会随频率稀遇程度的增加而减小,即 $n_{P稀遇} < n_{P常遇}$。

(3)n 值在应用中应注意点、面雨量的区别。不论是点雨量还是面雨量,均具有由 n 值控制的随时程延长而递减的特性,且存在同时段的点雨量 n 值大于相应面雨量 n 值,小面积面雨量 n 值大于相应大面积面雨量 n 值的关系,即 $n_{点} > n_{面}$、$n_{小面} > n_{大面}$。

(4)n 值与暴雨雨力关系密切。暴雨雨力即 1 h 雨量,对于缺乏短历时暴雨资料的地区,雨力一般通过 24 h 设计暴雨推求,即 $S_P = a_{24P} 24^n$,此时的 n 值应取 n_0。

2. 淤地坝设计洪水的 n 的取值分析

1)淤地坝洪水汇流特征分析

按照不同规模淤地坝控制流域面积考虑,小型淤地坝控制流域面积在 1 km^2 以内,中型淤地坝控制流域面积在 1~3 km^2,大型淤地坝控制流域面积大于 3 km^2 且一般小于 10 km^2。针对不同规模淤地坝控制流域面积,并考虑不同流域形状,分析计算了其汇流历时(见表3-6)。由表3-6可知,淤地坝控制流域的汇流历时都在 1 h 以内,对于数量众多的中小型淤地坝,其控制流域的汇流历时基本在 0.5 h 以内;对于小型淤地坝,其控制流域的汇流历时则更短,不到 0.3 h。

表 3-6　不同流域面积及形状淤地坝洪水汇流历时

流域面积/km²	流域形状	河长/km	流速/(m/s)	汇流历时/h
10	60°角扇形	4.36	1.5	0.81
	流长与宽比(2:1)矩形	4.47	1.5	0.83
	流长与宽比(1:2)矩形	2.24	1.5	0.41
3	60°角扇形	2.39	1.5	0.44
	流长与宽比(2:1)矩形	2.45	1.5	0.45
	流长与宽比(1:2)矩形	1.22	1.5	0.23
1	60°角扇形	1.38	1.5	0.26
	流长与宽比(2:1)矩形	1.41	1.5	0.26
	流长与宽比(1:2)矩形	0.71	1.5	0.13

综上所述,淤地坝地处流域内支毛沟末端的特小流域,塬高坡陡,植被相对较差,暴雨洪水时以坡面汇流占比为主,汇流速度快,具有源短流急、汇流时间短的特点。

2)采用推理公式法计算淤地坝设计洪水时 n 的取值分析

在生产实践中发现,诸多水文科技工作者在运用推理公式法进行淤地坝设计洪水计算时,对暴雨递减指数 n 取值的认识不明确,未能做到对 n 值的区分应用,本书针对淤地坝洪水汇流特点对推理公式暴雨递减指数 n 的取值问题进行深入分析研究,具体归纳为以下3个方面:

(1) n 值应选取 n_1 值。在运用推理公式法计算淤地坝设计洪水时,暴雨递减指数 n 应选取与洪水造峰历时相对应的 n 值。根据前述分析,淤地坝因地处特小流域,其流域洪水汇流历时 τ 一般都在 1 h 以内,汇流历时短的则仅有十几分钟,考虑淤地坝控制流域的汇流历时较短,因此暴雨参数 n 应选取为 n_1 值,这是运用推理公式法进行淤地坝设计洪水计算时需注意的一点。若地区水文手册中未对 n_1 的取值进行归纳总结,可根据流域附近雨量站的雨量资料系列整理出 10 min、1 h 时段的年最大暴雨资料,或根据手册查算 10 min、1 h 时段的设计暴雨值,进而分析出可以借用的 n_1 值。

(2) n 值选取应与设计频率 P 相对应。由于暴雨递减指数 n 与雨量大小关系密切,随着频率的稀遇程度,设计暴雨量级增大,n 值会减小。因此,对于有资料条件的地区,在应用推理公式法推求淤地坝设计洪水时,n 值应选用由相应频率或量级的短历时年最大暴雨资料分析出的 n_1 值。

(3) n 值应选取点雨量分析出的值。因淤地坝地处特小流域,集水面积特小,可直接用点设计暴雨代表该特小流域的设计暴雨,无须进行点面关系转换。因此,在运用推理公式法计算淤地坝设计洪水时,n 值选用点雨量资料分析出的 n_1 值。

3. 实例分析

1)流域及工程概况

选取黄河水土保持生态工程清涧河流域延安项目区高家圪台骨干坝为例进行分析。高家圪台骨干坝位于清涧河二级支流水系沟道,根据该地区 1:10 000 地形图量算了坝址处控制流域的特征参数,流域面积为 4.4 km²,流域沟道长 2.8 km,沟道平均比降为 2.2%。

2)暴雨递减指数 n 值分析

根据《陕西省中小流域设计暴雨洪水图集》,查算得高家圪台淤地坝处的 10 min、1 h、6 h、24 h 点雨量均值和变差系数 C_v 值,倍比 C_s/C_v 取 3.5,查取相应于频率 $P=0.01\%$、$P=0.5\%$、$P=1\%$、$P=10\%$ 的模比系数 K_p 值,并分别计算相应的设计暴雨量,见表 3-7。根据暴雨公式(3-26)的对数化公式分段计算 n_1、n_2、n_3 值,见表 3-8。由表 3-8 可以看出,n 值的分段变化符合 $n_1<n_2<n_3$、$n_{P稀遇}<n_{P常遇}$ 的规律,成果合理。但从计算结果来看,相同频率时,不同时段的 n 取值差异更加明显,如相应于 $P=0.01\%$ 的 n_1 值与 n_3 值相差较大,为 0.34;而同一时段相应于不同频率的 n 值差异相对较小,如 n_3 相应于 $P=0.01\%$ 和 $P=10\%$ 的值相差较小,为 0.06。因此,n 的取值应更加注重其所处的不同时段的影响。

表 3-7　高家圪台淤地坝所在流域不同时段设计暴雨成果

时段	均值/mm	C_v	C_s/C_v	K_P				设计雨量/mm			
				$P=0.01\%$	$P=0.5\%$	$P=1\%$	$P=10\%$	$P=0.01\%$	$P=0.5\%$	$P=1\%$	$P=10\%$
10 min	12.5	0.43	3.5	4.05	2.68	2.42	1.57	50.6	33.5	30.3	19.6
1 h	30	0.53	3.5	5.17	3.23	2.87	1.69	155.2	96.9	86.1	50.7
6 h	48	0.58	3.5	6.16	3.51	3.09	1.75	295.7	168.5	148.3	84.0
24 h	58	0.65	3.5	6.73	3.92	3.44	1.83	390.3	227.4	199.5	106.1

表 3-8　高家圪台淤地坝所在流域不同频率的 n 值

n 值分段	n 值			
	$P=0.01\%$	$P=0.5\%$	$P=1\%$	$P=10\%$
n_1	0.37	0.41	0.42	0.47
n_2	0.64	0.69	0.70	0.72
n_3	0.71	0.73	0.74	0.77

3) n 值对设计洪峰流量影响分析

根据《陕西省中小流域设计暴雨洪水图集》,由高家圪台淤地坝在陕西省所处的位置分区,查算其损失参数 μ 值为 7.8 mm/h,汇流参数 m 值为 1.024。

以相应于 $P=0.01\%$ 时 n 值的选取对设计洪峰流量计算结果的影响进行分析比较。根据前述分析,在利用推理公式法计算高家圪台淤地坝设计洪峰流量时,n 值应选取 n_1 值,根据前述确定的高家圪台淤地坝流域特征参数、产汇流参数值及 $S_{P=0.01\%}=155.2$,计算得 $Q^{n_1}_{P=0.01\%}=206$ m³/s,若在实际计算中,未能注意到淤地坝地处特小流域,n 值需取用 n_1 值这一特征,而选取 n_2 值或 n_3 值时,则计算求得 $Q^{n_2}_{P=0.01\%}=232$ m³/s,$Q^{n_3}_{P=0.01\%}=240$ m³/s,与 n_1 值时的设计洪峰流量相差分别为 13% 和 15%,对计算结果有一定程度的影响,均超过了 10%。

同样,虽 n 值选取 n_1 值,但未选取相应于 $P=0.01\%$ 的 n_1 值,而选取相应于其他频率的 n_1 值时,对计算的设计洪峰流量也会有部分影响;若选取相应 $P=1\%$ 或 $P=10\%$ 时的 n_1 值,则计算求得的 $Q'_{P=1\%}=211$ m³/s,$Q'_{P=10\%}=215$ m³/s,与 n 取 n_1、频率取 $P=0.01\%$ 时的设计洪峰流量相差分别为 2% 和 4%,对计算结果有部分的影响。

综合上述分析,应明晰暴雨递减指数 n 的概念和取值特点,在运用推理公式法计算淤地坝设计洪峰流量时,应注意其洪水汇流时间短的特点,在 n 值的选取上,应选取相应频率量级的 n_1 值进行计算,才能算出合理的设计洪峰流量值,尤其应当注意的是 n 值分时段取值的差别较大,对洪峰流量计算结果的影响也最大。

4) 小结

通过对推理公式法中的各类参数类型的分类梳理,对暴雨递减指数 n 的变化特点进行了归纳总结。针对淤地坝地处流域的支毛沟末端、集水面积都在 10 km² 以下、属特小流域的特点,分析了淤地坝洪水汇流特点和汇流时间范围,可以认为淤地坝洪水汇流的时间一般都在 1 h 以内,其洪峰由超短历时雨峰(一般在 1 h 以内)所形成。在此基础上,指出了运用推理公式法进行淤地坝设计洪峰流量计算时,暴雨递减指数 n 应选取由点雨量资料得出的相应频率量级的 n_1 值,才能计算得出合理的设计洪峰流量值。最后结合实例进行了剖析,以期在日后运用推理公式法进行淤地坝设计洪峰流量计算时能够对暴雨递减指数 n 有明晰的概念,并能够合理取值。

3.3.2.4 淤地坝洪水过程线设计方法研究

现行洪水过程设计推求根据资料条件有不同方法。对于有实测流量资料计算设计洪水时,设计洪水过程线的推求一般是选取典型洪水过程线,然后对典型洪水过程线进行放大而推求所需频率的设计洪水过程线,常用的方法有分时段同频率控制放大法和同倍比放大法两种。一些专家学者也针对该方法从生产实践和科学研究等不同角度开展了一些研究和探索。对于无实测流量资料的小流域设计洪水计算,通常需要根据设计暴雨计算设计洪水,此时若采用单位线法进行汇流计算,可直接计算出设计频率的洪水过程线;若采用推理公式法进行汇流计算,通常是先计算设计洪峰流量,然后采用三点、五点或多点概化过程线,各省(区)水文手册有适用本地区的相关方法介绍,但所设计的洪水过程线基于假定和概化,无实测洪水过程资料依据。此外,还可采用地区综合经验公式法计算设计洪峰流量,但未给出设计洪水过程线的计算方法;针对小流域设计洪水过程也有一定研究,但文献数量较少。

小流域场次洪水历时相对较短,一般可按 24 h 或小于 24 h 考虑,单场次洪水形状一般呈单峰型,洪水流量峰值处最大,向两侧逐渐衰减。本书基于小流域洪水的特点,定义出时段平均洪水流量公式,提出洪水递减指数的概念,并将其移用于无实测流量资料小流域淤地坝工程的设计洪水过程推求,为无资料小流域设计洪水过程的推求提供了一种新的思路和方法。

1. 洪水递减指数及其分析与应用方法

1) 洪水递减指数定义

暴雨是比较复杂的自然现象,其过程是一个复杂的多维随机过程,但也有一定的规律性。暴雨强度呈现出随历时延长而衰减的规律,水利部门一般建议在双对数纸上点绘不同重现期的暴雨强度–历时关系图,进而分析暴雨强度衰减规律,并研究提出了水利部门暴雨公式,前述已经对暴雨公式进行了阐述,具体可参见本书 3.3.2.3 内容。

洪水过程是暴雨过程经下垫面作用后形成的又一复杂的多维随机过程,与暴雨过程密切相关,洪峰与雨峰具有对应性,以洪峰时刻为中心,洪水平均流量也具有随历时延长而衰减的规律,与暴雨强度的衰减特性较为相似。基于暴雨、洪水过程变化的相似性,以水利部门暴雨公式研究成果为思路,本书研究定义出如下指数型时段平均洪水流量公式:

$$\overline{Q}_{tP} = \frac{Q_{mP}}{t^r} \tag{3-27}$$

式中 $\overline{Q}_{tP}$ ——频率为 P 的最大 t 时段平均流量,m^3/s;

Q_{mP} ——频率为 P 的洪峰时段的洪水流量,m^3/s,一般以 1 h 为统计时段;

r——无因次指数。

式(3-27)中,借鉴暴雨递减指数的特性,认为不同量级洪水的 r 值是不同的,因此在公式中加入了频率 P 以示区分。

将式(3-27)的两边取对数,得出对数型时段平均洪水流量公式(3-28),进一步可变换为式(3-29)。

$$\lg \overline{Q}_{tP} = \lg Q_{mP} - r \lg t \qquad (3\text{-}28)$$

$$r = (\lg Q_{mP} - \lg \overline{Q}_{tP}) / \lg t \qquad (3\text{-}29)$$

根据式(3-28)和式(3-29)可以看出,$\lg \overline{Q}_{tP}$ 与 $\lg t$ 呈斜率为 r 的直线关系,r 值反映了时段平均洪水流量公式对数化的坡度。本书将 r 定义为洪水递减指数,它反映了场次洪水流量在时程分布上的集中(或分散)程度。

2)洪水递减指数计算与应用

根据前述洪水递减指数的定义,可以式(3-29)为基本公式,由洪峰流量值和时段洪量值计算相应的洪水递减指数 r。

在实际工作中,可选取小流域控制水文站,统计其长系列洪水资料,一般可选取年最大洪峰系列和年最大 24 h 洪量系列;对于实测洪水资料条件好的水文站,若具有长系列的洪水要素摘录资料,还可补充统计分析其年最大 3 h、6 h、12 h 等时段洪量系列,可用于分时段研究洪水递减指数的变化规律,具体分段应视洪水过程时长和过程线形状的变化特征而定。本书研究中限于资料条件,仅从提出分析方法的角度,暂只考虑年最大洪峰和年最大 24 h 洪量两个洪水要素,而不再考虑增加其他时段洪量要素。对年最大洪峰和年最大 24 h 洪量两个洪水要素的洪水系列进行频率分析计算,获取各洪水要素不同频率的设计洪水成果,分别以 Q_{mP} 和 W_{24P} 表示,其中,W_{24P} 为相应于频率 P 的 24 h 设计洪量,可进一步转换为 24 h 时段平均洪水流量,以 $\overline{Q}_{24P}$ 表示,从而可进一步计算洪水递减指数,具体参见式(3-30)、式(3-31)。

$$\overline{Q}_{24P} = W_{24P} / 86\,400 \qquad (3\text{-}30)$$

$$r_P = (\lg Q_{mP} - \lg \overline{Q}_{24P}) / \lg 24 \qquad (3\text{-}31)$$

依据上述公式可以分析计算出单站不同频率(洪水量级)的洪水递减指数。若针对某一气候及下垫面条件相似的地区,具有多个小流域控制水文站的洪水资料可供应用,可按照上述公式和方法分别计算出各水文站不同洪水要素的不同频率洪水递减指数,再对各站的洪水递减指数计算成果进行分析综合,以便移用至相似的无资料地区。

根据上述方法综合出的 r_P 可移用至同一区域无实测流量资料的设计流域,用以开展无实测流量资料流域的洪水过程设计。可根据推理公式法或经验公式法等推求出设计流域的设计洪峰流量,以 $Q_{设mP}$ 表示,其表示为洪峰发生时刻所在的 1 h 平均洪水流量,亦可表示为 $\overline{Q}_{设1P}$;进而可以式(3-27)为基本公式,计算出以洪峰时刻为中心、不断向两端顺延的最大 t 时段平均洪水流量 $\overline{Q}_{设tP}$($t = 2, 3, \cdots, 24$),进而可根据式(3-32)计算求得按大小排序的各时刻洪水流量,根据式(3-33)累加各时刻流量计算求得 24 h 设计洪量,亦可根据式(3-34)计算求得设计流域的 24 h 设计洪量。

$$Q_{设tP} = \left[\overline{Q}_{设tP}t - \overline{Q}_{设(t-1)P}(t-1) \right]/1 \quad (t = 2,3,\cdots,24) \tag{3-32}$$

$$W_{设24P} = \sum_{t=1}^{24} Q_{设tP} \times 0.36 \tag{3-33}$$

$$W_{设24P} = Q_{设mP} \times 24^{1-r_P} \tag{3-34}$$

综合水文站实测典型洪水过程拟定设计洪水过程的分配线型,确定洪水洪峰发生时段,然后以洪峰时刻为中心依大小将顺延时段流量分配至洪峰时刻两侧的各时段,从而可获得 24 h 洪水过程线。

2. 实例分析

1) 研究流域概况

从介绍洪水递减指数分析及应用方法的角度,选取了窟野河流域上游的乌兰木伦河流域为例进行研究和分析示例。

窟野河是黄河右岸的一级支流,流域位于东经 109°42′ ~ 110°52′,北纬 38°23′ ~ 39°52′,流域总面积 8 706 km²,从河源至转龙湾(东、西乌兰木伦河汇合处)称为乌兰木伦河,为窟野河上游,控制流域面积 1 955 km²(见图 3-9)。其中,西乌兰木伦河设有阿腾席热水文站,集水面积 338 km²,自 1985 年 1 月建站以来,一直测验至今。

图 3-9　窟野河上游乌兰木伦河水系示意图

窟野河流域上游乌兰木伦河段为丘陵区季节性河流,洪水由暴雨形成,一般发生在 7 ~ 8 月,其特点是一次降雨笼罩面积小、强度大、历时短、一般在 24 h 以内。由于流域内地形破碎,沟壑纵横,植被差,硬梁地不渗水,一遇暴雨极有利于产流、汇流,故常形成陡涨陡落的单峰尖瘦型洪水。

2）洪水递减指数计算分析

根据阿腾席热水文站 1980~2018 年年最大洪峰流量系列和年最大 24 h 洪量系列（并考虑 1954 年、1961 年调查的历史洪水）进行频率分析计算，频率曲线线型采用 P-Ⅲ型，统计参数采用矩法初步估计，并采用目估适线法确定设计洪水成果。

根据式（3-27）分别计算不同频率（量级）洪水的递减指数 r_P（见表 3-9），可以看出，r_P 值对应于洪水均值时最大，为 0.870,分别相应于频率 10%、5%、3%、1% 时，洪水量级逐级增大，r_P 值随之呈逐渐减小的趋势，因此 r_P 值具有随洪水频率稀遇程度，即洪水量级增大而减小的特点，但根据阿腾席热水文站设计洪水资料分析的结果看，r_P 值变化范围不大，总体变化范围在 0.85~0.87,具体与设计流域的洪水峰量关系特点及洪水量级大小有关，不同流域应根据实测洪水资料进行分析研究。

表 3-9　阿腾席热水文站设计洪水及洪水递减指数计算

项目	均值	C_v	C_s/C_v	相应于频率 P 的设计值				
				1%	2%	3%	5%	10%
洪峰流量/（m³/s）	692	1.35	2.5	4 601	3 691	3 043	2 543	1 736
24 h 洪量/万 m³	376	1.45	2.5	2 670	2 142	1 747	1 444	961
洪水递减指数 r_P	0.870			0.850	0.850	0.853	0.857	0.865

3）洪水递减指数有效性分析

根据计算结果，阿腾席热站 $r_{P=1\%}$ 值为 0.850,根据前述洪水递减指数应用方法，计算求得阿腾席热站相应于 $P=1\%$ 的设计洪水过程线（递减指数法），见图 3-10。选择阿腾席热站 1996 年 8 月 9 日实测洪水过程线为典型，根据阿腾席热站相应于 $P=1\%$ 的设计洪峰流量和 24 h 设计洪量值，采用峰、量同频率控制对典型洪水过程线进行放大，求得阿腾席热站相应于 $P=1\%$ 的设计洪水过程线（典型放大法），同时绘制于图 3-10 中进行比较。

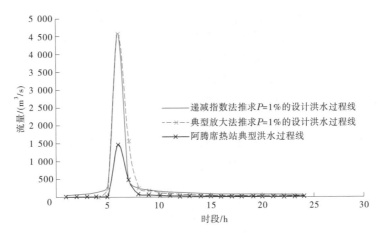

图 3-10　阿腾席热站递减指数法和典型放大法推求 $P=1\%$ 的设计洪水过程线对比

根据图 3-10 中典型放大法和递减指数法推求的阿腾席热站相应于 $P=1\%$ 的设计洪水过程线对比,可以看出,洪峰均为设计值,两种方法拟合一致;递减指数法相较于典型放大法的洪峰段过程更加尖瘦,主要体现在快速落洪阶段,递减指数法相较于典型放大法的设计流量值相对偏小;整个涨洪阶段和洪水缓退阶段,递减指数法相较于典型放大法,各时段的设计流量值相对偏大;但两种方法推求的设计洪水过程线总体趋势较为接近,表明采用递减指数法推求设计洪水过程线是有效的,可以作为一种新的方法供设计选用。对于快速落洪阶段的拟合偏差,经初步分析,认为洪水递减指数在不同洪水过程时段应具有不同的值,若采用分时段统计分析的洪水递减指数值进行拟合,有望改善这一问题,后续可做进一步的研究改进。

4) 洪水递减指数移用

活尼兔沟为窟野河流域上游乌兰木伦河右岸的小支沟流域,其下游建有活尼兔 3# 骨干坝,坝址以上流域总面积 13.49 km², 沟道长度 5.75 km,平均比降 3.08%,在工程设计中开展了活尼兔 3# 骨干坝洪水过程设计,现将洪水递减指数法在该小流域的应用进行示例说明。

活尼兔 3# 骨干坝设计洪峰流量采用《内蒙古自治区水文手册》中的洪峰流量与集水面积经验公式法进行计算,见式(3-35)、式(3-36)。

$$\overline{Q}_{\mathrm{m}} = CF^n \tag{3-35}$$

$$Q_{\mathrm{m}P} = K_P \overline{Q}_{\mathrm{m}} \tag{3-36}$$

式中　$\overline{Q}_{\mathrm{m}}$——多年平均洪峰流量;

$Q_{\mathrm{m}P}$——相应频率 P 的设计洪峰流量;

K_P——不同频率的模比系数;

C——经验参数;

n——流域面积指数,可根据《内蒙古自治区水文手册》逐一确定;

F——流域面积。

经计算,活尼兔 3# 骨干坝 $Q_{\mathrm{m}P=1\%}$、$Q_{\mathrm{m}P=3.33\%}$ 分别为 577 m³/s、359 m³/s。将前述中分析的阿腾席热站 r_P 值移用于活尼兔沟小流域,并根据阿腾席热站实测典型洪水,确定洪峰流量在 24 h 洪水过程中的发生时段为 6 h,根据前述介绍的洪水递减指数应用方法,计算求得活尼兔 3# 骨干坝相应于 $P=1\%$ 和 $P=3.33\%$ 的设计洪水过程线,见图 3-11,并可求得活尼兔 3# 骨干坝 24 h 设计洪量 $W_{P=1\%}$、$W_{P=3.33\%}$ 分别为 335 万 m³、206 万 m³。

5) 比较分析

活尼兔 3# 骨干坝 24 h 设计洪量采用《内蒙古自治区水文手册》中的 24 h 洪量与集水面积的经验公式进行计算,与设计洪峰流量计算公式类似,见式(3-37)、式(3-38)。

$$\overline{W}_{24} = CF^n \tag{3-37}$$

$$W_{24P} = K_P \overline{W}_{24} \tag{3-38}$$

式中　$\overline{W}_{24}$——多年平均 24 h 洪量;

W_{24P}——相应频率 P 的 24 h 设计洪量。

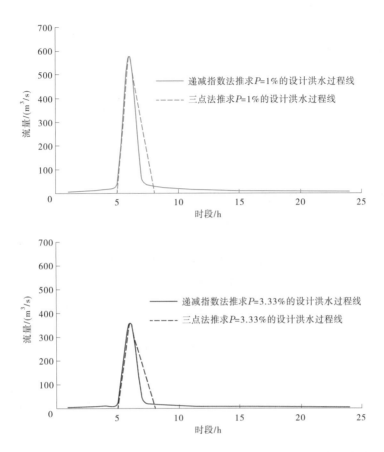

图 3-11　递减指数法与三点法推求的活尼兔 3# 骨干坝不同频率设计洪水过程线对比

经计算,活尼兔 3# 骨干坝 $W_{24P=1\%}$、$W_{24P=3.33\%}$ 分别为 322 万 m^3、200 万 m^3。

根据《内蒙古自治区水文手册》,设计洪水过程线采用概化三角形过程线法进行计算,洪水历时根据式(3-39)进行计算,涨水段与退水段的历时比为 1:2,计算得活尼兔 3# 骨干坝相应于 $P=1\%$ 和 $P=3.33\%$ 的设计洪水过程线,同时绘制于图 3-11 中进行比较。

$$T = W/30Q_m \qquad (3-39)$$

采用洪水递减指数法计算的 24 h 设计洪量与采用《内蒙古自治区水文手册》中经验公式法计算的结果列于表 3-10 中,经比较,洪水递减指数法相较于经验公式法求得的 24 h 设计洪量偏大 3%~4%,差别不大,表明洪水递减指数法计算的设计洪量是合理可行的。

表 3-10　递减指数法与《内蒙古自治区水文手册》经验公式法设计洪量计算结果比较

项目	$P=1\%$	$P=3.33\%$
手册经验公式法设计洪量 a/万 m^3	322	200
洪水递减指数法设计洪量 b/万 m^3	335	206
$b-a$ 差别/%	3.9	2.9

如图 3-11 所示,根据《内蒙古自治区水文手册》中三点法推求的设计洪水过程线,在

涨洪阶段和退洪阶段的各时刻流量一般是按照均匀递减推求的,洪水过程集中,不存在洪水的缓涨和缓退阶段,涨落洪过程变率均匀一致,与实际暴雨洪水过程的缓涨、快速上涨、洪峰、快速退洪、缓退的阶段过程不太相符。而采用洪水递减指数法推求的设计洪水过程线较为完整地拟合了场次洪水过程的各阶段及其变化过程,与三点法推求的设计洪水过程线相比,更加接近实际洪水过程。

综上分析,洪水递减指数法用于推求无资料小流域的设计洪水过程是合理可行的。

3. 结语

本部分研究中基于暴雨公式,定义了指数型时段平均洪水流量公式,并通过公式变形推导出对数型时段平均洪水流量公式,进而提出洪水递减指数 r 的概念。研究提出了根据水文站实测洪水资料分析计算洪水递减指数的方法,拟定了洪水递减指数向无实测流量资料流域移用和用于推求设计洪水过程的方法。最后选取窟野河上游乌兰木伦河流域为实例进行了剖析示例,研究表明,通过水文站实测洪水资料分析出洪水递减指数,可将其移用至气象及下垫面条件相似的无实测流量资料地区小流域,用于设计洪水过程线的推求,进而可推求设计洪量。该方法以水文站实测洪水资料为基础,具有较好的实测资料基础依据,洪水递减指数的概念明确直观,符合洪水过程由峰值向两侧递减的特征,推求的设计洪水过程线完整地拟合了实际洪水过程的各阶段及其变化,方法有效,合理可行,为淤地坝特小流域及其他无资料小流域设计洪水过程线推求提供了一种新的思路和方法。

此外,本研究中存在的洪峰段过程相对尖瘦、快速落洪阶段拟合值偏小的现象,经初步分析,认为是由洪水递减指数具有时段变化特征引起的。关于不同时段洪量要素所对应洪水递减指数是否存在差异及其变化规律,以及洪水递减指数的地区变化规律等问题尚有待进一步的研究。

3.4　淤地坝边界上限洪水计算方法研究

3.4.1　淤地坝边界上限洪水研究需求

由于淤地坝一般位于黄土高原沟壑或丘陵沟壑区流域最上游的支毛沟内,地处特小流域,数量众多、分布面广,淤地坝所在黄土高原地区易于遭受极端暴雨洪水事件。

《水利水电工程设计洪水计算规范》(SL 44—2006)中提出"当工程设计需要时,可用水文气象法计算可能最大洪水",并给出了可能最大暴雨的计算方法。为考虑淤地坝特小流域易于遭遇极端暴雨洪水的特点,高标准免管护新型淤地坝技术创新了淤地坝设计运用理念,可实现淤地坝坝顶溢流,并可泄放可能最大洪水,其设计运用理念基于防溃决的思想,从边界外包的角度推求出流域的近似上限洪水,将其作为淤地坝坝顶溢流的洪水条件,合理提高淤地坝的过洪能力。因此,需开展淤地坝边界上限洪水研究,分析计算淤地坝所在特小流域的边界上限洪水,以其作为淤地坝坝顶过流设计的洪水条件。

本部分内容针对淤地坝特小流域边界上限洪水计算方法开展了研究,边界上限洪水即可能最大洪水,以下用 PMF 表示。PMF 的计算主要有两种途径:一种是间接途径推求

PMF,即先推求流域可能最大降水(用 PMP 表示),再通过产汇流计算推求 PMF;另一种是直接途径,即直接推求 PMF。

3.4.2 PMP/PMF 概念及计算方法简介

3.4.2.1 PMP/PMF 概念

PMP(Probable Maximum Precipitation,可能最大降水)是在现代气候条件下,一定历时的理论最大降水,这种降水对于设计流域或给定的暴雨面积,在一年中的某一时期物理上是可能发生的。

PMF(Probable Maximum Flood,可能最大洪水)是指对设计流域特定工程威胁最严重的理论最大洪水,而这种洪水在现代气候条件下是当地在一年的某一时期物理上可能发生的。

PMP/PMF 的概念均强调了基于现代气候条件,发生在一年中的某一时期,针对设计流域在物理上是可能发生的,因此在 PMP/PMF 推求时均应注意这些条件的约束。

3.4.2.2 PMP 估算途径及方法

1. 途径

PMP 的基本假定是:PMP 是由具有最优的动力因子(一般用降水效率表示)和最大的水汽因子同时发生而引起的一场暴雨所形成的降水。PMP 的估算途径从其着眼点看,可以分为两大类:一类基于暴雨面积(等雨深线所包围的面积)的估算途径;另一类基于流域面积(工程断面以上集水面积)的途径。

基于暴雨面积的途径又称为间接型途径,因为它是先针对某一气象一致区的广大地区估算出一组不同历时和不同面积的 PMP,然后提供一套办法将其转换为设计流域的 PMP,供高风险工程(一般为水库、核电站)估算可能最大洪水(PMF)之用。

基于流域面积的途径又称为直接型途径,因为它是针对设计流域特定工程(一般为水库)对 PMF 的要求,直接估算出该设计流域一定历时的 PMP。该途径之所以强调针对特定工程,是因为工程的情况不同,相应的 PMP 天气成因也不同。例如,同一坝址若修建调蓄能力较强的高坝大库,从防洪角度来讲,对工程起控制作用的是洪水总量,因此要求设计洪水的历时相对较长,其相应的暴雨可能是由多个暴雨天气系统的叠加与更替所形成的;若修建调蓄能力较弱的低坝小库,从防洪角度来讲,对工程起控制作用的则是洪峰流量,因此要求设计洪水的历时相对较短,其相应的暴雨可能是由单一的暴雨天气系统或局地强对流天气所形成的。

2. 方法

目前,在工程实践中所使用的方法主要有以下 6 种:

(1)当地法(或称当地暴雨放大或当地模式);

(2)移置法(暴雨移置或移置模式);

(3)组合法(暴雨时空放大、暴雨组合或组合模式);

(4)推理法(理论模式或推理模式);

(5)概化法(概化估算);

(6)统计法(统计估算)。

上述 6 种方法中,当地法、移置法、组合法、推理法 4 种属于直接型途径;概化法、统计法 2 种属于间接型途径。原则上,这些方法大部分均可适用于中、低纬度地区。但在用于低纬度(热带)地区时,对某些参数的求法等需做适当改变。

此外,还有适用于推求特大流域 PMP/PMF 的两种方法:重点时空组合法、历史洪水暴雨模拟法。

上述 8 种方法的含义及适用条件简述如下。

1) 当地法

当地法是根据设计流域或特定位置当地实测资料中最大的一场暴雨来估算 PMP 的方法,此法适用于当地实测资料年限较长的情况。

2) 移置法

移置法是把邻近地区的某场特大暴雨搬移到设计地区或研究位置上的方法。其工作的重点如下:

(1)要解决该暴雨的移置可能性,其解决办法有三个,即划分气象一致区、研究该场暴雨的可能移置范围、针对设计流域的情况做具体分析。

(2)根据暴雨原发生地区和设计地区二者在地理、地形等条件上的差异情况,对移置而来的暴雨进行各种调整。

这种方法适用于设计地区本身缺乏高效暴雨的情况,目前运用最广。

3) 组合法

组合法是将当地已经发生过的两场或多场暴雨过程,利用天气学的原理和天气预报经验,把它们合理地组合起来,以构成一个较长历时的人造暴雨序列的方法。其工作重点是组合单元的选取、组合方案的拟定和组合序列的合理性论证。该方法适用于推求大流域、长历时 PMP 的情况。该方法要求工作人员具有较多的气象知识。

4) 推理法

推理法是把设计地区暴雨天气系统的三维空间结构进行适当的概化,从而使影响降水的主要物理因子能够用一个暴雨物理方程表示出来。根据流场(风场)形式不同,主要分为辐合模式、层流模式。辐合模式是假定暴雨的水汽入流是由四周向中心辐合、抬升致雨;层流模式是假定暴雨的水汽入流以层流状态沿斜面爬行抬升致雨。该方法要求设计地区具有较好的高空气象观测资料,适用面积为数百平方千米至数千平方千米的流域。

5) 概化法

概化法是针对一个很大的区域(气象一致区)来估算 PMP 的。具体做法是把一场暴雨的实测雨量分割成两大部分:一部分是由天气系统过境所引起的大气辐合上升而产生的降雨量,简称辐合雨量,并假定这种降雨在气象一致区内到处都可以发生;另一部分是由地形抬升作用而引起的降雨量,简称地形雨量。概化工作是针对辐合雨量进行的,得出的成果主要有:

(1)PMP 的深度,用时-面-深(DAD)概化图表示,绘制此图使用的技术主要是暴雨移置。

(2)PMP 的空间分布是把等雨量线概化为一组同心的椭圆形。

(3)PMP 的时间分布是把雨量过程线概化为单峰、峰尖略微偏后的图形。

　　该方法要求研究地区具有大量、长期的自记雨量资料,费时和耗资均较多,但是一旦完成,使用起来方便,PMP 成果精度也较高。该方法的适用范围:流域面积的上限为山岳区 13 000 km²,非山岳区 52 000 km²;降雨历时的上限为 72 h。

　　6)统计法

　　统计法是由美国的 Hershfield D. M. 提出的。它是根据气象一致区内的众多雨量站的资料,按照水文频率分析法的概念,借助区域概化的办法来推求 PMP。但在具体做法上与传统的频率分析法有所不同,因而其物理含义也不同(王国安,2004)。该方法主要适用于集水面积在 1 000 km² 以下的流域。

　　7)重点时空组合法

　　重点时空组合法就是把对设计断面的 PMF 在时间(洪水过程)和空间(洪水来源地区)上影响较大的部分 PMP 用水文气象法(当地法、移置法、组合法、概化法)解决,影响较小的部分用水文分析工作中常用的相关法和典型洪水分配法等处理。显然,此方法可以看作是暴雨组合法,在时间和空间都进行组合的一种运用,只是对主要部分细算、对次要部分粗算。此方法主要适用于设计断面以上的流域,上、下游气候条件相差较大的大河流。

　　8)历史洪水暴雨模拟法

　　历史洪水暴雨模拟法是根据已知特大历史洪水的不完全时空分布信息,利用现代天气学的理论和天气预报经验加上水文流域模型,借助计算机手段,把该历史洪水所相应的特大暴雨模拟出来,并以之作为高效暴雨,再进行水汽放大,得出 PMP。此方法适用于通过调查和历史文献(书籍、报刊、碑文、轶事等)资料的分析,已获得设计断面的洪水过程和上游干支流部分地区的雨情、水情和灾情等信息的情况。

3.4.2.3　PMF 估算特点及方法

　　由 PMP 推求 PMF 实质是如何将特定流域的设计可能最大暴雨转换为研究断面的设计可能最大洪水的问题,基本假定是将 PMP 经过产流、汇流计算得出洪水流量过程,即 PMF。为满足由 PMP 推求 PMF 的基本假定,我国的经验是,在推求 PMP 时,特别注意要把着眼点放在什么样的 PMP(包括暴雨总量及其时空分布)才能形成设计工程所需的 PMF,其中最重要的一个环节是要对暴雨模式的定性特征做出推断。

　　由 PMP 推求 PMF 与通常的由设计暴雨推求设计洪水的方法途径基本相同,仅在推算过程中需注意在 PMP 条件下,暴雨强度及总雨量比常遇的暴雨大而集中,由 PMP 推求 PMF 是针对特大值进行操作的,因量级大使得其产汇流与普通暴雨洪水具有一定的区别。原则上,由 PMP 推求 PMF 可以采用水文预报学中根据雨量资料预报洪水的降雨-径流预报方法来解决。现行的降雨-径流预报方法有很多,从简单的经验相关到复杂的流域模型等,在实际选用中可根据设计流域的资料条件等具体情况和设计人员熟悉的方法,灵活选择。

　　1. 产流计算

　　产流计算就是由降雨过程,通过适当的方法求得净雨过程。需首先根据流域产流特性分析确定产流类型,按中国水文界的划分,产流类型有蓄满产流和超渗产流两种,黄土高原区属于干旱半干旱地区,产流类型一般为超渗产流。

产流计算常用的方法有扣损法、暴雨径流相关法和径流系数法。

在 PMP 条件下,降雨强度及总量比一般暴雨大而且集中,表现在产流上,其特点是径流系数特大,一般都超过实测最大值,尤其是干旱地区更是如此。因此,产流计算的重要性在 PMF 计算中比在一般的水文预报中要小得多。由于 PMP 雨量远远超过流域的最大初损值,故扣损计算误差与 PMP 值相比所占百分数很小。因此,即使采用较简单的方法扣除损失,其计算误差对 PMF 的影响也不大。

2. 汇流计算

汇流计算就是把 PMP 产生的净雨过程,转化为设计断面的直接径流过程,我国在 PMF 计算中所采用的流域汇流计算方法,主要有单位线法、单元汇流法、差值流量汇流法、推理公式法、典型洪水放大修正法和峰量控制放大法等。

实测资料表明,在洪水很大的情况下,流域出口断面的水位-流速曲线,在高水位部分,一般流速为常数或接近常数。从理论上可以证明,当高水位的流速为常数时 $\frac{dv}{dA} = 0(A$ 为断面面积),因而波速与流速相等,汇流时间为常数,故为线性汇流。因此,在 PMF 条件下,可以采用线性汇流理论来计算 PMF 的流量过程。最简便的办法是,流域汇流采用谢尔曼(L. K. Sherman)单位线,河道汇流采用马斯京根(Muskingum)法。

3. 前期影响雨量和基流处理

由于在 PMP/PMF 条件下,暴雨/洪水都非常大,暴雨形成的地面径流部分在洪水总量中占比很大,所以对前期影响雨量和基流处理的方法要求不高,采用不同的处理方法对 PMF 数值的影响一般不会很大。

一般认为,对于湿润地区,前期影响雨量(P_a)可以取流域最大损失(I_m)相等的数值,即 $P_a=I_m$,也就是按初损为零进行处理;对于干旱半干旱地区,可以按略偏安全的原则选取 $P_a = \frac{2}{3}I_m$;具体也可参照各地区水文手册有关取值经验进行选取。

基流来自地下水储量,在非汛期,基流是河川径流的重要组成部分,在洪水期,尤其是发生 PMF 时,基流占比相对小得多,它对 PMF 的贡献一般可按实测资料系列中与 PMF 发生时间相同的那个月份的基流来确定。具体操作是取历年最大月径流中的最小日平均流量作为 PMF 的基流,也可按实测典型洪水的基流确定。

3.4.2.4　不同途径估算的基本步骤

1. 基于暴雨面积的途径

基于暴雨面积的途径常用的方法是概化估算法和统计估算法。前者是针对等雨深线内的面平均雨深进行概化,后者是针对点(站)雨深(它可以看作面积小于 10 km^2 的平均雨深)进行概化,以得出暴雨面积的 PMP,然后按某种方法将其转化为设计流域的 PMP。

1)概化估算法的基本步骤

该方法估算 PMP 的基本步骤如下:

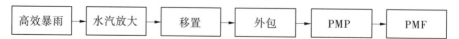

（1）高效暴雨。通俗地说，就是实测资料中的重要暴雨，假定其降水效率已达到最大值。

（2）水汽放大。把高效暴雨的水汽因子放大到最大值。

（3）移置。把水汽放大后的高效暴雨的雨量分布图在气象一致区内搬移。

（4）外包。按移置而来的多场暴雨绘制时-面-深（DAD）关系取其外包值，使各种历时、各种面积的雨深均达到最大值。

（5）PMP。将上述 DAD 外包值通过适当的方法转换到设计流域（还要考虑地形影响）的可能最大降水。

（6）PMF。假定 PMP 形成的洪水（加上基流），即设计流域的可能最大洪水。

2）统计估算法的基本步骤

该方法估算 PMP 的基本步骤如下：

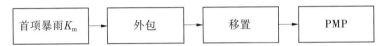

（1）首项暴雨 K_m。实测暴雨系列中的最大值 X_m 的统计量，即

$$K_m = X_m - \overline{X}_{n-1} / \sigma_{n-1}$$

式中　$\overline{X}_{n-1}$ 和 σ_{n-1}——去掉特大值后的平均值和均方差。

（2）外包。将各雨量站不同历时（D）的 K_m 值，在一张方格坐标纸上点绘 $K_m \sim D \sim \overline{X}_{n-1}$ 的相关图，再以 D 值为参数画出 $K_m \sim \overline{X}_{n-1}$ 关系的外包线。

（3）移置。将上述外包线图中的值移用于设计站。具体操作是用设计站的实测 n 年（全部）暴雨系列计算出均值 $\overline{X}_n$，用以查上述的相关图得出设计站的 K_m 值。

（4）PMP。设计站的可能最大降水，按下式计算：

$$PMP = X_n + K_m \sigma_n = \overline{X}_n (1 + K_m C_{vn}) \tag{3-40}$$

式中　σ_n 和 C_{vn}——设计站实测 n 年雨量系列的均方差和变差系数（$C_{vn} = \sigma_n / \overline{X}_n$）。

由上述可知，统计估算法的实质相当于暴雨移置，但是移置的不是一场具体的暴雨量，而是移置一个经过抽象化的统计量 K_m。暴雨移置改正则是用设计站暴雨的均值 $\overline{X}_n$ 和变差系数 C_{vn} 来改正。

在实际操作中，可参照《可能最大降水估算手册》第 4 章有关方法步骤和查算图开展 PMP 计算。若开展片区的诸多小流域 PMP 估算，则可依据该片区内雨量站网有关雨量资料系列，通过《可能最大降水估算手册》有关方法分析该片区的 PMP 成果，并可绘制成等值线图以供查用。对于少量工程点位的 PMP 估算，可根据附近有较高质量雨量观测成果资料的站点，依据该站点不同时段雨量系列进行 PMP 估算。

该方法的方便之处在于比传统的气象方法节省大量时间，具体工作人员也不需要在掌握较多的气象学知识之后才能使用。但是该方法按上述方法求得的 PMP 是一个点（假定为暴雨中心）的，对于需要推求 PMP 面雨量设计成果的，则需要用面积削减曲线将点雨量换算为各种面积的面雨量，故对设计流域的面平均 PMP 可用暴雨点面关系图查得。

2.基于流域面积的途径

基于流域面积的途径估算 PMP 的基本步骤如下:

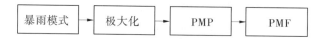

（1）暴雨模式。能够反映设计流域特大暴雨的特征,并对工程防洪威胁最大的典型暴雨或理想模型。根据其来源不同,可以分为当地模式、移置模式、组合模式和推理模式四大类。这四类模式的含义与本书 3.4.2.2 部分中所述相同。

（2）极大化。对暴雨模式进行放大。当暴雨模式为高效暴雨时,只做水汽放大,否则对水汽因子和动力因子均需放大。

（3）PMP。将暴雨模式极大化后所得的设计流域的可能最大降水。

（4）PMF。将 PMP 转化为洪水后设计流域的可能最大洪水。

3.4.3　黄土高原地区特小流域 PMF 间接计算方法

3.4.3.1　特小流域 PMP/PMF 设计思路

我国大部分地区的洪水主要由暴雨形成,根据暴雨资料先推求设计暴雨,再由设计暴雨推求设计洪水的间接途径,是计算设计洪水的重要途径之一。对于为数众多的中小流域工程,大多地点没有流量观测资料,利用设计暴雨推求设计洪水往往成为主要的计算方法;可能最大洪水是特别重要的大型水利水电工程校核洪水设计标准之一,也是核电工程防洪设计必须考虑的洪水设计内容,均需采用由可能最大降水计算可能最大洪水的途径。因此,由设计暴雨推求设计洪水既是中小流域工程设计洪水的重要途径,也是现行重要工程设计中可能最大洪水计算的途径。对于淤地坝而言,因其地处特小流域,若计算其可能最大洪水,采用由 PMP 推求 PMF 的间接途径也是必然的重要途径,即利用水文气象学的原理和方法,求出可能最大降水,然后通过产流汇流计算,转化为可能最大洪水。

采用 PMF 作为高标准免管护淤地坝坝顶溢流的设计洪水条件,应抓住淤地坝主要建在（特）小流域的重要特征。在研究其 PMF 计算技术时,可以在 PMP/PMF 理论的概念、估算途径及方法基础上,优化有关步骤,并结合工程位置,进行流域水文气象相似性分析,可分区计算 PMP,即相似区域尤其是相邻小流域的 PMP 基本相等,单一工程再根据自身流域的产汇流特点计算 PMF,坝系工程在计算 PMF 过程中应合理考虑梯级工程库坝群影响及洪水组成对工程坝址洪水的影响。因淤地坝主要建在（特）小流域,且成片布设、分布较为集中,该方法可针对气象一致区或相似区进行批量计算,可操作性强。

针对特小流域的 PMP/PMF 设计技术分析思路见图 3-12。

3.4.3.2　特小流域 PMP 计算方法

淤地坝分布面广量多,地处偏远的特小流域,基础资料条件差,因此推求淤地坝特小流域 PMP 的技术方法应在科学合理的基础上,力求简单实用,以确保广大的水文科技工作者能够理解和应用。根据对 PMP/PMF 理论与方法的梳理,研究确定了适用于淤地坝特小流域 PMP 的设计技术方法,主要包括三类:一是基于暴雨模式设计的（移置）放大方法;二是统计估算法;三是基于 PMP 等值线图的特大暴雨修正估算方法。

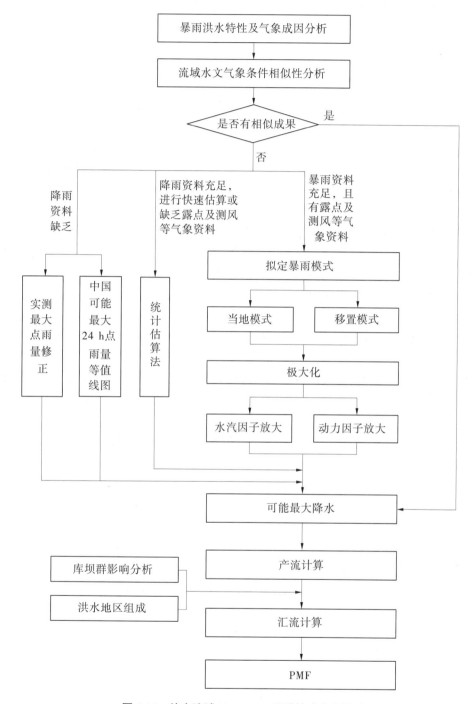

图 3-12　特小流域 PMP/PMF 设计技术分析思路

1. 基于暴雨模式设计的(移置)放大方法

根据 PMP/PMF 理论与方法,适用于特小流域 PMP 估算的基于暴雨模式设计的(移置)放大方法包括当地法和移置法。其区别在于根据暴雨来源不同,或对当地暴雨进行放大,或将邻近相似地区的实测暴雨移置而来并进行适当改正,故分别称为当地模式和移置模式。

1)基本技术步骤

(1)暴雨模式设计。

对暴雨模式的拟定,通过暴雨物理成因分析(天气形势、雨区范围大小和雨区分布形式、暴雨中心位置、暴雨历时及分配),若设计流域所在区域具有时空分布较严重的大暴雨资料,则可从中选出一场特大暴雨来作为典型暴雨模式,若设计流域所在区域缺少时空分布较恶劣的特大暴雨资料,则可以将气象一致区的实测特大暴雨移置过来,加以必要的改正,作为暴雨模式。视设计流域是否有足够的特大暴雨资料,选择以当地实测模式为主、移置模式为辅。

(2)暴雨模式极大化。

当暴雨模式为高效暴雨时,只做水汽放大,否则对水汽因子和动力因子均须放大。

因目前在极大化参数的选定上,所用方法基本上都是经验性的,需要注意对关键因子即动力因子的选定,要利用与所选模式(典型暴雨)相同类型的暴雨资料来进行分析选定。进行暴雨模式放大时,对暴雨总量和时程分配一并进行放大。

(3)PMP 计算。

通过暴雨模式的拟定及极大化,可分析计算得到 PMP 暴雨总量和时程分配成果。

2)暴雨放大法

计算可能最大暴雨时,需选取典型暴雨进行放大。国内采用的放大方法较多,可根据典型暴雨的稀遇程度、资料条件、天气系统类型、流域大小及特性等采用不同的方法。

a. 水汽放大

若选定的暴雨是高效暴雨,可认为该暴雨动力条件(效率)已接近最大,只需对其水汽进行放大。

(1)水量计算。

$$R = \eta W t \tag{3-41}$$

式中　R —— t 时段内的降水量,mm;

　　　η ——降水效率;

　　　W ——可降水量,mm。

在可能最大暴雨时,$R_m = \eta_m W_m t$,于是得水汽效率放大公式如下:

$$R_m = \frac{\eta_m W_m}{\eta_典 W_典} R_典 \tag{3-42}$$

式(3-42)中,下标"典"为典型暴雨,当典型暴雨是高效暴雨(动力条件接近最大)时,$\eta_典 = \eta_m$,于是得到水汽放大公式为

$$R_m = \frac{W_m}{W_典} R_典 = K R_典 \tag{3-43}$$

(2)高效暴雨的判定。

高效暴雨一般是指历史上罕见的特大暴雨。它的造雨效率最高。所选典型暴雨示范为高效暴雨,一般从三方面分析判定:一是暴雨在本流域出现的概率很稀遇;二是与邻近

流域或气候一致区高效暴雨(包括历史特大暴雨)的效率比较接近,比较时应注意地理位置及地形的差别;三是与历史特大洪水反推的暴雨效率较为接近。

(3)可降水量计算。

典型暴雨的水汽条件一般用可降水量表示,可降水量是指单位截面上整个气柱中的水汽总量。可降水量计算公式如下:

$$W = \frac{1}{10g}\int_{P_Z}^{P_0} q\mathrm{d}p \approx 0.01\int_{P_Z}^{P_0} q\mathrm{d}p \tag{3-44}$$

式中 W ——可降水量,mm;

g ——重力加速度,cm/s^2;

P_0、P_Z ——地面、Z 高度上的气压,hPa;

q ——比湿,g/kg。

可降水量单位用 g/cm^2 表示,由于水的密度 $\rho_{水} = 1$ g/cm^3,所以可降水量习惯上也用 mm 表示,即气柱内水汽如果全部凝结降落在地面所积聚的水深。

可降水量可用探空资料分层计算或用地面露点资料查算。由于高空测站少,观测年限不长,而地面露点观测方便,测站多,且资料较长,所以常用地面露点计算。

可降水量是地面露点的单值函数,按地面露点计算可降水量,已制有专用的表可以查算,可以参见《可能最大降水估算手册》或《水利水电工程设计洪水计算手册》等。

(4)典型暴雨代表性露点的选择。

①暴雨代表性露点位置的选择。锋面或气旋引起的暴雨,在地面图上存在明显的锋面时,应挑选锋面暖侧雨区边沿的露点;如无锋面存在,一般应在暖湿气流入流方向的雨区中挑选。对台风雨应在暴雨中心附近挑选。热带地区的暴雨露点用海表水温为宜。

为了避免单站的偶然性误差及局地因素影响,一般取多站同期露点的平均值。所选的露点不应高于同期最低温。

②暴雨代表性露点持续时间的选择。一般采用持续 12 h 最大露点作为代表性露点。持续 12 h 最大露点是指持续 12 h 不小于露点观测系列中的最大值。以表 3-11 中数据为例,其持续 12 h 最大露点为 25.5 ℃。

表 3-11   露点观测值

时间	日期	8 月 5 日				8 月 6 日			
	时刻	02:00	08:00	14:00	20:00	02:00	08:00	14:00	20:00
露点/℃		25.0	25.0	25.8	26.8	25.5	25.3	26.3	25.6

(5)可能最大露点的确定。

①采用历史最大露点确定。当露点资料系列在 30 年以上时,取历年持续 12 h 最大露点的最大值作为可能最大露点。可能最大露点应在典型暴雨发生的相应季节内选取,其选择条件应与典型暴雨代表性露点的选定条件基本一致。应在降雨或趋向于降雨的天气中选择最大露点,注意排除反气旋、晴天和由于局部因素形成的露点高值。

计算分期可能最大暴雨时,或在各月露点差异较大的地区,应分别按月或期选择历史最大露点。

②采用频率计算确定。当露点观测资料少于 30 年时,一般采用 50 年一遇的露点作为可能最大露点。

(6)水汽放大计算。

因 W_{m} 和 $W_{\text{典}}$ 都是换算到 1 000 hPa 露点计算的,所以当有水汽入流障碍或在流域平均高程较高的地区,按式(3-43)进行计算时应扣除入流障碍高程或流域平均高程至 1 000 hPa 之间所对应的那段高程的可降水量。

b. 水汽效率放大

当设计流域缺乏特大暴雨资料,但有较多实测大暴雨资料或历史暴雨洪水资料,或气候一致区内有特大暴雨资料时,可采用水汽效率放大,其计算式见式(3-42)。

(1)暴雨效率计算。

暴雨效率的计算公式如下:

$$\eta_t = \frac{R_t}{tW} \tag{3-45}$$

式中　η_t——给定流域 t 时段的降水效率;

　　　R_t——给定流域 t 时段的面平均雨量。

(2)可能最大暴雨效率估算。

①由实测暴雨资料推求。设计流域有较多的实测大暴雨资料或气候一致区内有特大暴雨资料时,可计算这些典型大暴雨或移入一致区内的特大暴雨不同历时的暴雨效率,取其外包值作为可能最大暴雨效率。

②由历史特大洪水反推。当有调查的历史特大洪水资料时,可采用降雨径流关系、实测洪峰流量或洪量与流域某时段面雨量的关系等方法,由历史特大洪水(洪峰)反推出相应时段的面雨量。

通过建立实测面雨量和效率相关关系,由推算出的历史暴雨面雨量,查出相应的效率。也可以借用与历史洪水相似的典型过程和典型可降水量,推算出历史暴雨的效率。

③水汽效率放大计算。推算出最大暴雨效率及最大可降水量后即可按式(3-42)对典型暴雨进行放大。若计算的可能最大暴雨历时较短,则可采用同倍比放大。若计算的可能最大暴雨历时较长,则可分时段控制放大。

c. 水汽输送率放大及水汽风速联合放大

当入流指标 vW 或风速 v 与流域面雨量 R 呈正相关关系,且暴雨期间入流风向和风速较稳定时,可采用水汽输送率或水汽风速联合放大。

(1)计算公式。

水汽输送率放大公式:

$$R_{\text{m}} = \frac{(vW)_{\text{m}}}{(vW)_{\text{典}}} R_{\text{典}} \tag{3-46}$$

水汽风速联合放大公式:

$$R_{\text{m}} = \left(\frac{v_{\text{m}}}{v_{\text{典}}}\right)\left(\frac{W_{\text{m}}}{W_{\text{典}}}\right) R_{\text{典}} \tag{3-47}$$

(2)典型暴雨代表站及指标选择。

①代表站的选择。应分析暴雨的入流风向,在入流方向诸探空站中选择离雨区较近、资料条件相对较好的站作为代表站。

②风指标的选定。关于代表层的选择,代表站离地面 1 500 m 附近的风速较为适宜,地面高程低于 1 500 m 的地区,采用 850 hPa 高度上的风速,地面高程超过 1 500 m(或 3 000 m)时,可用 700 hPa(或 500 hPa)高度上的风速。热带地区,则找出向暴雨区输送水汽的主要大气层,放大仅限于该大气层。关于风速指标的选择,典型暴雨的风速,取最大降雨期间或提前一个时段的测风资料计算,因为风速有日变化,应取 24 h 平均值(风速是矢量值)。

(3)极大化指标选择。

极大化指标应从实测暴雨所对应的资料中选取,所选暴雨与实测典型暴雨季节、暴雨天气形势及影响系统应相似。

①采用历史最大资料确定。当风和露点实测资料系列在 30 年以上时,在实测资料中选取与典型暴雨风向接近的实测最大风速 v 及其相应的可降水量 W,得 vW,再从中选取其最大值 vW_m 作为极大化指标。

选取该风向多年实测最大风速值 v_m,再寻找实测最大 W_m,其乘积 $v_m W_m$ 作为极大化指标。

资料条件较好的地区可分别制作 $(vW)_m$ 和 $v_m W_m$ 的季节变化曲线,选用时,用典型暴雨发生时间前后 15 d 之内的最大值作为极大化指标。

②采用频率计算确定。

若实测风速及露点资料系列不足 30 年,则可采用 50 年一遇的数值,作为极大化指标。

d. 水汽净输送量放大

计算大面积、长历时、天气系统稳定的可能最大暴雨,可采用水汽净输送量放大。

根据水量平衡方程,经简化可建立以下降水量公式:

$$R \approx \frac{F_w}{A\rho} = \frac{10^{-2}}{A\rho g}\sum_{k=1}^{n}\sum_{j=1}^{m}v_{kj}q_{kj}\Delta L \Delta P \Delta t \qquad (3\text{-}48)$$

式中　R —— Δt 时间内的面平均雨深,mm;

$\quad\quad F_w$ —— Δt 时间内的水汽净输送量,g;

$\quad\quad A$ ——计算周界所包围的面积,km^2;

$\quad\quad \rho$ ——水的密度,g/cm^3;

$\quad\quad g$ ——重力加速度,cm/s^2;

$\quad\quad n$ ——气层数;

$\quad\quad m$ ——计算周界上的控制点数;

$\quad\quad v_{kj}$ ——第 k 层计算周界上第 j 个控制点的垂直于周界的风速分量,向内为正,m/s;

$\quad\quad q_{kj}$ ——第 k 层计算周界上第 j 个控制点的比湿,g/kg;

$\quad\quad \Delta L$ ——计算周界上控制点所代表的步长,km;

$\quad\quad \Delta P$ ——相邻两层气压差,hPa;

$\quad\quad \Delta t$ ——计算历时,s。

该方法计算相对较为复杂,具体运用时,是否适用此方法,必须用实测资料进行检验。

3）暴雨移置法

当设计流域缺乏时空分布较为恶劣的特大暴雨资料，而气候一致区内具有可供移用的实测特大暴雨资料时，一般采用暴雨移置法。特小流域的暴雨移置与较大流域的暴雨移置有所不同，特小流域只需开展点暴雨设计，不需考虑面暴雨的分布，在进行暴雨移置时，只需关注暴雨中心的移置，而不需考虑暴雨雨图的安置，也无须进行流域形状改正等。因此，针对特小流域的暴雨移置主要包括以下步骤。

a.移置暴雨选定

收集流域及气候一致区内的大暴雨资料，经分析比较，选定其中一场或几场特大暴雨作为移置对象。

b.移置可能性分析

（1）分析移置暴雨特性、气象成因及地形对暴雨的影响等。

（2）气候背景分析。设计流域与移置暴雨区两地地理位置是否相近，是否属于同一气候一致区，两地不应相差太远。

（3）天气条件分析。对设计流域与移置暴雨区天气条件进行对比，应从环流形势和影响系统进行分析，特别要分析移置暴雨的一些特征因子，如两个或两个以上系统的遭遇，触发强烈上升运动的中小尺度系统等，对暴雨移置的可能性做出判断。

（4）地形影响分析。若两地地形差异很大，移置高差即设计流域与移置暴雨区高程之差不宜超过 1 000 m，超过 1 000 m 时需进行专门论证。强烈的地方性雷暴雨或台风雨移置高差可以根据分析确定，高大山岭可以作为沿山脊线方向的移置。

c.移置改正

定量估算设计流域与移置暴雨区两地由于地理位置、地形等条件差异而造成的降雨量的改变，称为移置改正。针对特小流域，移置的是暴雨中心，无须考虑面雨量分布情况，因此无须考虑流域形状改正。

（1）水汽改正。

①位移水汽改正。指两地高差不大，但位移距离较远，以致水汽条件不同所做的改正，用式（3-49）表示。

$$R_B = K_1 R_A = \frac{(W_{Bm})_{ZA}}{(W_{Am})_{ZA}} R_A \tag{3-49}$$

式中　R_B——移置后暴雨量；

　　　K_1——位移水汽改正系数；

　　　R_A——位移前暴雨量；

　　　W_{Am}、W_{Bm}——移置区、设计流域的可能最大降水量；

　　　下标 ZA——位移区地面高程。

热带地区水汽改正主要是进行海表水温的调整。

②代表性露点与参考露点选取。代表性露点在典型暴雨区边缘水汽入流方向选取，代表性露点的地点可以远离暴雨中心数百千米。放大水汽时所用的最大露点应取同一位置的最大露点。移置时，在移置地区取用相当于同样距离及方位角的地点作为参考地点，然后用该地点的最大露点做放大及移置调整计算。

(2)高程或入流障碍高程改正。

高程改正是指移置前后因两地区地面平均高程不同而使水汽增减的改正;入流障碍高程改正是指移置前后水汽入流方向因障碍高程差异而使入流水汽增减的改正。流域入流边界的高程若接近流域平均高程,则采用高程改正;若高于流域平均高程,则用障碍高程改正。其计算见下式:

$$R_B = K_2 R_A = \frac{(W_{Bm})_{ZB}}{(W_{Am})_{ZA}} R_A \tag{3-50}$$

式中　K_2——高程或入流障碍高程水汽改正系数;

下标 ZB——设计流域地面或障碍高程。

同时考虑位移和高程两种改正的公式为

$$R_B = K_1 K_2 R_A = \frac{(W_{Bm})_{ZB}}{(W_{Am})_{ZA}} R_A \tag{3-51}$$

(3)综合改正。

当两地地形等条件差异较大,对暴雨机制,特别是对低层的结构有一定的影响时,移置暴雨必须考虑地形、地理条件对水汽因子和动力因子的影响后再进行综合改正,其方法有等百分数法、直接对比法、以当地暴雨为模式进行改正法、雨量分割法等。

d.极大化

只做水汽改正的移置暴雨(高效暴雨),其改正和极大化可以同时进行,即按式(3-52)计算设计流域的可能最大暴雨:

$$R_{Bm} = \frac{(W_{Bm})_{ZB}}{(W_A)_{ZA}} R_A \tag{3-52}$$

式中　W_A——移置区可能降水量。

对于做了综合改正后的移置暴雨 R_B,放大公式采用式(3-53)的形式:

$$R_{Bm} = \frac{(W_{Am})_{ZA}}{(W_A)_{ZA}} R_B \tag{3-53}$$

2.统计估算法

根据对 PMP/PMF 理论与方法中对统计估算法的介绍可以看出,统计估算法可适用于特小流域的 PMP 估算。在具体运用时,可根据具体工程对 PMP 估算的时段要求,选取设计流域附近地区有可靠雨量观测资料的站点为依据站,以所依据雨量站的降雨资料,统计分析所需时段的雨量资料系列,根据《可能最大降水估算手册》中有关方法和查算图进行 PMP 的估算。关于统计估算法,我国曾有专家学者进行过一些探讨,并提出了一些不同的看法,如林炳章研究提出了一种改进的 PMP 统计估算法,华家鹏等研究提出了统计估算放大法等,均是对统计估算法的一些探讨。本书中采用的统计估算法遵照《可能最大降水估算手册》中的有关规定执行。

根据经世界气象组织编制并公布的《可能最大降水估算手册》中的统计估算法,特小流域 PMP 估算的步骤如下。

1)依据站降雨资料的选取

根据统计估算法特点,选取设计流域邻近的有可靠雨量观测资料的站点为依据站,为保障 PMP 估算的可靠性,一般要求依据站具有不少于 20 年的雨量观测资料。根据依据站的雨量资料,统计出分析计算所需的年最大 1 h、6 h、24 h 降雨量等系列,视依据站雨量资料条件和计算需求,在资料条件允许的情况下,还可统计出小于 1 h 时段(比如年最大 10 min)的降雨量系列。

2)PMP 估算

采用统计估算法,依据《可能最大降水估算手册》有关步骤和查图进行不同统计时段的 PMP 估算,具体可参见《可能最大降水估算手册》,在此不再详细介绍。

3. 基于 PMP 等值线图的特大暴雨修正估算方法

对于本地降雨资料稀缺,又无可移置的特大暴雨资料的地区,可选用基于 PMP 等值线图的特大暴雨修正估算方法,充分利用我国组织编制的可能最大 24 h 点雨量等值线图概化估算 PMP。我国的可能最大 24 h 点雨量等值线图,是为满足估算重要的中小型水库保坝洪水的需要而制作,各省(区、直辖市)一般也制作有本地区的可能最大 24 h 点雨量等值线图,适用面积一般在 1 000 km² 以下,因此对开展小流域淤地坝 PMP 计算较困难的地区,可参考该等值线图成果进行 PMP 成果估算。

采用基于 PMP 等值线图的途径时应注意,《中国可能最大 24 h 点雨量图》制作于 20 世纪 70 年代末,距今已有一定的年限,若设计流域附近发生过其他典型特大暴雨,则应根据图集编制后至今的一段时期中特大暴雨发生情况对图集的查算成果进行适当的修正。

1)基于 PMP 等值线图的特大暴雨修正估算途径的步骤

(1)收集设计流域所在地区的可能最大暴雨等值线图[我国在 20 世纪七八十年代组织编制了中国可能最大暴雨等值线图,各省(区)相应编制了省(区)的可能最大暴雨等值线图],将所设计特小流域的位置(因面积较小,无须特别考虑流域中心的位置)标定在等值线图中,根据所设计的特小流域在等值线图中的位置查算其可能最大 24 h 暴雨值,以 $PMP_{24 h,小查}$ 表示。

(2)收集等值线图编制所依据的资料年份之后,设计流域所在区域发生的典型特大暴雨资料信息,具体包括发生特大暴雨的雨量监测站的测站位置与高程、24 h 实测暴雨量、特大暴雨的代表性露点、雨量监测站的历史最大露点等信息。由于可能最大暴雨等值线图编制时所用资料一般截至 20 世纪 70~80 年代,所用资料系列长度相对较短,之后的时期内,我国的降雨监测站点数量、监测手段和监测精度不断提高,积累了相当丰富的暴雨资料,应充分运用这一时期的特大暴雨资料,对通过可能最大暴雨等值线图查算的工程点可能最大 24 h 暴雨值进行修正。

(3)根据发生特大暴雨测站的代表性露点和历史露点信息,分别以 $T_{d典型}$ 和 $T_{d历史}$ 表示,根据露点信息,通过《可能最大降水估算手册》附表 1.1 或附表 1.2,查算测站相对应 $T_{d典型}$ 和 $T_{d历史}$ 的可降水量,分别以 $W_{典型}$ 和 $W_{历史}$ 表示,以 K 表示典型特大暴雨的放大倍比,采用式(3-54)和式(3-55)可重新推求该测站经修正的可能最大 24 h 雨量,以 $PMP_{24 h,典算}$ 表示。

$$PMP_{24 h,典算} = K \cdot PMP_{24 h,历史} \tag{3-54}$$

$$K = W_{典型} / W_{历史} \tag{3-55}$$

(4)将所采用特大暴雨资料的测站位置标定在可能最大暴雨等值线图中,根据测站在等值线图中的位置,查算该测站基于等值线图的可能最大 24 h 雨量成果,以 $PMP_{24 h,典查}$ 表示。

（5）以所依据的测站经特大暴雨资料修正估算的可能最大 24 h 雨量和在等值线图中查算的可能最大 24 h 雨量成果的比值，作为该区域可能最大暴雨等值线图查算结果的修正系数，用 μ 表示：

$$\mu = PMP_{24\,h,典算}/PMP_{24\,h,典查} \tag{3-56}$$

（6）以修正系数 μ 对可能最大暴雨等值线图查算的特小流域可能最大暴雨值 $PMP_{24\,h,小查}$ 进行修正计算，从而推求特小流域经修正的可能最大 24 h 暴雨值 $PMP_{24\,h,小算}$：

$$PMP_{24\,h,小算} = \mu \cdot PMP_{24\,h,小查} \tag{3-57}$$

2）短历时 PMP 的推求

根据前述，由图集查算并进行修正估算的 PMP 成果为 24 h 可能最大暴雨设计成果。对于特小流域而言，因其汇流时间短，洪水成峰暴雨为短历时暴雨，故需基于推算的 $PMP_{24\,h}$，根据该地区的暴雨递减指数 n（n_1、n_2）值，采用暴雨公式［式（3-58）和式（3-59）］由可能最大 24 h 设计暴雨成果推求其他时段的 PMP 成果（如 6 h、1 h 等时段的可能最大暴雨成果）。

当 1 h$\leq t\leq$24 h 时

$$PMP_t = PMP_{24\,h}\cdot24^{n_2-1}\cdot t^{1-n_2} \tag{3-58}$$

当 $t<$1 h 时

$$PMP_t = PMP_{24\,h}\cdot24^{n_2-1}\cdot t^{1-n_1} \tag{3-59}$$

式（3-58）、式（3-59）中，暴雨递减指数 n（n_1、n_2）值一般根据暴雨时段而不同，n_1 为小于 1 h 时段时的取值，n_2 为 1~24 h 时段时的取值。有的地区还根据地区实际资料情况，进一步以小于 1 h、1~6 h、6~24 h 三个时段，将 n 值划分为 n_1、n_2、n_3。一般 n 值可根据当地水文手册查算，根据本地区实测资料分析得出，并进行地区综合后，绘制成 n 值分区图，以供无资料小流域查算使用。但应注意 n 值与暴雨的量级有关，在使用水文手册查算 n 值时，应注意 PMP 条件下的 n 值选取应对应特大量级暴雨的 n 值，若水文手册中查算困难，则可根据设计流域附近地区的稀遇暴雨值计算出特大暴雨条件下的递减指数 n 值。一些专家学者也开展了此方面的研究，如胡琳琳等提出了采用万年一遇设计暴雨值分析出的递减指数 n 值近似用于短历时可能最大暴雨的推求等，在实际工作中，可根据情况参考使用。

基于 PMP 等值线图的特大暴雨修正估算方法途径，所依据的可能最大 24 h 点雨量等值线图是在基于各地区特大暴雨资料进行可能最大暴雨推算的基础上，进行地区协调与综合而得的，因此其分析计算的基础依据是充分的，再根据附近区域在编图年份之后发生的特大暴雨资料进行修正，其估算的 PMP 成果是可信的，且该方法操作简便宜行，具有很好的实用性。

4. PMP 估算方法比较和选择

上述估算特小流域 PMP 的各种方法并不具有排它性，在具体估算实例中，可根据资料条件，视具体情况选择其中一种或几种方法并行估算，对估算成果进行综合比较后合理选用。根据资料条件的情况选择 PMP 估算方法的大致优先顺序如下：

（1）对于研究区域或可移置区域内有充足的暴雨资料，尤其是特大暴雨资料和露点等相应的气象资料可供选用的情况，可选择基于暴雨模式设计的（移置）放大方法。

（2）对于研究区域有较长系列的降雨资料时，也可选用统计估算法用于 PMP 快速估算，或者当研究区域缺乏气象资料，如露点及测风资料缺乏，但降雨资料较为充分时，选用统计估算法进行 PMP 估算也是可行的途径。

（3）对于降雨资料稀缺的地区，开展小流域淤地坝 PMP 计算较困难时，可充分利用《中国可能最大 24 h 点雨量图》、各省（区）相应编制的可能最大 24 h 点雨量图和邻近流域实测大暴雨点雨量资料等成果，采用基于 PMP 等值线图的特大暴雨修正估算方法概化估算 PMP 成果。

上述各种方法推求的时段 PMP 成果，可进一步根据地区水文手册中的雨型分配推求 PMP 设计过程。

另外，根据流域水文气象相似性分析，对于气象一致区尤其相邻小流域的 PMP 认为基本相等，可避免重复计算。

为保证 PMP 估算成果的可能性和极大性，可通过用本流域历史暴雨资料比较、与邻近流域暴雨资料比较、用国内外最大暴雨记录比较、用国内外已有 PMP 成果比较等多种方法进行合理性检查。

3.4.3.3 特小流域 PMF 计算方法

1. PMF 计算要素甄别

可能最大洪水 PMF 同一般洪水一样，包括了洪峰、洪量和洪水过程线三大要素，但是淤地坝大都位于多沙沟道的特小流域，对淤地坝工程起控制作用的洪水要素主要是洪峰流量，要求设计洪水历时相对较短，尤其是对于高标准免管护新型淤地坝，根据其设计运用理念可以全坝身过流，在这种情况下，无须设置滞洪库容，则可仅考虑 PMF 洪峰流量；而对于坝系群工程设计，若上游坝体对洪水有拦蓄滞洪作用，或淤地坝本身设计为部分坝段溢流的结构形式而需设置滞洪库容时，需进行洪水过程的调蓄计算，则需要考虑 PMF 的洪峰、洪量和洪水过程线等组合要素。

因此，在高标准免管护新型淤地坝 PMF 计算要素甄别中，应根据淤地坝工程的控制流域面积、拦蓄库容规模、坝体泄流形式、坝系群对洪水影响等，针对不同的淤地坝工程具体情况，甄别 PMF 计算的特征要素或要素组合。

2. PMF 分析计算

根据前述的 PMP 推求 PMF 的特点和方法，针对淤地坝一般地处特小流域的特征，提出其产汇流计算的处理方法。

1）产流计算

淤地坝大都处于黄土高原地区的特小流域，因 PMP 暴雨强度远超流域最大初损强度，故扣损计算误差对 PMP 条件下的产流影响甚微，因此产流计算时可采用较简单的下渗曲线扣损法。以往实践经验也表明，在干旱和半干旱地区，产流计算方法，以扣损法较相关法更为合适。

下渗曲线的表达式有多种类型，常见的是霍顿（R. E. Horton）公式和菲利浦（J. R. Philip）公式，其中霍顿（R. E. Horton）公式的形式为

$$f = f_c + (f_0 - f_c) e^{-\beta t} \tag{3-60}$$

式中　f——地面下渗能力；

f_c ——稳定下渗率, mm/h;

f_0 ——最大下渗率,相当于土壤干燥时的下渗率,mm/h;

β ——反映土壤下渗特性的指数。

考虑有关下渗强度的资料很少,实际工作中公式参数率定较为困难,在小流域 PMP 产流计算中可采用简化方法——初损后损法,公式为

$$R_s = P - I_0 - \bar{f}_c t_c \qquad (3-61)$$

式中　R_s ——相应于一场降雨产生的径流深,mm;

P ——次降雨量,mm;

I_0 ——初损量,mm;

$\bar{f}_c$ ——产流期的平均下渗强度即平均后损率, mm/h;

t_c ——产流历时,h。

也就是说,在超渗产流情况下的初损后损法产流计算,仅需要确定初损量 I_0 和平均后损率 $\bar{f}_c$ 两参数。

I_0 的推求方法:各次降雨的初损量 I_0 可根据实测洪水过程线及雨量累积曲线定出。小流域汇流时间短,出口断面的起涨点大体可作为产流开始时刻,因而起涨点以前的累积值,可作为 I_0 的近似值。

$\bar{f}_c$ 的推求方法:对于一次洪水来说,当初损量 I_0 确定后,即可求出平均后损率 $\bar{f}_c$,可以用多次降雨径流求出其 $\bar{f}_c$,供设计选用。

$$\bar{f}_c = \frac{P - R_s - I_0}{t_c} \qquad (3-62)$$

上述介绍给出了产流计算中的有关参数及计算方法,在各地的水文手册或暴雨洪水图集中一般都做出了规定,在具体计算时,产流计算参数的选取,可依据当地的水文手册或暴雨洪水图集进行取值,并开展计算。

设计暴雨经过产流计算后,即可获得设计净雨(过程);设计净雨过程通过流域汇流计算可求得设计洪水(过程)。

2)汇流计算

考虑淤地坝控制流域面积较小,与大、中、小流域相比,在 PMP 条件下,流域汇流呈现出全面汇流的特点,在流域汇流类型中,以坡面汇流占比相对较大。针对黄土高原地区特小流域的汇流特点,在由 PMP 推求 PMF 的汇流计算中,可采用单位线法和推理公式法,从便于实际操作角度,推荐采用适用于小流域汇流计算的推理公式法,以下即针对推理公式法进行介绍。

(1)PMF 洪峰流量计算。

由于 PMP 条件下,设计暴雨为特大暴雨,根据有关文献研究,对于 10 km² 以下的特小流域,其汇流历时在十几分钟至几十分钟,一般小于 1 h,故淤地坝 PMF 汇流为全面汇流。因此,推理公式法推求 PMF 洪峰流量的公式如下:

$$Q_{mP} = 0.278 \left(\frac{S_P}{\tau^n} - \mu \right) F \qquad (3-63)$$

$$\tau = \frac{0.278L}{mJ^{1/3}Q_{mP}^{1/4}}\qquad(3-64)$$

式中　S_P——雨力或称 1 h 雨强,mm/h;

　　　τ——汇流历时,h;

　　　n——暴雨衰减指数;

　　　μ——损失强度,mm/h;

　　　F——流域面积,km²;

　　　L——流域河长,km;

　　　J——流域纵坡(以小数计);

　　　m——汇流参数。

上述各参数分为四类,其中,F、L、J 为流域特征参数;S_P、n 为暴雨特征参数;μ、m 为产汇流特征参数;τ 为时间特征参数。

推理公式法求解的关键是确定汇流参数 m,在我国通常是建立 $m\sim\theta$ 关系并进行地区综合,θ 是与 F、L、J 等有关的流域特征参数,我国各省(区、直辖市)已建有推理公式参数的地区综合公式,具体可参见各地区的水文手册。对无资料条件的流域,m 值可参考表 3-12 进行合理选取。

表 3-12　汇流参数 m 查用表($\theta=L/J^{1/3}$)

雨洪特性、河道特性、土壤植被条件简单描述	m 值			
	$\theta=1\sim10$	$\theta=10\sim30$	$\theta=30\sim90$	$\theta=90\sim400$
北方半干旱地区,植被条件较差;以荒坡、梯田或少量稀疏林为主的土石山区,旱作物较多,河道呈宽浅型,间隙性水流,洪水陡涨陡落	1.00~1.30	1.30~1.60	1.60~1.80	1.80~2.20
南北方地理景观过渡区,植被条件一般;以稀疏、针叶林、幼林为主的土石山区或流域内耕地较多	0.60~0.70	0.70~0.80	0.80~0.90	0.90~1.30
南方、东北湿润山丘区,植被条件良好;以灌木林、竹林为主的石山区,森林覆盖度达 40%~50%或流域内多水稻田、卵石,两岸滩地杂草丛生,大洪水多为尖瘦型,中小洪水多为矮胖型	0.30~0.40	0.40~0.50	0.50~0.60	0.60~0.90
雨量丰沛的湿润山区,植物条件优良,森林覆盖度可高达 70%以上,多为深山原始森林区,枯枝落叶层厚,壤中流较丰富,河床呈山区型,大卵石、大砾石河槽,有跌水,洪水多为陡涨缓落	0.20~0.30	0.30~0.35	0.35~0.40	0.40~0.80

(2)PMF 洪量计算。

根据产流计算所得的 PMP 设计净雨量,即可按式(3-65)计算得出 PMF 设计洪水总量。

$$W_{PMF} = PMP_{净} \cdot F/10 \tag{3-65}$$

式中　W_{PMF}——设计洪水总量,万 m³;

　　　$PMP_{净}$——经产流计算求得的 PMP 设计净雨量,mm;

　　　F——流域面积,km²。

(3)PMF 洪水过程线计算。

PMF 洪水过程线计算一般可简化处理,用概化三角形过程线法进行推求(见图3-6)。洪水总历时可按式(3-15)计算。

$$T = 5.56 \frac{W_P}{Q_P}$$

式中　T——洪水总历时,h。

涨水历时可按式(3-16)计算:

$$t_1 = \alpha_{t1} T$$

式中　t_1——涨水历时,h;

　　　α_{t1}——涨水历时系数,视洪水产汇流条件而异,其值变化在 0.1~0.5,具体计算时取用当地经验值。

3)库坝群影响分析

对于上游流域存在库坝群影响的淤地坝,其汇流计算尚需考虑上游库坝对洪水的拦蓄滞洪影响。对于达到设计条件的高标准淤地坝,其淤积状态应按达到溢流堰溢流高程考虑,因此考虑具体库坝对其上游洪水是否有拦蓄滞洪影响时,主要考虑该库坝的泄流能力能否通过设计的 PMF。对于泄流通道为较窄的卡口型,而对 PMF 有较明显的滞洪调蓄作用时,将对其上游流域产生的 PMF 汇流发生影响;对于全坝段过流型的高标准淤地坝,其基本不会改变上游流域形成的 PMF 的天然汇流过程,则不考虑其对上游流域汇流的影响。

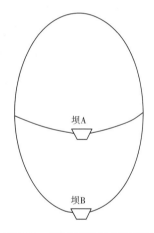

图 3-13　流域坝系划分示意图

图 3-13 为一简化坝系,坝 B 为下一级淤地坝,坝 A 为上一级淤地坝。

由于(特)小流域,其 PMP 成果按流域内均匀分布考虑,因此对流域根据库坝位置进行划分时,各分区单位面积的设计暴雨是相同的,基于此,在计算图 3-13 中所示的坝 B 的坝控面积 PMF 时,可按照如下思路处理。

$$Q'_B = f(Q_A) + Q_{AB} \tag{3-66}$$
$$Q_{AB} = Q_B - Q_A \tag{3-67}$$

式中　Q'_B——坝 B 断面在考虑坝 A 影响后的 PMF;

　　　Q_B——坝 B 断面在无坝 A 影响时的 PMF;

　　　Q_A——坝 A 断面的 PMF;

　　　$f(Q_A)$——坝 A 断面 PMF 受坝 A 影响后的汇流流量;

　　　Q_{AB}——坝 A 至坝 B 区间流域的 PMF,在实际操作中为保持坝 B 断面 PMF 成果的协调一致性,应以坝 B 断面与坝 A 断面的设计 PMF 成果之差推求 Q_{AB},而不应对 AB 区间流域单独推求其 PMF。

3.4.4 黄土高原地区特小流域 PMF 直接计算方法

前述推求黄土高原特小流域 PMF 的技术方法是通过先推求设计流域的 PMP,再进而转换为设计流域的 PMF,这种途径可以称之为 PMF 计算的间接途径。

但对于特小流域而言,决定洪峰流量大小的是超短历时暴雨。就目前的暴雨监测资料和技术水平而言,很难根据实测短历时暴雨资料推求超短历时可能最大暴雨,而只能先推求 24 h PMP,再采用其他技术手段将其进行转换,从而获得短历时 PMP 成果;而且对于特小流域,由设计暴雨推求设计洪水时,目前的推理公式法或单位线法中参数的选取是否合理也难以得到实测资料的验证。经过上述多种步骤的操作后,所推求的 PMF 成果精度如何,尚难以下定论。

本部分研究中,另辟蹊径,探求了适用于黄土高原地区特小流域 PMF 计算的直接途径,即不再通过可能最大暴雨辗转推求可能最大洪水,而是根据研究发现我国特小流域的世界大洪水记录基本都发生在黄土高原地区,故而收集了黄土高原地区实测或调查的发生于特小流域的世界最大洪水记录资料,直接建立最大洪峰流量与集水面积的关系,从而

根据工程点流域面积直接推求可能最大洪水。该方法建立最大洪峰流量与集水面积的关系式后,可普适于推求黄土高原地区特小流域的可能最大洪水,虽然其计算过程略显粗糙,但采用间接途径推求特小流域 PMF 时,由于其步骤烦琐、假设较多、参数合理性难以验证,与其相比,直接途径计算的 PMF 成果精度未必比之较差,而且直接途径的计算步骤简明、计算简便、易于操作、成果可信,是一种易于为基层科技工作者掌握和使用的简便方法。直接途径计算 PMF 的研究思路见图 3-14,具体介绍如下。

经分析研究,发现发生在我国特小流域的世界最大洪水记录基本都发生于黄土高原地区,收集这些最大洪水记录,包括最大洪水发生断面的集水面积 (km^2) 和最大洪峰流量 (m^3/s) 数据,所收集的最大洪水记录中,应尽可能包含 15 km^2(15 km^2 基本可以包络不同大小的淤地坝集水面积)以内不同面积的特小流域,尤其是最小面积值 $F_{最小}$ 和最大

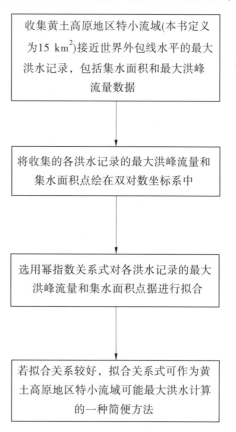

图 3-14 直接途径计算 PMF 的研究思路

面积值 $F_{最大}$ 要尽可能小和尽可能大,这样拟合出的关系式才便于推求介于最小面积值和最大面积值之间的其他面积的可能最大洪水值。

将各最大洪水记录的最大洪峰流量和集水面积点绘在双对数坐标系中。这样操作不会改变最大洪水记录的最大洪峰流量值和集水面积值,而是将坐标系以对数坐标的刻度进行标注,使得显示图像的数量级跨度压缩,可以更明显地表达最大洪峰流量和集水面积两个变量之间的关系。

选用幂指数关系式对各洪水记录的最大洪峰流量和集水面积点据进行拟合,幂指数是用以拟合双对数坐标系中点据关系的常用关系式(见图 3-15),由图 3-15 可见,拟合的幂指数关系式如下:

$$Q = 170.38F^{0.6059} \tag{3-68}$$

式中　Q ——可能最大洪峰流量,m^3/s;

　　　F ——流域集水面积,km^2。

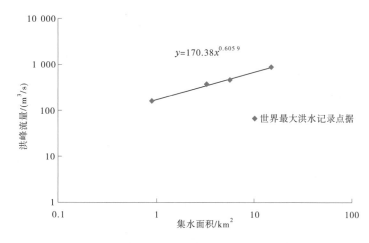

图 3-15　黄土高原地区特小流域世界最大洪水记录点据及拟合关系线

由式(3-68)推求的特小流域洪水洪峰流量基本位于世界最大洪水记录的外包线,对易于发生极端局部暴雨的黄土高原地区而言,以该方法计算的结果可近似作为黄土高原地区特小流域的可能最大洪水,该方法推求的可能最大洪水是具有一定可靠性的。

在具体应用时,根据式(3-68),由工程点的集水面积 $F_{工}$ 即可推求出其可能最大洪水 $Q_{工}$。运用式(3-68)的条件是,$F_{工}$ 最好是介于公式拟合点据中 $F_{最小}$ 和 $F_{最大}$ 之间的值,即使 $F_{工}$ 超出了 $F_{最小}$ 与 $F_{最大}$ 的范围,也不宜超出过多。

3.5　极端暴雨产洪产沙研究

3.5.1　研究背景

黄土高原地区是世界上水土流失最严重的区域之一,严重的水土流失不仅极大地危害了当地的生态环境和社会经济,而且给黄河中下游的防洪安全带来严重的隐患,小流域是黄土高原生态环境恢复与治理的基本单元,其侵蚀产沙规律一直是水土流失防治研究的重点。淤地坝地处流域的支毛沟末端,集水面积非常小,需要对小流域侵蚀产沙的多因子不同组合及多因子的时空变异特点进行研究,通过从微观上研究小流域不同因子的侵蚀机制,可以在宏观上扩展到流域系统。因此,黄土高原小流域暴雨产流产沙规律研究具有重要的理论意义,并可以为小流域综合治理和新型淤地坝规划设计提供技术支撑。

3.5.1.1　坡沟系统侵蚀产沙机制

流域中的土壤侵蚀是伴随水循环过程而发生在流域的各个部分上,且土壤侵蚀严重的往往会危及人们的生存和发展,这在我国黄土高原尤为突出。因此,土壤侵蚀的研究备受国内外大量学者所关注,自 19 世纪 70 年代德国科学家 Wollny 建立世界上第一批径流小区开展土壤侵蚀与土壤条件、下垫面覆盖、坡度等因素的关系后,大批量科学家相继开展野外小区或者其他物理性试验等研究影响下垫面相关因素与土壤侵蚀的关系,不断探索土壤侵蚀的机制所在。20 世纪 40 年代,Ellison 将水蚀过程划分为雨滴侵蚀过程、径流侵蚀过程、雨滴搬运过程和径流搬运过程等四个侵蚀部分,这标志着土壤侵蚀的研究正式从定性描述土壤侵蚀及影响因素间关系,迈入开始确定土壤侵蚀机制的研究中。20 世纪60 年代后,随着试验条件不断完善及计算机的应用,模拟降雨试验和相关测试技术研制成果并不断完善,为开展土壤侵蚀机制性研究奠定了科学基础。随后,机制性研究不断开展,土壤侵蚀的类型及影响也进一步明确,根据大量研究可知,坡面系统的土壤侵蚀往往包含雨滴溅蚀、薄层水流侵蚀(片蚀)、坡面沟侵蚀(线状侵蚀)等过程,可分述如下。

1. 雨滴溅蚀

雨滴溅蚀通常是指降雨时雨滴直接打击土壤表面,使得土壤发生分散、分离、跃迁等位移过程。此类型侵蚀主要发生在坡面产流前或坡面产流时,是坡面水蚀的开端。其中,Ellison 首次提出雨滴溅蚀是通过降雨破坏土壤结构,增大径流的紊动性、分散和搬运能力,同时降雨的雨滴打击作用使得土壤颗粒堵塞土壤孔隙,减少降水入渗,进而使得坡面上的产流侵蚀加剧,增大坡面产流及侵蚀能力。基于此类认识,相关学者开展大量试验研究雨滴溅蚀的影响,Laws、江忠善等学者认为雨滴直径 d 和降雨强度 I 有着密切的影响,因此得到关系式如下:

$$d = aI^b \tag{3-69}$$

雨滴的大小和形状影响着雨滴的终落速度(雨滴落地时刻的最终速度),牟金泽从泥沙颗粒沉速公式出发,提出当雨滴直径 $d<1.9$ mm 时,雨滴的终落速度用修正的沙玉清公式进行计算;当 $d>1.9$ mm 时,用修正的牛顿公式计算,即

$$
\left.
\begin{aligned}
d<1.9 \text{ mm 时} \quad v_{\mathrm{m}} &= 0.496\text{antilg}\left(\sqrt{28.32 + 6.524\,1\lg(0.1d) - \left[\lg(0.1d)\right]^2} - 3.665\right)\\
d>1.9 \text{ mm 时} \quad v_{\mathrm{m}} &= (17.20 - 0.844d)\sqrt{d}
\end{aligned}
\right\}
$$

$$\tag{3-70}$$

雨滴动能是根据雨滴数量、组成等累计计算得到的,且雨滴动能与降雨强度密切相关,该关系由于机制的复杂性,大量学者也只是通过试验建立了雨滴动能与降雨强度的统计关系式,如:

$$E = a + b\lg I \tag{3-71}$$

其中,雨滴溅蚀所消耗的能量来自雨滴动能,而且雨滴溅蚀作用与雨滴的物理特性密切相关,因此有大量学者开展试验,研究了溅蚀量与降雨特性(包括雨滴的直径、终落速度、雨强、雨滴动能等物理特性)关系,并建立了统计学关系式,如 Ellison 建立了 30 min 溅蚀总量 $D_s(g)$ 与雨滴终落速度 $v_m(m/s)$、雨滴直径 $d(mm)$、降雨强度 $I(mm/h)$、土壤特性 K 的经验公式:

$$D_s = 20.8 K v_m^{4.33} d^{1.07} I^{0.65} \tag{3-72}$$

周佩华、蔡国强、江忠善和高学田等认为溅蚀量与降雨动能呈指数关系,但指数大小不一,影响指数大小的通常是土壤特性的差异等因素,其中江忠善等研究认为溅蚀总量与坡度也存在关系,且呈极小值的二次抛物线关系,临界坡度为 21.4°。吴普特则通过大量试验资料的分析,建立了溅蚀总量 $S_t(g/s^2)$ 与雨滴动能 $E(J/m^2)$、降雨强度 $I(mm/h)$、坡度 S 的经验公式:

$$S_t = 5.985(EI)^{0.544} S^{0.471} \tag{3-73}$$

综上所述,国内外对雨滴的物理特性和影响雨滴溅蚀量的主要因素的研究均较深入,但溅蚀模型仍然以建立溅蚀量与降雨特征值统计模型为主,缺乏对溅蚀过程力学关系的深入分析。雨滴是引起溅蚀的动力,一般认为,溅蚀过程包括干土溅散、湿土溅散、泥浆溅散及结皮形成等过程。当雨滴打击土壤表面及地表形成薄层径流时都将改变土壤表面条件,受土壤表面条件的影响,雨滴溅蚀的力学过程及其机制也有所差异,而目前这方面的研究资料较少,限制了对土壤溅蚀过程的模拟。因此,雨滴击溅的力学过程及其雨滴打击与薄层水流输沙的关系是目前急需强化的研究领域。

2. 薄层水流侵蚀(片蚀)

薄层水流侵蚀(片蚀)通常是指坡面产流时形成的薄层水流对土壤的分散和输移过程,薄层水流侵蚀动力来源主要是水力作用,但是由于坡面薄层水流水力学特性的复杂性和试验技术的限制,对其进行理论分析、野外观测和试验研究存在一定困难,已有的研究基本上都是将坡面薄层水流看作恒定的非均匀沿程变量,用明渠水力学的方法进行研究。但由于坡面薄层水流的复杂性,坡面薄层水流的输沙条件与明渠水流输沙条件有显著的不同,坡面薄层水流的输沙能力由径流作用和雨滴打击作用两部分构成,而且薄层水流输沙方式既有悬移质也有推移质。应加强对坡面薄层水流水力学(如水流特性、运动方程、阻力规律及其降雨、地表糙度等对坡面薄层水流的影响)、坡面薄层水流输沙力学(如雨滴打击力对水流输沙的作用)等方面的研究。

3. 坡面沟侵蚀(线状侵蚀)

坡面沟侵蚀(线状侵蚀)按其侵蚀发展过程中的形态、分布等,又可分为沟间地上的线形沟状侵蚀(主要有细沟侵蚀、浅沟侵蚀、切沟侵蚀、冲沟侵蚀、悬沟侵蚀、干沟侵蚀、河沟侵蚀等)、沟谷陡坡上的沟状侵蚀(悬沟侵蚀、切沟侵蚀)和沟间地之间的大型沟谷侵蚀(指规模较大的冲沟侵蚀、干沟侵蚀及河沟侵蚀,其规模一般超出了坡面)。其具体的形态包括细沟、浅沟、切沟、冲沟和悬沟等。

(1)细沟侵蚀是指坡面上的薄层水流在微型的凹地之间由高向低流动,使微小凹地互相连接串通、深度和宽度不断增加,形成宽深变化在 1～30 cm、长度在 10～30 m 的细沟形态的侵蚀过程。可以发生在任何坡度的地面上,但以发生在 5°～25° 的裸露耕地上更为常见。

（2）浅沟侵蚀是细沟侵蚀的进一步扩展，是由坡面上已经形成的细沟互相兼并汇集而来的。主要发生在坡度 5°~45° 的坡地上，尤其以 20° 和 30° 的坡面较多。浅沟的横剖面为"V"字形，纵剖面呈阶梯状，沟床比降与所分布的坡面坡度大体一致，深度几十厘米至 1~2 m，宽度与深度相当。浅沟的沟头极不明显，沟口常与切沟相连，常在坡地上呈瓦沟状排列。

（3）切沟是黄土高原最常见的侵蚀沟。切沟多由浅沟发展而来，具有明显的沟形，宽深 1 m 至数米，横剖面呈"V"字形；纵剖面呈阶梯状，纵比降小于所在斜坡的坡降。切沟的形成需要比浅沟更大的径流量，故一般发育在百米以上的坡面上。在陕北地区则多分布在沟间地坡面下部或者较大的沟谷坡上，多为数十米至百米左右的小型切沟。

（4）冲沟也是最为常见的侵蚀沟形态。冲沟是切沟的进一步发展，深度和宽度有数十米到百米以上，长数百米至数千米以上。其侵蚀特点与切沟有所不同。表现在幼年期的冲沟以溯源侵蚀为主，中年期的冲沟下切、溯源侵蚀和侧蚀均较为活跃，而老年期的冲沟则主要以侧蚀为主。冲沟的沟床和沟坡常常不易区分，只有发育时间较久的大冲沟属于例外。冲沟是现代侵蚀沟发育的高级阶段，其发育历史远较切沟早。

（5）悬沟见于谷缘线的直立陡崖上，外形犹如悬挂在陡崖上的半个竹筒，深度几十厘米至 1~2 m，宽度 1 m 至数米。悬沟是梁峁坡水流在谷缘线下方陡崖上长期侵蚀的产物，其沟头上方常与浅沟相连。

（6）干沟侵蚀多为暂时性的洪流沿着古代的沟谷在黄土堆积过程中侵蚀发展而来，具有承袭的性质。其发育历史、规模比冲沟要大、要长，宽和深往往超过百米，长度达数千米以上。横剖面多呈套谷形态，沟底稍宽，谷坡和缓。

（7）河沟侵蚀则是某些干沟侵蚀切入地下含水层，取得一定的地下水补给，形成一年内多数时间有细流的沟谷，其侵蚀特点与干沟类似。

4. 重力侵蚀

重力侵蚀是指斜坡陡壁上的风化碎屑或不稳定的土石岩体在重力作用下，分散地或整块地、急速地或缓慢地向下移动，形成沙量。黄土高原地区由于特定的自然地理状况和人类长期不合理的开发活动，坡面重力侵蚀过程十分活跃，崩塌、滑塌、滑坡、泻流、泥石流等现象处处可见，是流域侵蚀产沙的主要方式之一，在区域地貌演化中扮演了一个十分活跃的角色。重力侵蚀又称块体运动，是斜坡或陡壁上的风化碎屑或不稳定的岩土体在自身重力的作用下分散或整块向下移动的现象。这一过程所形成的地表形态则为重力地貌。黄土高原地区的重力侵蚀按其发展过程、侵蚀特点，又可分为滑坡、崩塌、滑塌和泻流等侵蚀方式。

重力侵蚀一般在 35° 以上的坡面都有可能发生。黄土高原地区地面起伏不平，多沟谷斜坡，尤其是黄土等松散物质较多，因此重力侵蚀比较普遍。

在重力侵蚀中，滑坡侵蚀较为常见，但多具有错落和滑塌的性质。一些较大的滑坡一次就可移动土体数万立方米以上。但是，黄土地区的滑坡较多的则属于小型滑坡。造成滑坡的原因除与地质构造、岩性等因素有关外，主要与地下水活动、河流（或沟道）冲刷和侧蚀坡足，使斜坡土（岩）体失去平衡有关。人工切坡、修建蓄水坝，也是产生滑坡的因素。暴雨径流期,表土重量增加,或水沿黄土缝隙渗入地下破坏土的结构,也可以触发不稳定斜坡土体位移。

崩塌侵蚀和错落侵蚀常见于 60°以上的陡坡,特别是受到河流、沟谷水流的淘蚀或人工开挖边坡,形成较陡的临空面,下部支撑力减小,土体失去平衡,突然发生沿坡向下急剧倾倒、崩落,或整体下坐。前者称为崩塌,后者称为错落。不过黄土崩塌或错落一般个体规模都不大,具有小而多的特点。崩塌侵蚀和错落侵蚀在黄土塬、台塬及黄河峡谷两侧的谷坡分布较多。泻流侵蚀也是分布广泛的侵蚀方式之一。它在 30°以上的松散物质组成的坡面上就有可能发生。尤其是新近纪红土、早更新世午城黄土和中更新世离石黄土中德古土壤组成的坡面,在寒冻风化热胀冷缩的作用下,土体表层极易分离,并在其他因素的影响下,顺坡向下滚动。泻流虽侵蚀强度不大,但分布广泛,而且几乎终年不止,因此侵蚀总量不可忽视。

地形、地表物质组成、植被、气候和人类活动等构成了黄土高原现代重力侵蚀过程的重要影响因素。在地形因子中,对重力侵蚀过程影响最大的是坡度因子,坡度极大地影响了坡面土体的稳定状态,重力侵蚀的不同方式严格地受坡度控制。黄土内摩擦角在 25°左右,若谷坡的坡度大于黄土的内摩擦角,谷坡就容易发生重力侵蚀过程,所以一般认为重力侵蚀通常要在坡度大于 30°时表现得才比较明显。通常,滑坡、滑塌、泻流发生最大峰值的坡度均介于 45°~50°,而后逐渐减弱,滑塌在坡度增加到 60°时又开始加强,直至坡度超过 70°后再次减弱。当坡度大于 80°时,崩塌活跃起来,泻流、滑塌、滑坡等重力侵蚀则很少发生。

重力侵蚀主要发生在沟谷内,沟谷地形处在不同的发育阶段,其重力侵蚀的强度将会有很大的差别。山西离石王家沟的研究表明,重力侵蚀最为严重的是冲沟和干沟,在冲沟中以滑塌侵蚀和崩塌侵蚀为主,在干沟中以滑坡侵蚀和泻流侵蚀为主。这主要是由于沟谷发育的不同阶段,谷坡坡度和切割深度的差异影响造成的。

黄土高原最为重要的地表组成物质就是各个时期的黄土地层,黄土分布广泛,厚度大,质地疏松,抗侵蚀能力弱,这是黄土高原土壤侵蚀强烈的内在原因。各时期的黄土分布范围以马兰黄土最广,午城黄土分布范围最小,离石黄土的分布范围和堆积厚度都远大于午城黄土,是黄土地貌的骨架和基础。基岩侵蚀的类型是多样的,侵蚀方式也是十分复杂的,但最为重要的是重力侵蚀,而且分布广泛,产沙量极大,黄河中游地区有 20%左右的泥沙来源于风化的岩石和悬崖陡壁。由于各种基岩特性的差异,重力侵蚀作用的方式是不同的。基岩侵蚀物质是黄河粗泥沙的重要来源之一,但目前的研究程度比黄土侵蚀研究薄弱得多,特别是目前还没有一套有效的防治措施,这是值得结合重力侵蚀的研究进一步探讨的。

植被对于重力侵蚀的影响是非常显著的,在皇甫川流域的研究表明,重力侵蚀总量与植被覆盖度有较好的负相关关系。虽然植物的根劈作用在植被覆盖度小的情况下往往可诱发或加强重力侵蚀,但在植被覆盖较好的情况下,在坡度大于 35°的陡坡上,植被仍可有效地控制小型重力侵蚀的发生。在植被保存较好的黄龙山、子午岭、六盘山等地区,暴雨冲刷大为减弱,侵蚀模数很小。在植被覆盖完好的地区,地形和降雨对侵蚀量不再起主导作用。而在谷地裸坡上的重力侵蚀强烈,泻流、崩塌、滑坡都很发育。在植被覆盖较低的荒草坡上,重力侵蚀也是比较强烈的,主要表现为滑坡活动。

在黄土高原地区对重力侵蚀影响最大的气候因子无疑是降水因子,降水因子的作用主要表现在以下几个方面:降水径流对斜坡坡脚的淘蚀引起或加剧重力侵蚀;降水增加斜坡岩土的含水量,降低斜坡稳定程度,往往直接诱发滑坡和崩塌;暴雨径流冲刷坡面、沟床的松散岩土,形成泥流或泥石流;沟谷降水径流搬走重力侵蚀产生的堆积物,为重力侵蚀继续发生提供了必要条件。黄土高原大部分地区属暖温带,西北部地区属中温带,降水量地区分布极不均匀。降水量不同的地区重力侵蚀的特点就相应地有所变化。

温度也是重力侵蚀过程的影响因子之一。在皇甫川流域的研究表明,该流域冬春季节气温日较差可达 15 ℃左右,冻融作用强,致使沟坡表层风化层达 5~10 cm,容易诱发重力侵蚀。在黄土高原地区人类活动对土壤侵蚀过程的影响是巨大的,这种影响有正面和负面两个方面,对植被的严重破坏是人类活动产生的最大负效应。其他负面作用主要表现为边坡的不合理开挖、弃土和矿渣的任意堆放、矿山的地下采空、排水措施的不完善等,都会松动岩土,降低岩土强度,破坏坡面的稳定性,导致滑坡、崩塌、滑塌等重力侵蚀过程发生,这点在神木-东胜矿区表现得格外突出。

3.5.1.2 侵蚀产沙的主要影响因子及主要研究结论

影响黄河水沙变化的主要因素包括气候、水利工程、生态建设工程和经济社会发展等4类。其中,气候因素主要指降水、气温等;水利工程主要指干支流水库;生态建设工程包括水土流失综合治理、生态修复、退耕还林还草和生态移民等,其中水土流失综合治理措施主要包括林草、梯田、淤地坝和其他小型水土保持工程(如谷坊、沟头防护、塘坝、水窖、涝池)等;经济社会发展因素主要包括能源开发、工农业生产与城镇生活用水、河道采砂、生产生活方式和产业结构调整、农村劳动力转移等。

4类影响因素中的气候因素属自然因素,其余3类均为人类活动因素。降水是水土流失的主要动力因子,包括降水量、降雨强度及其时空分布,尤其是降雨强度对产水产沙及其过程影响作用显著。水库通过调节作用改变水沙过程,通过死库容拦沙减少进入下游河道泥沙。生态建设工程通过改变下垫面条件影响产流产沙过程,从而减少入黄水沙。生态建设工程中的淤地坝不仅可以拦蓄泥沙,还可以抬高沟道相对侵蚀基准面减少重力侵蚀;林草植被覆盖地表,增加土壤入渗、减少地表径流,并增大地表阻力、降低径流冲刷能力;梯田改变微地形,拦蓄地表径流,减少径流冲刷;生态修复、退耕还林还草和生态移民通过提高植被覆盖率影响产水产沙。经济社会发展中灌溉引水引沙与煤电、煤化工等能源基地建设用水,减少河川径流泥沙;煤炭等能源开采影响地表地下水循环,减少地表产水量;河道采砂不但直接减少入黄泥沙,而且影响河道水沙演进,也会减少入黄泥沙;能源基地开发及城镇化建设,改变了当地经济结构和生产方式,使大批农村劳动力转移到城镇就业,耕地、开荒地减少,有利于生态修复。黄河流域不同区域的自然地理、气候条件和人类活动等具有不同特点,对水沙变化影响的主导因素也不尽相同。

针对降雨因素对入黄沙量的影响,水利部黄河水沙变化研究基金项目以黄河上中游主要支流为研究对象,利用 1969 年以前的降雨和泥沙资料建立降雨产沙经验关系式("水文法"),计算了各条支流天然沙量,分析了 1970~1996 年降雨变化对沙量的影响程度。"十一五"国家科技支撑计划项目"黄河健康修复关键技术研究"中课题"黄河流域水沙变化情势评价研究",以黄河中游主要支流为重点,在1950~1996年黄河水沙变化研究成果的基础上,利用"水文法"分析了1997~2006年降雨变化对沙量的影响程度,并对河龙区间典型支流的洪水泥沙变化进行了分析。"十二五"国家科技支撑计划项目"黄河水沙调控技术研究与应用"中课题"黄河中游来沙锐减主要驱动力及人为调控效应研究",沿用"水文法"的思路,分析了潼关以上(不含泾河、渭河和北洛河下游地区)2007~2014年降雨变化导致的减沙量,其中"水文法"建模时段不再选择1969年以前,而是选择了1956年或水文站设站年至第1个降雨产沙转折年。对于"水文法"建立的降雨输沙模型,各家采用的降雨指标不尽相同,但总体上可以分为四类:一是时段降雨量,如全年、汛期、6~9月、7~8月、5~9月降雨量等;二是时段雨强,如全年、7~8月、5~9月雨强等;三是不同等级降雨量,如大于10 mm、25 mm、50 mm的降雨量;四是最大N日降雨量,如最大1 d、3 d、5 d、7 d、30 d降雨量等。降雨输沙模型中的降雨指标均是基于日降雨资料分析计算的,可以反映降雨的年内集中程度,但不足以反映短历时的暴雨集中程度。

3.5.1.3　降雨侵蚀产沙模型研究进展

流域水循环系统主要包含降水、截留、入渗、径流和蒸发等多个过程的天然水循环过程,还有受人类活动影响的取水、用水、排水和再生水等社会水循环过程。流域水循环系统的伴生过程则包括受水循环驱动影响的泥沙侵蚀和输移、水污染物的迁移转化等过程。其中,流域中水沙过程则主要包括了受降水、水流等水力学作用,地球本身重力作用,以及受人类活动影响的水利、水土保持工程措施作用等引起土壤侵蚀和泥沙输移等过程。因此,流域水循环系统及水沙过程是一个极其复杂且具有不确定性的系统,采用水文模拟技术来探索流域水循环系统及水沙过程的演变机制正逐步成为相关学科中重要的研究领域。

在计算机技术发达的今天,越来越多的学者利用计算机模拟技术对水循环系统及水沙过程开展研究。其中,采用统计方法将侵蚀量和输沙率与降水、径流建立经验关系而构建的传统经验模型USLE、RUSLE等,实现了土壤侵蚀的模拟和预测。F Khairunnisa等使用RUSLE模型结合GIS系统分析了Citarum流域的年土壤侵蚀分布,为当地水土流失防治工作提供支持。Hao Wang等采用RUSLE模型分析了洮河流域土壤侵蚀强度的时空分布特征。Jian Fan等使用RUSLE模型比较分析了南水北调中线工程沿线的水土流失概况,为该工程沿线的水土保持工作提供技术支持。田鹏等也采用了RUSLE模型探讨研究了水土流失随降水和下垫面的土壤性质、地貌状况、植被覆盖等变化而变化的演变规律。孙昭敏等开发了基于改进的VIC分布式水沙耦合模型并在岔巴沟流域开展应用研究。Kwanghun Choi等在开发了DMMF分布式土壤侵蚀模型,并在韩国两个不同季节、不同时间、不同地表形态的马铃薯田开展了应用研究。李鸿儒则采用SWAT模型在钦江流域分析了该流域水沙演变对土地利用变化的响应关系,确定了土地利用变化是导致影响流域水文效应的重要因素,且覆盖变化是对流域产沙具有重要影响的。吕振豫也采用SWAT模型分析了黄河流域靖远以上区域水沙演变对不同土地利用和气候变化的响应,得到了人类活动是影响水沙演变的主要因素。Zhao Guangju等考虑了沟壑区陡坡的坡度,进而开发了土壤侵蚀输沙模型WATEM/SEDEM,并在黄土高原无实测数据区域进行基于泥沙动力学的定量分析,以验证模型的有效性。

模型的校准、检验、应用和完善也已经成为当前侵蚀产沙模型研究的重要内容。经验统计模型结构简单、使用方便,同时在资料使用范围内也能够保证一定精度,在今后一段时期内仍将是指导我国水土保持实践的重要工具。在我国水土保持科技工作者的不懈努力下,目前也建立起了一些适用于特有的土壤侵蚀环境的基于物理过程的陡坡土壤侵蚀预报模型,但是受技术水平和研究手段落后及基础资料短缺等的限制,目前基于物理过程的次暴雨土壤侵蚀预报模型的研究水平还有待进一步提高。因此,需要在深入研究土壤侵蚀过程及其机制的基础上,尽早建立适用于小流域暴雨侵蚀产沙模型,以便科学地指导水土保持生态环境建设。蔡静雅等基于分布式水文模型 WEP-L 构建了"坡面-沟壑-河道"三级汇流结构的分布式水沙模型 WEP-SED,并在黄河流域无定河的白家川水文控制站区域开展了模型验证研究。朱熠明则采用 WEP-SED 模型在湟水流域开展了水沙演变规律研究,并针对水沙演变的影响因子进行归因分析,确定不同因子对水沙演变的影响。

近几年,极端降雨事件逐渐增多,成为热点问题,目前关于极端降雨条件下的侵蚀产沙研究还相对薄弱,尤其是针对小流域的暴雨产洪产沙模型多为经验模型,对暴雨侵蚀产沙过程的模拟精度有待提高。因此,开展极端降雨条件下黄土高原产洪产沙规律研究是极其必要的。研究团队在分析流域沟坡系统侵蚀产沙机制研究的基础上,系统归纳总结了已有相关研究成果,论述了降雨侵蚀产沙模型研究进展,对典型流域暴雨产洪产沙情况进行了深入分析。以无定河流域为例,基于短历时降雨数据及输沙特性,构建了天然时期降雨输沙经验模型;基于"坡面-沟壑-河道"三级结构,构建了具有物理机制的土壤侵蚀与输沙模块,形成能够模拟黄土高原沟壑区水土流失过程的 WEP-SED 模型。以董庄沟小流域为例,开展了小流域场次降雨产洪产沙关系分析研究。

3.5.2　极端降雨研究

黄河中游暴雨具有时间集中、历时短、强度大的特点,如 1977 年 8 月 2 日孤山川暴雨中心孤山川站 6 h 最大降雨量达 125 mm,8 月 5 日无定河暴雨中心王家沟站 6 h 最大降雨量为 99 mm;1989 年 7 月 21 日,皇甫川暴雨中心田圪坦站 15 min 降雨量达 106 mm。对于以超渗产流为主的黄土丘陵沟壑区,降雨量分布不同,对下垫面的侵蚀作用也不同,降雨越集中,雨强越大,对地表的侵蚀作用越剧烈。

黄河勘测规划设计研究院有限公司参与了国家重点研发计划课题"黄河流域水沙变化趋势集合评估",负责专题"极端降雨对黄河水沙变化的影响研究",以河潼间作为研究区域,研究了世界通用的极端降雨指标和以往成果中相关的极端降雨指标,分析了其特点及变化趋势。

3.5.2.1　极端降雨指标

极端降雨是指达到一定量级以上的降雨,包括单场次的降雨和多场次的降雨,多场次即相应于长历时的降雨。年内多场时,降雨日数多、场次多、雨量大,后期极端降雨与非极端降雨均可产洪产沙;单场降雨,分析雨洪关系或径流系数时,应考虑前期雨量影响。

世界气象组织(WMO)、气候学委员会(CCL)、气候变化及可预报性研究计划(CLIVAR)联合设立的气候变化检测、监测和指数专家组(ETCCDMI),提出了 27 个监测气候指数,这些指数都从气候变化的强度、频率和持续时间三个方面反映极端气候事件。有关极端降水的气候指标主要包括极端降雨的某特征量的极值、特征量超某阈值的天数、某特征量持续天数,主要反映某特征量的强度、持续时间等。

河潼间降雨特点是短历时、暴雨多,河龙间 1 日、3 日为主;龙潼间 3 日、5 日为主,个别年份有历时较长或连续多场的秋雨。因此,在选取降雨指标时,气候组织推荐的通用指标考虑了降水日数(R10、R20、R25、R50、R100)、各月最大 1 日及最大 5 日面雨量(6~10月,Rx1day、Rx5day)、降水强度(SDII)、日降雨量大于某一分位值的年累计降水量(R90PTOT、R95PTOT、R99PTOT)。

根据相关研究成果,与产洪产沙关系密切的降水指标包括 6 类,包括时段降水量、最大 N 日降水量、不同等级降水笼罩面积、不同等级降水量、降水日数、平均降水强度。为便于建立黄河中游主要产洪产沙区间的雨洪、雨沙关系,选取的降雨指标包括年最大日(几日)总雨量,总雨量中一定量级以上的雨量、笼罩面积,日降雨量大于某一指标的累计降水量。

3.5.2.2　典型极端降雨年份

在 1956~2015 年系列中,1964 年、1977 年汛期的洪水、泥沙特征指标较为突出,洪量、沙量都较大。

1964 年降雨整体偏丰,河潼间年降雨量达 724.9 mm,为 1954~2015 年系列的最大值,相应龙门站最大洪峰流量 17 300 m³/s,潼关站最大洪峰流量 12 400 m³/s,年径流量798 亿 m³,年输沙量 24.5 亿 t。

1977 年 7 月 4~6 日、8 月 1~2 日和 4~6 日黄河中游地区发生了 3 次大暴雨过程,简称"77·7"延河暴雨、"77·8"乌审旗暴雨和"77·8"平遥暴雨。3 次暴雨中乌审旗暴雨强度之大前所未有,据调查暴雨中心木多才当最大 10 h 降雨达 1 400 mm,但主雨区在毛乌素沙地,只波及中游一小部分地区。受降雨影响,黄河中游龙门站出现洪峰流量 14 500m³/s 洪水,最大含沙量 690 kg/m³,总水量 10.09 亿 m³,输沙总量 2.59 亿 t。渭河华县站、北洛河湫头站 7 月 7 日洪峰流量分别为 4 470 m³/s、3 070 m³/s,干支流洪水汇合后,潼关站洪峰流量 13 600 m³/s,最大含沙量 616 kg/m³,总水量 17.43 亿 m³,输沙总量 7.50 亿 t。

根据 276 个水文气象站的实测和调查资料分析,"77·7"暴雨区范围在泾河、北洛河、渭河中上游、延水、清涧河及无定河中下游地区。降雨 50 mm 等值线笼罩面积为 8.3万 km²,降雨 100 mm 等值线笼罩面积为 3.3 万 km²。暴雨中心在延水上游王庄、泾河支流环江的马岭及泾河源头的李士,王庄 5 h 雨量达 270 mm,24 h 雨量达 400 mm。高强度暴雨集中于 7~8 h 之内。

"77·8"暴雨区范围主要在无定河、延河、三川河和汾河中游一带,降雨 50 mm 等值线笼罩面积为 4.6 万 km²,降雨 100 mm 等值线笼罩面积为 1.6 万 km²。该次降雨总历时40 余 h,主雨历时 9 h,暴雨中心在晋中盆地南部平遥县和山西石楼县与陕西清涧县间,4日、5 日两日暴雨总量分别为 365 mm 和 280 mm。

3.5.2.3　极端降雨指标变化分析

在以往黄河水沙变化研究、黄河近年水沙锐减成因研究、黄河流域水文设计成果修订等多项工作中,都对与黄河水沙变化相关的流域降雨指标进行了研究。以往洪水、径流、泥沙变化研究中的降雨指标主要有两种:另一种是基于场次分析的年最大选样指标,另一种是基于长时段分析的超定量选样指标。基于场次分析的主要指标包括年最大 N 日面雨量,年最大 N 日某量级以上累计雨量、笼罩面积等;基于长时段分析的指标主要包括年及汛期某量级以上降雨量、笼罩面积、雨强等。针对场次和长时段累计指标分析了 1956~2015 年河潼区间极端降雨指标的变化情况,成果见表 3-13 及表 3-14。

表 3-13　河潼区间 1956~2015 年年最大 N 日降水指标变化趋势分析结果

类别	指标	气候倾向率法	Mann-Kandall 趋势检验法		
		气候倾向率*(/10 年)	Z	趋势	显著性
面雨量	最大 1 d	0.415 9	1.15	上升	不显著
	最大 3 d	0.733 8	1.38	上升	显著,置信度 90%
	最大 5 d	0.316 4	0.26	上升	不显著
	最大 7 d	0.239 1	0.10	上升	
	最大 12 d	0.767 1	0.68	上升	
	最大 15 d	0.318 8	-0.16	下降	
	最大 20 d	-0.794 3	-0.55	下降	
	最大 30 d	-0.807 1	-0.31	下降	
量级雨量	年最大 1 d 雨量 25 mm 以上	0.111 2	0.25	上升	
	年最大 3 d 雨量 50 mm 以上	0.107 5	0.45	上升	
	年最大 5 d 雨量 100 mm 以上	0.190 8	-0.17	下降	
笼罩面积	年最大 1 d 雨量 25 mm 以上	384	0.38	上升	
	年最大 3 d 雨量 50 mm 以上	1 603	1.09	上升	
	年最大 5 d 雨量 100 mm 以上	392	-0.24	下降	

注:* 表示指标每 10 年的变率。Z 代表 Mann-Kandall 趋势检验法的检验统计量。

河潼区间 1956~2015 年大多数降雨指标变化趋势不显著,只有年最大 3 d 雨量呈上升趋势,通过置信度 90% 的 Mann-Kandall 趋势检验。年最大短时段(12 d 以内)降水量指标近年略有上升,15 d 以上长时段降水量指标近年略有降低,但趋势均不明显。随着量级以上雨量笼罩面积的变化,各量级雨量也相应略有上升或下降。

表 3-14 显示 1~10 mm 的小雨雨量笼罩面积明显增大,雨量呈上升趋势,雨强显著降低,其余各量级以上的面积、雨量、雨强指标变化趋势均不显著,其中各量级笼罩面积整体上略下降,相应年累计雨量也略下降,各量级以上的雨强有升有降、整体变化不大。

3.5.3　典型暴雨事件

3.5.3.1　黄河中游"1988·8"暴雨洪水

1988 年龙门站输沙量 9.10 亿 t,占潼关的 57.6%。龙门泥沙主要来自 7 月、8 月的 7 次洪水,分别为 7 月 8 日(洪峰流量 3 640 m³/s)、7 月 15 日(洪峰流量 4 230 m³/s)、7 月 19 日(洪峰流量 2 920 m³/s)、7 月 24 日(洪峰流量 4 000 m³/s)、8 月 5 日(洪峰流量 3 050 m³/s)、8 月 6 日(洪峰流量 10 200 m³/s)和 8 月 14 日(洪峰流量 3 340 m³/s)。7 次洪水累积输沙量为 6.51 亿 t,占龙门年输沙量的 71.5%。

表 3-14　河潼区间 1956~2015 年全年降水指标变化趋势分析结果

类别	指标	线性倾向估计法	Mann-Kandall 趋势检验法		
		气候倾向率*(/10 年)	Z	趋势	显著性
面积	F_{1-10}	1 724 650	2.06	上升	显著,置信度95%
	F_{10}	-51 897	-0.68	下降	
	F_{20}	-24 891	-0.76	下降	
	F_{25}	-15 062	-0.73	下降	
	F_{50}	-2 497	-0.11	下降	
	F_{100}	-173	-0.30	下降	
	F_{150}	-41.82	0.52	上升	
	F_{200}	-32.51	-1.03	下降	
雨量	P_{1-10}	33.66	1.15	上升	不显著
	P_{10}	-11.086	-0.76	下降	
	P_{20}	-7.596	-0.41	下降	
	P_{25}	-5.521	-0.41	下降	
	P_{50}	-1.71	-0.13	下降	
	P_{100}	-0.263	-0.22	下降	
	P_{150}	-0.107	0.33	上升	
	P_{200}	-0.100 0	-1.12	下降	
雨强	P_{50}/P_{10}(无量纲)	-0.000 2	-0.06	下降	
	I_{1-10}	-0.287 0	-3.40	下降	显著,置信度99%
	I_{10}	0.003 0	0.52	上升	
	I_{20}	0.027 0	0.45	上升	
	I_{25}	0.016 0	0.36	上升	
	I_{50}	-0.061 0	-0.11	下降	不显著
	I_{100}	0.214 0	0.48	上升	
	I_{150}	6.127 0	0.11	上升	
	I_{200}	-5.845 0	-0.325	下降	

　　1988 年 8 月 4~5 日河口镇—龙门区间普降大到暴雨,局部大暴雨,暴雨中心在皇甫川、窟野河一带,暴雨等值线图见图 3-16。

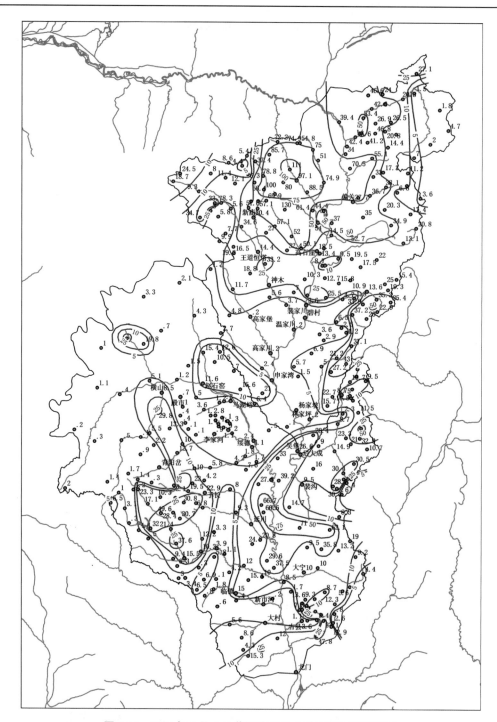

图 3-16 1988 年 8 月 6 日黄河潼关洪水对应暴雨等值线图

该次降水皇甫川流域面平均雨量为 78.9 mm,最大降水量奎洞不拉站为 111.0 mm;窟野河流域面平均雨量为 21.7 mm,最大降水量武家沟站为 100.0 mm;孤山川流域面平均雨量为 47.9 mm,最大降水量新庙站为 52.0 mm。

河口镇—吴堡区间面平均雨量为 26.0 mm,降水量大于或等于 10 mm、25 mm、50 mm 和 100 mm 的暴雨笼罩面积分别为 3.2 万 km²、1.8 万 km²、0.8 万 km² 和 0.03 万 km²;吴堡—龙门区间面平均雨量为 11.4 mm,降水量大于或等于 10 mm、25 mm 和 50 mm 的暴雨笼罩面积分别为 2.4 万 km²、0.7 万 km² 和 0.1 万 km²。统计整个河口镇—龙门区间,面平均雨量为 17.7 mm,降水量大于或等于 10 mm、25 mm、50 mm 和 100 mm 的暴雨笼罩面积分别为 5.6 万 km²、2.5 万 km²、0.9 万 km² 和 0.03 万 km²。

受本次降雨影响,黄河中游山陕区间干支流相继涨水,多数干支流出现较大洪峰,府谷站于 5 日 08:30 出现 9 000 m³/s 的洪峰,吴堡站 5 日 20 时洪峰流量达到 9 000 m³/s,龙门站 6 日 14 时洪峰流量达到 10 200 m³/s,最大含沙量 500 kg/m³,本次暴雨产生洪水 8.58 亿 m³。其中,陕西北片皇甫川皇甫站 5 日 06:00 洪峰流量 6 790 m³/s,最大含沙量 693 kg/m³;窟野河温家川站 5 日 11:00 洪峰流量 3 190 m³/s,最大含沙量 737 kg/m³;孤山川高石崖站 5 日 20:00 洪峰流量为 2 880 m³/s,最大含沙量 717 kg/m³;秃尾河高家川站 5 日 22:07 洪峰流量 427 m³/s,最大含沙量高达 1 090 kg/m³。晋西支流中蔚汾河兴县站 5 日 12:18 洪峰流量为 69.1 m³/s,最大含沙量 128 kg/m³,湫水河林家坪站 5 日 12:30 洪峰流量为 90.3 m³/s,最大含沙量 263 kg/m³;三川河后大成站 5 日 14:48 洪峰流量为 237 m³/s,最大含沙量 448 kg/m³;昕水河大宁站 6 日 06:36 洪峰流量为 1 280 m³/s,最大含沙量 463 kg/m³;陕西南片无定河白家川站 6 日 01:48 时出现 499 m³/s 的洪峰,最大含沙量 381 kg/m³,延河甘谷驿站 6 日 07:18 洪峰流量 870 m³/s,最大含沙量 666 kg/m³。经过小北干流的削减,加上渭河、北洛河、汾河约 500 m³/s 的稳定来水,潼关站 7 日 4 时出现流量为 8 260 m³/s 的洪峰,最大含沙量为 229 kg/m³。洪水来源组成见表 3-15。

表 3-15　1988 年 8 月 6 日黄河潼关站洪水来源情况统计

河流名称	站名	洪峰流量/(m³/s)	洪峰时间(月-日 T 时:分)	洪峰时段(月-日 T 时:分)	含沙量/(kg/m³)
皇甫川	皇甫	6 790	08-05T06:00	08-04T16:00~08-06T12:00	693
	府谷	9 000	08-05T08:30	08-05T02:00~08-05T13:00	612
窟野河	温家川	3 190	08-05T11:00	08-05T03:00~08-05T20:00	737
孤山川	高石崖	2 880	08-05T20:00	08-04T20:00~08-05T22:00	717
秃尾河	高家川	427	08-05T22:07	08-05T18:00~08-05T23:00	1 090
蔚汾河	兴县	69.1	08-05T12:18	08-05T08:00~08-05T16:00	128
清凉寺	杨家坡	165	08-05T20:18	08-05T19:42~08-05T23:00	249
湫水河	林家坪	90.3	08-05T12:30	08-05T08:00~08-05T20:00	263
	吴堡	9 000	08-05T20:00	08-05T15:00~08-08T02:00	191
无定河	白家川	499	08-06T01:48	08-06T00:00~08-07T02:00	381
清涧河	延川	315	08-06T03:24	08-06T02:00~08-06T06:00	393
延河	甘谷驿	870	08-06T07:18	08-05T14:00~08-07T12:00	666
三川河	后大成	237	08-05T14:48	08-05T12:30~08-06T00:00	448
昕水河	大宁	1 280	08-06T06:36	08-06T00:00~08-07T12:00	463
黄河	龙门	10 200	08-06T14:00	08-06T06:00~08-08T10:00	294
	潼关	8 260	08-07T04:00	08-05T02:00~08-08T22:00	229

本次暴雨共产生泥沙 3.36 亿 t,其中龙门以上和龙潼区间分别产沙 2.78 亿 t 和 0.58

亿 t,分别占总输沙量的 82.7%和 17.3%。在不考虑河道冲淤的情况下,陕西北片的皇甫
川、窟野河和孤山川三条支流输沙 1.56 亿 t,占本次龙门输沙量的 56.1%;陕西南片的延
水、晋西片的三川河和昕水河三条支流输沙 0.30 亿 t,占本次龙门输沙量的 10.79%。

3.5.3.2　无定河 2017 年 7 月 26 日暴雨洪水泥沙

　　2017 年 7 月 25~26 日,黄河中游山陕区间中北部大部地区出现大到暴雨过程,暴雨
中心主要集中在无定河支流大理河流域,其中赵家硷站日雨量 252.3 mm、四十里铺站日
雨量 247.3 mm,接近或达到单站特大暴雨量级。受强降雨影响,无定河支流大理河青阳
岔站洪峰流量 1 800 m³/s,绥德站最大流量 3 290 m³/s,均为 1959 年建站以来最大洪水;
无定河白家川站洪峰流量 4 480 m³/s,最大含沙量 873 kg/m³,为 1975 年建站以来最大洪
水;黄河干支流洪水汇合后演进至龙门站,形成黄河 2017 年第 1 号洪水,7 月 27 日 01:06
测得龙门站洪峰流量为 6 010 m³/s,7 月 28 日 7 时潼关站最大流量 3 230 m³/s。

　　本次降雨期间,亚洲中高纬呈两槽一脊型,巴尔喀什湖及东亚沿岸地区上空为槽区,
贝加尔湖地区上空为高压脊区,环流形势稳定;上述槽脊底部环流平直,冷空气势力偏北、
偏弱。副高异常偏强,面积大,脊线及北界位置均偏北,西伸脊点异常偏西。印缅低压强
盛,南海北部的热带辐合带活跃,多热带气旋活动。

　　强大的副高及印缅低压、热带辐合带源源不断地输送印度洋、太平洋及南海高温高湿
的水汽,并与巴尔喀什湖上空槽区分裂东移的冷空气及东亚沿岸地区上空槽区回流的冷
空气交会于黄河流域,形成本次降雨过程。

　　本次选用无定河流域 82 个雨量站进行降雨过程分析,雨量资料的类型为降水量摘录
数据(赵家硷、四十里铺站为榆林气象局提供的逐小时雨量,子洲、米脂站为日雨量资
料),雨量站的空间分布情况见图 3-17。

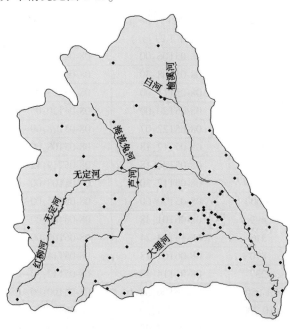

图 3-17　无定河选用雨量站的空间分布情况

7月25日8时至26日8时,无定河白家川以上面平均雨量为64.0 mm,降雨开始于25日16时,主雨时段为25日20时至26日4时,见图3-18。

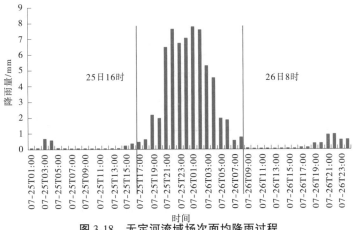

图 3-18　无定河流域场次面均降雨过程

7月25日8时至26日8时,无定河流域82个雨量站中91%的雨量站降雨量在25 mm以上,达到50 mm、100 mm、200 mm以上降雨量的雨量站数量分别为58个、31个、10个,分别占雨量站总数的71%、38%、12%。其中,降雨量达到200 mm以上的10个雨量站分别是赵家砭站(252.3 mm)、四十里铺站(247.3 mm)、李家圪站(218.4 mm)、新窑台站(214.2 mm)、曹坪站(212.2 mm)、朱家阳湾站(201.2 mm)、姬家金站(200.6 mm)、子洲站(218.7 mm)、米脂站(214.2 mm),均集中在无定河支流大理河中下游附近。无定河流域场次降雨空间分布情况见图3-19。

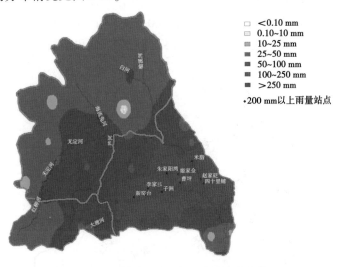

图 3-19　无定河流域场次降雨空间分布情况

从最大1 h雨量看,雨量达到20 mm以上的雨量站41个,占雨量站总数的50%;达到30 mm以上的雨量站21个,占雨量站总数的26%;达到50 mm以上的雨量站3个,占雨量站总数的4%。最大1 h雨量达到60 mm以上的雨量站1个,为李家河站(67.6 mm),位于大理河支流小理河流域。

从最大 6 h 雨量看,最大 6 h 雨量达到 50 mm 以上的雨量站 51 个,占雨量站总数的 62%;达到 100 mm 以上的雨量站 25 个,占雨量站总数的 30%。

最大 1 h 降雨、最大 6 h 降雨及场次降雨的统计情况见表 3-16、表 3-17。

表 3-16 最大 1 h 雨量站点统计

项目	降雨量级				
	≥10 mm	≥20 mm	≥30 mm	≥50 mm	≥60 mm
雨量站数量	65	41	21	3	1
占雨量站总数比例	79%	50%	26%	4%	1%

表 3-17 最大 6 h、7 月 25 日 8 时至 26 日 8 时雨量站点统计

项目		降雨量级				
		≥10 mm	≥25 mm	≥50 mm	≥100 mm	≥200 mm
最大 6 h	雨量站数量	79	70	51	25	0
	占雨量站总数比例	96%	85%	62%	30%	0
7 月 25 日 8 时至 26 日 8 时	雨量站数量	81	75	58	31	10
	占雨量站总数比例	99%	91%	71%	38%	12%

7 月 25 日 8 时至 26 日 8 时,青阳岔、李家河、曹坪、绥德、丁家沟、白家川水文站(无定河流域水系及水文站布置见图 3-20)以上面均雨量分别为 97.2 mm、121.4 mm、177.8 mm、129.8 mm、51.3 mm、64.0 mm,其中曹坪水文站以上面均雨量最大。从场次雨量笼罩面积看,白家川水文站以上 25 mm、50 mm、100 mm 以上笼罩面积分别为 25 675 km²、13 687 km²、4 573 km²,各水文站以上不同量级降雨笼罩面积及面雨量见表 3-18。

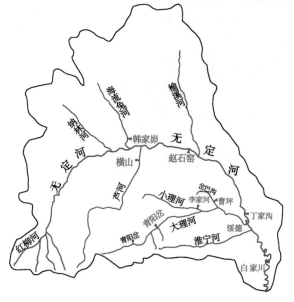

图 3-20 无定河流域水系及水文站布置

表 3-18　各水文站以上不同量级降雨笼罩面积及面雨量

区域	不同量级雨量笼罩面积/km²					面积/ km²	面平均雨量/ mm
	≥25 mm	≥50 mm	≥100 mm	≥150 mm	≥200 mm		
青阳岔以上	1 260	1 177	630	6.3	0	1 260	97.2
李家河以上	807	772	388	246	133	807	121.4
曹坪以上	187	187	187	181	23.3	187	177.8
绥德以上	3 893	3 775	2 753	1 204	489	3 893	129.8
丁家沟以上	19 451	7 954	1 348	785	376	23 422	51.3
白家川以上	25 675	13 687	4 573	2 058	865	29 662	64.0

从暴雨中心地区面均雨量时间变化看,青阳岔站、李家河站、曹坪站、绥德站以上最大 1 h 面雨量均出现在 26 日 1 时至 2 时,最大 1 h 降雨量分别为 18.6 mm、40.3 mm、33.4 mm、30.8 mm,其中李家河水文站以上 1 h 面雨量最大,分别见图 3-21、图 3-22。

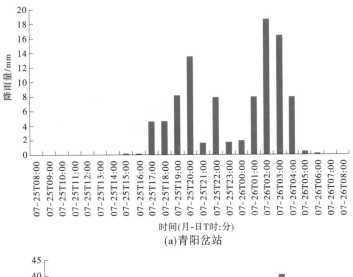

(a)青阳岔站

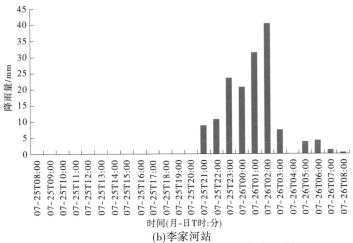

(b)李家河站

图 3-21　青阳岔站、李家河站以上降雨的时程过程

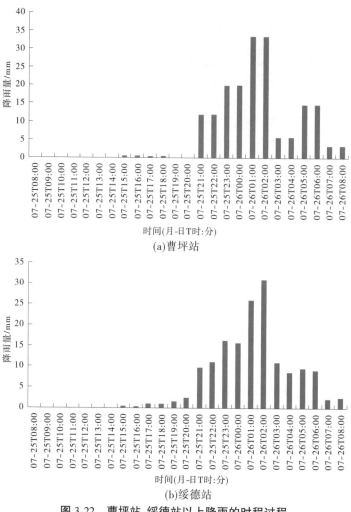

(a)曹坪站

(b)绥德站

图 3-22　曹坪站、绥德站以上降雨的时程过程

从逐小时场次降雨中心的移动看,7 月 25 日 20 时在无定河西北部及大理河上游初步产生两个降雨中心,并随时间不断加强;至 25 日 22 时在无定河西北部及大理河形成两个明显的降雨中心,无定河西北部降雨中心逐渐向东南方向移动,大理河的降雨中心基本不变;至 26 日 2 时,暴雨中心小时降雨量达到最大,降雨中心集中于大理河流域,随后降雨开始减弱,并向东南方面移动。从整个降雨过程来看,大理河流域自降雨中心形成,一直处于降雨中心位置。降雨中心变化过程见图 3-23~图 3-26。

受 7 月 25 日至 26 日强降雨影响,黄河中游山陕区间中部干支流普遍涨水,尤其是无定河流域出现罕见洪水,干支流洪水汇合后演进至龙门站,形成黄河 2017 年第 1 号洪水。

府谷—吴堡区间支流秃尾河高家川站 26 日 4 时洪峰流量 163 m³/s;佳芦河申家湾站 26 日 06:30 洪峰流量 119 m³/s,26 日 8 时最大含沙量 260 kg/m³;清凉寺沟杨家坡站 26 日 03:42 洪峰流量 392 m³/s;湫水河林家坪站 26 日 05:36 洪峰流量 647 m³/s,26 日 06:42 最大含沙量 258 kg/m³。

上述支流洪水加上未控区间及干流来水,吴堡站 26 日 07:54 出现洪峰流量 3 510

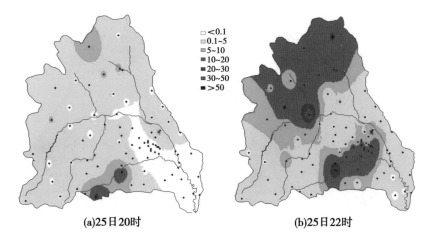

图 3-23　25 日 20 时、25 日 22 时降雨中心位置　（单位：mm）

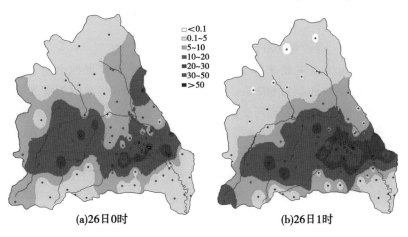

图 3-24　26 日 0 时、26 日 1 时降雨中心位置　（单位：mm）

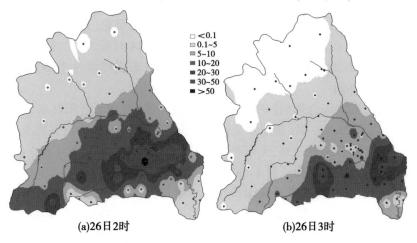

图 3-25　26 日 2 时、26 日 3 时降雨中心位置　（单位：mm）

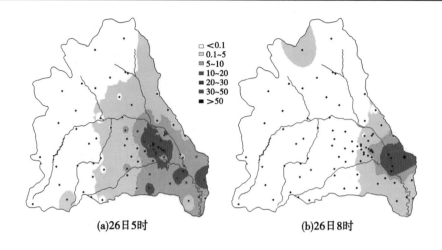

图 3-26　26 日 5 时、26 日 8 时降雨中心位置　(单位:mm)

m^3/s,26 日 10:36 最大含沙量 190 kg/m^3。

吴堡—龙门区间洪水主要来源于无定河,无定河支流大理河上游青阳岔站(该站 1958 年 10 月建站,集水面积为 662 km^2,2011 年下移 34 km 集水面积变为 1 260 km^2)26 日 4 时洪峰流量 1 800 m^3/s;大理河支流小理河李家河站 26 日 5 时洪峰流量 997 m^3/s,为 1994 年以来最大洪水,为有资料以来第 3 位;大理河控制站绥德站 26 日 05:05 最大流量 3 290 m^3/s,亦为 1959 年建站以来最大洪水;无定河干流丁家沟站 26 日 04:48 洪峰流量 1 660 m^3/s,为 1994 年以来最大洪水。上述无定河干支流来水加上区间加水,形成无定河控制站白家川站 26 日 09:42 洪峰流量 4 480 m^3/s,超过实测最大的 1977 年洪水(洪峰流量为 3 840 m^3/s),成为 1975 年建站以来最大洪水,26 日 09:48 最大含沙量 873 kg/m^3。

三川河后大成站 26 日 11:30 洪峰流量 1 050 m^3/s,26 日 13 时最大含沙量 287 kg/m^3。

无定河、三川河等支流洪水与黄河吴堡以上洪水汇合至龙门站,形成黄河 2017 年 1 号洪水,龙门站 27 日 01:06 洪峰流量 6 010 m^3/s,27 日 14 时最大含沙量 291 kg/m^3。

龙门站洪水经小北干流河道演进后,潼关站 28 日 7 时洪峰流量 3 230 m^3/s,28 日 20 时最大含沙量 90 kg/m^3。

根据《无定河流域综合规划》的设计洪水参数计算,大理河青阳岔水文站洪峰流量 1 800 m^3/s,相当于 70 年一遇(按照水文比拟法折算至原青阳岔站);绥德水文站洪峰流量 3 290 m^3/s,相当于 20 年一遇;无定河干流丁家沟水文站洪峰流量 1 660 m^3/s,相当于 10 年一遇;白家川水文站洪峰流量 4 480 m^3/s,相当于 30 年一遇。

无定河是黄河中游多沙粗沙区面积及输沙量最大的一条支流,流域面积为 30 261 km^2,其中水土流失面积 29 893 km^2,涉及多沙粗沙区面积 13 753 km^2、粗泥沙集中来源区面积 5 253 km^2,分别占多沙粗沙区总面积(7.86 万 km^2)的 17.5%、粗泥沙集中来源区总面积(1.88 万 km^2)的 27.9%。截至 2015 年,无定河流域水土保持治理面积 1.15 万 km^2,约占无定河流域面积的 38%。

统计无定河流域各主要控制站场次洪水水沙量特征值,可以看出,无定河控制站白家川站场次洪量 1.67 亿 m^3、输沙量 7 756 万 t,其中支流大理河控制站绥德站场次洪量 1.13 亿 m^3、输沙量 3 373 万 t,占场次洪量的 68%、沙量的 43%;干流丁家沟以上场次洪量 0.49 亿 m^3、沙量 1 151 万 t,占场次洪量的 29%、沙量的 15%。

从降雨中心的落区看,主要发生在支流大理河,该区域地貌类型区为黄土丘陵沟壑区,是水土流失最为严重的地区,易发生坡面侵蚀、重力侵蚀,这也是导致本次洪峰流量大、含沙量高的主要原因。

受暴雨洪水影响,位于大理河子洲县的清水沟水库 7 月 26 日凌晨 5 时发生漫溢险情,7 月 26 日 13:50 水库决口,口门宽度 57 m,约为坝长的一半,泄洪直接进入大理河。

清水沟位于子洲县城西约 2.8 km,是大理河右岸的一级支流,流域面积约 8.2 km^2。清水沟水库位于沟道下游,是子洲县城供水水库,2010 年建成,控制流域面积 5.97 km^2,总库容 37 万 m^3,决口前剩余库容 28 万 m^3,属小(2)型水库。

绥德水文站位于沟口下游 30 km,从大理河控制站绥德站洪水过程(见图 3-27)看,绥德站 26 日 0 时涨水,5 时 5 分,出现洪峰 3 290 m^3/s,大于 3 000 m^3/s 流量持续时间约 5 h,此后,流量持续减小,过程平稳,7 月 26 日 13 时流量降至 661 m^3/s,15 时流量降至 381 m^3/s,整个过程未发现流量增加。清水沟水库决口时(7 月 26 日 13:50),绥德站洪水流量已降至 600 m^3/s 以下,水库决口未对洪水过程造成明显影响,这与溃坝洪水峰高量小、坦化速度快有关。

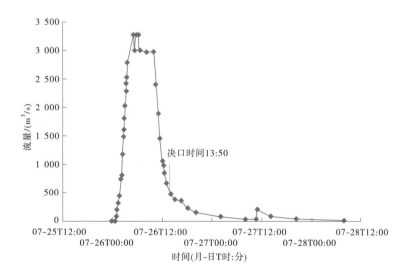

图 3-27　大理河绥德站洪水流量过程

清水沟坝体冲失量约 50%,因决口时间已处于洪水末期,后期已无降雨,入库流量很小,决口后库区泄水对库区淤积泥沙冲失不明显。

本次大理河高含沙洪水主要是由高强度降雨引起的。

3.5.3.3　西柳沟 2016 年 8 月 17 日暴雨洪水泥沙

2016 年 8 月 17 日,鄂尔多斯达拉特旗出现大到暴雨过程,暴雨笼罩西柳沟、罕台川上游全流域,暴雨中心在高头窑,最大 24 h 降雨达 404 mm,累计降雨量在 200 mm 以上的监测点除暴雨中心高头窑站外,还有劳场湾(252.5 mm)、白家塔(251 mm)、神木塔(297.5 mm)、昌汉沟(236.5 mm)、赫家渠(288 mm)。受强降雨影响,西柳沟、罕台川发生洪水,最大洪峰流量分别达 3 000 m³/s、1 394 m³/s,暴雨洪水造成境内 21 座淤地坝发生垮坝。

2016 年"8·17"暴雨期间达拉特旗(西柳沟、罕台川)溃决的淤地坝情况见表 3-19,溃决的 21 座淤地坝占总数的 12%,其中骨干坝 12 座,占骨干坝总数的 19%;中型坝 6 座,占中型坝总数的 10%;小型坝 3 座,占小型坝总数的 5%。溃决淤地坝控制面积 70.77 km²,占淤地坝总控制面积的 22%。溃决淤地坝设计总库容 1 627 万 m³,占淤地坝设计总库容的 20%。

表 3-19　达拉特旗(西柳沟、罕台川)2016 年"8·17"洪水溃坝淤地坝情况统计

流域名称	西柳沟流域	罕台川流域	合计
溃坝淤地坝数量/座	16	5	21
骨干坝数量/座	11	1	12
中型坝数量/座	3	3	6
小型坝数量/座	2	1	3
溃决淤地坝控制面积/km²	60.76	10.01	70.77
溃决淤地坝设计总库容/万 m³	1 460	167	1 627
溃决淤地坝设计拦泥库容/万 m³	704	94	798
溃决淤地坝设计滞洪库容/万 m³	756	74	830

1.暴雨过程

西柳沟、罕台川流域"8·17"暴雨发生在 8 月 16 日 22 时至 18 日 5 时,整个降雨过程包括两场降雨:第一场降雨从 8 月 16 日 22 时至 17 日 14 时,间歇 7 h 后又下了第二场雨,第二场降雨从 8 月 17 日 21 时至 8 月 18 日 5 时。第一场降雨历时长,强度大,连续大雨时间为 17 日 5 时至 12 时共 8 h,"8·17"暴雨的最大 1 h、最大 3 h、最大 6 h、最大 12 h 降雨基本都发生在第一场降雨,第一场降雨的降雨量占"8·17"暴雨总量的 80%左右。第二场降雨相对降雨历时短,强度小,连续大雨时间为 17 日 23 时至 18 日 1 时共 3 h。根据山洪预警平台各雨量站时段(小时)最大降雨发生时间分析,暴雨中心位于西柳沟高头窑站,高头窑的降雨过程基本可以代表暴雨中心区的降雨过程。高头窑站降雨过程见图 3-28,其中第一场降雨累计降雨量为 352 mm,第二场降雨量为 58.5 mm,总计 410.5 mm。

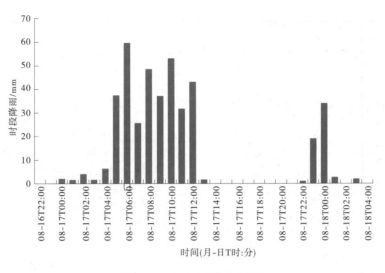

图 3-28 高头窑站降雨过程

2. 最大 24 h 降雨量空间分布

由山洪预警平台各雨量站最大 24 h 降雨量绘制西柳沟、罕台川流域"8·17"暴雨的最大 24 h 降雨量分布(见图 3-29)可见,本次暴雨有两个距离较近的暴雨中心:一个暴雨中心在高头窑,最大 24 h 降雨量达 404 mm;另一个暴雨中心在神木塔和赫家渠一带,最大 24 h 降雨量在 290 mm 左右。两个暴雨中心相距约 17.5 km。初步计算暴雨中心 150 mm 以上降雨笼罩面积约 792.40 km², 200 mm 以上降雨笼罩面积约 239.68 km², 250 mm 以上降雨笼罩面积约 52.62 km², 300 mm 以上降雨笼罩面积约 14.17 km², 暴雨中心最大 24 h 不同量级降雨的笼罩面积见表 3-20。

表 3-20 暴雨中心最大 24 h 不同量级降雨的笼罩面积

降雨量级	笼罩面积/km²		
	高头窑	神木塔和赫家渠一带	合计
≥150 mm	309.18	483.22	792.40
≥200 mm	116.67	123.01	239.68
≥250 mm	36.32	16.30	52.62
≥300 mm	14.17	0	14.17

3. 时段降雨量特征

根据山洪预警平台各雨量站资料,流域内累计降雨量在 200 mm 以上的监测点除暴雨中心高头窑站外,还有劳场湾(252.5 mm)、白家塔(251 mm)、神木塔(297.5 mm)、昌汉沟(236.5 mm)、赫家渠(288 mm),各站降雨量时段特征值见表 3-21。可见,本次降雨为西柳沟、罕台川上游全流域性暴雨,高强度降雨发生时间较为集中,均在 8 月 17 日上午,最大 1 h、3 h、6 h、12 h 降雨量均发生在该时段;降雨历时基本为 24 h,最大 24 h 降雨量与累计降雨量值基本相同。

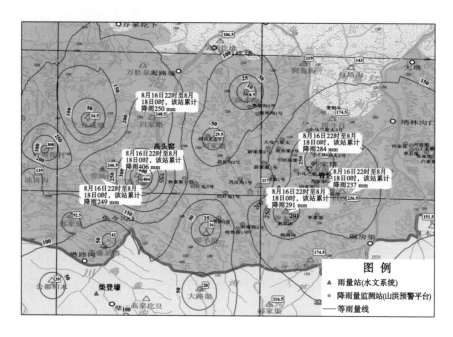

图 3-29　西柳沟、罕台川流域"8·17"暴雨的最大 24 h 降雨量分布

表 3-21　累计降雨量在 200 mm 以上监测点降雨量时段特征值

测站名称	最大 1 h		最大 3 h		最大 6 h		最大 12 h		最大 24 h		累计降雨量/mm
	雨量/mm	发生时间(年-月-日 T 时:分)	雨量/mm	发生时间(年-月-日 T 时:分)	雨量/mm	发生时间(年-月-日 T 时:分)	雨量/mm	发生时间(年-月-日 T 时:分)	雨量/mm	发生时间(年-月-日 T 时:分)	
高头窑	59.5	2016-08-17 T06:00	138.5	2016-08-17 T10:00	261	2016-08-17 T10:00	348.5	2016-08-17 T12:00	404	2016-08-18 T0:00	410.5
神木塔	69.5	2016-08-17 T07:00	157	2016-08-17 T09:00	230	2016-08-17 T10:00	260.5	2016-08-17 T13:00	291	2016-08-18 T00:00	297.5
白家塔	43	2016-08-17 T05:00	110.5	2016-08-17 T07:00	152.5	2016-08-17 T10:00	194.5	2016-08-17 T13:00	248.5	2016-08-18 T00:00	251
劳场湾	39.5	2016-08-17 T05:00	87.5	2016-08-17 T11:00	145	2016-08-17 T10:00	198.5	2016-08-17 T12:00	246.5	2016-08-18 T00:00	252.5
昌汉沟	57	2016-08-17 T09:00	146	2016-08-17 T09:00	200.5	2016-08-17 T10:00	226	2016-08-17 T13:00	236.5	2016-08-18 T00:00	236.5
赫家渠	65	2016-08-17 T08:00	132.5	2016-08-17 T08:00	211.5	2016-08-17 T11:00	246.5	2016-08-17 T13:00	284	2016-08-18 T00:00	288

注:发生时间为该时段降雨统计终点时间。

3.5.4　典型流域暴雨产洪产沙研究

3.5.4.1　无定河流域

1. 降雨指标计算及变化趋势分析

1) 降雨指标计算方法

无定河流域属超渗产流地区,其产洪产沙量与雨量、雨强均密切相关,基于降水量摘录数据构造大于某一雨强的降雨量指标。从侵蚀性降雨角度,方正三、刘尔铭、张汉雄和王万忠等探讨了具有侵蚀意义的暴雨标准,研究时段为 5 min 至 24 h,为了更好地反映大于某一雨强的降雨量,选取 5 min 作为统计时段进行降雨指标计算。考虑到无定河降水量摘录数据在 7~8 月基本都有完整数据,选取 7~8 月 r(r 表示某一强度量级)以上降雨总量作为降雨特征指标,其计算方法如下。

根据泰森多边形计算各雨量站控制面积,筛选 7~8 月某个雨量站达到某一强度的降雨记录,将达到某一强度所有降雨记录的降雨量累加,与其相应雨量站控制面积进行乘积,即可得某站某一强度降雨总量,将流域内各雨量站同一强度降雨总量叠加,即为流域某一强度降雨总量,计算公式如下:

$$W_r = \sum_{j=1}^{m} \left(\sum_{i=1}^{n} P_r^i \cdot A \right)_j \times 10^{-5} \tag{3-74}$$

式中　W_r——r mm/5 min 以上降雨总量,亿 m^3;

　　　　n——某个雨量站达到 r mm/5 min 以上强度的降雨记录总数;

　　　　P_r^i——7~8 月流域内第 i 个大于 r mm/5 min 以上强度的降雨记录的降雨量,mm;

　　　　A——相应雨量站的控制面积,km^2;

　　　　m——流域内达到 r mm/5 min 以上强度雨量站的总数;

　　　　j——流域内第 j 个大于 r mm/5 min 以上强度的雨量站。

2) 降雨指标变化趋势分析方法

降雨指标变化趋势分析采用 Mann-Kendall 检验法(简称 M-K 法),该方法属于非参数方法,亦称无分布检验,其优点是不需要样本遵从一定的分布,也不受少数异常值的干扰,常用于分析径流、气温、降雨等水文气象序列资料的变化趋势。M-K 法检验统计量 Z 计算公式为

$$Z = \begin{cases} \dfrac{S-1}{\sqrt{\mathrm{Var}(s)}} & S > 0 \\ 0 & S = 0 \\ \dfrac{S+1}{\sqrt{\mathrm{Var}(s)}} & S < 0 \end{cases} \tag{3-75}$$

其中

$$S = \sum_{k=1}^{N-1} \sum_{j=k+1}^{N} \mathrm{sgn}(x_j - x_k) \tag{3-76}$$

$$\mathrm{sgn}(x_j - x_k) = \begin{cases} 1 & x_j - x_k > 0 \\ 0 & x_j - x_k = 0 \\ -1 & x_j - x_k < 0 \end{cases} \tag{3-77}$$

式中 x_j、x_k——j、k 年相应的测量值,并且 $k>j$;

  N——样本数。

当 $|Z| > Z_{(1-\alpha/2)}$ 时,表示数据系列存在明显变化趋势,否则系列无显著变化趋势。当 Z 值为正值时,表示数据系列存在上升趋势;反之,Z 值为负值表示数据系列存在下降趋势。

应用 Mann-Kendall 法对无定河流域 7~8 月 0.1 mm/5 min 以上降雨总量、0.4 mm/5 min 以上降雨总量、0.5 mm/5 min 以上降雨总量进行趋势检验,结果见表 3-22。从表 3-22 中可以看出,无定河 3 种降雨强度以上降雨总量的统计量 $|Z|$ 均小于 1.28,即统计量 Z 均小于 0.10 的置信度水平,说明随时间的推移,无定河流域 3 种降雨强度以上降雨总量变化趋势不显著。

表 3-22 无定河流域大于某一强度降雨总量变化趋势检验结果

检验方法	降雨指标	统计量 Z
Mann-Kendall 检验法	0.1 mm/5 min 以上降雨总量	−0.48
	0.4 mm/5 min 以上降雨总量	0.67
	0.5 mm/5 min 以上降雨总量	0.78

2.降雨输沙经验模型

分别建立基准期年输沙量与各降雨指标的关系,从中选择相关性最好的一组作为无定河的降雨产沙模型。根据图 3-30、图 3-31,降雨输沙模型分别采用:

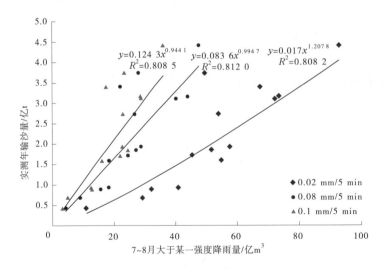

图 3-30 基于降雨摘录数据的降雨输沙模型

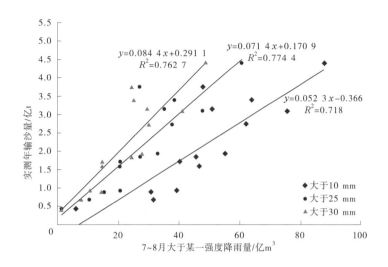

图 3-31　基于日降雨数据的降雨输沙模型

基于降雨摘录数据模型：

$$W_s = 0.083\ 6W_{0.08}^{0.994\ 7} \qquad R^2 = 0.812\ 0 \qquad (3\text{-}78)$$

基于日降雨数据模型：

$$W_s = 0.071\ 4P_{25} + 0.170\ 9 \qquad R^2 = 0.774\ 4 \qquad (3\text{-}79)$$

式中　　W_s——年输沙量，亿 t；

$W_{0.08}$——0.08 mm/5 min 以上降雨总量，亿 m^3，基于降雨摘录数据计算；

P_{25}——25 mm 以上降雨总量，亿 m^3，基于日降雨数据计算；

R^2——相关系数。

可以看出，基于降雨摘录数据的降雨输沙关系相关性较基于日降雨数据的更好。根据建立的降雨输沙模型，计算的天然沙量见图 3-32。可以看出，两种模型计算的天然沙量相差不大。通过基于降雨摘录资料与基于日降雨资料的降雨输沙模型对比，前者反映的沙量与降雨因子的相关关系较后者好，原因是短历时降雨能够反映降雨的集中程度，更能体现黄土高原暴雨洪水产沙特性。

3. WEP-SED 模型

1）模型原理

蔡静雅等学者基于 WEP-L 模型构建了具有物理机制的土壤侵蚀与输沙模块，形成能够模拟黄土高原沟壑区水土流失过程的 WEP-SED 模型。

a. 坡面侵蚀

雨滴溅蚀是土壤水力侵蚀过程的开端。雨滴打击地表，从土体表面剥离出细小的土壤颗粒，溅散的雨滴挟带着细小颗粒剥离原位，最终落在坡面另一位置，使土壤颗粒发生位移；雨滴的击溅作用也破坏了土壤结构，降低了土壤内部的黏聚作用，使土壤颗粒易被水流冲走。土壤颗粒产生位移和土壤结构破坏为水流的冲刷、搬运提供了物质来源。雨

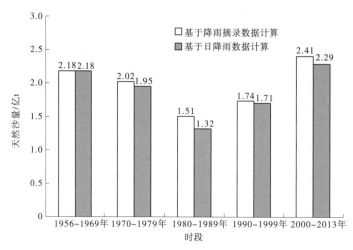

图 3-32　无定河天然沙量计算结果

滴溅蚀主要发生在裸地下垫面,本研究采用吴普特等的试验结果模拟坡面溅蚀强度:

$$E_1 = a_1 (E_{rain} I_{rain})^{b_1} \alpha_0^{c_1} \tag{3-80}$$

式中　E_1——坡面溅蚀强度,kg/(m²·s);

　　　　E_{rain}——单位降雨动能,J/(m²·min),江忠善等在黄土高原对单位降雨动能和降雨强度做了相关性分析,得到了单位降雨动能的估算公式;

　　　　I_{rain}——降雨强度,mm/min;

　　　　α_0——坡面坡度,(°);

　　　　a_1、b_1、c_1——经验系数。

随着降雨的持续,坡面形成的薄层水流对土壤产生冲刷分离作用。利用流量和坡度可估算土壤分离强度:

$$E_2 = a_2 (300q - b_2)(1 + c_2 \tan\alpha_0) \tag{3-81}$$

式中　E_2——土壤分离速率,kg/(m²·s);

　　　　q——单宽流量,m²/s;

　　　　a_2、b_2、c_2——经验系数。

受坡面水流挟沙力的限制,雨滴击溅和水流冲刷分离的土壤并非完全被水流带走。裸地下垫面的实际产沙强度受水流挟沙力限制:

$$E_3 = \min(a_3 q^{b_3} (\tan\alpha_0)^{c_3} L_{Slo}, E_1 + E_2) \tag{3-82}$$

式中　E_3——裸地下垫面坡面沟间实际侵蚀强度,kg/(m²·s);

　　　　L_{Slo}——等高带长度,m;

　　　　a_3、b_3、c_3——经验系数。

受土壤质地和水流水力条件空间分布不均的影响,原本平整的坡面会被冲刷出一条条沟道,根据沟道发育程度一般划分为细沟、浅沟和切沟,水沙主要沿着这些沟道向下流动,本书将它们统一作为坡面沟道进行模拟。坡面沟道土壤侵蚀量可由沟道水流挟沙力扣除当前等高带沟间来沙量进行估算:

$$S_{SG} = K_{SG}(T - C_3) \tag{3-83}$$

式中　K_{SG}——坡面沟道侵蚀系数;

S_{SG}、T 和 C_3——坡面沟道侵蚀沙量,kg/m³,坡面沟道水流挟沙力(kg/m³)和当前
　　　　　　　等高带沟道流量条件下的沙源综合含沙量,kg/m³。

若 S_{SG} 为正,表示侵蚀,否则为淤积。关于沙源 C_3,最高等高带沟道沙源仅包括沟间来沙,其他等高带沟道沙源还包括上一等高带沟道来沙。

黄土丘陵沟壑区土壤侵蚀严重,水流挟沙力可采用高含沙水流挟沙公式:

$$T = 2.5 \times \left[\frac{(0.0022 + C/\gamma_s) \cdot v^3}{\kappa \dfrac{\gamma_s - \gamma_m}{\gamma_m} gR\omega} \ln\left(\frac{h_w}{6d_{50}}\right) \right]^{0.62} \tag{3-84}$$

$$\kappa = \kappa_0 \left[1 - 4.2\sqrt{C/\gamma_s} \times (0.365 - C/\gamma_s) \right] \tag{3-85}$$

$$\omega = \omega_0 \left(1 - \frac{\sqrt{C/\gamma_s}}{2.25\sqrt{d_{50}}} \right)^{3.5} \times (1 - 1.25\sqrt{C/\gamma_s}) \tag{3-86}$$

式中　κ 和 κ_0——浑水和清水的卡门常数;

γ_s 和 γ_m——泥沙和浑水的容重,N/m³;

g——重力加速度,N/kg;

R——水力半径,m;

ω 和 ω_0——浑水泥沙平均沉速和清水沉速,m/s;

C——含沙量,kg/m³;

v——流速,m/s;

d_{50}——床沙中值粒径,m,即粒径小于该值的泥沙质量占全部泥沙的50%;

h_w——水深,m。

经产输沙过程后,得到坡面沟道含沙量 C_{SG} 为

$$C_{SG} = C_3 + S_{SG} \tag{3-87}$$

b. 重力侵蚀

重力侵蚀对沟壑产沙具有很大贡献。崩塌和滑坡是最主要的两种重力侵蚀方式。本研究重点关注崩塌形式的重力侵蚀,基于力矩平衡原则进行模拟。崩塌的土体概化为平躺的四棱柱,其横断面近似为梯形(见图3-33)。

根据图3-33中的力矩分析,崩塌土体的质量可以由下式计算:

$$M = \rho_m L(dh_s + 1/2d^2\tan\theta) \tag{3-88}$$

式中　M——发生崩塌土体的质量,kg/m;

ρ_m——土体密度,kg/m³;

L——单位沟壑长度内发生崩塌土体的长度(沿水流方向的长度),m/m;

d——崩塌土体的厚度梯形的高,m;

θ——土体冲刷面与水平面的夹角,(°);

h_s——崩塌土体外沿的厚度(梯形的上底),m,根据力矩平衡方程[式(3-89)]可以计算出 h_s。

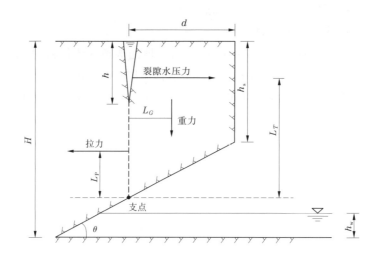

图 3-33　重力侵蚀原理图

　　一旦沟壑内水面触及处于平衡状态的土体时,土体浸没在水中的部分含水量增大,导致土体质量增大,平衡状态立刻被打破,土体即会发生崩塌。

$$PLL_T + GL_G - \sigma_t L2L_pL_p = 0 \tag{3-89}$$

$$P = \frac{1}{2}\gamma h^2 \tag{3-90}$$

$$L_T = h_s + d\tan\theta - \frac{2}{3}h \tag{3-91}$$

$$G = Mg \tag{3-92}$$

$$L_G = \frac{d(3h_s + d\tan\theta)}{3 \times (2h_s + d\tan\theta)} \tag{3-93}$$

$$\sigma_t = 263\,158\,000w^{-3.037} \tag{3-94}$$

$$L_p = (h_s + d\tan\theta - h)/2 \tag{3-95}$$

$$h_w > H - (h_s + d\tan\theta) \tag{3-96}$$

式中　P——单位长度(沿水流方向)崩塌土体中的裂隙水压力,N/m;

　　　L_p——水压力力矩,m;

　　　G——单位沟壑长度内发生崩塌土体的重力,kg/m;

　　　L_G——重力力矩,m;

　　　σ_t——单位面积崩塌土体受到的拉力,N/m²,是崩塌土体塌落运动趋势促使崩塌面左侧土体对崩塌土体产生的被动力,在崩塌瞬间,其值等于土体抗拉强度,主要受含水量的影响;

　　　L_T——总黏聚力的力矩,m;

　　　w——土壤含水量(%);

　　　h——裂隙深度,m;

H——沟壑深度,m。

c. 沟壑及河道产输沙

沟壑与河道产输沙过程基于不平衡输沙理论进行模拟。考虑侧向来沙,沟壑及河道不平衡输沙方程为

$$\frac{\mathrm{d}(QC)}{\mathrm{d}x} = -\alpha B\omega(C-T) + Q_{s_1} \tag{3-97}$$

式中　Q——流量,m^3/s;

　　　α——恢复饱和系数;

　　　B——沟壑或河道宽度,m;

　　　Q_{s_1}——单位沟壑或河道长度内的侧向水流输沙率,$kg/(s \cdot m)$。

式(3-97)中,恢复饱和系数 α 是一个重要参数,主要受泥沙粒径级配和沉速影响,α 越大,代表含沙量沿流程的变化率越大。尽管对恢复饱和系数 α 的研究很多,但如何确定其具体数值目前尚无定论。将恢复饱和系数 α 作为一可调参数,通过模型率定确定。参照前人研究,该参数率定取值范围为 0.02~1.78,平均值为 0.5。

对式(3-97)积分,可得到沟壑或河道出口含沙量:

$$C_2 = T_2 + (C_1 - T_1)\mathrm{e}^{-\frac{\alpha\omega l}{q}} + (T_1 - T_2 + \frac{Q_{s_1}}{Q}l)\frac{q}{\alpha\omega l}(1 - \mathrm{e}^{-\frac{\alpha\omega l}{q}}) \tag{3-98}$$

式中　C_2 和 C_1——沟壑或河道出口和入口含沙量,kg/m^3;

　　　T_2 和 T_1——沟壑或河道出口和入口挟沙力,kg/m^3;

　　　l——沟壑或河道长度,m。

需要指出,沟壑和河道侧向水流输沙率 Q_{ls} 的计算有所差异。对于沟壑,侧向来沙包含当前子流域最低等高带坡面沟道来沙及重力侵蚀产沙;而对于河道,除坡面沟道来沙外,还包括沟壑泥沙的汇入。

$$Q_{s_{1,G}} = pC_{SG,n}Q_{SG,n}/l_G + M/86\,400 \tag{3-99}$$

$$Q_{s_{1,R}} = [(1-p)(C_{SG,n}Q_{SG,n}) + C_GQ_G]/l_R \tag{3-100}$$

式中　p——最低等高带坡面沟道产输沙中汇入沟壑的比例;

　　　$C_{SG,n}$——当前子流域最低等高带坡面沟道含沙量,kg/m^3;

　　　$Q_{SG,n}$——当前子流域最低等高带坡面沟道流量,m^3/s;

　　　l_G——沟壑长度,m;

　　　C_G——沟壑含沙量,kg/m^3;

　　　Q_G——沟壑流量,m^3/s;

　　　l_R——河道长度,m。

d. 水库调度与水土保持措施减沙

黄土高原受人类活动影响剧烈,WEP-SED 模型考虑水土保持措施与水库调度对侵蚀产沙过程的影响,包括淤地坝和水库减沙及梯田减沙两大模块。

根据第一次全国水利普查结果,截至 2010 年(由于目前只有 1956~2010 年流量和输

沙率实测数据,因此本研究时间范围为该时间段),无定河流域有建成时间的骨干坝
1 000 座,总库容接近 12 亿 m³;大中型水库库容稳定在 1979 年末的 11 亿 m³,之后未再修
建大中型水库。其中,20 世纪 70 年代出现淤地坝和水库修建高峰期,新建骨干坝、大中
型水库库容接近甚至超过 2010 年对应总库容的一半。

淤地坝和水库减沙效果明显。其减沙作用包括拦沙和减蚀两部分。拦沙作用包括两
个方面:一是坝体对泥沙的拦截作用直接导致泥沙沉积;二是蓄水对水流削减流量、放缓
流速的作用降低了水流的挟沙能力,间接导致被挟带的泥沙在坝前发生沉积。同样的,减
蚀作用也包括两个方面:一是泥沙沉积抬高侵蚀基准面,降低重力侵蚀发生的概率;二是
水流挟沙能力的降低使水流对淤地坝下游的侵蚀量减少。由于减蚀作用机制复杂,对其
模拟尚缺乏理论依据,主要考虑拦沙作用,采用排沙比进行模拟。考虑到水库与淤地坝分
布位置的差异,模型模拟过程概化为淤地坝拦沙作用发生在沟壑环节、水库拦沙作用发生
在河道环节。

$$Q_{s,out} = r_d Q_{in} C_{in} \tag{3-101}$$

式中　$Q_{s,out}$——出库/坝输沙率,kg/s;
　　　r_d——排沙比;
　　　Q_{in}——入库/坝流量,m³/s;
　　　C_{in}——入库/坝含沙量,kg/m³。

修建梯田是降低坡面侵蚀的重要措施。无定河流域 2010 年梯田面积约 1 500 km²,
同样在 20 世纪 70 年代增长率最大。以等高带为单元,利用刘晓燕等提出的上控比(梯田
所控制的上方面积与梯田面积的比值)模拟梯田对其上方区域产沙的拦截作用,将梯田
所控制的上方面积(梯田面积乘以上控比即可得到)与梯田上方区域总面积的比值,近似
作为梯田对其上方全部产沙量的拦沙率。

$$Q_{s,down} = (1 - r_t) Q_{up} C_{up} \tag{3-102}$$

式中　$Q_{s,down}$——流出梯田的水流输沙率,kg/s;
　　　r_t——梯田拦沙率;
　　　Q_{up}——梯田的上方流量,m³/s;
　　　C_{up}——梯田上方水流含沙量,kg/m³。

2)模型构建、率定与验证

蔡静雅等学者利用白家川水文站 1956~1984 年实测月均数据对 WEP-SED 进行参
数率定,率定指标选取月均流量、输沙率相关系数 R、纳什效率系数 NSE 和多年平均径流
量、输沙量相对误差 RE。水循环模拟参数参考 Jia 等进行率定;依据上述指标对侵蚀产
沙关键参数进行率定,并参考 Jia 等采用扰动分析法(用于计算敏感性指标 I 的模型输出
量选用对应过程多年平均年产沙量)开展敏感性分析,关键参数率定结果及其敏感性见
表 3-23,其他参数直接根据经验或现场调研确定。模型率定结果见图 3-34 和图 3-35。

表 3-23　无定河流域侵蚀产沙关键参数

侵蚀产沙参数	符号	单位	率定值	敏感性
雨滴溅蚀系数	a_1	—	5	低
薄层水流对土壤分离系数	a_2	—	0.002	低
坡面水流挟沙力系数	a_3	—	1.15	高
坡面沟道侵蚀系数	K_{SG}	—	1	高
单位沟壑长度内崩塌土体长度	L	m/(m·d)	0.001	高
沟壑输沙恢复饱和系数	α	—	0.45	高
河道输沙恢复饱和系数		—	0.04	高
淤地坝排沙比	r_d	—	0.4	低
水库排沙比		—	0.2	低

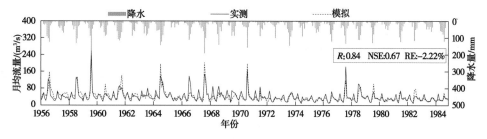

图 3-34　率定期白家川模拟与实测月均流量过程

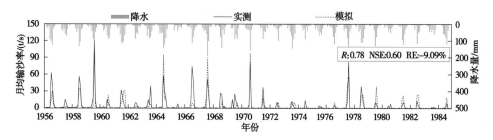

图 3-35　率定期白家川模拟与实测月均输沙率过程

由图 3-34 和图 3-35 中可以看出,率定期模拟的月均流量和输沙率过程与实测过程具有很好的一致性,模拟的峰现时间与实测峰现时间几乎完全吻合。模型模拟的月均输沙率评价指标 R 为 0.78,NSE 为 0.60,模拟的年均总输沙量相对误差 RE 不到 10%,三个评价指标充分说明模型参数的合理性。对比图 3-34 和图 3-35 还可以看出,模拟的输沙率过程受流量过程影响,月均流量误差大时,模拟的输沙率误差也明显偏大。

经参数率定后,采用白家川水文站 1985~2010 年实测月均输沙率进行模型校验,验证结果见图 3-36 和图 3-37。

由图 3-36 和图 3-37 中皆可以看出,验证期模型模拟的月均流量过程和月均输沙率过程比率定期更接近实测过程。虽然验证期月均流量 RE 比率定期偏大,但其值仍在 10%

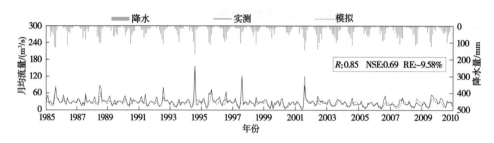

图 3-36　验证期白家川模拟与实测月均流量过程

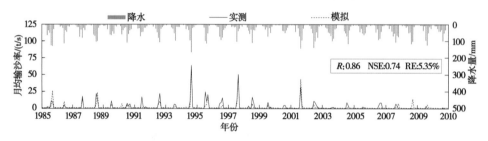

图 3-37　验证期白家川模拟与实测月均输沙率过程

以内,而 R 与 NSE 都比率定期更优,模拟结果充分验证了所率定参数的合理性。模型在验证期表现更优的原因在于:①率定期的气象、用水、下垫面等资料相比验证期更缺乏;②率定期水沙随时间变化更剧烈,对模型要求更高。

3.5.4.2　南小河沟流域

1.流域概况

南小河沟小流域地处甘肃省庆阳市西峰区后官寨乡境内,是泾河一级支流蒲河左岸的一级支沟,位于东经 $107°30'15''\sim107°37'30''$,北纬 $35°40'50''\sim35°44'25''$,流域总面积 38.93 km²。主沟道长度 13.6 km,平均宽度 3.4 km,形状系数 0.25,海拔 1 050~1 423 m,相对高差 373 m,沟壑密度 2.68 km/km²,沟道比降 2.8‰。多年平均侵蚀模数 4 500 t/km²,多年平均径流模数 8 994 m³/km²。

南小河沟小流域布设有十八亩台、杨家沟、董庄沟、花果山水库出口 4 个径流观测站,目前主要开展径流、泥沙、降雨量、气象等项目观测。

董庄沟小流域控制站和杨家沟小流域控制站始建于 1954 年,建有三角槽量水堰,主要开展降雨、径流泥沙、气温、气压、干湿度等人工观测。

截至 2015 年底,南小河沟流域连续观测长达 61 年,南小河沟流域共积累了 168 站(年)的径流泥沙、482 站(年)的径流场、1 091 站(年)的雨量、138 站(年)的蒸发量、282 站(年)土壤含水量观测资料。

董庄沟和杨家沟为南小河沟中的两条小支沟,具有完整的塬面、坡面和沟谷地貌特征,属于典型的黄土高塬沟壑区,两沟位置毗邻。1954 年设定杨家沟为治理沟、董庄沟为对比沟进行研究(董庄沟的地形、土壤基本与杨家沟相似,董庄沟的植被与杨家沟治理前的植被相似,处于群众利用的自然状态),两条沟的地形地貌特征见表 3-24。

表 3-24　董庄沟与杨家沟地形地貌特征

流域		董庄沟	杨家沟
总面积/km²		1.15	0.87
塬面	面积/km²	0.38	0.3
	占比/%	33	34.5
山坡	面积/km²	0.315	0.208
	占比/%	27.4	23.9
沟谷	面积/km²	0.455	0.362
	占比/%	39.6	41.6
沟长/m		1 600	1 500
沟壑密度/(km/km²)			2.95
沟道比降/%		8.93	10.67
平均宽度/m		720	580

杨家沟小流域和董庄沟小流域塬面为农业生产基地,除村庄、道路旁和部分沟头有小型林带外,无整块大片林带。塬面、坡面的主要农作物为小麦、谷子、玉米、高粱、马铃薯、豆类等。林草植被主要生长于坡面和沟谷中。杨家沟小流域内人工栽培的乔木树种主要有刺槐、油松、山杏、杨、柳等;灌木树种主要有柠条、紫穗槐等;果树和经济林主要有苹果、杏、梨、葡萄、枣树等。人工种草以紫花苜蓿为主,天然草以冰草、白羊草、马牙草、艾蒿、稗草、穿叶眼子等天然群落为主。流域内经过多年的水土保持综合治理,现已形成以刺槐、侧柏、油松、山杏、沙棘等为主的人工植物群落。董庄沟小流域植被以马牙草、冰草、艾蒿等天然群落为主。

2. 径流、输沙特征

董庄沟作为未治理沟与杨家沟进行对比观测,1954~1964 年及 1976~1977 年平均洪水径流量为 1.492 万 m³,同期杨家沟平均洪水径流量为 0.583 万 m³,可见在相同降雨条件下,杨家沟经过综合治理后,与非治理沟董庄沟相比洪水径流量减少了60.9%。

董庄沟 1954~1964 年及 1976~1977 年平均洪水输沙量为 0.493 万 t,同期杨家沟平均洪水输沙量为 0.091 万 m³,与董庄沟相比,洪水输沙量减少了76.9%。

3. 董庄沟次降雨输沙关系分析

在董庄沟流域 14 年的水文资料观测系列中,共产流 199 次。次降雨洪水在原始数据中只有降雨量(P)和对应的洪水量(W)、输沙量(W_s),见表 3-25。典型场次降雨、洪水泥沙过程见图 3-38~图 3-41。

表 3-25　董庄沟场次降雨产洪产沙统计

年份	洪水场次	雨量/mm	洪水总量/m³		洪水输沙量		含沙量/(kg/m³)	单位面积径流量/(m³/km²)		单位面积冲刷量/(t/km²)
			浑水	清水	t	m³	平均	浑水	清水	
1954	12	253.2	5 867	5 694	468	374.4	79.77	5 102	4 951	407
1955	16	377.4	19 140	15 960	8 604	6 884	449.53	16 650	13 880	7 483
1956	21	453.4	41 750	33 600	22 000	17 600	526.95			19 130
1957	9	255.3	16 830	14 820	5 414	4 330	321.69	15 880	13 980	5 107
1958	23	385.7	9 519	8 751	2 076	1 661	218.09	8 976	8 252	1 959
1959	20	346.9	3 635	3 290	930.8	744.6	256.07	3 429	3 103	878.1
1960	8	238.1	15 110	13 280	4 960	3 969	328.26	14 230	12 500	4 680
1961	16	311.8	14 400	13 940	1 243	994.6	86.32	12 520	12 130	1 081
1962	6	103.3	10 610	10 280	886.6	709.3	83.56	9 228	8 943	771
1963	8	181.7	9 788	9 168	1 675	1 341	171.13	8 511	7 973	1 457
1964	25	579.9	28 220	26 160	5 551	4 441	196.70	24 540	22 750	4 827
1965	12	219.6	4 820	4 442	1 021	816.9	21 182.57	4 191	3 863	888
1976	13	285.8	4 733	4 053	1 838	1 470	388.34	4 465	3 823	1 734
1977	10	285.9	24 430	19 850	12 380	9 905	506.75	23 050	18 720	11 680

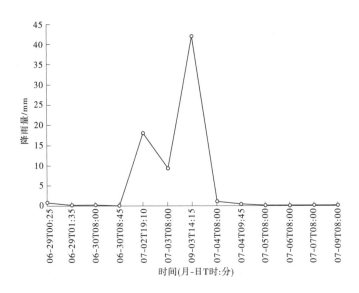

图 3-38　董庄沟 1956 年 7 月 2~9 日降雨过程

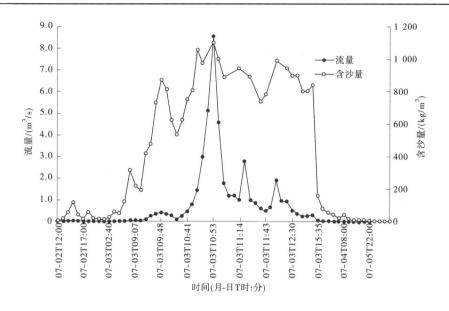

图 3-39　董庄沟 1956 年 7 月 2~9 日洪水泥沙过程

3.5.4.3　典型小流域暴雨产洪产沙动力学模型

1. 模型构建

结合淤地坝小流域的流域特性,考虑采用二维水动力学模型开展流域产洪产沙的模拟研究。在暴雨产洪产沙中的水流动能对土壤侵蚀具有非常重要的作用,因此采用二维水动力学模型模拟流域水流过程能使暴雨情景下的流域地表水模拟更加精准,物理机制更好,进而使流域土壤侵蚀的模拟精度提升。

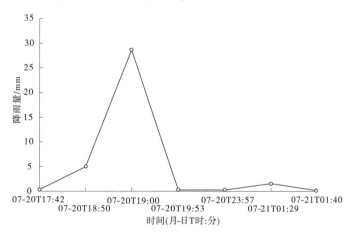

图 3-40　董庄沟 1964 年 7 月 20~21 日降雨过程

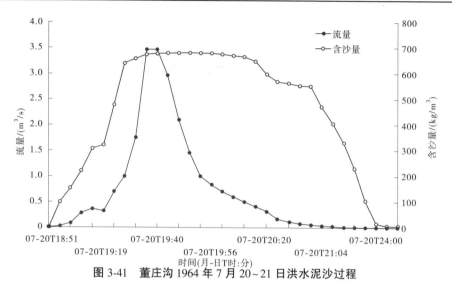

图 3-41　董庄沟 1964 年 7 月 20~21 日洪水泥沙过程

1) 水流过程模拟计算

本研究中构建的特小流域二维水动力学模型采用网格作为模型的基本计算单元,水流过程主要考虑水量平衡方程,其基本公式为

$$P = E + R + \sum \Delta S \qquad (3\text{-}103)$$

式中　P——总降水量(流域面雨量);

　　　E——流域总蒸发量;

　　　R——河川径流量,包括地表径流量和河川基流量;

　　　$\sum \Delta S$——流域总蓄变量,包括地表调蓄量、土壤调蓄量和地下调蓄量。

式(3-103)各变量中,P 为输入条件,在本研究中为模型输入的暴雨过程;E 在此处认为暴雨情景下,蒸散发量很小,可以忽略不计;$\sum \Delta S$ 主要考虑植被冠层截留、洼地储留、入渗土壤中的截留三部分,下述中为截留量;R(本研究中为产洪量)考虑采用超渗产流原理进行计算。其中各部分计算原理和方法如下。

a. 截留量

截留量主要是指地表或者土壤层等截留而暂时储存的一部分水量,主要包括地表植被冠层截留、地表洼地截留、土壤水储存截留,其中土壤水储存截留主要在入渗过程中考虑,且在暴雨情景下不考虑土壤水出流的量,因此认为入渗到土壤层中的水量同地表截留一样直接扣除。地表植被冠层截留只要考虑冠层会影响降水到达地面而引起降水损失的部分水量,此处计算方法如下:

$$S_{\text{f}} = S_{\text{fmax}} \frac{\text{LAI}}{\text{LAI}_{\text{max}}} \qquad (3\text{-}104)$$

式中　S_{f}——冠层截留量;

　　　S_{fmax}——冠层可能截留的最大量;

　　　LAI——当日植被计算截留量时的叶面积指数;

　　　LAI_{max}——植被最大叶面积指数。

地表洼地截留主要是指地表可能存在坑洼不平的地方,形成天然的储水盆,导致该部分区域形成水面而无法产生径流过程。因此,该部分也考虑为降雨的损失量,在模型中通常考虑为可调参数,直接扣损降雨量。

b. 入渗

入渗在流域水循环过程中,主要指降水或者灌溉用水下渗到土壤中的过程,属于土壤水的一部分。入渗是流域水循环过程的重要组成部分,其直接影响到地表水的产生、地下水的补给、土壤侵蚀和化学物质的迁移转化等多个过程。其中影响入渗的因素有很多,包括地表土壤条件、植被覆盖状况、土壤特性及土壤含水量等。在众多描述地表土壤入渗过程的计算模型中,广泛应用的主要有 Green-Ampt 模型、Horton 模型和 Philip 模型等,虽各模型均是基于一定的假设条件,但都有一定的物理概念,在流域模型中经常采用。考虑到非饱和土壤层水分运动的数值计算既费时又不稳定,且除坡度很大的山坡外,降水过程中土壤水分运动以垂直入渗为主导,降雨之后沿坡向的土壤水分运动才逐渐变得重要。因此,本研究中采用 Green-Ampt 模型考虑入渗过程。

Green 和 Ampt(1911)在研究均质垂直土柱地表积水的入渗过程时,假定入渗前沿存在一个湿润锋将上部饱和土壤与下部非饱和土壤分离开来,应用 Darcy 定律和水量平衡原理,提出了 Green 和 Ampt 入渗模型:

$$f = k\left(1 + \frac{A}{F}\right) \tag{3-105}$$

$$F = kt + A\ln\left(\frac{A + F}{A}\right) \tag{3-106}$$

$$A = (SW + h_0)(\theta_s - \theta_0) \tag{3-107}$$

式中 f——入渗率;

F——累计入渗量;

SW——湿润锋处的土壤吸力(负的土壤水势);

k——湿润区的土壤导水率(近似土壤饱和导水率);

θ_s——湿润区的土壤体积含水量;

θ_0——初始土壤体积含水量;

h_0——地表积水深;

t——时间。

SW 取决于土壤类型和土壤特性,提出下述公式:

$$SW = \int_0^{s_0} k_r(\theta)\,ds \tag{3-108}$$

式中 θ——土壤体积含水量;

s——土壤吸力;

$k_r(\theta)$——土壤相对导水率,$k_r(\theta) = k(\theta)/k_s$;

s_0——初始土壤吸力。

Mein 和 Larson(1973)提出了稳定降雨条件下的 Green 和 Ampt 入渗模型,Bouwer(1969)提出了地表积水灌溉、非均质土壤条件下应用 Green 和 Ampt 入渗模型的列表计算方法。

c.地表产流计算

本研究构建的二维水动力学模型主要针对黄土高原特小流域,因此考虑采用霍顿坡面径流模型计算地表产流,该模型主要是当降雨强度超过土壤的入渗能力时,将产生地表径流,即超渗产流,计算公式为

$$\frac{\partial S_{\mathrm{v}}}{\partial t} = P - f_{\mathrm{sv}} - R \tag{3-109}$$

$$R = \begin{cases} 0 & S_{\mathrm{v}} \leqslant S_{\mathrm{v,max}} \\ S_{\mathrm{v}} - S_{\mathrm{v,max}} & S_{\mathrm{v}} > S_{\mathrm{v,max}} \end{cases} \tag{3-110}$$

式中　P——降水量;

f_{sv}——由通用的 Green 和 Ampt 入渗模型计算的土壤入渗能力;

R——计算得到的地表产流量;

S_{v}——总的截留量;

$S_{\mathrm{v,max}}$——总的最大截留量。

d.地表水的运动

地表水包括坡面水流运动和沟道水流运动,本研究中考虑特小流域,因此沟道即为流域的河道。由于本研究构建了二维水动力学模型,因此地表水的运动过程采用二维水动力学基本原理进行模拟,该平面二维数学模型的基本方程为水流运动的连续方程的水深平均形式,即

$$\frac{\partial}{\partial t}(\rho_{\mathrm{w}}H) + \frac{\partial(\rho_{\mathrm{w}}H\overline{u}_{\mathrm{w}i})}{\partial x_i} = 0 \qquad (i = 1,2) \tag{3-111}$$

式中　ρ_{w}——水密度;

H——挟沙水流总体深度;

$\overline{u}_{\mathrm{w}i}$——水流在 i 方向上的平均速度。

水流的运动方程为:

$$\frac{\partial(H\overline{u}_{\mathrm{w}i})}{\partial t} + \frac{\partial(H\overline{u}_{\mathrm{w}i}\overline{u}_{\mathrm{w}j})}{\partial x_j} = -gH\frac{\partial \eta}{\partial x_i} + \frac{\partial}{\partial t}\left[(\nu_{\mathrm{w}} + \nu_{\mathrm{T}})H\left[\frac{\partial \overline{u}_{\mathrm{w}i}}{\partial x_j} + \frac{\partial \overline{u}_{\mathrm{w}j}}{\partial x_i}\right]\right] + \frac{\tau_{\mathrm{w}i}^{S} - \tau_{\mathrm{w}i}^{b}}{\rho_{\mathrm{w}}}$$

$$\tag{3-112}$$

式中　$\overline{u}_{\mathrm{w}j}$——水流在 j 方向上的平均速度;

η——水位;

g——重力加速度;

ν_{w}、ν_{T}——水流紊动扩散系数;

$\tau_{\mathrm{w}i}^{S}$——自由面上的切应力;

$\tau_{\mathrm{w}i}^{b}$——底部的切应力。

2)泥沙过程模拟

本研究中构建的特小流域二维水动力学模型进行流域土壤侵蚀模拟计算时,分环节、

分过程开展研究,考虑到暴雨条件下存在雨强较大,且降雨的动能也较大,因此在流域面上考虑降雨直接对坡面产生的侵蚀作用,即雨滴溅蚀作用。当降雨量在坡面上形成水流时,考虑坡面上发生水力冲刷的侵蚀过程。沟道环节综合考虑沟壑本身会发生的水力冲刷、侧向冲刷和重力侵蚀等。各部分分述如下。

a. 雨滴溅蚀

雨滴溅蚀是土壤水力侵蚀过程的开端,其主要与降雨的动能、雨强和坡面坡度有关,本研究中采用吴普特等的试验结果模拟坡面雨滴溅蚀强度:

$$E_1 = a_1 (E_{rain} I_{rain})^{b_1} \alpha_0^{c_1} \tag{3-113}$$

式中　E_1——坡面溅蚀强度,$\text{kg}/(\text{m}^2 \cdot \text{s})$;

　　　E_{rain}——单位降雨动能,$\text{J}/(\text{m}^2 \cdot \text{min})$,江忠善等在黄土高原对单位降雨动能和降雨强度做了相关性分析,得到了单位降雨动能的估算公式;

　　　I_{rain}——降雨强度,mm/min;

　　　α_0——坡面坡度,$(°)$;

　　　a_1、b_1、c_1——经验系数。

b. 水力侵蚀

随着降雨的持续,坡面形成的薄层水流对土壤产生冲刷分离作用,受土壤质地和水流水力条件空间分布不均的影响,原本平整的坡面会被冲刷出一条条沟道,根据沟道发育程度一般划分为细沟、浅沟和切沟,水沙主要沿着这些沟道向下流动,该部分也会发生水力侵蚀,在本研究中将薄层水流侵蚀、细沟侵蚀、浅沟侵蚀和切沟侵蚀等主要子过程统一概化为坡面侵蚀过程。考虑到坡面上水力侵蚀主要与坡面坡度、水深、糙率、坡面比降、流量及水的动能有关,因此本研究采用下式计算坡面水力侵蚀量:

$$E_2 = \frac{\pi L}{H} \alpha k \rho_s \left(\frac{\rho_m}{\rho_s - \rho_m} \right)^a n^b J^c q_e^d \tag{3-114}$$

式中　E_2——计算单元内沿水流方向的水力侵蚀量;

　　　L——求解方向上的坡面长度;

　　　H——水深;

　　　α——恢复饱和系数;

　　　k——土壤的抗侵蚀能力,主要与植被条件有关;

　　　ρ_s——泥沙密度;

　　　ρ_m——浑水密度;

　　　n——糙率;

　　　J——坡面比降;

　　　q_e——单位面积上的产流量;

　　　a、b、c、d——经验参数。

c. 沟道侧向侵蚀

对于水流作用下黄土的侧向淘刷作用,目前可用下式进行计算:

$$\Delta B = \frac{C_1 \Delta t (\tau - \tau_c) e^{-1.3\tau_c}}{\gamma_b} \tag{3-115}$$

式中　ΔB ——土体单位时间受水流冲刷而后退的距离；

　　　γ_b ——沟岸土体的容重；

　　　C_1 ——土体的理化特性参数，通常可由实测资料确定，本研究取 C_1 为 0.000 364；

　　　τ ——水流的切应力；

　　　τ_c ——沟岸土体的起动切应力。

$$\tau_c = 66.8 \times 10^2 d_1 + \frac{3.67 \times 10^{-6}}{d_1} \qquad (3\text{-}116)$$

d. 重力侵蚀

重力侵蚀对沟壑产沙具有很大贡献。崩塌和滑坡是最主要的两种重力侵蚀方式。本研究提出以下重力侵蚀计算方法来对黄土高原特小流域的坡面及沟道的重力侵蚀进行模拟。

（1）下蚀导致的黄土边坡崩塌。

下蚀导致黄土边坡高度增大，当高度增大到其临界值后，边坡就会垮塌（见图 3-42）。

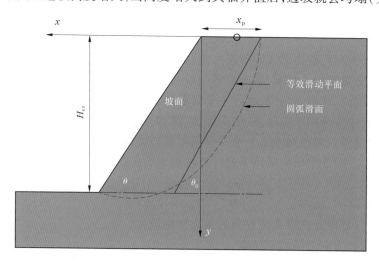

图 3-42　黄土边坡崩塌示意图

黄土斜坡的临界高度为

$$H_{cr} = \frac{c}{\gamma}\left(H_p + \frac{B}{\tan\theta - \tan\varphi}\right) \qquad (3\text{-}117)$$

式中　φ ——黄土的内摩擦角；

　　　c ——黄土的黏聚力；

　　　γ ——黄土的容重；

　　　θ ——黄土边坡的坡度；

　　　H_p ——直立黄土边坡的临界高度；

　　　B ——计算参数。

$$H_p = 4 \times (\tan\varphi + \sqrt{1 + (\tan\varphi)^2}) - 0.205e^{-1.4\tan\varphi} \qquad (3\text{-}118)$$

$$B = 10 \times (\tan\varphi)^2 + 6.1\tan\varphi + 0.87 \qquad (3\text{-}119)$$

直立黄土边坡滑动时,滑面的倾角 θ_0 计算公式为

$$\tan\theta_0 = \tan\left(\frac{\pi}{4} + \frac{\varphi}{2}\right) \tag{3-120}$$

边坡顶部破坏的宽度 x_p 为

$$x_p = H_p/\tan\theta_0 \tag{3-121}$$

单位宽度边坡上崩塌的黄土量 V_1 可表示为

$$V_1 = \frac{1}{2}H_p x_p \tag{3-122}$$

黄土斜坡滑动时,边坡顶部破坏的宽度 x_p 和滑面的倾角 θ_0 仍可按照式(3-120)和式(3-121)计算,此时单位宽度边坡上崩塌的黄土量 V_2 可表示为

$$V_2 = \frac{1}{2}H_{cr}\left(\frac{H_{cr}}{\tan\theta} + 2x_p\right) - \frac{1}{2}H_{cr}x_p \tag{3-123}$$

(2)侧蚀导致的黄土边坡崩塌。

侧蚀导致黄土边坡部分临空,当边坡临空长度达到了极限长度后,临空面上部的黄土就会崩塌(见图 3-43)。

临空面的极限长度 l_{cr} 为

$$l_{cr} = \sqrt{\frac{\sigma_t H_1}{3\gamma}}(1 - \alpha) \tag{3-124}$$

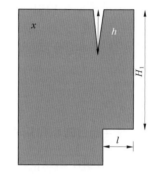

式中　σ_t ——黄土的抗拉强度;

　　　α ——黄土边坡顶部裂缝的深度 h 和边坡高度 H_1 的比值(见图 3-43)。

图 3-43　侧蚀下的黄土边坡崩塌示意图

单位宽度边坡崩塌的黄土量 V_3 可表示为

$$V_3 = lH_1 \tag{3-125}$$

e. 泥沙输移

本研究中泥沙的输移过程也采用二维水动力学基本原理进行计算,其中泥沙扩散方程的水深平均形式为

$$\frac{\partial(H\overline{\phi_k})}{\partial t} + \frac{\partial(H\overline{\phi_k}\overline{u_{wi}})}{\partial x_i} = \frac{\partial}{\partial x_i}\left(H\nu_{TS}\frac{\partial\overline{\phi_k}}{\partial x_i}\right) - \alpha\omega_k(\overline{\phi_k} - \overline{\phi_{k*}}) \tag{3-126}$$

式中　$\overline{\phi_k}$ ——计算时刻水流的第 k 相泥沙平均体积含沙量;

　　　$\overline{\phi_{k*}}$ ——冲淤平衡时挟沙水流的水深平均体积含沙量;

　　　ν_{TS} ——泥沙的紊动黏性系数;

　　　ω_k ——第 k 相泥沙的沉速。

f. 挟沙力的计算

(1)坡面挟沙力计算。

在本研究中,坡面侵蚀考虑了雨滴溅蚀和水力侵蚀,其中雨滴溅蚀在本研究中认为直接由雨力作用,将泥沙颗粒溅起发生较大位移的归属于雨滴溅蚀量。而雨力作用使得坡

面表层土壤松动或者位移很小的泥沙颗粒,其最终需要通过坡面形成的水流进行输移,因此该部分侵蚀量归属于坡面水力作用中,但需要认识到的是坡面水力作用引起的冲刷侵蚀也不可能是无限制的。综合考虑以上情形,本研究提出采用挟沙力的计算来考虑坡面上总体的最大可能冲刷量计算。

$$T_c = 0.47 \times (\Omega - 0.905) \tag{3-127}$$

式中　T_c——坡面水流挟沙力;

　　　Ω——水流功率。

水流功率 Ω 采用下式计算:

$$\Omega = \rho_w g q_e J \tag{3-128}$$

式中　ρ_w——水的密度,kg/m^3;

　　　g——重力加速度;

　　　q_e——单宽流量,m^2/s;

　　　J——坡度的正切值。

值得注意的是,挟沙力限制的坡面产沙量输移应不止是坡面水力侵蚀部分,还应包括一定量的雨滴溅蚀部分,雨滴溅蚀部分沙量与雨强和雨滴动能大小相关,该部分沙量计算如下:

$$E_s = \delta \frac{(E_{rain} I_{rain})_{max}}{(E_{rain} I_{rain})} E_1 \tag{3-129}$$

式中　E_s——通过降雨作用松动的土壤颗粒,且需要水力作用挟带的部分泥沙;

　　　δ——雨滴作用修正系数,无量纲,用以限制降雨雨力权重,保证 $\delta \dfrac{(E_{rain} I_{rain})_{max}}{(E_{rain} I_{rain})} < 1$;

　　　$(E_{rain} I_{rain})_{max}$——降雨过程中最大雨力作用;

　　　E_1——雨滴溅蚀量。

(2)沟壑挟沙力计算。

本研究采用二维水动力模型模拟沟壑泥沙的侵蚀和输移,由于在黄土高原进行应用,因此在沟壑中考虑采用张红武的高含沙水流挟沙力公式进行挟沙力的计算,步骤如下:

首先计算水流总的挟沙力:

$$T^* = 2.5 \times \left[\frac{(0.002\,2 + \bar{\phi}/\gamma_s)v^3}{\kappa \dfrac{\gamma_s - \gamma_m}{\gamma_m} g R \bar{\omega}} \ln\left(\frac{H}{6d_{50}}\right) \right]^{0.62} \tag{3-130}$$

$$\kappa = \kappa_0 \left[1 - 4.2\sqrt{\bar{\phi}/\gamma_s}(0.365 - \bar{\phi}/\gamma_s) \right] \tag{3-131}$$

式中　κ 和 κ_0——浑水和清水的卡门常数;

　　　γ_s 和 γ_m——泥沙和浑水的容重,N/m^3;

　　　g——重力加速度,N/kg;

　　　R——水力半径,m;

　　　$\bar{\phi}$——含沙量,kg/m^3;

v——流速，m/s；

d_{50}——床沙中值粒径，mm，即粒径小于该值的泥沙质量占全部泥沙的 50%；

H——水深，m；

$\overline{\omega}$——非均匀沙的平均沉速，采用式(3-132)进行计算。

$$\overline{\omega} = \sum_{i=1}^{M} P_i \omega_i \qquad (3-132)$$

式中 $P_i = \dfrac{S'_{*i} + S_i}{\sum_{i=1}^{M}(S'_{*i} + S)}$，$S'_{*i} = P_{ui} S_* P_{ui}$ 为第 i 组床沙级配。另外，式中沉速可采用张红武

公式中推荐的浑水床沙沉速计算公式计算，$\omega_i = \omega_0 \left(1 - \dfrac{\sqrt{\phi/\gamma_s}}{2.25\sqrt{d_{50i}}}\right)^{3.5} \times (1 - 1.25 \times$

$\sqrt{\phi/\gamma_s})$，ω_0 为清水沉速，ω_0 可根据不同粒径分组采用 Stokes 公式、沙玉清公式、冈恰诺夫公式及张瑞瑾公式等计算，此处不再详述各公式及使用条件。

分组挟沙力计算公式为

$$S_{*i} = P_i S_* \qquad (3-133)$$

2. 模型率定与应用

1) 模型率定

本研究利用构建的小流域暴雨产洪产沙动力学模型开展特小流域 PMF 伴生泥沙设计计算，首先以黄土高原大理河流域的实测场次降雨、洪水、泥沙过程为数据基准对模型参数进行率定，率定指标选取洪水、产沙量的相关系数 R^2、纳什效率系数 NSE 和洪水总量、输沙量的相对误差 RE。

洪水过程参数率定根据黄土高原已有的参数研究资料确定，主要参考了《黄土高塬沟壑区典型小流域水土流失规律及水土保持治理效益分析研究》等资料，对产洪、产沙模拟中涉及的主要参数进行率定。采用扰动分析法(用于计算敏感性指标 I 的模型输出量选用对应过程产沙量)开展敏感性分析，关键参数率定结果及其敏感性见表 3-26，其他参数直接根据经验或现场调研确定。模型的洪水、产沙量率定结果可分别见图 3-44 和图 3-45。

表 3-26　暴雨产洪与侵蚀产沙关键参数

产洪产沙关键参数	符号	单位	率定值	敏感性
饱和导水系数	k_s	cm/s	0.12	高
糙率	n		0.016	高
雨滴溅蚀系数	a_1	—	5	低
薄层水流对土壤分离系数	a_2		0.002	低
坡面水流挟沙力系数	a_3	—	1.15	高
土壤的抗侵蚀能力	k	—	0.3	高
恢复饱和系数	α	—	0.45	高

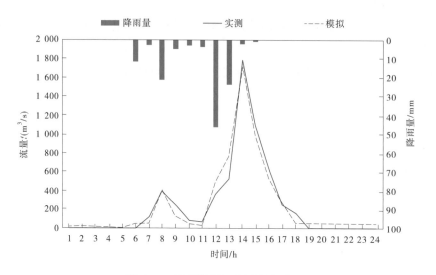

图 3-44　模型模拟与实测洪水过程

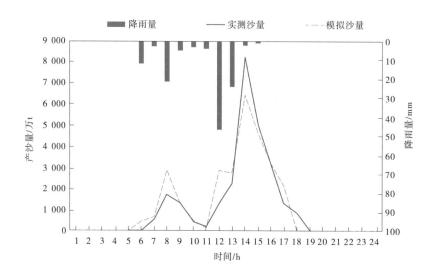

图 3-45　模型模拟与实测产沙量过程

　　由图 3-44 和图 3-45 中可以看出,本研究构建的小流域暴雨产洪产沙动力学模型在试验流域开展的场次暴雨产洪产沙模拟效果具有很好的一致性,模拟产洪过程的峰现时间与实测峰现时间几乎完全吻合,产沙过程也基本接近。进一步分别计算产洪、产沙量的模拟值与实测值间的相关系数 R^2、纳什效率系数 NSE 和洪水总量、输沙量的相对误差 RE,用以分析模型的效果。其中,模型在模拟洪水过程中,相关系数 R^2、纳什效率系数 NSE 均为 0.966,相对误差 RE 则为 2%;模型模拟产沙量过程的相关系数 R^2、纳什效率系数 NSE 均为 0.901,相对误差 RE 则为 6%。因此,从三个模型评价指标来看模型在小流域产洪产沙模拟中取得了良好的模拟效果。

2）模型应用

基于上述分析，进一步可采用小流域暴雨产洪产沙模型进行特小流域（流域面积 1 km²）PMF 伴生泥沙设计。此处可结合本研究设计好最大可能暴雨 PMP 值作为小流域暴雨产洪产沙模型的输入条件，分别计算在 PMP 条件下的洪水过程和产沙量过程，从而确定淤地坝防护结构冲刷水流的泥沙条件。

根据本章中的 PMP 设计方法得到 PMP 结果如图 3-46 所示。根据 PMP 作为模型的输入条件，计算暴雨条件下的 PMF 过程如图 3-47 所示，暴雨条件下的 PMS 过程如图 3-46 所示。

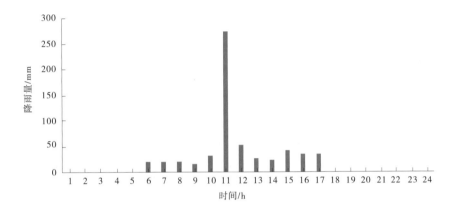

图 3-46　PMP 过程示意图

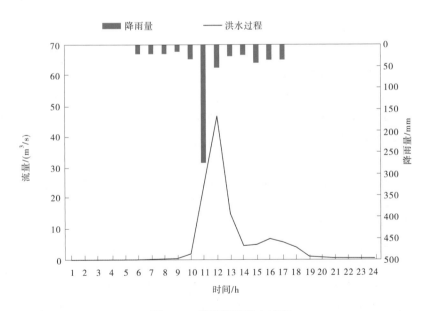

图 3-47　模型模拟洪水过程

由图 3-46 可知，当本研究中采用某典型特小流域为 1 km² 时，设计的 PMP 为逐小时过程，且最大值为 275 mm，在第 11 小时，其余时间段均小于 100 mm，总的降雨量为 61 万

m³。采用小流域暴雨产洪产沙模型进行产洪计算,得到 PMF 结果。由图 3-47 可知,洪峰流量为 47 m³/s,产洪量为 43.1 万 m³,峰值出现在第 12 小时。同时依据图 3-48 可知,PMF 的伴生泥沙过程中,产沙量最大时段也为第 12 小时,产沙量为 3.25 万 t,同时在本次 PMP 条件下,特小流域总的产沙量为 12.84 万 t。

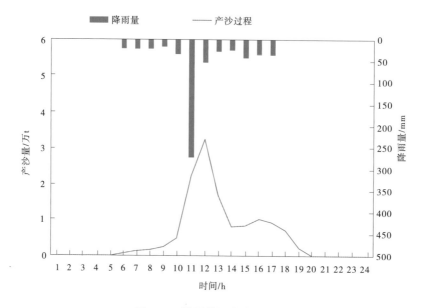

图 3-48　模型模拟产沙量过程

3.6　本章小结

淤地坝是黄河流域人民群众在生产实践中发展起来的一项极富创造性的工程形式,大都修建于黄河流域,尤其是黄土高原地区,现有淤地坝 5.88 万座。淤地坝大都处于黄土高原地区流域上端的支毛沟内,分布面广、位置偏僻、数量众多、串沟布设,工程管护任务艰巨,然而管护队伍力量配备困难,管护经费落实难度大,导致淤地坝在运行管理中的维修管养情况较差,许多坝体遭到损坏后难以得到及时的修复。由于淤地坝工程规模相对较小,工程设计标准是参照水库工程设计标准对比规模大小向下调整进行规定的,因此淤地坝一般设计标准较低;而黄土高原地区易于发生极端暴雨洪水事件,导致淤地坝水毁事件时有发生,水沙危害严重,制约了新时期淤地坝的建设发展。

本章主要围绕导致淤地坝溃坝危害的洪水泥沙问题开展深入研究。主要针对淤地坝所处流域的尺度进行了分析识别,判定淤地坝均处于特小流域,从流域尺度方面为淤地坝暴雨洪水泥沙分析计算明确研究对象;进而针对特小流域的暴雨及产洪产沙特征进行了研究;总结了现行淤地坝水文计算方法,并对现行方法的适用性进行了探讨,针对设计洪水计算方法中的关键参数概念进行了明晰并提出了正确取值方法;创新性地提出了洪水递减指数的概念,并将洪水递减指数应用于洪水过程线设计中,提出了洪水过程线设计新方法;针对高标准新型淤地坝边界上限洪水的计算需求,研究提出了特小流域可能最大暴雨洪水计算方法,开展了特小流域极端暴雨产洪产沙规律研究。

参 考 文 献

[1] 中国人民共和国水利部. 淤地坝技术规范:SL/T 804—2020[S]. 北京:中国水利水电出版社,2020.

[2] 中华人民共和国水利部. 水土保持治沟骨干工程技术规范:SL 289—2003[S]. 北京:中国水利水电出版社,2003.

[3] 中国人民共和国水利部. 水利水电工程设计洪水计算规范:SL 44—2006[S]. 北京:中国水利水电出版社,2006.

[4] 陈家琦,张恭肃. 小流域暴雨洪水计算问题[M]. 北京:水利电力出版社,1983.

[5] 陈家琦,张恭肃. 推理公式汇流参数 m 值查用表的补充[J]. 水文,2005,25(4):37-38.

[6] 钮泽宸. 浙江省特小流域($F<50$ km^2)洪水汇流参数变化规律的分析[J]. 浙江水利科技,1988,16(4):1-8.

[7] 冷荣梅. 推理公式汇流参数 m 值地区综合探讨[J]. 四川水利,2000,21(5):44-46.

[8] 吴婉玲,谢华伟,沈宇翔. 特小流域设计洪水汇流参数分析[J]. 华北水利水电学院学报,2010,31(5):58-61.

[9] 索明生,张靖梅. 推理公式中汇流参数对洪水计算的影响分析[J]. 杨凌职业技术学院学报,2013,12(2):39-41.

[10] 杨远东,高秀玲. 短历时暴雨递减指数与等值线图的编制[J]. 水文,2001,21(6):29-34.

[11] 冉大川,左仲国,上官周平. 黄河中游多沙粗沙区淤地坝拦减粗泥沙分析[J]. 水利学报,2006,37(4):443-450.

[12] 方学敏,万兆惠,匡尚富. 黄河中游淤地坝拦沙机理及作用[J]. 水利学报,1998,29(10):50-54.

[13] 高健翎,高云飞,岳本江,等. 人民治理黄河 70 年水土保持效益分析[J]. 人民黄河,2016,38(12):20-23.

[14] 陈晓梅. 黄土高原地区淤地坝的形成与发展[J]. 山西水土保持科技,2006(4):20-21.

[15] 张金良,苏茂林,李超群,等. 高标准免管护淤地坝理论技术体系研究[J]. 人民黄河,2020,42(9):136-140.

[16] 魏霞,李占斌,武金慧,等. 淤地坝水毁灾害研究中的几个观念问题讨论[J]. 水土保持研究,2007,14(6):154-156,159.

[17] 于沭,陈祖煜,杨小川,等. 淤地坝柔性溢洪道泄流模型试验研究[J]. 水利学报,2019,50(5):612-620.

[18] 黄国俊,蒋定生. 黄土地区修建淤地坝的设计洪水标准[J]. 水土保持通报,1988,8(2):52-56.

[19] 胡建军,秦向阳,王逸冰,等. 韭园沟流域相对稳定坝系防洪标准研究[J]. 人民黄河,2002,24(1):22-23.

[20] 延安地区实用水文手册[S]. 延安:延安地区革命委员会水电局,1971.

[21] 内蒙古自治区水文手册[S]. 呼和浩特:内蒙古自治区革命委员会水利局,1977.

[22] 时振阁,金玉玺. 小流域设计洪水误差分析及改进措施[J]. 南水北调与水利科技,2009,7(5):114-117.

[23] 张丽伟,滕凯. 小流域设计洪水推理公式简化计算[J]. 水资源与水工程学报,2013,24(5):219-222.

[24] 程小春,张善余. 推理公式的一种简化算法:牛顿迭代法[J]. 水利水电科技进展,2002,22(3):13-

15.

[25] 王国安,贺顺德,李荣容,等.论推理公式的基本原理和适用条件[J].人民黄河,2010,32(12):1-4.

[26] 黄启有,谷洪钦,华家鹏,等.应用推理公式推求不同形状小流域设计流量[J].水电能源科学,2010,28(1):22-24.

[27] 邱林,孙元元,周生通.一种基于VB求解小流域设计洪峰流量的图解方法[J].水文,2012,32(1):18-21.

[28] 田景环,梁文涛.应用Matlab求解小流域推理公式的方法[J].水文,2013,33(1):79-81.

[29] 辛波.改进的推理公式法在无资料地区山洪评价计算中的应用[J].水利技术监督,2018(2):77-79,181.

[30] 董秀颖,刘金清,叶莉莉.特小流域洪水计算概论[J].水文,2007,27(5):46-48.

[31] 吴婉玲,谢华伟,陈晓东.特小流域暴雨洪水计算研究概述[J].浙江水利水电专科学校学报,2010,22(3):30-33.

[32] 叶守泽,詹道江.工程水文学[M].北京:中国水利水电出版社,2000.

[33] 陈永宗.黄土高原沟道流域产沙过程的初步分析[J].地理研究,1983,2(1):35-45.

[34] 龚时旸,熊贵枢.黄河泥沙来源和输移[C]//河流泥沙国际学术讨论会论文集.北京:光华出版社,1980,1:43-52.

[35] 汤立群,陈国祥.流域尺度与治理对产流模式的影响分析研究[J].土壤侵蚀与水土保持学报,1996,2(1):22-28.

[36] 刘纪根,蔡强国,刘前进,等.流域侵蚀产沙过程随尺度变化规律研究[J].泥沙研究,2005,4:7-13.

[37] 蔡强国,王贵平,陈永宗.黄土高原小流域侵蚀产沙过程与模拟[M].北京:科学出版社,1998.

[38] 陈界仁.流域治理及尺度对产沙模型参数的影响[J].水土保持学报,2002,16(4):45-48.

[39] 蔡名扬.黄河中游大理河地区输沙过程的估算模式[J].河海大学学报,1997,22(4):14-20.

[40] 王万忠,焦菊英.黄土高原降雨侵蚀产沙与水土保持减沙[M].北京:科学出版社,2018.

[41] 刘晓燕,高云飞,党素珍.黄土高原产沙情势变化[M].北京:科学出版社,2021.

[42] 王瑞芳,黄成志,董雨亭.甘肃天水市对比小流域暴雨洪水侵蚀产沙特性[J].中国水土保持科学,2006,4(4):78-81.

[43] 赵文林.皇甫川流域降雨、产流、产沙特性初析[J].人民黄河,1990,6:37-42.

[44] 李占斌.黄土地区小流域次暴雨侵蚀产沙研究[J].西安理工大学学报,1996,12(3):177-183.

[45] 王瑞芳,秦百顺,黄成志,等.罗玉沟流域典型暴雨洪水及其产沙特性[J].中国水土保持科学,2008,6(4):12-17.

[46] 李占斌,符素华,鲁克新.秃尾河流域暴雨洪水产沙特性的研究[J].水土保持学报,2001,15(2):88-91.

[47] 王占礼,邵明安,张晓萍.治理小流域侵蚀产沙特征研究[J].水土保持通报,1998,18(5):51-54.

[48] 田杏芳,贾泽祥,刘斌,等.黄土高塬沟壑区典型小流域水土流失规律及水土保持治理效益分析研究[M].郑州:黄河水利出版社,2008.

[49] Jia Y, Wang H, Zhou Z, et al. Development of the WEP-L distributed hydrological model and dynamic assessment of water resources in the Yellow River basin[J]. Journal of Hydrology, 2006, 331(3-4): 606-629.

[50] Zhou Z, Jia Y, Qiu Y, et al. Simulation of Dualistic Hydrological Processes Affected by Intensive Human Activities Based on Distributed Hydrological Model[J]. Journal of Water Resources Planning and Management, 2018:144(12).

[51] Li J, Zhou Z, Wang H, et al. Development of WEP-COR model to simulate land surface water and ener-

gy budgets in a cold region[J]. Hydrology Research, 2019, 50(1): 606-629.

[52] 贾仰文, 王浩, 王建华, 等. 黄河流域分布式水文模型开发和验证[J]. 自然资源学报, 2005, 20(2): 300-308.

[53] Jia Y, Ni G, Kawahara Y, et al. Development of WEP model and its application to an urban watershed [J]. Hydrological Processes, 2001, 15(11): 2175-2194.

[54] 吴普特, 周佩华. 地表坡度对雨滴溅蚀的影响[J]. 水土保持通报, 1991, 11(3): 8-13, 28.

[55] 江忠善, 宋文经, 李秀英. 黄土地区天然降雨雨滴特性研究[J]. 中国水土保持, 1983, 3(18): 32-36.

[56] 何小武, 张光辉, 刘宝元. 坡面薄层水流的土壤分离实验研究[J]. 农业工程学报, 2003, 19(6): 52-55.

[57] Prosser I P, Rustomji P. Sediment transport capacity relations for overland flow[J]. Progress in Physical Geography, 2000, 24(2): 179-193.

[58] 张红武, 张清. 黄河水流挟沙力的计算公式[J]. 人民黄河, 1992, 11: 7-9.

[59] 杨吉山, 姚文艺, 郑明国, 等. 岔巴沟淤地坝小流域重力侵蚀产沙量分析[J]. 水利学报, 2017, 48(2): 241-245.

[60] 党进谦, 李靖, 张伯平. 黄土单轴拉裂特性的研究[J]. 水力发电学报, 2001(4): 44-48.

[61] 王新宏, 曹如轩, 沈晋. 非均匀悬移质恢复饱和系数的探讨[J]. 水利学报, 2003(3): 121-128.

[62] 任方方, 郭巨海, 黄惠明, 等. 非均匀沙恢复饱和系数研究综述[J]. 浙江水利科技, 2014(5): 5-7, 12.

[63] 刘晓燕, 高云飞, 马三保, 等. 黄土高原淤地坝的减沙作用及其时效性[J]. 水利学报, 2018, 49(2): 145-155.

[64] 刘晓燕, 王富贵, 杨胜天, 等. 黄土丘陵沟壑区水平梯田减沙作用研究[J]. 水利学报, 2014, 45(7): 793-800.

[65] 陈江南, 姚文艺, 李勉, 等. 无定河流域水土保持措施配置及减沙效益分析[J]. 中国水土保持, 2006(8): 28-29, 56.

[66] 刘晓燕, 等. 黄河近年水沙锐减成因[M]. 北京: 科学出版社, 2016.

[67] 徐新良, 刘纪远, 张树文, 等. 中国多时期土地利用土地覆被遥感监测数据集(CNLUCC)[DB/OL](2018-07-21)[2022-05-01]. http://www.resdc.cn/DOI/doi,aspx? DOlid=54.

[68] Nash J E, Sutcliffe J V. River flow forecasting through conceptual models-Part I: A discussion of principles[J]. Journal of hydrology, 1970, 10(3): 282-290.

[69] Dutta S, Sen D. Application of SWAT model for predicting soil erosion and sediment yield[J]. Sustainable Water Resources Management, 2018, 4(3): 447-468.

[70] Li P, Mu X, Holden J, et al. Comparison of soil erosion models used to study the Chinese Loess Plateau [J]. Earth-Science Reviews, 2017, 170: 17-30.

[71] 郑粉莉, 江忠善, 水蚀过程与预报模型[M]. 北京: 科学出版社, 2008.

[72] 蔡静雅, 周祖昊, 刘佳嘉, 等. 基于三级汇流和产输沙结构的分布式侵蚀产沙模型[J]. 水利学报, 2020, 51(2): 12.

[73] 尤明庆. 均质土坡滑动面的变分法分析[J]. 岩石力学与工程学报, 2006(S1): 2735-2745.

[74] 徐学军, 王罗斌, 何子杰. 坡顶竖向裂缝对边坡稳定性影响的研究[J]. 人民长江, 2009, 40(22): 46-48.

[75] 陈晓冉, 卢玉林, 薄景山, 等. 基于拉剪破坏的边坡后缘张裂缝深度探讨[J]. 水力发电, 2018, 44(5): 45-49.

[76] 张玉, 邵生俊, 赵敏, 等. 平面应变条件下土的强度准则在黄土工程问题中的应用研究[J]. 土木工程学报, 2018, 51(8): 71-80.

[77] 于国新. 黄土及其边坡稳定的一些探讨[J]. 铁道工程学报, 2011, 28(6): 1-5.

[78] 王根龙, 伍法权, 祁生文. 悬臂-拉裂式崩塌破坏机制研究[J]. 岩土力学, 2012, 33(S2): 269-274.

[79] 成玉祥, 张卜平, 唐亚明. 溯源侵蚀引发的拉裂-倾倒型黄土崩塌形成机制[J]. 中国地质灾害与防治学报, 2021, 32(5): 86-91.

[80] OSMAN A M, THORNE C R. Riverbank Stability Analysis. I: Theory[J]. Journal of Hydraulic Engineering, 1988, 114(2): 134-150.

[81] 王光谦, 薛海, 李铁键. 黄土高原沟坡重力侵蚀的理论模型[J]. 应用基础与工程科学学报, 2005(4): 335-344.

第 4 章　黄土固化新材料研究

　　黄土是一种广泛分布于我国西北部干旱、半干旱地区的特殊土。自 20 世纪 50 年代以来,开展了黄土物质组成、物理力学性质及结构的研究。黄土粒度成分以粉砂为主,并且粗粉砂的含量大于细粉砂;黄土矿物成分复杂,以石英、长石为主,其他矿物少量;化学成分中 SiO_2 含量通常大于 50%、Al_2O_3 占 10% 左右、CaO 占 8% 左右、Fe_2O_3 占 4% 左右。黄土是多孔隙弱胶结、有结构性的欠压密土,具有独特的土体特性。宏观上,发育的节理、裂隙等优势渗流通道,具有显著的结构性;细观上,疏松多孔结构遇水极易变形,具有强烈的湿陷性和崩解性。原状黄土颗粒组成较为复杂,孔隙大且结构疏松,垂直节理发育,由变形过大引起的下沉或不均匀沉降会导致工程结构严重开裂,严重危及建筑物安全。黄土是淤地坝的主要筑坝材料,但由于其湿陷性和崩解性会引发在超标准洪水条件下坝体破坏发生的不确定性及漫坝溃坝的危害性等问题,危及下游地区的人员和财产安全。随着高标准、新工艺新型淤地坝建设理念的提出,对新材料的强度、耐久性、抗冲刷性等提出新的要求。黄土高原地区砂石料缺乏,为满足新型防护材料的设计需求,开展基于离子交换和复合激发胶凝的广源黄土胶结固化技术,研发新型离子交换无机胶凝抗冲刷黄土固化剂,探讨固化黄土的性能变化规律,为新型淤地坝建设提供技术支撑。

4.1　黄土固化现状

4.1.1　黄土性质研究

4.1.1.1　黄土的物质成分和性质研究

　　自 20 世纪 50 年代以来,人们开展了黄土物质组成、物理力学性质及结构的研究。国外有代表性的是 B. B. 波波夫、A. H. 拉里奥诺夫(1959)等对苏联黄土物理力学性质的研究,将黄土类土分为湿陷性黄土和非自重湿陷性黄土等。在国内,张宗祜、郭见杨等对我国黄土类土的物理力学性质也进行了许多研究,为解决黄土类土的工程地质问题起到了积极作用。

　　黄土的物理力学性质与黄土物质成分、黄土结构、时代和黄土形成环境有密切的关系。刘东生根据黄土与古土壤在垂向上的变化和组合形式,将黄土自下而上划分为午城、离石和马兰黄土。刘东生和张宗祜在山西午城黄土中发现了具有指示地层时代作用的哺乳动物化石,确定了中国黄土在更新世就已开始发育。黄土粒度成分以粉砂为主,并且粗粉砂的含量大于细粉砂;黄土矿物成分复杂,以石英、长石为主,其他矿物少量;化学成分中 SiO_2 含量通常大于 50%、Al_2O_3 占 10% 左右、CaO 占 8% 左右、Fe_2O_3 占 4% 左右。

4.1.1.2　黄土的结构性问题

　　在土力学中,土结构性研究是在于揭示结构性及其变化的力学效果。研究我国各地区黄土的微观结构特征、孔隙结构特征,认为骨架颗粒形态(矿物颗粒接触)、连接形式(胶结程度)、排列方式(孔隙特征)是决定黄土工程性质的主要结构特征,其中又以排列方式最为重要。根据上述三方面特征的相互结合,将黄土的微观结构进一步分类,并研究得出了微观结构类型、孔隙特征与黄土湿陷性等工程性质的内在关系。

4.1.1.3　黄土的水敏性研究

20世纪中期,我国学者对黄土的各项性质开展了大量试验研究,总结出湿陷性黄土的湿陷变形是压力的函数、湿陷性黄土只有当上覆压力达到湿陷起始压力时湿陷变形才会显著等基本理论。张苏民等对湿陷性黄土在增湿和减湿时强度变形性质进行了深入研究,指出湿陷性黄土的极限强度是围压和含水量的二元函数;湿陷性黄土除有湿陷起始压力外,还有湿陷终止压力,只有当压力超过湿陷起始压力而又不大于湿陷终止压力时饱和浸水才能产生显著的湿陷变形。研究者通过对不同区域自重湿陷黄土在浸水湿陷过程中的变化规律的研究,发现它们在产生自重湿陷的敏感程度方面差异较大,建议对湿陷量等级相同但敏感性不同的自重湿陷黄土应区别对待。

4.1.2　现有固化方法及问题

黄土加固方法众多,使用固化剂加固黄土在理论技术上具有可行性,且有方便、快捷、代价小、效果好等优点而被广泛应用。本节从无机类、有机类和生物类3方面对目前被证实可用于黄土加固的固化剂及相关研究进行总结,并对存在的问题进行探讨,以期对黄土固化剂研究及其工程应用提供有益借鉴。

4.1.2.1　无机类固化剂

1. 传统固化材料

传统固化材料包含了石灰、水泥、粉煤灰、水玻璃等材料,通过固化剂与水的作用及其与黄土中可溶性盐类的化学反应,产生具有显著胶结作用的物质,这些物质附着在黄土颗粒表面并填充于颗粒间的孔隙之中,增强了土颗粒之间的黏结强度,使土体的强度和稳定性增大。如水泥水化反应生成的具有胶体和结晶性质的水化物、石灰吸水反应及水-胶连结作用生成的具有胶结性的硅化物和铝化物胶体、粉煤灰硅化反应形成的结晶及水玻璃凝结形成的硅胶胶体等,均能够提高土体的胶结作用。此外,材料中的高价金属离子可以置换黄土中一价的阳离子,使小颗粒形成较为稳定的团絮状结构,如水泥、石灰和粉煤灰等改性材料中的 Ca^{2+} 置换土体中 Na^+、K^+ 并附着在颗粒表面,使土颗粒形成聚粒,从而有效提高土体的稳定性。但传统固化材料,在增强土体工程特性方面表现出不足,如石灰固化黄土的强度相对较低,且耐水性较差;水泥固化黄土的强度高、耐水性好,但其收缩性大,容易开裂,且会对环境造成一定的污染;水玻璃成本高。因此,研发节能减排、生态环保、经济高效的黄土加固方法,对可以改善黄土工程性质的各类固化剂及相应的固化机制、固化效果进行系统研究是十分有必要的。

2. 纳米二氧化硅

纳米二氧化硅是一种粒径在 1~100 nm 的无定形纳米材料,呈絮状或网状准颗粒结构,不溶于水,具有小尺寸效应、表面效应,这些效应使得纳米二氧化硅掺入黄土后能起到充填和胶结的作用。高表面自由能、化学活性及粗糙度使得纳米二氧化硅极具吸附性,将土中土颗粒团聚成团粒,填充大孔隙,胶结粗颗粒,从而改变黄土的物理力学性质。二氧化硅是黄土的主要矿物成分之一,利用纳米二氧化硅加固黄土,对土壤环境及生态环境的影响小,因此纳米二氧化硅算是一种环境友好型固化剂,可能拥有广阔的应用前景。但是就研究现状来看,相关试验研究还相当缺乏,并且仅限于室内试验,因此急需积累相关试验数据,深入研究纳米二氧化硅固化黄土的力学性状及其影响因素。此外,与所有的土壤固化剂研究一样,需要对纳米二氧化硅固化黄土在复杂应力路径下、多种环境因素影响下、时间效应下的力学性能做进一步研究。

3. 赤泥

赤泥是从铝土矿提炼氧化铝时产生的工业废渣,其颗粒细小,比表面积大,具有一定的水硬性,遇水会发生水化和水解反应,产生凝结和硬化现象。赤泥与胶凝材料同时用于黄土加固时,赤泥可以提高凝胶材料的水化速度,进而促进其中的碱性成分生成钙矾石,快速提高土体强度。利用赤泥加固后的黄土的动弹性模量、抗剪强度和无侧限抗压强度与素黄土相比显著增加。而对于赤泥的最佳掺量问题,不同性质的黄土及不同产地的赤泥,得出的结果大不相同:30%、15%或 5%,这说明最佳赤泥掺量受黄土及赤泥本身性质的影响。目前,学者们已经证实赤泥固化黄土的力学性质可以得到较大提升,但赤泥是一种污染性工业废渣,如果处理不当,其中的一些重金属元素会随地表水入渗至地下,从而对水环境和生态环境造成危害。因此,能否将赤泥用于黄土工程,重点在于评估该方法对生态环境的影响程度,完善相关技术和施工工艺。

4. HEC 固化剂

HEC 固化剂是一种粉末状无机水硬性胶凝材料,它可以直接胶结土颗粒,从而达到加固土体的目的。HEC 固化剂的掺入能够有效改善黄土的强度、抗崩解性、渗透性及湿陷性。HEC 固化剂与水泥一样,均是无机水硬性胶凝材料,那么用于黄土加固所产生的副作用也相似,其生产代价大,并且会对环境产生危害。正是由于这些原因,目前针对 HEC 固化黄土的研究很少。但是在一些重大工程的地基处理中和水毁型工程灾害治理中,这一类固化剂可能是不二之选,因此仍有必要加强和完善这一类固化剂的研究。

4.1.2.2　有机类固化剂

1. 抗疏力固化剂

抗疏力固化剂包括水剂 C444 和粉剂 SD。水剂 C444 会破坏土中黏粒表面吸附的结合水膜,使颗粒间的距离减小,范德华力增大,进而凝聚成团粒。此外,水剂中的憎水性分子覆盖在土粒表面,可增强土体的斥水性,有利于维护土体内部通透性,使黄土内部保持干燥状态。粉剂 SD 加入土体后会在土颗粒表面形成高分子网包裹土颗粒,抵抗水的软化作用,增强土的黏聚强度。水剂与粉剂共同作用达到加固土体的目的。抗疏力固化剂能保持黄土内部的通透性,维持黄土内部的干燥状态,具有较好的水理性质,这一特性对处理黄土的湿陷性可能会有较大帮助。

2. 复合 BTS 固化剂

复合 BTS 固化剂由离子交换剂 SSN 及固化剂 BTS 混合制成。离子交换剂 SSN 通过离子交换作用破坏黏土表面的水膜,使吸附水转变成自由水,将土体的亲水性转变为疏水性;固化剂 BTS 具有固结作用,能提高土颗粒间的黏结强度。复合 BTS 固化剂固化黄土较素黄土具有更高的抗压强度、抗剪强度、水稳性和 CBR 值,适用于颗粒含量大于 25% 的土。该固化剂对黄土高原西北部的砂黄土和中部的粉黄土加固效果有限,但可以用于加固黄土高原东南部的黏黄土。通过改变该固化剂中离子交换剂 SSN 和固化剂 BTS 的比例,或者与其他固化添加剂混合使用,可能会使复合 BTS 固化剂的加固范围和加固效果得到增大和提高。

3. 新型高分子固化材料 SH

SH 高分子固化材料是一种以聚丙烯酸基体系为主体的新型有机高分子材料。SH 高分子与黄土中黏粒发生离子交换、键合、絮凝、吸附等作用,并利用胶体间的电性吸引力和高分子长链的搭接缠绕作用形成牢固的整体空间网状结构,使黄土颗粒间黏结增强。利用 SH 固化剂治理黄土可兼顾固土和生态两方面;SH 固化剂具有代价小、效果好、对环境污染小等优点。但就目前的研究来看,SH 固化剂缺乏现场试验研究,因此应对环境(气象、植物、生物等因素)影响下 SH 固化黄土力学性能的发展变化开展深入研究,为 SH 固化剂在实际工程中的应用及推广提供理论依据。

4. BCS 土壤固化剂

BCS 土壤固化剂是一种以水泥为基质的土壤固化剂,将 BCS 核心材料稀释后与水泥一起拌入土中,可充分激发水泥和黏土矿物的活性,加速水泥发生水化和水解反应,促进黏土矿物表面的氧化硅等与土体中钙离子的离子交换作用,生成水化硅酸钙等具胶结作用的物质,增强土颗粒间黏结力,达到固化土体的目的。BCS 土壤固化剂有较好的固化效果,本质是通过激发水泥的活性来实现加固土体的目的,使用水泥会造成一定程度的环境污染,增加工程预算。

5. EN-1 固化剂

EN-1 固化剂是一种由多种无机材料、有机材料组成的绿色环保型高分子复合材料。EN-1 固化剂加入土体后可以促进土中矿物质分解并重结晶形成金属盐,填充土壤孔隙,胶结土颗粒,增大土颗粒之间的联结力。此外,EN-1 固化剂会与黏粒表面吸附的活性阳离子进行强烈交换,使得黏粒表面结合水膜变薄,电位势降低,颗粒间联结加强,进而提高黄土的抗剪强度和抗渗性能。EN-1 固化剂在一定程度上会减弱黄土的持水能力,对抗冲刷能力和植被生长造成不利影响。这一点上,我们认为可以考虑将 EN-1 固化剂与保水剂混合使用来提高固化黄土的水理性质。

6. 木质素

木质素是一种具有三维网状结构的天然有机聚合物,与黄土混合后会形成可以胶结土颗粒的丝状薄膜,进而增强颗粒间联结,减小孔隙比,增大土体抗剪强度,提高土体抗水蚀能力等。木质素能够包裹和胶结土颗粒并与黄土中的黏土矿物发生一系列物理化学反应,生成硅质和钙质矿物,达到固化黄土的目的。因此,针对不同性质的黄土,确定木质素的最优掺量是工程应用的前提。另外,对环境、时间因素影响下木质素固化黄土力学性能的研究还需完善。

4.1.2.3　生物类固化剂

1. 泰然酶

泰然酶是一种由植物发酵而成的液态复合酶,土体中加入泰然酶,可以加快矿物间微弱化学反应速率,激活土体中稳定的有机大分子,加速黏粒间离子交换,在土体表面形成一道防水屏障。在机械压实作用下,土颗粒间生成具有黏结作用的有机膜,土体密实度增大,从而提高土体的强度和稳定性。泰然酶要求被加固土中 0.075 mm 以下的颗粒含量在 20%~50%,而黄土以粉粒为主,粒径小于 0.075 mm 的颗粒含量可达到 90%,因此泰然酶加固黄土的工程实例很少,相关研究也很少见。在黄土中添加一部分颗粒较大的土以减小粉粒所占的比例,达到泰然酶对固化土颗粒含量的要求。这种方法理论上具有可行性,但其施工成本会很高,因此还需要进一步加强和完善泰然酶加固黄土施工工艺的研究,尽可能降低成本,将其用于加固黄土。

2. 微生物诱导碳酸钙沉积

微生物诱导碳酸钙沉积(MICP)是指利用特定细菌(如巴氏芽孢杆菌和多糖载胶菌等)可以在多孔介质中生长、运移和繁殖等特性,通过细菌生命活动产生 CO_3^{2-} 与土体中的 Ca^{2+} 反应生成具有胶结功能的碳酸钙,充填土内孔隙,从而提高土体强度、降低土体渗透系数,改善土体的工程性质。目前,关于该技术固化砂土的研究较多,因为砂土的孔径较大,利于矿化菌短暂生存。MICP 技术能显著提高砂土的无侧限抗压强度,降低渗透系数,提高土体密实度。MICP 技术除对孔径有要求外,还对环境温度有一定的要求,在 10~25 ℃温度范围内 MICP 能有效加固土体,且温度越高,碳酸钙生成量越大,固化效果越好。虽然尚未见 MICP 技术在黄土中的研究和应用,但是黄土以粉粒为主,且以大孔隙为典型特征,将 MICP 技术用于黄土加固具有一定的可行性。此外,MICP 技术对环境无污染、代价小,属于生物岩土交叉领域,进行相关研究具有重大学术价值和实际意义,未来具有很大的应用潜能。

近几十年在利用固化剂加固黄土领域取得了丰硕的研究成果,已经验证能够改善黄土工程性质的固化剂品种繁多。对无机类、有机类及生物类黄土固化剂的加固机制、固化效果,以及应用现状进行总结论述,认为还应注重以下方面:

(1)加强对固化剂的固化机制、基础理论的研究。在搞清楚固化剂与黄土中矿物、颗粒、水之间的物理化学反应的基础上,深刻理解固化机制,对固化剂的研制及使用具有指导作用,所以应当加强对固化剂固化机制和基础理论的研究。

(2)加强对固化黄土物理力学性状的理论和试验研究。对固化黄土的物理性质和力学行为进行深入系统的试验研究,包括加卸载、冻融、干湿等应力路径下的力学反应,建立固化黄土的本构模型。

(3)大部分固化剂仅限于室内试验研究,在通过室内试验充分理解加固机制和加固效果的基础上,应设计合理的模型试验或现场试验,进一步验证和研究固化剂的加固效果。

(4)每种固化剂均有不足之处,应探索多种固化剂共同使用,通过固化剂之间的激发催化作用,增强固化效果。例如,HEC 固化剂与水泥混合使用效果比单独使用好,EN-1 固化剂与保水剂混合使用以提高固化黄土水理性质,复合 BTS 固化剂与其他固化剂混合用于砂黄土和粉黄土。

(5)传统化学灌浆材料与化学固化剂大多都含有毒化学物质,会对环境造成一定程度的影响,而生物类固化剂运用自然资源进行土体改良,具有极好的环境亲和力,其在经济效益和固化效果方面也具有一定的优越性。因此,加强研究新型环保的生物类土壤加固方法变得十分迫切,应该在日后得到更多的关注。

4.2　新型黄土固化剂研发

4.2.1　化学成分

固化剂为自主研发的新型材料,由矿渣、粉煤灰、石膏、复合激发剂和表面活性剂等材料复合而成,属于水泥粉煤灰类稳定材料,其化学成分中 CaO 含量为 51.25%、SiO_2 含量为 30.36%,还含有少量的 Fe_2O_3、Al_2O_3、MgO 等,见表 4-1。

表 4-1　固化剂化学成分

样品名称	CaO/%	SiO_2/%	MgO/%	Al_2O_3/%	Fe_2O_3/%	其他/%
黄土固化剂	51.25	30.36	1.94	1.38	1.20	13.87

4.2.2　黄土固化剂的物理力学性能

按照《软土固化剂》(CJ/T 526—2018)产品分类,本固化剂符合 SS-W-P-3.0 相关的技术要求,使用时以粉体状态与拟固化黄土直接拌和使用。按照《软土固化剂》(CJ/T 526—2018)的检测方法进行物理力学性能检测,检测结果见表 4-2。

表 4-2　固化剂物理力学性能

细度(80 μm)/%	初凝时间/min	抗压强度/MPa	
		7 d	28 d
25.3	134	2.75	4.83

4.2.3　黄土固化剂重金属含量

按照《软土固化剂》(CJ/T 526—2018)检测固化剂重金属含量满足规范限值要求,固化黄土浸出液重金属含量满足《地下水质量标准》(GB/T 14848—2017)中Ⅳ类限值的规定,结果见表 4-3 和表 4-4。

表 4-3　固化剂浸出液重金属含量

序号	检测项目	检测标准（方法）	方法检出限	检测结果	《软土固化剂》（CJ/T 526—2018）表 3 固化剂产品中重金属含量限值	单位
1	六价铬	《固体废物 六价铬的测定 二苯碳酰 二肼分光光度法》（GB/T 15555.4—1995）	0.004	未检出	0.05	mg/L
2	砷	《固体废物 汞、砷、硒、铋、锑的测定 微波消解/原子荧光法》（HT 702—2014）	0.000 10	未检出	0.05	mg/L
3	铅	《固体废物 金属元素的测定 电感耦合等离子体质谱法》（HJ 766—2015）	0.004 2	未检出	0.05	mg/L
4	镉	《固体废物 金属元素的测定 电感耦合等离子体质谱法》HJ 766—2015）	0.001 2	未检出	0.01	mg/L
5	铜	《固体废物 金属元素的测定 电感耦合等离子体质谱法》（HJ 766—2015）	0.002 5	未检出	1	mg/L
6	锌	《固体废物 金属元素的测定 电感耦合等离子体质谱法》（HJ 766—2015）	0.006 4	未检出	1	mg/L
7	镍	《固体废物 铍镍铜和钼的测定 石墨炉原子吸收分光光度法》（HJ 752—2015）	0.001	未检出	0.05	mg/L
8	铍	《生活饮用水标准检验方法 金属指标》（GB/T 5750.6—2006）（20 铍 电感耦合等离子体质谱法）	0.000 03	0.000 04	0.000 2	mg/L
9	锰	《水质 铁、锰的测定 火焰原子吸收分光光度法》（GB/T 11911—1989）	0.01	未检出	0.1	mg/L
10	钼	《生活饮用水标准检验方法 金属指标》（GB/T 5750.6—2006）（13 钼 电感耦合等离子体质谱法）	0.000 06	0.064 4	0.1	mg/L
11	铊	《生活饮用水标准检验方法 金属指标》（GB/T 5750.6—2006）（21 铊 电感耦合等离子体质谱法）	0.000 01	未检出	0.000 1	mg/L
12	铬	《固体废物 总铬的测定 火焰原子吸收分光光度法》（HJ 749—2015）	0.03	未检出	0.1	mg/L

注：检测标准（方法）由委托方指定。

表 4-4 固化土浸出液重金属含量

序号	检测项目	检测标准（方法）	方法检出限	检测结果	《地下水质量标准》（GB/T 14848—2017）Ⅳ类标准限值	单位
1	pH 值	《固体废物 腐蚀性的测定 玻璃电极法》（GB/T 15555.12—1995）	—	10.63	2.0≤pH 值≤12.5	无量纲
2	铬（六价）	《生活饮用水标准检验方法 金属指标》（GB/T 5750.6—2006）［10 铬（六价）二苯碳酰二肼分光光度法］	0.004	未检出	≤0.10	mg/L
3	砷	《固体废物 汞、砷、硒、铋、锑的测定 微波消解/原子荧光法》（HJ 702—2014）	0.000 10	未检出	≤0.05	mg/L
4	铅	《生活饮用水标准检验方法 金属指标》（GB/T 5750.6—2006）（1.5 电感耦合等离子体质谱法）	0.000 07	0.000 35	≤0.10	mg/L
5	镉	《生活饮用水标准检验方法 金属指标》（GB/T 5750.6—2006）（1.5 电感耦合等离子体质谱法）	0.000 06	未检出	≤0.01	mg/L
6	铜	《生活饮用水标准检验方法 金属指标》（GB/T 5750.6—2006）（1.5 电感耦合等离子体质谱法）	0.000 09	0.001 68	≤1.50	mg/L
7	锌	《生活饮用水标准检验方法 金属指标》（GB/T 5750.6—2006）（1.5 电感耦合等离子体质谱法）	0.000 8	未检出	≤5.00	mg/L
8	镍	《生活饮用水标准检验方法 金属指标》（GB/T 5750.6—2006）（1.5 镍电感耦合等离子体质谱法）	0.000 07	未检出	≤0.10	mg/L
9	铍	《生活饮用水标准检验方法 金属指标》（GB/T 5750.6—2006）（20 铍电感耦合等离子体质谱法）	0.000 03	未检出	≤0.06	mg/L
10	锰	《生活饮用水标准检验方法 金属指标》（GB/T 5750.6—2006）（锰电感耦合等离子体质谱法）	0.000 06	0.002 36	≤1.50	mg/L
11	钼	《生活饮用水标准检验方法 金属指标》（GB/T 5750.6—2006）（13 钼电感耦合等离子体质谱法）	0.000 06	0.081 2	≤0.15	mg/L
12	铊	《生活饮用水标准检验方法 金属指标》（GB/T 5750.6—2006）（21 铊电感耦合等离子体质谱法）	0.000 01	0.000 01	≤0.001	mg/L
13	铬	《生活饮用水标准检验方法 金属指标》（GB/T 5750.6—2006）（电感耦合等离子体质谱法）	0.000 09	0.008 91	—	mg/L

注：1. 检测标准（方法）由委托方指定。
 2. pH 值按《危险废物鉴别标准 腐蚀性鉴别》（GB 5085.1—2007）标准限值鉴别。

4.2.4　作用机制

黄土固化剂由矿渣、粉煤灰、石膏、复合激发剂和表面活性剂等材料混合而成。将黄土固化剂掺入黄土中,通过复合激发剂的激发作用,激发矿粉和粉煤灰中存在活性物质的活性,再结合黄土的矿物成分生成新的胶凝物质固化黄土,其微观结构如图 4-1 所示。黄土固化剂的作用机制主要有火山灰效应、复合胶凝效应、填充增强效应和二级固化反应等。

(a)放大倍率:×3 000

(b)放大倍率:×5 000

图 4-1　黄土固化剂的 SEM 图

4.2.4.1　火山灰效应

矿渣、粉煤灰与复合激发剂可以发生物理-化学耦合作用,是由于矿渣、粉煤灰固废中包含大量无定型玻璃体成分物质而具有潜在的胶凝活性。黄土固化过程中,优选矿渣、粉煤灰不仅可以提高材料的整体密实度,而且在复合激发剂的作用下无定型玻璃体成分物质被活化,促进矿渣、粉煤灰发生火山灰反应,生成大量具有胶结特性的 C-A-S-H、N-A-S-H 等水硬性凝胶产物。

然而,自然环境条件下,黄土中可参与活性激发的活化物及有效碱组分较低,矿渣、粉煤灰材料潜在胶凝活性的表达程度弱,生成的凝胶产物少,导致固结黄土的整体性较差,力学性能很难达到理想效果。

4.2.4.2　复合胶凝效应

黄土固化剂中矿物组分的复合胶凝化过程中主要涉及水化反应和碱激发反应。在水溶性复合激发剂的作用下,高钙组分将首先发生水解,水化生成与水泥反应产物类似的箔状 C-(A)-S-H 凝胶。低钙组分参与反应主要包括溶解、水解、重组、缩聚和固结硬化等过程,即在激发剂作用下,矿渣、粉煤灰材料的潜在胶凝特性被充分激发,结构中共价键 Si-O-Si、Si-O-Al、Al-O-Al 等发生断裂,并溶解释放出 Si、Al、Ca、Na 等碱金属离子。其中,Si、Al 离子通过水解形成低聚合度的硅、铝氢氧根离子团。这些活性单体离子团相互作用发生脱水缩合反应形成分子量更大的高聚合度离子团,碱金属离子 Na、Ca、Mg 等吸附在分子键周围以平衡硅酸盐骨架主链上铝氧四面体取代硅氧四面体带来的负电荷。随着缩聚产物的不断积累,高聚合度离子团逐渐胶凝化并沉淀,使材料具备优异的胶凝特性并逐渐硬化。碱激发反应过程可以被描述为

$$(Si_2O_5 \cdot Al_2O_3)_n + H_2O \xrightarrow{\text{复合激发剂}} 2nAl(OH)_4^- + 2nSiO(OH)_3^- \tag{4-1}$$

$$Al(OH)_4^- + SiO(OH)_3^- \xrightarrow{\text{复合激发剂}} (-Si-O-Al^--O-O-)_n + H_2O \tag{4-2}$$

另外,部分钙盐发生水解生成 Ca^{2+} 和 OH^-,调节黄土凝胶体系的酸碱性,使碱激发反应朝着有利于胶凝物质生成的方向发展。石膏组分可以有效调节反应的进程,前期通过形成钙矾石晶体矿物来抑制水化反应进行,使黄土固化体系较长时间维持高 pH 值液相环境,加快矿渣、粉煤灰中硅铝物质溶出,促进碱激发反应的进行,有效提高凝胶产物的含量,使黄土固结体的强度发展和整体稳定性大幅提升。

4.2.4.3　填充增强效应

硫酸盐激发剂中 SO_4^{2-},水化反应生成水化硫铝酸钙能沿孔隙结晶成柱状或针刺状晶体,其固相体积可以膨胀 120% 左右,不仅填充了土体内部空隙,同时增大了颗粒之间的接触面积,减小了内部土体颗粒之间内摩阻力,增加了固化的黄土密实性和强度。

固化剂生成的凝胶状水化物与黄土中矿物的活性成分反应生成片状、纤维状或针状晶体。这些水化物晶体互相交错在黄土中形成稳定、密集的网络结构填充黄土内部孔隙,提高了黄土的密实性、抗崩解和抗渗能力。

4.2.4.4　二级固化反应

黄土固化反应后剩余大量 $Ca(OH)_2$,部分在孔隙中发生电离反应。

$$Ca(OH)_2 \longrightarrow Ca^{2+} + 2OH^- \tag{4-3}$$

电离出活性 Ca^{2+} 的同时孔溶液的 pH 值上升,富余的 OH^- 使黄土矿物中的活性胶态 Al_2O_3 和 SiO_2 溶解,活性 Ca^{2+} 再与之发生反应,生成新的 C-S-H 和 C-A-H 凝胶产物,使得固化黄土结构逐渐致密,水分不易侵入,从而获得足够的水稳定性。这也是黄土固化后期强度增长的主要原因。

$$3Ca^{2+} + 2Si^{4+} + 14OH^- \longrightarrow 3CaO \cdot 2SiO_2 \cdot 3H_2O \downarrow + 4H_2O \tag{4-4}$$

$$4Ca^{2+} + 4Al^{3+} + 20OH^- + 3H_2O \longrightarrow 3CaO \cdot 2Al_2O_3 \cdot Ca(OH)_2 \cdot 12H_2O \downarrow \tag{4-5}$$

4.2.4.5　离子交换

由于离子交换作用,黄土颗粒表面的 Na^+、K^+ 金属离子,在其表面形成吸附层,当加入固化剂后电离产生的 Ca^{2+}、Mg^{2+} 和 Al^{3+} 等离子与吸附层上的 Na^+、K^+ 离子进行交换,从而降低黄土颗粒的电势,减薄黄土胶粒双电层厚度,使得黄土颗粒聚集成团,提高固化黄土的强度,并且离子交换量受外界环境的影响,随着 pH 值的增大交换量减少。加入固化剂的 Ca^{2+}、Mg^{2+} 和 Al^{3+} 有助于水化反应,提高固化剂与黄土颗粒的界面强度。

4.3　固化黄土性能研究

将黄土烘干后,采用静压法制备试样,具体过程如图 4-2 所示:①按设计方案使用室内搅拌机将固化剂、黄土和水充分搅拌均匀成具有特定含水量的固化黄土后制备试样;②利用保鲜膜进行密封、编号,并放置恒温恒湿箱[(20±0.5)℃,相对湿度≥98%]养护至设计龄期后,开展相应试验研究。

(a)黄土　　　　　　　　(b)黄土固化剂　　　　　　　(c)固化黄土试样

图 4-2　固化黄土试样制备过程

4.3.1　无侧限抗压强度

无侧限抗压强度(UCS)是指试样在无侧向压力条件下,抵抗轴向压力的极限强度。它是固化黄土组成设计最主要的依据。本研究采用无侧限抗压强度试验结果作为固化黄土固化效果的评判指标。无侧限抗压强度试验采用量程 50 kN、精度 1 N 的 SANS-50 型电子万能试验机,竖向加载速率设定为 1 mm/min。试验过程如图 4-3 所示。每组试样测试 3 个平行试样,取其平均值作为代表性结果。试验结果如图 4-4 所示。

(a)试验前　　　　　　　　　　(b)试验后

图 4-3　无侧限抗压强度试验过程

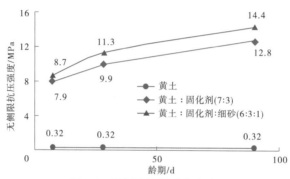

图 4-4　无侧限抗压强度试验结果

固化黄土的无侧限抗压强度按下式计算：

$$f_u = \frac{P}{A} \tag{4-6}$$

式中　f_u——固化黄土的无侧限抗压强度，MPa；

　　　P——试样破坏时的最大荷载，N；

　　　A——试样的截面面积，mm^2。

由图 4-3 可知，固化黄土试样在试验前完整性好，无肉眼可见缺陷；试验后则边部剥落，中间存在竖向裂隙，表明压缩后试样发生了破坏。由图 4-4 可知，固化黄土的无侧限抗压强度随着养护龄期的增加而显著提升。通过对比发现，在养护龄期 7 d 时固化黄土强度达到 7.9 MPa，比相同龄期素土强度(0.32 MPa)提高了 24 倍；在养护龄期 28 d 和 90 d 时固化黄土强度分别为 9.9 MPa 和 12.8 MPa，比相同龄期素土强度分别提高了 31 倍和 40 倍。同时，发现固化黄土在 7~28 d 时强度增长较快，在 28~90 d 时强度增长速率有所下降，但仍在继续增加。

采用 10%的细砂替代同等质量的黄土后，其强度值显著增大。与同龄期(7 d、28 d 和 90 d)固化黄土相比，其强度分别增大了 10%、14.1%和 12.5%，表明采用细砂替代黄土，能够在宏观上增强固化黄土试样的强度，在实际应用中，若条件允许，则可采用砂土混合料替代纯的黄土。

4.3.2　抗拉强度

固化黄土作为防冲刷保护层材料,其混合材料不仅需要满足一定的抗压强度而且需要具有一定的抗拉强度。抗拉强度的表征以劈裂强度试验得出。在试验过程中,采用量程 50 kN、精度 1 N 的 SANS-50 型电子万能试验机,竖向加载速率设定为 1 mm/min,记录试件破坏时的最大压力。每组试样测试 3 个平行试样,取其平均值作为代表性结果。

固化黄土的抗拉强度按下式计算:

$$R = 0.012\ 526\ \frac{P}{h} \tag{4-7}$$

式中　R——固化黄土的间接拉伸强度,MPa;

　　　P——试样破坏时的最大荷载,N;

　　　h——试样的高度,mm。

由图 4-5 可知,固化黄土的抗拉强度随着固化剂掺量的增加而显著提升。在相同养护周期下,固化黄土的抗拉强度会随着固化剂掺量的增加而增强,30%固化剂掺量固化黄土的抗拉强度比10%、20%掺量固化黄土的抗拉强度分别提高40%和90%,表明固化剂掺量对抗拉强度的影响较为显著;在相同固化剂掺量下抗拉强度会随着养护周期的增长而显著增加,90 d 龄期的抗拉强度比 28 d 龄期的抗拉强度提高 30%。同

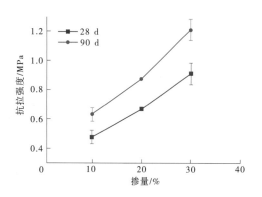

图 4-5　固化黄土间接拉伸强度测试结果

时,随着养护周期的增长,固化剂掺量的增加使抗拉强度增加的程度逐渐减小。10%掺量下的 90 d 龄期的抗拉强度大于 0.6 MPa,表明固化剂固化黄土具有较高的强度。

4.3.3　吸水率试验

吸水率是指试样养护完成后浸水前后的质量变化情况。试样养护 7 d,在 20 ℃水中浸泡,每隔 24 h 测试试件吸水率(见图 4-6)。

$$w = \frac{m_2 - m_1}{m_1} \times 100\% \tag{4-8}$$

式中　w——固化土试样吸水率(%);

　　　m_1——养护龄期浸水前试样质量,g;

　　　m_2——养护龄期浸水后试样质量,g。

图 4-7 呈现了不同掺量和浸水时间下固化黄土吸水率情况。从图 4-7 中可以发现,固化黄土在不同浸水时间下的吸水率逐渐增大;吸水率随着浸水时间的增长而有规律地增加,5 d 浸水时间吸水率增加了 5%左右。采用 10%的细砂替代同等质量的黄土后,其吸水率有所下降,吸水率平均下降了 13.5%。30%固化剂掺量下,固化黄土的吸水率值较

图 4-6　吸水率试验过程

小,浸水 5 d 后的吸水率小于 5%,高掺量下的固化黄土的水稳定性较好。

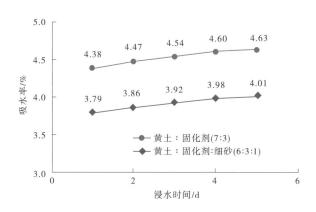

图 4-7　吸水率试验结果

4.3.4　冻融循环试验

用试样进行冻融破坏后测得的抗冻性指标来判断固化黄土的稳定性。冻融试验步骤如下:①同一配比的固化黄土需制备 18 个试样,分为两组,每组 9 个。②采用标准养护龄期后,第一组测定非冻融条件下的无侧限抗压强度;第二组则开展冻融循环试验,达到规定的循环次数后测定冻融条件下的无侧限抗压强度。冻融循环试验在恒温恒湿试验箱中自动进行,设置单次冻融循环持续 8 h:在−18 ℃养护 4 h,之后在 20 ℃养护 4 h,完成一次循环后进行下一次循环,直至试验结束(见图 4-8)。

为此统计不同循环条件下试样的质量和强度变化,进行质量损失率和强度损失率分析。试样质量测试方法:试样浸泡到测试龄期后将试样小心从溶液中取出,用毛巾轻轻擦去试样表面的溶液,然后小心将试样整个一起放在精度为 0.01 g 的电子天平上测试此时的试样质量,记录完毕后将开展其他试验。

固化黄土的质量损失率按下式计算:

(a)冻融试验机　　　　　　　(b)试样冻结过程　　　　　(c)试样溶解过程

图 4-8　固化黄土冻融循环试验过程

$$w_n = \frac{m_n - m_0}{m_0} \times 100\% \tag{4-9}$$

式中　w_n——经 N 次冻融循环后固化土的质量损失率(%);

　　　　m_n——经 N 次冻融循环后固化土的质量,g;

　　　　m_0——未冻融循环固化土的质量,g。

　　固化黄土的强度损失率按下式计算。

$$\gamma_{BDR} = \frac{R_c - R_{DC}}{R_c} \times 100\% \tag{4-10}$$

式中　γ_{BDR}——经 N 次冻融循环后固化土的强度损失率(%);

　　　　R_{DC}——经 N 次冻融循环后固化土的无侧限抗压强度,MPa;

　　　　R_c——未冻融循环固化土的无侧限抗压强度,MPa。

　　通过表 4-5 可知,采用黄土:固化剂:细砂(6:3:1)的固化黄土具有较好的抗冻融特性,20 次冻融循环后强度损失率仅为 8.2%,质量损失率为 2%;30 次冻融循环后强度损失率仅为 23.3%,质量损失率为 2.8%,分别增大了 2.8 倍和 1.4 倍;但 30 次冻融循环后的强度损失率仍小于 25%,能够满足规范要求。

表 4-5　固化黄土冻融试验结果

掺比	冻融循环次数	强度损失率/%	质量损失率/%
黄土:固化剂:细砂	20	8.2	2
(6:3:1)	30	23.3	2.8

4.3.5　水下钢球法抗冲磨测试

　　将试样放置在抗冲磨试验机(见图 4-9)内,分别采用清水、清水加钢球、浑水加钢球进行三组抗冲磨试验,最大线流速达 15 m/s。

　　从图 4-10(a)中可知,清水冲磨 12 h 基本无影响,试样表面平整,无变化;由图 4-10(b)中可知,加钢球每小时换水冲磨 12 h 磨损深度 50 mm,质量损失率 8.85%,试样表面凹凸不平整;由图 4-10(c)中可知,加钢球不换水冲磨 8 h 磨损深度 25 mm,质量损失率 4.59%。对比分析发现固化具有较好的抗冲磨特性。

(a)抗冲磨试验机　　　　　　　　　(b)抗冲磨试验钢球

图 4-9　抗冲磨试验装置

(a)清水冲磨　　　(b)加钢球每小时换水冲磨　　　(c)加钢球不换水冲磨

图 4-10　抗冲磨试验结果

4.4　材料性能对比分析

为对比分析新型固化剂和水泥固化黄土性能的优劣,以庆阳黄土为例,开展新型黄土固化剂、P.O 42.5 水泥和 P.C 32.5 水泥固化黄土的无侧限抗压强度试验、抗拉强度试验和干缩试验,从不同角度分析探讨固化黄土性能的优劣。试验过程如下:

(1)按设计方案,选用黄土固化剂、P.O 42.5 水泥和 P.C 32.5 水泥作为固化材料,掺量设定为 5%、10%、15%、20%、25% 和 30%,使用室内搅拌机将固化材料、黄土和水充分搅拌均匀成具有特定含水量的固化黄土。

(2)将单个试样混合料分 5 份依次装入内壁事先涂好凡士林的圆柱体模具,制备 φ50 mm×50 mm(直径×高)圆柱形试样,采用油压千斤顶压实放置 4 h 后开始脱模。

(3)利用保鲜膜进行密封、编号,并放置恒温恒湿箱[(20±0.5)℃,相对湿度≥98%]养护 28 d 和 90 d 后,开展试验研究。

4.4.1　无侧限抗压强度

图 4-11 分析养护龄期 28 d 和 90 d 后固化黄土的无侧限抗压强度的变化规律,可知固

化剂和水泥分别加固黄土都可使黄土的无侧限抗压强度得到提高,固化黄土的无侧限抗压强度随着固化剂掺量的增加而显著提升。通过对比发现,在 28 d 龄期时,20%固化剂掺量黄土的固化强度为 7.8 MPa,高于 P.O42.5 水泥的 7.6 MPa 和 P.C 32.5 水泥的 5.5 MPa,固化剂的固化效果优于 P.O 42.5 和 P.C 32.5 水泥的。此外,相同养护周期,固化黄土的无侧限抗压强度随着固化剂掺量的增加而增强;相同掺量下固化剂固化黄土的无侧限抗压强度随着养护龄期的增加而增强。此外,即便添加较低掺量的固化剂固化黄土,在较长的养护龄期下,无侧限抗压强度也会有显著的提升。同时,随着养护龄期的增长,固化剂掺量的增加使无侧限抗压强度增加的程度逐渐降低。这正如掺量为 15%的固化剂固化黄土在养护 90 d 以后,无侧限抗压强度甚至会超过养护龄期 28 d 掺量为 20%的固化黄土的无侧限抗压强度。另外,可知 28 d 和 90 d 养护龄期下固化剂固化黄土的无侧限抗压强度比 P.C 32.5 水泥的提高了 40%~80%,比 P.O 42.5 水泥的提高了 5%~15%。

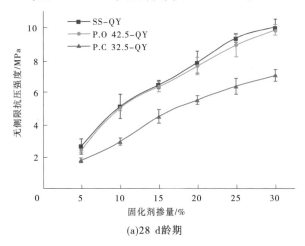

(a)28 d龄期

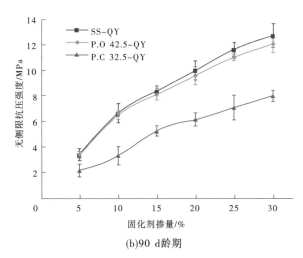

(b)90 d龄期

图 4-11　固化黄土无侧限抗压强度测试结果

4.4.2 抗拉强度

由图 4-12 可知,固化黄土的抗拉强度随着固化剂掺量的增加而显著提升。相同掺量条件下,固化剂固化黄土的抗拉强度较高,黄土固化剂的提升比例高于 P.O 42.5 和 P.C 32.5 水泥的。在相同养护龄期下,固化黄土的抗拉强度会随着固化剂掺量的增加而增强;相同固化剂掺量下会随着养护龄期的增长而显著增强。同时,随着养护龄期的增长,固化剂掺量的增加使抗拉强度增加的程度逐渐降低。这正如掺量为 15% 的固化剂固化黄土在养护 90 d 以后,抗拉强度甚至会超过养护龄期 28 d 添加掺量为 20% 的固化剂固化黄土的抗拉强度。根据资料分析可知,界面黏结强度是影响固化黄土抗拉强度的关键因素之一,界面黏结强度越大,抗拉强度就越高。这也表明新型固化剂具有较高的活性,能改善固化黄土的界面黏结性能。同时,可知 28 d 和 90 d 养护龄期下固化剂固化黄土的抗拉强度比 P.C 32.5 水泥的提高了 50%~90%,比 P.O 42.5 水泥的提高了 10%~40%。

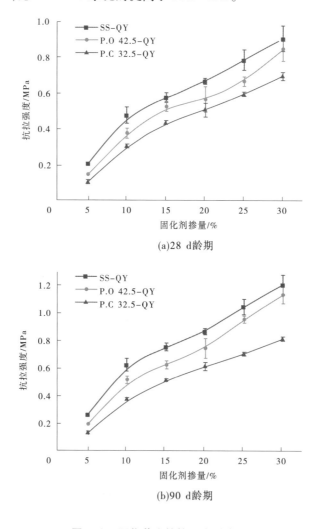

(a)28 d龄期

(b)90 d龄期

图 4-12　固化黄土抗拉强度测试结果

　　通过上述分析发现,固化剂固化黄土的固化效果良好,其强度值和 P. O 42.5 水泥固化黄土差异不大,但远远高于 P. C 32.5 水泥的,从使用效果分析其具有一定的优势。10%掺量下的 90 d 龄期的无侧限抗压强度大于 6 MPa,抗拉强度大于 0.6 MPa;20%掺量下的 90 d 龄期的无侧限抗压强度大于 10 MPa,抗拉强度大于 0.9 MPa,表明固化剂固化黄土具有较高的强度,可以作为一种新型材料进行推广应用。5%掺量的固化黄土强度较低,可以作为特殊地基处理新材料,当作为坝体修筑或其他工程的结构层材料时,强度较低,难以满足工程建设需求。

　　上述结果发现,P. C 32.5 水泥固化黄土的性能略显不足,在后续性能试验中不再考虑,仅对比固化剂和 P. O 42.5 水泥固化黄土的各项性能。

4.4.3　干缩试验

　　固化黄土干燥收缩的形成机制是土体中的水分蒸发而产生的,其微观过程表现为:形成内外压力差、微观水分子引力、斥力、矿物晶体或胶凝体的层间水作用及碳化脱水作用等四个方面而引起的整体宏观体积的变化。试验目的在于研究固化黄土在常温条件下,经过一定的暴露时间,分析失水程度与体积收缩变小的关系,从材料本身性质的角度探索水的侵蚀作用对于固化黄土由内部因素引起自身变形对整体结构的影响。试验过程(见图 4-13)如下:

图 4-13　固化黄土干缩试验过程

　　(1)根据《公路工程无机结合料稳定材料试验规程》(JTG E51—2009)中干缩试验制备 50 mm×50 mm×200 mm 的小梁试样,每组 4 根,2 根用作测量平均干缩量,其他 2 根测量该时间所对应的失水量。

　　(2)按照如图 4-13 所示的试验装置放置,在正常室温、湿度条件下,记录千分表的读数,直至千分表的读数不变,即含水量也随之不再变化。

　　(3)记录每天的失水量和千分表上的收缩量数据,计算干缩试验的基本指标。

　　图 4-14 反映了时间对平均干缩系数的影响。各个掺量固化黄土的平均干缩系数前期随暴露时间增加而迅速减小,14 d 后逐渐趋于稳定。平均干缩系数随着固化剂掺量的增加而增大,10%固化剂掺量是其平均干缩系数变化的一个临界点,超过 10%固化剂掺量

后,其平均干缩系数显著增大。10%和20%的P.O 42.5水泥掺量是其平均干缩系数变化的两个临界点。从图4-14中也发现固化剂固化黄土在初始3 d内,试样的平均干缩系数为负值,表明在初期材料具有微膨胀特性,这与水泥的干缩效应是不同的。长期的干缩试验结果发现,固化剂固化黄土的平均干缩系数是小于P.O 42.5水泥的,降低幅度为20%~30%,表明固化剂固化黄土具有较好的抗干缩性能。

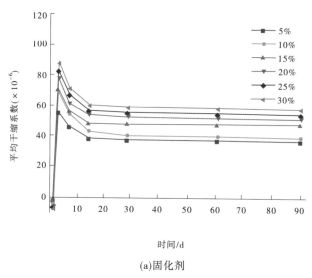

(a)固化剂

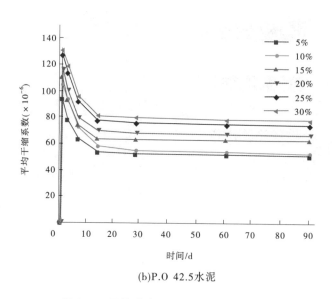

(b)P.O 42.5水泥

图4-14　干缩试验平均干缩系数测试结果

4.5　本章小结

(1)通过毒理检测分析,黄土固化剂和固化黄土浸出液重金属含量符合《软土固化剂》(CJ/T 526—2018)和《地下水质量标准》(GB/T 14848—2017)技术标准,能满足安全性要求。

(2)通过分析固化黄土(70%黄土:30%固化剂和60%黄土:30%固化剂:10%细砂)的强度、吸水率、抗冻性、抗冲磨特性,发现固化黄土具有较高的强度、较低的吸水率和冻融强度损失率及质量损失率。90 d 龄期的固化黄土的强度满足 10 MPa;浸水 5 d 后吸水率小于 5%;30 次冻融循环下强度损失率小于 25%,质量损失率小于 3%。综合各项性能可知,黄土固化剂具有较好的固化效果。

通过对比研究黄土固化剂、P.O 42.5 水泥和 P.C 32.5 水泥分别固化黄土的各项性能,结果表明:

①在 90 d 养护龄期时,20%掺量下固化黄土无侧限抗压强度可达到 10 MPa,30%掺量下固化黄土无侧限抗压强度则可达到 13 MPa,比 P.O 42.5 水泥的提高 5%~15%,比 P.C 32.5 水泥的提高 40%~80%。

②在 90 d 养护龄期时,相同掺量条件下固化剂固化黄土的抗拉强度比 P.C 32.5 水泥的提高 50%~90%,比 P.O 42.5 水泥的提高 10%~40%;在 90 d 养护龄期时,25%掺量下固化剂固化黄土的抗拉强度可达到 1 MPa。

③通过对比固化剂和 P.O 42.5 水泥固化黄土的干缩性能,结果表明固化剂固化黄土在初期具有微膨胀特性,后期平均干缩系数较低,相同掺量条件下比 P.O 42.5 水泥的降低 20%~30%,表明其具有较好的抗干缩性能。

试验结果表明,黄土固化剂是一种非早强、持久型的强碱激发凝胶材料,固化黄土是内部结构修改的化学固化,存在化学反应及新矿物产生而导致胶结密实的过程;固化黄土在养护过程中发生离子交换,从而降低黄土颗粒电势,减薄黄土胶粒双电层厚度使黄土颗粒聚集成团,水化产物填充土体内部空隙,增大颗粒之间的接触面积,提高固化黄土强度、密实性、抗崩解和抗渗能力。固化黄土材料具有较高强度,较好的抗拉性能、抗干缩性能、抗冲磨性能、抗冻融性能,能够抵抗高含沙水流冲刷;同时,取材方便、价格低廉和固化效果良好,可作为新型材料进行推广应用。

参 考 文 献

[1] Li P,W L Xie,Y S P Ronald, et al. Microstructural evolution of loess soils from the loess plateau of China [J]. Catena,2019,173:276-288.
[2] 刘东生. 黄土的物质成分与结构[M]. 北京:科学出版社,1966.
[3] 刘祖典. 黄土力学与工程[M]. 西安:陕西科学技术出版社,1996.
[4] 巫志辉,谢定义,余雄飞. 洛川黄土的动变形和强度特紧性[J]. 水力学报,1994(12):67-71.
[5] 王银梅,杨重存,湛文武, 等. 新型高分子材料 SH 加固黄土强度及机理探讨[J]. 岩石力学与工程学报, 2005(14):2554-2559
[6] 王银梅,高立成. 黄土化学改良试验研究[J]. 工程地质学报, 2012, 20(6):1071-1077.
[7] Lii Q, Chang C, Zhao B,et. al. Loess soil stabilization by means of SiO_2 nanoparticles[J]. Soil Mechanics and Foundation Engineering,2018,4(6):409-413.
[8] Kong R, Zhang F, Wang G, et al. Stabilization of loess using nanc-SiO_2[J]. Materials,2018,11(6):

1014.

[9] 卜思敏. 纳米硅溶胶固化黄土的强度特性及其固化机理[D]. 兰州：兰州大学, 2016.

[10] 曲永新, 关文章, 张永双, 等. 炼铝工业固体废料(赤泥)的物质组成与工程特性及其防治利用研究[J]. 工程地质学报, 2000(3): 296-305.

[11] Wan J H, Sun H H, Wang Y Y, et al. Effect of red mud on mechanical properties of loess-containing aluminosilicate based cementitious materials[J]. Materials Science Forum, 2009: 610-613.

[12] 陈瑞锋, 田高源, 米栋云, 等. 赤泥改性黄土的基本工程性质研究[J]. 岩土力学, 2018. 39(S1): 89-97.

[13] Zhang H Y, Peng Y, Wang X W, et al. Study on water loss ability of loess modified by anti-hydrophobic curing agent[J]. Rock and Soil Mechanics, 2016, 37(Sl): 19-26.

[14] 彭宇, 张虎元, 林澄斌, 等. 抗疏力固化剂改性黄土工程性质及其改性机制[J]. 岩石力学与工程学报, 2017, 36(3): 762-772.

[15] 张丽娟, 李渊, 刘洪辉. 复合 BTS 固化剂加固黄土的试验研究[J]. 路基工程, 2016(6): 125-128.

[16] 程佳明. 新型固化剂加固黄土边坡技术试验研究[D]. 太原: 太原理工大学, 2014.

[17] 樊恒辉, 高建恩, 吴普特, 等. 水泥基土壤固化剂固化土的物理化学作用[J]. 岩土力学, 2010, 31(12): 3741-3745.

[18] 刘世皎, 樊恒辉, 史祥, 等. BCS 土壤固化剂固化土的耐久性研究[J]. 西北农林科技大学学报(自然科学版), 2014, 42(12): 214-220.

[19] 张丽萍, 张兴昌, 孙强. EN-1 固化剂加固黄土的工程特性及其影响因素[J]. 中国水土保持科学, 2009, 7(4): 60-65.

[20] 单志杰. EN-1 离子固化剂加固黄土边坡机理研究[D]. 北京：中国科学院大学, 2010.

[21] 贺智强, 樊恒辉, 王军强, 等. 木质素加固黄土的工程性能试验研究[J]. 岩土力学, 2017, 38(3): 731-739.

[22] 侯鑫, 马巍, 李国玉, 等. 木质素磺酸盐对兰州黄土力学性质的影响[J]. 岩土力学, 2017, 38(3): 18-26.

[23] 陈湘亮. 泰然酶(TerraZyme)固化土技术在乡村公路中的应用研究[D]. 长沙：湖南大学, 2007.

[24] Medows A, Meadows P S, Wood D M, et al. Microbiological effects on slope stability: an experimental analysis[J]. Sedimentology, 1994(3): 423-435.

[25] 彭韵, 何想, 刘志明, 等. 低温条件下微生物诱导碳酸钙沉积加固土体的试验研究[J]. 岩土工程学报, 2016, 38(10): 1769-1774.

第5章　设计方案研究

5.1　过水土坝研究现状

5.1.1　过水土坝发展历程

在世界水利工程发展史上,过水土坝的建筑,以我国为最早。1874 年以前,在湖北省荆门县仙居河上,勤劳智慧的中国人民就建起了第一座过水土坝——赵家闸灰土过水土坝。以后,在同一条河上,又相继建成了三座以灰土做护面的过水土坝。赵家闸过水土坝高 8.3 m、长 120 m。坝基为红色岩石,土坝横断面为一般的梯形断面,上、下游坝坡分别为 1:2 和 1:3.3,下游坝脚处无排水棱体。该坝曾多次过水,其中 1935 年遇到最大一次洪水时,堰上水头约 2.5 m。下游坝坡的灰土护面(由石灰掺黏土制成)经一百多年的风化和水流冲刷的作用,其护面厚度由 0.5 m 减薄至 0.25~0.3 m。

中华人民共和国成立后,从 20 世纪 50 年代开始,我国水利部门在吸取国外的经验和总结我国灰土过水土坝运行情况的基础上,对过水土坝进行了一些研究。清华大学成立过水土坝研究组,专门对过水土坝透水护面和不透水护面进行了系统的试验研究,通过试验证明了不透水护面的过水土坝比透水护面的过水土坝具有显著优点。同时,有关省(市)也根据当地的情况,修建了一批不同类型护面的过水土坝。这些过水土坝,是以浆砌石和混凝土护面为主的。

浆砌石护面的过水土坝,在我国应用较广,效果较好。例如,湖北省段营过水土坝、辽宁省鞍子河过水土坝等,坝高一般为 10 m 左右,一般都经过十几年或二十几年的安全运行,经常过水。

混凝土护面的过水土坝,长期安全运行的例子也较多。例如,江西省的焦石、岗前过水土坝,安徽省横排头过水土坝,湖北省的青林寺过水土坝,坝高一般为 7~14 m,堰上水深 2~5 m。

1975 年开始,吉林、安徽、云南等省又相继建成了 8 座沥青过水土坝。其中,吉林省庙岭过水土坝和安徽省石桥过水土坝的高度均达到 20 m,云南省封过沥青过水堆石坝的高度则达到了 31.5 m。其中 6 座经受了过水考验。

从国外来看,20 世纪 50 年代苏、美等国曾建设了一批浆砌石和混凝土等刚性护面的过水土坝,坝高一般为 10 m 左右,单宽流量一般为 10 m³/(s·m)左右。为了适应土坝的沉陷,扩大过水土坝的使用范围,法、德、日、苏等国又修建了一批沥青混凝土和装配式钢筋混凝土护面的过水土坝,高度已超过 20 m。

我们对国内部分省(市)已建成过水土坝进行了收集,现将这些工程资料汇总列于表 5-1 中。

表 5-1 国内已建成的部分过水土坝

序号	工程名称	地点	流域面积/km²	坝高/m	库容/万m³	坝型	基础	泄流量/(m³/s)	堰宽/m	堰顶水深/m	单宽流量/m³/(s·m)	坡度	护面材料	护面厚度/m	护面分块尺寸/(m×m)	消能形式	修建年份
1	黄鲍闸	湖北	202	5	15		岩基		77	1		1:3.5	灰土	约0.6		无	1859
2	赵家闸	湖北	137	8.3		均质土坝	岩基	273	47	2.5	5.8	1:3.3	灰土	0.5		无	1874
3	梅槐头	山西		7				600	30	2	4.2	1:0.7	灰土				1938重建
4	黎基坝	山西		7		重力式坝	土基	100	30	2	3	1:0.7	灰土			射流	1946重建
5	段营	湖北		9					30	2			浆砌石			消力池	1953
6	佘家畈	湖北		9					30				浆砌石			消力池	1953
7	青林寺	湖北	16.5	14	93	均质土坝	岩基	174	20	2	8.7	1:2	混凝土	0.3		无	1957
8	吉河	湖北	411	6.3	220	均质土坝	土基	806	126	2.4	6.4	1:2.5	浆砌石	0.4~0.8	未分块	消力池	1958
9	焦石	江西		6~8		斜墙土坝		5 940	278	4.7	17.16	1:3	混凝土			消力池	1959
10	黄排头	安徽		7.7		斜墙土坝	土基	4 990	500	3.29	9.98	1:2.5	混凝土	0.4~0.8	2.6×4, 3.6×6	消力池	1959

续表 5-1

序号	工程名称	地点	流域面积/km²	坝高/m	库容/万m³	坝型	基础	泄流量/(m³/s)	堰宽/m	堰顶水深/m	单宽流量/m³/(s·m)	坡度	护面材料	护面厚度/m	护面分块尺寸/(m×m)	消能形式	修建年份
11	王家园	北京	42.7	31	505	斜墙土坝	土基	1 230	50	5.24	24.6	1:2.75	混凝土	>0.5		挑流	1960
12	岗前	江西		7		斜墙土坝		600	152	2.3	4	1:3.5	混凝土	0.43	5×5	消力池	1960
13	打虎潭	陕西	110	23	100	均质土坝	土基	36	6	2.3	6	1:2.5	混凝土	0.2	未分块	挑流	1961
14	吴本因	湖北		5.5			岩基		40	2.5		1:2.5	浆砌石	0.4~0.6		消力池	1963
15	高思	广东	9.7	19.4	46	干砌石坝	岩基	94	15	2.6	6.2	1:1.1	浆砌石	0.3		挑流	1966
16	山田	广东	6.9	4	105	均质土坝	土基	60.8	12	1.03	5.07	1:5	浆砌石	0.4,0.1	结合施工分块	挑流	1966
17	鞍子河	辽宁	100	7.4	100	砂石坝	土基	537	100	2.5	5.4	1:2.5	浆砌石	0.6	5×5,10×10	挑流	1967
18	杨梅岭	浙江	17.6	22	1.72	心墙土坝	土基	966	70	4	13.8	1:2.7	混凝土	0.5	5×5	挑流	1973 重建
19	杏山	吉林	6.3	11.4	113	心墙土坝	土基	79	11.8	2	6.7	1:3.25	沥青混凝土	0.15	未分块	挑流	1975
20	桦树岗	吉林	3.4	11.2	45	心墙土坝	土基	25	6	1.5	4.1	1:3.25	沥青混凝土	0.15	未分块	挑流	1975

续表 5-1

序号	工程名称	地点	流域面积/km²	坝高/m	库容/万m³	坝型	基础	泄流量/(m³/s)	堰宽/m	堰顶水深/m	单宽流量 m³/(s·m)	坡度	护面材料	护面厚度/m	护面分块尺寸/(m×m)	消能形式	修建年份
21	石灰窑	新疆		8.2	43.8	斜墙土坝	土基	55.8	40	0.8	1.4	1:3	浆砌石	0.5	50~70 m²	挑流	1975
22	付光	安徽	9	9	476	心墙土坝	土基	89	2×6	2.9	6.6	1:3.3	沥青混凝土	0.18	未分块	消力池	1976
23	红星	湖南	21.9	20.2	101	斜墙土坝	岩基	229	50		4.92	1:2.5	混凝土	0.3	5×5,5×10,5×16	挑流	1977
24	庙岭	吉林	37.5	20.3	800	心墙土坝	岩基	40	4	3.4	10	1:3.27	沥青混凝土	0.25	未分块	挑流	1978
25	石桥	安徽	4.5	23.3	444	心墙土坝	岩基	50	4	4	12.5	1:4	沥青混凝土	0.2	未分块	挑流	1979
26	大黑山	吉林	6	12	76	心墙土坝	浅覆盖	50	14	1.5		1:3.86	沥青混凝土	0.2	未分块	挑流	1979
27	封过	云南	40.6	31.5	1 075	斜墙堆石坝	岩基	201	16	3.3	13.1	1:3	沥青混凝土	0.4	未分块	挑流	1980
28	永清	吉林	11.8	8.8	312	心墙土坝	浅覆盖	148	28	2.1	5.3	1:4	沥青混凝土	0.13	未分块	挑流	1980
29	东方红	新疆		13	430			800	80	3.3	10	1:3	混凝土				

5.1.2　几种不同护面材料的过水土坝

5.1.2.1　钢筋混凝土板护面

表 5-1 中所列的钢筋混凝土板护面的过水土坝,在建成后经受了不同程度的过流考验。例如,安徽省横排头过水土坝,坝长 500 m,全坝段过水,1962~1975 年,每年均过流,累计过水达 398 d,其中在 1969 年 7 月 14 日遇到一次特大洪水,过流量达 6 400 m³/s,单宽流量达 12.8 m³/(s·m),超过设计洪水流量的 28%,泄洪后进行检查,工程完好无损,运行良好。陕西省打虎潭水库过水土坝,过水段宽 6 m,1960~1975 年,过流百次以上,1962 年汛期经历了一次洪水,泄流量 34 m³/s,陡槽单宽流量 6.8 m³/(s·m),超过设计泄流量的 10%,工程基本完好。云南省封过水库过水堆石坝,过流底宽为 16 m,两岸边墙为 1:2 的梯形过水断面,根据坝较高的特点,采用了两种护面材料,在堰顶以下 11 m 内采用厚为 0.15 m 的沥青混凝土护面,11 m 高度以下采用厚为 0.4 m 的钢筋混凝土护面,工程于 1980 年建成,同年 10 月 6~25 日连续过流,泄流量最大为 15 m³/s,过流后进行了检查,除表面沥青胶涂层有两处共约 200 cm² 被冲刷外,其余均完好无损。湖南省红星水库过水土坝,自 1977 年 5 月建成后,6 月中旬开始过水,坝面曾发现 10 条裂缝,主要集中于下游坝坡与岸边相接处,当即补缝和翻修,至 1980 年过流频繁,坝体运行基本正常。湖北省青林寺水库过水土坝,自 1957 年完建以来,年年过流,堰顶水深达 2 m 左右,运行一直良好。江西省焦石、岗前两座过水土坝分别于 1959 年及 1960 年建成,焦石过水土坝于 1959 年遭遇超标准施工洪水,由于浇筑的混凝土面板仅养护了 10 余 d 即行过水,坝面被磨损达 1~2 cm,骨料裸露,在高程 26.0 m 以上的下游坝面重新浇筑厚为 20 cm 的混凝土面板,由于新老混凝土结合不良,新浇混凝土受温度影响而隆起,加上漂木的碰撞,致使面板自 1960~1964 年发生过多次局部破坏,经几次维修加固后,并经全年过水 299 d,最大单宽流量 17.16 m³/(s·m)的考验,至今运行正常。岗前过水土坝亦进行了多次补强加固,至 1966 年完成竣工断面,1973 年首次过水,最大泄量 350 m³/s,上下游最大水位差 6.6 m,全坝面过水最多达 238 d,运行 10 多年情况良好。目前,国内最高的王家园水库过水土坝,自 1960 年建成后,由于大坝质量存在一些问题,第一次蓄水时,大坝上游面发生了沉陷,修复后一直采用空库迎洪,未经过流考验。在 1979 年进行了加固,并在原来的面板上加一层厚为 0.35 m 的钢筋混凝土板,具备了过水的条件。

5.1.2.2　沥青混凝土与沥青砂浆砌石护面

沥青混凝土与沥青砂浆砌石作为过水土坝的护面材料,是 20 世纪 70 年代才发展起来的。1975 年,吉林、安徽等省的水利部门,把上游防渗斜墙的经验应用到土石坝的下游面,作为过水土坝的护面材料,建成了杏山和付光两座水库的过水土坝。付光水库在同一土坝上采取了两种护面结构形式,修建了两段宽均为 6 m 的过水土坝,一段是沥青混凝土护面结构,另一段是沥青砂浆砌石护面结构。在 1978 年和 1979 年,吉林省和安徽省又分别建成了庙岭、石桥两座沥青混凝土护面的过水土坝。

1. 沥青混凝土护面

在块石垫层上铺设 0.15~0.4 m 厚的密实沥青混凝土层,在其上再涂一层厚约 1 mm 的沥青玛瑞脂,如杏山、石桥、封过、付光及桦树岗等工程,其中杏山、桦树岗还粘贴一层玻璃丝布。

2. 块石灌注沥青砂浆或沥青砂浆砌石护面

在排水层以上铺砌 0.2~0.3 m 厚的块石,经压实后再灌入一定配合比的沥青砂浆,灌入深度应不使砂浆流入排水层,用沥青砂浆将块石的孔隙充填而成整体,如大黑山。这种护面结构较简单,但护面层的防渗性能稍差,因此必须设置较好的排水层,以免护面板受扬压力的作用而遭到破坏。

3. 复合式护面

复合式护面是上述两种形式的结合,以块石灌浆作为底层、沥青混凝土为面层,其上设有玻璃丝布及沥青玛琋脂涂层,如庙岭过水土坝。这种护面结构能较有效地保持护面的整体性。

以上三种护面结构形式,第 1 种、第 3 种可用于较高的坝和单宽流量较大的坝,如庙岭、石桥两座过水土坝,坝高均在 20 m 左右,单宽流量在 10 m³/(s·m) 左右;第 2 种护面结构形式宜用于较低的坝。

在这几座沥青混凝土、沥青砂浆砌石护面的过水土石坝中,除桦树岗、永清两座未经过流外,杏山过水土坝于 1977 年过流,其余几座均在 1980 年过流。根据对这些过水土坝过流后的检查,虽然过流的单宽流量不大,过流的时间长短不同,但对沥青混凝土护面的过水土坝还是一次考验,经受了原型流速为 7~12 m/s 水流的冲刷。其中,庙岭和石桥两座过水土坝的流速达 11~12 m/s,石桥过水土坝经受 3 余 h 的过流,表面完好无损。庙岭过水土坝因表面的玻璃丝布有些部位粘贴质量不好,尤其是两岸边墙与底板连接处,第一次过流时,有 16 处玻璃丝布被揭起冲掉,其中面积较大的有 3 块:最大的为 0.7 m×1.4 m,位于陡槽首段左侧;陡槽中部右侧为 0.8 m×1.1 m;陡槽末端左侧为 0.7 m×0.8 m。最小的为 0.05 m×0.06 m,沥青混凝土层基本完好。后将粘贴质量不好的玻璃丝布剪掉,用沥青浆修补。第二次过流,流量和流速比第一次均稍大一些,过流后,只有两处被揭起冲掉,面积为 0.3 m×0.2 m 和 0.1 m×0.15 m,位于陡槽中部左右侧。玻璃丝布是防止开裂的材料,在抗水流冲刷方面靠沥青混凝土层及块石灌浆层,因此有些玻璃丝布虽然被揭起冲掉,但是对工程安全无影响。这些过水土坝的过流考验,为工程提供了实际运行经验。

5.1.2.3　水泥混凝土浆砌石护面

已建的这类护面的过水土坝,一般坝高为 10 m 左右。湖北省枣阳县修建的段营、吉河、余家畈和吴本因等过水土坝,坝高为 6~9 m,堰顶水深 1.5~2.5 m,单宽流量为 3~7 m³/(s·m),经常过流,运用良好。辽宁省的鞍子河水库过水土坝,溢流堰高 7.4 m,过流宽 100 m,全宽过流,土坝为斜墙式,坝体用河床砂石填筑,设计泄洪流量为 537 m³/s,单宽流量为 5.4 m³/(s·m) 左右。护面的浆砌石厚 0.6 m,设纵横间距为 6 m 的沥青砂浆伸缩缝。工程于 1967 年建成,经常过水,运用情况良好。

5.1.2.4　灰土护面

用灰土护面的过水土坝,在我国已有 100 多年的历史,坝高一般在 10 m 以内,单宽流量为 6 m³/(s·m) 左右。例如,湖北省荆门县的赵家闸、黄鲍闸,山西省平遥县的黎基坝、梅槐头等,但因灰土长年在风吹、日晒和水流冲刷的反复作用之下,表面每年都有些脱落,如赵家闸原来下游灰土厚度约 0.5 m,1957 年取样分析,灰土厚度减为 0.25~0.3 m,1961

年厚度只有 0.15~0.2 m,1963 年下游坝坡加一层浆砌石护面。

5.1.2.5 固化黄土护面

本项目研发出了一种黄土固化剂,加水与黄土拌和,经碾压后形成具有一定强度的材料,称固化黄土材料,可用于过水土坝的护面。2020 年 11 月对甘肃庆阳西峰水土保持科技示范园的湫沟淤地坝进行了改建,建成示范坝一座。示范坝坝长 50 m,最大坝高 13 m,固化黄土材料护面厚 1.0 m,设置 3 个试验流道,宽度分别为 6 m(20%固化剂掺量)、1.5 m(30%固化剂掺量)、6 m(30%固化剂掺量)。示范坝设 3 台 0.5 m³/s 的水泵,上下游设两个水池,可实现长历时过水试验。2021 年 1 月 30 日,西峰示范坝过水 10 h,坝体结构安全性未受到影响。2021 年 5 月 26 日,按照循序渐进的原则,从低水头放水开始,逐步增加堰上水头,开展了防冲刷保护层新材料抗冲刷性能首期试验,每个流道分别冲刷 4 h,总冲刷历时 12 h,最大冲刷深度约 2 cm,平均冲刷深度小于 0.5 cm。2021 年 9 月 24 日至 10 月 4 日,开展了防冲刷保护层新材料抗冲刷性能最终试验,左、中、右三个流道分别冲刷 18 h、7.5 h、27 h,坡面监测结果表明,坡面抗冲刷效果显著,冲刷严重区域集中于层与层的交接处,以及早期的人工修补区域和近水面的空蚀区。

5.1.2.6 柔性土工膜护面

中国水利水电科学研究院陈祖煜团队开发的柔性溢洪道,利用黄土高原地区大量赋存的黄土作为建筑材料,避免开采石料、使用水泥,同时可在上面覆土植草,与自然环境相互融合。这一新型泄洪设施,具有节省投资、环境友好、施工快捷等优势。柔性溢洪道采用台阶溢洪道的结构形式,由进口段、台阶段、消力池共同组成,由自主研发的高强耐磨抗老化 CDASS 土工袋、CDASS 高强土工膜及当地黄土等材料组成。组成的柔性、梯形断面台阶溢洪道,可利用台阶进行消能,并降低水流流速及能量。该技术已经在黄河上中游管理局辛店沟水保试验基地进行了示范。上游蓄水池容量为 1 200 m³,下游蓄水池容量为 1 700 m³,试验后通过抽水泵将下游蓄水池的水输送至上游蓄水池进行循环利用,并在溢洪道进口段设置宽 1.5 m、高 3 m 的一道闸门,配套相应的启闭设备控制试验过程中的水量。目前,已经累计进行 30 余 h 的泄流试验。最大堰上水头 80 cm,测得最大流速 6.4 m/s,泄流消能率高达 80%。泄流前后对比,柔性溢洪道未发生损坏。

从以上几种护面材料的过水土坝来看,运行情况是良好的,只要在设计及施工中注意质量,采取适当措施,过水土石坝是能达到安全运行的。

5.2 结构设计

5.2.1 坝型的选择

如果不是在老坝上建过水土坝,则需要仔细地选择土坝坝型,以利于过水土坝的建设。

斜墙土坝和心墙土坝都是合适的,因为坝身的浸润线低,大坝下游经常处于干燥状态,对过水土坝段的安全是有利的。需要注意的是,斜(心)墙顶部厚度较小,需特别注意堰顶防渗。

淤地坝是均质土坝,施工简单,防渗路径长。但过水土坝的下游坡一般应铺较厚的砂砾及碎石排水层,有时可采用褥垫式排水,以降低坝身内的浸润线。

5.2.2　防护范围确定

5.2.2.1　全坝面防护

当坝顶长度不长,经调洪计算后所需过流宽度较大时,可将坝顶和下游坝坡全部防护(见图 5-1)。此时应特别注意,坝顶、下游坡与两侧山体相交部位也需要进行防护,防护高度根据水力计算确定。

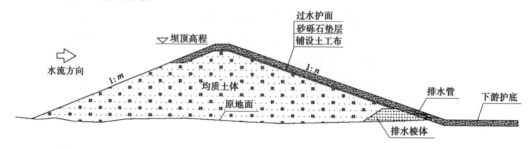

图 5-1　全坝面防护典型断面

5.2.2.2　局部防护

当坝顶较长、过流宽度较小时,从降低造价的角度考虑,可在坝顶和下游坝坡局部设护面进行防护(见图 5-2),此时将过水坝段筑低一点,用固化黄土材料做护面,形成类似于"坝身溢洪道",当洪水到来时,就直接从该段土坝上溢走。

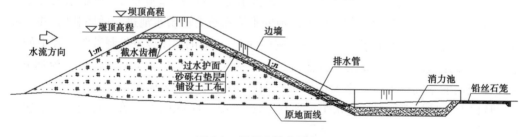

图 5-2　局部防护典型断面

溢洪道过流断面一般为梯形,因为除钢筋混凝土材料具有较高的抗拉强度外,其他材料抗拉强度较小,不宜做成直边墙。为避免工程材料出现受拉应力破坏,一般将溢洪道边墙做成贴坡式,靠在两侧坝体上,避免边墙承受过大的弯矩。

具体选用全坝段防护还是局部坝段防护应根据进口段的水力计算,根据需要的泄流能力计算泄流宽度,如果泄流宽度与坝顶长度相差不大,可选择全坝段防护;如果泄流宽度远小于坝顶长度,可做成坝身溢洪道形式。

5.2.3　进口段的结构和布置

5.2.3.1　确定堰顶是否设闸室

最初修建的过水土坝,几乎都是布设闸室的。20 世纪 70 年代建的几座沥青护面过水土坝,如吉林省的庙岭过水土坝、杏山过水土坝及安徽省的石桥过水土坝、付光过水土坝,均带钢筋混凝土闸室。

堰顶带闸室,其优点是可以调节泄流量,当陡坡段护面及消能段处施工时,可以立即关门,提高过水土坝的安全程度。但是,设闸将使投资增加很多,而且施工复杂很多。

事实上,只要施工质量有保证,最好不设闸室。尤其是小型过水土坝,简单为好。

5.2.3.2　过流宽度的确定

过流宽度和选择的单宽流量有直接关系。如果选择的单宽流量大一些,则过流宽度就可以窄一些。坝较高时,单宽流量不宜过大。根据中国水利水电科学研究院的研究,认为气蚀现象有以下规律,即坝面上的空穴数 K 值随过流坝高和单宽流量的增加而减小,产生气蚀的可能性也就增加。当坝高超过 25 m,或单宽流量超过 10 $m^3/(s \cdot m)$ 时,需要对护面材料的抗空蚀性能进行研究,对护面施工不平整度提出要求。单宽流量的确定,也与坝身结构、坝后消能等因素相关。当单宽流量为 8 $m^3/(s \cdot m)$ 时,堰上水深一般为 3 m 左右,此时边墙高度已达 4 m。另外,过流时的消能区紧靠坝脚,单宽流量不宜太大。对于固化黄土材料作为护面的过水土坝,建议坝高不超过 20 m,单宽流量不超过 8 $m^3/(s \cdot m)$。

5.2.3.3　堰顶部位的防渗措施

不带闸室的堰顶,其构造是简单的,只是个带齿墙的堰底板,所以施工也比较简单。这种情况下必须注意堰顶部分的防渗问题,如果防渗做得不好,不仅会引起漏水,更危险的是引起坝身的管涌和淘刷,或增大对护面的浮托力,使堰顶和下游坝坡护面塌陷或破坏,造成过水坝段失事。

堰顶部位的防渗特点是渗径较短,因为无论是斜墙或者心墙,到坝顶时其厚度已不大,所以和堰底板的接触面很短,根本达不到防渗的要求。天津大学水利系曾对 174 座水闸的闸底防渗作用进行调查,得出黏土地基的防渗长度最好达到闸的作用水头的 3~4 倍。为了达到增长渗径的目的,很多过水土坝都是采用在堰底板下筑齿槽的办法,必要时可以考虑筑两道齿槽。堰顶部位的斜墙或心墙的下游面,还必须做好反滤,防止堰体下的土颗粒被挟带走。

在布置时,还要尽可能防止和减少水流绕堰顶两侧渗流。因此,在两边侧墙后面,也须设置 1~2 道齿槽,齿槽的上、下游面可做成斜面,面上可涂沥青或泥浆,能与黏土很好地结合。在堰顶附近回填黏土,必须严格保证施工质量。

5.2.3.4　减小坝体沉陷的措施

很多人不敢采用过水土坝的主要原因之一,就是担心坝体沉降量太大,护面刚度较坝体过大,不能随坝体一同变形而产生裂缝,威胁过水坝段的安全。如果是为了提高已建成水库的防汛能力,而在老坝上修建过水土坝,一般问题不大,因为坝体建成多年,沉降已基本完成。

一部分已建成的过水土坝在竣工后也累积了一些沉降观测资料,如表5-2所示。

表5-2 我国部分已建成过水土坝沉降情况

过水土坝名称	地点	护面材料	坝高/m	沉降值/cm	说明
庙岭	吉林	沥青混凝土	20.3	4.4	无沉降裂缝
杏山	吉林	沥青混凝土	11.4	2.2	无沉降裂缝
封过	云南	沥青混凝土	31.5	13.0	无沉降裂缝
横排头	安徽	混凝土	7.7	1.4	无沉降裂缝
鞍子河	辽宁	浆砌石	10.0	<1.0	无沉降裂缝
红星	湖南	混凝土	20.2	32	有沉降裂缝
王家园	河北	混凝土	36.8	30	有沉降裂缝

以上7座过水土坝中,除庙岭过水土坝是在已建成8年的老坝上修建外,其余基本都是在新建的土坝上修建的。其中,有沉降裂缝的两座,是因为土坝相对较高,坝体施工质量不好的缘故。

因此,较小坝体沉降的关键就是严格控制坝体碾压质量,也需要控制坝高。另外,在安排施工进度计划时,应尽量将过水土坝的坝身放在施工前期进行碾压,留出坝体沉降时间,待坝体沉降稳定之后,再施工护面。

5.2.4 陡坡段的结构和布置

陡坡段的总体布置中,首先是纵向(顺水流方向)底坡的确定。已建成的一些过水土坝,纵向底坡为1:3.5~1:5。

从平面上看,陡坡段的宽度可以沿顺水流方向逐渐变窄,在可能的情况下可以减少工程量。

固化黄土材料是刚性护面,适应沉降的能力差,本身也不允许大的变形,因此必须具有一定的厚度,不宜小于1.0 m,寒冷及严寒地区,还要考虑冻土厚度的影响,护面厚度适当加厚。另外,护面的厚度和护面下浮托力有极密切的关系。为了减少浮托力的影响,可在陡坡段下部面板上设排水孔,当下游水位下降时,护面下的水能够迅速排出,减小护面下浮托力。

不论采用哪种过流护面,护面下都必须设置垫层。它可调整和减弱坝坡不均匀沉降对护面的作用;能及时排走上游渗水,以消除护面下扬压力;在寒冷地区,垫层兼作防冻层,其厚度应按防冻要求确定。

对陡坡段护面表面平整度的要求,与过流的水头、单宽流量及护面材料有关系。当流速达15 m/s时,护面表明不平整度应小于1.5 cm。

5.2.5 消能段的结构和布置

陡坡末端与消能段相连接。消能形式应根据地形、地质和水力条件来选择,既要不危及周围建筑物的安全,又要尽量节省工程量。常用的消能形式有消力池和挑流鼻坎,对于固化黄土材料,多采用消力池。

消力池虽然消能效果好且安全,但缺点是工程量大。采用底流消能,虽然在水跃范围内流速减小较快,但主流底部的近底流速还是不小,冲刷能力强,因此消力池下游过水断面仍需要防护,保护长度为水跃长度的 2.5~3 倍。这段保护段称为海漫,除要求海漫坚固耐冲外,还应具有一定的柔性,能适应下游河床冲刷变形而不致破坏。海漫末端的流速往往仍大于河床的不冲流速,因此海漫末端也需加固,最常用的办法是采用局部挖深的防冲槽,槽中多抛石块保护。

为了减轻过水土坝消能防冲工程的负担,小型水库应采用较小的单宽流量,在土基上最好不超过 8 $m^3/(s \cdot m)$、风化岩基上最好不超过 15 $m^3/(s \cdot m)$。

5.3 水力计算

水力计算范围包括进口段、陡坡段、消能段及尾水渠等。

水力计算的主要任务如下:

(1)根据调洪计算,地质、地形条件及枢纽布置要求等,确定过水土坝的设计流量及单宽流量,选择溢流堰的形式,计算过流宽度。

(2)根据进口段的出口和陡坡段进口的形式及流速条件,确定是否需要连接段及其形式。

(3)根据枢纽布置、大坝断面和尽量减少护面工程量等条件,确定陡坡及其断面的形式和各部分尺寸,计算水面曲线和流速大小等,作为选择护面形式及决定边墙高度的依据。

(4)根据地质、地形和枢纽布置等条件,选定过水土坝泄洪的消能措施,计算消能部分的各种尺寸。

5.3.1 进口段的水力计算

进口段是过水土坝的控制部分。主要包括过流堰和边墙,其中,过流堰的形式决定着整个过水土坝的泄流能力。

对于过水土坝的过流堰形式,在实际工程中常采用宽顶堰、实用堰。20 世纪 50 年代的过水土坝一般都为实用堰,而 70 年代的几座沥青过水土坝,其中多数带闸,当时为了简化闸底板施工,所以采用宽顶堰。实用堰的流量系数比宽顶堰的流量系数大,相同过流水深下其泄洪能力大。

5.3.1.1 堰顶高程的确定

堰顶高程应根据水库防洪、蓄水等要求和运用方式及过水土坝下游的地质、地形等条件来确定。一般不带闸室的进口堰顶高程,为水库蓄水的高水位。

5.3.1.2 过水能力的计算

1. 带闸室进口的过水能力

带闸室进口分为开敞式和带胸墙的两种,下面主要介绍开敞式进口的过水能力计算。

开敞式溢流堰泄流能力按《溢洪道设计规范》(SL 253—2018)中附录 A.2 泄流能力计算公式,在此不再赘述。

2.无闸室进口的过水能力

这种形式的进口实际上是开敞式的无闸堰流进口,其泄流量公式基本上仍按《溢洪道设计规范》(SL 253—2018)中附录 A.2 计算。但应注意两点:①若进口的边墙是梯形断面,过流宽度 B 应以 $(B+0.8\tan\beta H_0)$ 代替;②对于无底坎的平底闸,侧收缩影响不单独计算,而包括在流量系数 m 中。

5.3.2　陡坡段的水力计算

就水力学观点看,过水土坝对水流条件的要求比混凝土溢流坝的要求要高。尤其是固化黄土的强度较低,所以要求陡坡段水流的流态要尽量保持均匀平顺,边墙的高度一定要有足够的安全超高。

在陡坡段的末端,平均流速可能大于 15 m/s。高流速水流的存在有可能在护面上产生较大的脉动压力,并产生水流对护面的气蚀,水流掺气对边墙的影响。因此,陡坡段的水力计算不仅解决绘制水面线,确定各断面的流速,还为护面稳定计算提供依据。

5.3.2.1　陡坡段的流态判别

在设计中首先要计算临界坡度 i_k。如果陡坡段实际坡度 i 大于临界坡度 i_k,即属于陡坡。临界坡度 i_k 可按下式计算:

$$i_k = g\chi_k/(\alpha C_k^2 B_k) \tag{5-1}$$

式中　i_k——临界坡度;

C_k——相应于临界水深的谢才系数(糙率 $n=0.02$);

χ_k——相应于临界水深的湿周,m;

B_k——相应于临界水深的水面宽,m;

α——流速不均匀系数,可取 1.05。

临界水深 h_k 按下式进行单变量求解:

$$1 - \frac{\alpha Q^2 B_k}{g A_k^3} = 0 \tag{5-2}$$

式中　B_k——临界水深时的水面宽度,m;

A_k——临界水深时的过水断面面积,m^2;

Q——泄量,m^3/s;

g——重力加速度,可取 9.81 m/s^2;

α——流速不均匀系数,可取 1.1。

5.3.2.2　正常水深的计算

正常水深按下式计算:

$$Q = \omega C\sqrt{Ri} \tag{5-3}$$

式中　ω——过流断面面积,m^2;

C——谢才系数;

R——水力半径，m；

i——陡坡段底坡。

5.3.2.3 陡坡段的水面曲线

陡坡段的水深是沿着流程变化的，自上而下，流速变大，水深变浅。因此，为了充分利用边墙高度和节省工程量，有时采用平面宽度收缩的形状，或者边墙高度减小的形状。这种明渠非均匀流可以能量方程为基础，从已知断面的水深推算其他断面的水深，绘出水面曲线。具体计算公式见《溢洪道设计规范》(SL 253—2018)中附录 A.3，在此不再赘述。

5.3.3 消能段的水力计算

常用的消能形式为底流、挑流。

挑流消能计算可按《溢洪道设计规范》(SL 253—2018)中附录 A.4 中的方法进行，底流消能计算可按《溢洪道设计规范》(SL 253—2018)中附录 A.6 中的方法进行，在此不再赘述。

5.3.4 尾水渠的水力计算

在设计时，需要确定尾水位，可根据泄流量及尾水渠和河道的断面尺寸，按明渠均匀流公式[式(5-3)]计算下游河道水位。将尾水渠分为若干段，以下游河道水位作为尾水渠末端断面的水位，逐段向上游推算，以推求尾水渠首段断面的水位，其水位按能量方程推求如下：

$$h_1 + Z_1 + \frac{v_1^2}{2g} = h_2 + Z_2 + \frac{v_2^2}{2g} + h_w \tag{5-4}$$

式中 h_1、h_2——上、下游相邻两断面的水深，m；

v_1、v_2——两断面的平均流速，m/s；

Z_1、Z_2——两断面渠底对某一基准面的距离，m。

5.4 稳定计算

5.4.1 坝坡的稳定计算

应进行下列坝坡抗滑稳定计算：

(1)施工期的临时填筑坡和上、下游坝坡。

(2)稳定渗流期的上、下游坝坡。

(3)水库水位降落期间的上游坝坡。

(4)正常运用条件下遇地震的上游、下游坝坡。

稳定计算典型断面应包括：

(1)最大坝高断面。

(2)两岸岸坡坝段的代表性断面。

(3)坝体不同分区的代表性断面。

（4）坝基不同地形地质条件的代表性断面。

各种计算工况,土体内的有效应力抗剪强度均应采用下式计算：

$$\tau = c' + (\sigma - u)\tan\varphi' = c' + \sigma'\tan\varphi' \tag{5-5}$$

黏性土施工期同时宜采用总应力抗剪强度按下式计算：

$$\tau = c_u + \sigma\tan\varphi_u \tag{5-6}$$

黏性土库水位降落期同时宜采用总应力抗剪强度法按下式计算：

$$\tau = c_{cu} + \sigma'_c\tan\varphi_{cu} \tag{5-7}$$

式中　τ——土体的抗剪强度,kPa；

　　　c'——有效应力抗剪强度指标,土体的凝聚力,kPa；

　　　φ'——有效应力抗剪强度指标,土体的内摩擦角,(°)；

　　　σ——法向总应力,kPa；

　　　σ'——法向有效应力,kPa；

　　　u——孔隙压力,kPa；

　　　c_u——不排水剪强度指标,土体的凝聚力,kPa；

　　　φ_u——不排水剪强度指标,土体的内摩擦角,(°)；

　　　c_{cu}——固结不排水剪强度指标,土体的凝聚力,kPa；

　　　φ_{cu}——固结不排水剪强度指标,土体的内摩擦角,(°)；

　　　σ'_c——库水位降落前的法向有效应力,kPa。

坝坡抗滑稳定计算应采用刚体极限平衡法。计算方法可采用计及条块间作用力的简化毕肖普法、摩根斯顿-普赖斯法等。稳定计算按《碾压式土石坝设计规范》(SL 274—2020)附录 D 的规定。

稳定渗流期应采用有效应力抗剪强度指标进行稳定计算。对于施工期和库水位降落期,应采用有效应力抗剪强度指标和总应力抗剪强度指标计算安全系数的较小值。当填土已计入施工期孔隙压力的消散和强度增长时,可不与总应力强度指标计算结果相比较。

5.4.2　过流护面的稳定计算

在一般情况下,护面应防止滑动和被掀起,为此需进行抗滑稳定和抗浮稳定的计算。

5.4.2.1　护面抗滑稳定性分析

抗滑稳定可分为过水和不过水两种情况。不论柔性护面还是刚性护面,在各种外力作用下,主要依靠自身的重量和护面上的水重来维持稳定。在分析滑动的可能性时,对分块的面板,可取一单块的面板来分析。对整体的面板,可取单元护面的情况分析。同时对各种类型的分析单元,均不计算其四周的约束力。

作用在底板上的荷载有自重、水流拖曳力、动水压力、扬压力(浮托力和渗透压力)、脉动压力、底板底部与基础的摩擦力等。以上是底板过水时的作用力,如果计算不过水情况,则荷载项目将减少。

单元底板的受力简图如图 5-3 所示。各力计算如下：

（1）自重(G)：单位重乘以底板厚度为底板的自重。

（2）水流拖曳力(F_t)：水流作用于地板上,其向下游方向的牵引力,采用下式计算：

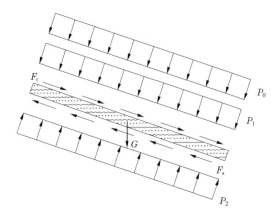

图 5-3　单元底板的受力简图

$$F_t = \gamma_w R J \tag{5-8}$$

式中　F_t——水流拖曳力,kPa;

　　　　R——过水断面的水力半径,m;

　　　　J——沿溢流面的水力坡降。

(3)动水压力(P_1):较大的水库应通过水工模型试验来确定。在无试验资料的情况下,底板所承受的动水压力值,可近似取该处的水深值乘以水的重度。

(4)上举力(P_2):由该处的渗透压力和浮托力组成,按块块之下实际渗流压力的分布情况计算,排水条件较好的情况下可不计。

(5)脉动压力(P_0):其方向随时间交替变化,计算抗滑稳定时考虑不利方向向上,计算参考《水工建筑物荷载设计规范》(SL 744—2016)7.5 节的公式。

(6)沿底板底部的摩擦阻力(F_s):

$$F_s = (P_1 + G\cos\alpha - P_2 - P_0)f + cA \tag{5-9}$$

式中　f——摩擦系数,取 0.48;

　　　　c——凝聚力,取 7.5 kPa。

上述各荷载计算出来后,可按下式计算底板的抗滑稳定安全系数 K。

$$K = \frac{F_s}{F_t + G\sin\alpha} \tag{5-10}$$

抗滑稳定安全系数可参考《水闸设计规范》(SL 265—2016)7.3.13 的规定,土基上沿闸室基底面抗滑稳定安全系数的允许值$[K] = 1.20$。

5.4.2.2　护面抗浮稳定性分析

要求护面在上举力的作用下,护面不能浮起。抗浮稳定的各种力的计算方法同抗滑稳定计算。

抗浮稳定安全系数按下式计算:

$$K = (G\cos\alpha + P_1 - P_0)/P_2 \tag{5-11}$$

抗浮稳定安全系数可参考《溢洪道设计规范》(SL 253—2018)5.6.2 的规定,取 1.0~1.2。具体结合工程重要性、地基条件、计算情况等选用。

5.5　本章小结

　　本章首先对过水土坝进行了简单的介绍,包括过水土坝的发展历程和几种已有工程应用的护面材料,然后对淤地坝设计中的结构布置、水力计算及稳定计算进行了详细的介绍,供设计人员参考。

参 考 文 献

［1］丁瑞甫. 过水土坝[J]. 清华大学学报(自然科学版),1958(S3):3-32.

［2］何慧贞,丁瑞甫. 过水土坝[J]. 水力发电,1958(18):30-47.

［3］水利水电科学研究院过水土坝研究小组. 关于我国过水土坝的调查和初步分析[J]. 水利水电技术,1982(11):21-28.

［4］陈祖煜,李占斌,王兆印. 对黄土高原淤地坝建设战略定位的几点思考[J]. 中国水土保持,2020(9):32-38.

第 6 章　施工工艺研究

新型淤地坝施工具有小斜坡工况,施工场地分布"散、偏、远"的特点,主要涉及混合料拌和、摊铺、碾压三道工艺。本章基于新型淤地坝施工需求,结合国内外相关设备发展现状,研发或优选了搅拌、摊铺、碾压等专用设备,并将上述设备应用到工程实践中去,形成了可推广应用的新型淤地坝成套施工设备体系与工艺。

6.1　淤地坝施工设备研发

淤地坝防护层施工主要涉及材料拌和、摊铺、碾压三道工序,针对每道工序研制优选了专用设备。

6.1.1　拌和装置

6.1.1.1　拌和装置的具体要求

拌和装置必须具备拌和均匀黄土、固化剂、水三种混合料的能力。生产能力大于或等于 30 m^3/h,拌和宽度 2~2.5 m,拌和深度 0~500 mm,发动机功率 250~300 kW/hp,行驶速度 0~4 km/h,作业速度 0~4 km/h,整机质量≤15 t,外形尺寸不超过 9 000 mm×3 200 mm×3 500 mm。发动机、液压泵和液压马达选用国内外知名品牌,供能方式绿色环保,操作步骤简单、安全,便于维修保养。

6.1.1.2　拌和装置总体方案设计

拌和装置总体方案设计包括拌和机构、行走机构、驱动装置、操作平台。

6.1.1.3　拌和装置的结构设计

拌和机构:由转子和罩壳组成。转子由转子轴、转子轴支承调心滚子轴承、轴承座、刀盘及刀片等组成;罩壳由罩盖、后斗门、后斗门开启油缸、前斗门等组成,罩壳借助两侧的长方形孔支承在转子的两端轴径上。

行走机构:选用轮胎底盘,可自由转向。

驱动装置:设计为柴油机、液压马达组成的混合动力驱动。

操作平台:全封闭驾驶室。宽敞明亮、视野开阔、密闭性好,司机耳边噪声低。操纵系统人性化设计、最大限度地降低驾驶疲劳,操纵轻便、灵活、安全可靠。

6.1.1.4　拌和装置机构及关键技术参数

运输状态时,转子和罩壳通过升降油缸处于抬起状态;工作状态时,通过升降油缸将转子放下,罩壳支撑在地面上,在罩壳重量和转子重量的共同作用下,罩壳紧紧地压在地面上,形成一个较为封闭的工作室,转子旋转完成粉碎拌和作业。拌和装置及相关技术参数见表 6-1。

表 6-1　拌和装置相关技术参数

序号	名称	单位	参数
1	拌和宽度	mm	2 100
2	拌和深度	mm	0~400
3	发动机功率	kW/hp	20~50
4	速度	km/h	行驶速度 0~2、作业速度 0~3.3
5	离地间隙	mm	400
6	转子转速	r/min	0~160
7	轴距	mm	3 000
8	轮距	mm	前轮距 2 096、后轮距 2 060
9	质量	kg	14 500
10	外形尺寸	mm×mm×mm	8 800×3 170×3 420

拌和机构:如图 6-1 所示,对黄土、固化剂、水进行拌和。

图 6-1　拌和机构示意图

传动装置:如图 6-2 所示,全液压传动。

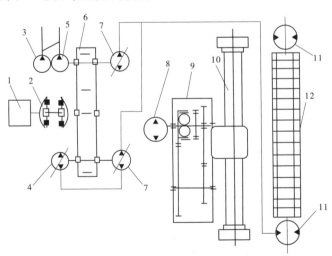

1—发动机;2—万向节传动轴;3—转向油泵;4—行走油泵;5—操纵系统油泵;
6—分动箱;7—转子油泵;8—行走马达;9—变速器;10—驱动器;11—转子马达;12—转子。

图 6-2　传动装置原理图

行走操纵系统:如图 6-3 所示,通过操纵阀的操纵手柄控制行走变量泵斜盘角度的大小和方向,实现改变机器行走方向、调节速度和停车的功能。

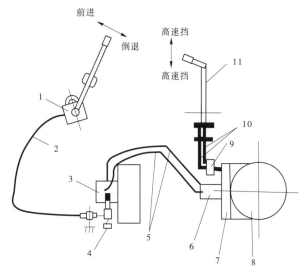

1—操纵阀;2—行走泵操纵软轴;3—行走泵;4—零位控制;5—油管;6—液压马达;
7—变速器;8—驱动桥;9—变速软轴支架;10—变速操纵软轴;11—变速操纵杆。

图 6-3　行走操纵系统

整机外形:外形尺寸 8 800 mm×3 170 mm×3 420 mm,如图 6-4 所示。

图 6-4　拌和装置整机外形

6.1.2　摊铺装置

6.1.2.1　摊铺装置的具体要求

外力作用下摊铺装置可在斜坡面上自由行走,最大行走坡面角度大于或等于 34°。摊铺装置长 3 m 左右,宽小于或等于 3 m,高小于或等于 3 m。摊铺装置行走时具有摊铺整平混合料的功能,具备摊铺厚度 30 cm、宽度 3 m 的混合料的能力,满载混合料时车重小于或等于 15 t。装载斗容量 4~5 m³。

6.1.2.2　摊铺装置总体方案设计

摊铺装置总体方案设计包括搅动机构、装载机构、行走机构、驱动机构、骨架。

6.1.2.3 摊铺装置的结构设计

搅动机构:采用双螺旋搅动轴搅拌,螺旋搅动轴长 2 380 mm,下料均匀、稳定。

装载机构:基于装载机构牵引受力、自重、载重、行走布料方式和生产效率等因素,设计装载量 4 m³。

行走机构:差异化设置行走机构的前后车轮,前轮半径 350 mm,后轮半径 450 mm,保证车体和装载斗在斜坡上平稳行走,加宽处理车轮,宽度设置为 220 mm,避免或减轻装满料的车体在斜坡面因自重下陷。

驱动机构:为柴油机、搅动轴液压马达等组成的混合驱动机构,保证搅动轴运行稳定、高效。

骨架:车身采用结实、耐用材料镀锌方钢,车身设置长 3 000 mm、宽 2 500 mm、高 160 mm,满足整车摊铺宽度、方便运输的需求。

6.1.2.4 摊铺装置及关键技术参数

摊铺装置主要部件是装载车,如图 6-5 所示,关键技术参数见表 6-2,装载车主要由搅动轴、装载斗、车轮、底部骨架、搅动轴液压马达、液压阀控制器等组成。装载车盛满混合料后可在牵引平台的牵引作用下在坡面上自由行走,开启搅动轴,打开装载车底门,通过调节底门钢板角度调整布料厚度,实现在斜坡面上均匀布料。

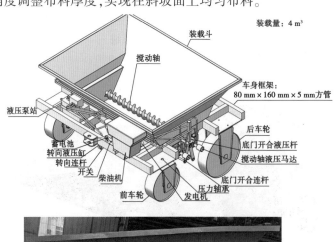

图 6-5 摊铺装置——装载车

表 6-2　摊铺装置关键技术参数

序号	名称	材料	数量	参数
1	搅动轴	镀锌方钢	2 根	螺旋状,长 2 380 mm
2	装载斗	镀锌方钢	1 个	装载量 4 m³
3	底部骨架	镀锌方钢	1 个	长 3 000 mm,宽 2 500 mm,高 160 mm
4	车轮	镀锌方钢	4 个	前轮半径 350 mm,后轮半径 450 mm,前后轮宽 220 mm
5	驱动系统	—	1 套	包括柴油机、液压泵站、液压马达等

搅动轴:如图 6-6 所示,双螺旋搅动轴可使斜坡面布料均匀。

装载斗:如图 6-7 所示,用来存储混合料,装载量 4 m³。

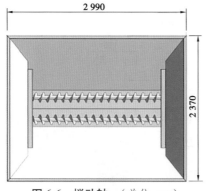

图 6-6　搅动轴　(单位:mm)

图 6-7　装载斗

底部骨架:如图 6-8 所示,长 3 000 mm,宽 2 500 mm,高 160 mm。

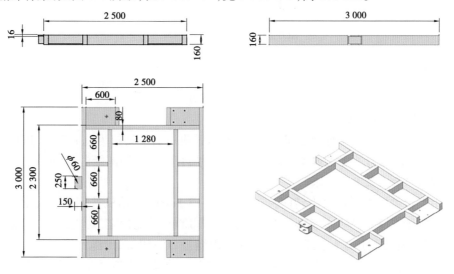

图 6-8　底部骨架　(单位:mm)

车轮:如图 6-9、图 6-10 所示,前后车轮差异设置,保证装载斗在斜坡上行走时保持水平和稳定。前轮半径 350 mm,后轮半径 450 mm,前后轮宽 220 mm。

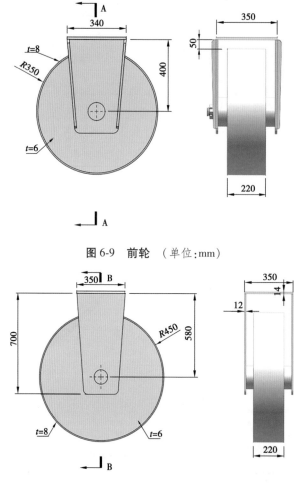

图 6-9　前轮　（单位:mm）

图 6-10　后轮　（单位:mm）

6.1.3　碾压装置

碾压装置包括牵引平台装置和碾压装置两部分。

6.1.3.1　牵引平台装置

根据斜坡碾压使用工况及要求(振动碾和摊铺机所需最大拉力),计算牵引平台所需最大功率、自重,设计平台的基本结构,确定牵引平台尺寸,绘制图纸。

1. 牵引平台装置具体要求

牵引平台可实现 360°自由转向,行走速度 0~3 km/h,发动机选用国内知名品牌,功率大于或等于 50 kW,整机质量 6~10 t。设备操作简单,性能稳定、安全,可在斜坡顶部牵引外连设备,最大牵引力大于或等于 150 kN,出绳量 30~50 m,出绳速度可调,可装载碾压设备行走。操作平台设置在牵引平台一侧,左右驱动马达控制手柄分别安置于座椅两侧。操作平台应设置液压绞盘控制按钮、水温表、机油压力报警和启动机构。电源总开关设置在牵引平台尾部,牵引平台应设有警示标识。

2. 牵引平台装置总体设计方案

牵引平台装置总体方案设计主要包括操作平台、行走机构、牵引机构、承运装置、驱动装置。

3. 牵引平台装置结构设计

（1）行走机构：选用履带底盘，具有双向旋转功能。

（2）牵引机构：选用液压绞盘，最大牵引力为 150 kN，出绳速度可调。

（3）承运装置：在牵引机构的作用下，碾压设备可拉至牵引平板，牵引平板的角度可调。

（4）驱动装置：设计为柴油机、液压马达组成的混合动力驱动。

牵引平台装置关键技术参数见表 6-3。

表 6-3　牵引平台装置关键技术参数

序号	名称	规格型号	数量	参数
1	整车	自制	1 个	自重 8 t
2	行走方式	—	—	液压驱动、无级变速
3	行走速度	—	—	0~2 km/h
4	液压绞盘	自制	1 个	拉力 150 kN、出绳量 50 m、绳速 0~10 m/min
5	牵引平板	自制	1 个	角度可调范围 18°~35°
6	发动机	YN4A075	1 个	水冷、国三、55 kW/2 400 r/min
7	液压油箱	自制	1 个	容积 170 L
8	燃油箱	自制	1 个	容积 280 L

牵引台车（见图 6-11）主要由履带底盘、发动机、液压系统、卷扬机等组成。牵引台车采用履带行走方式，无级调速，滑移转向，牵引架可 360°旋转。履带底盘方便坡板贴合斜坡，对地形条件要求低。台车斜板采用液压驱动，可根据坡度大小调整角度，台车可牵引不同的坡面施工设备（如装载车、振动压路机等），牵引质量较大设备时斜板可作为支腿支撑到地面，起稳定牵引台车的作用。牵引台车采用液压绞盘作为提升动力，液压绞盘工作平稳，牵引力大，不受现场电源限制，连续工作稳定。绞盘设有液压刹车装置，可将牵引设备悬停到坡面的任何位置，方便施工作业。

6.1.3.2　碾压装置

采用理论计算、市场调研，自主设计加工碾压装置，主要包括振动压实机构、通信装置、传感装置。研制振动碾无线操控系统，改变现有振动碾振动和牵引人工操作模式。根据操纵距离，选择通信方式，依据工作状态选择无线通信系统，实现振动碾无线控制功能，并同牵引平台进行联合统一调试。

1. 碾压装置的具体要求

碾压装置为单钢轮振动光面碾，碾压宽度为 1~2 m，可在外力牵引下开展斜坡碾压作

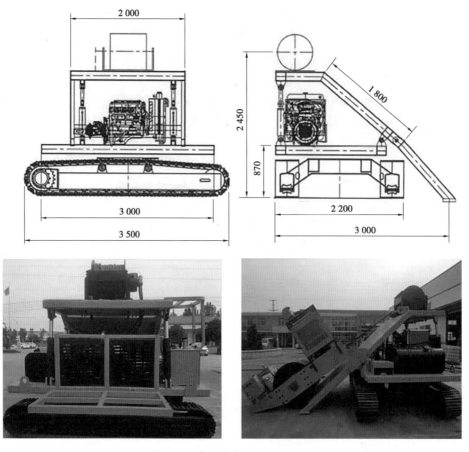

图 6-11　牵引台车 （单位:mm）

业。发动机选用国内知名品牌,功率大于或等于 50 kW。碾压装置可在坡度为 18°～35°
的斜坡上工作,作用在斜坡面上的混合作用力(自重+激振力)大于或等于 60 kN。具有远
程控制激振功能,性能稳定、安全,可由牵引平台装置承运,连续工作大于或等于 6 h。

2.碾压装置总体方案设计

碾压装置总体方案设计包括振动压实机构、通信装置、传感装置。

3.碾压装置结构设计

振动压实机构:设计成由发动机、液压系统、振动轮和偏心转组成的振动压实机构,偏
心转高速运转对斜坡面产生激振力,实现对斜坡面的压实。

通信装置:设计为无线通信模式,由无线电发射器、信道、接收器组成通信系统,实现
无线遥控控制压路机。

传感装置:设计成由水温传感器、机油传感器、柴油油位传感器和传感器座组成的传
感装置,实现故障预警。

4.碾压装置关键技术参数

碾压装置关键技术参数见表 6-4。

表 6-4　碾压装置关键技术参数

序号	名称	规格型号	数量	参数
1	滚筒	自制	1个	长 1 400 mm、直径 1 100 mm、厚 16 mm
2	整机	自制	1个	质量 3.84 t
3	发动机	云内 YN4A075	1个	水冷、国三、55 kW/2 400 r/min
4	液压油箱	自制	1个	95 L
5	燃油箱	自制	1个	82 L
6	振动频率	—	—	45~50 Hz
7	振幅	—	—	0.5 mm
8	激振力	—	—	40 kN
9	工作坡面	—	—	角度 18°~34°
10	遥控装置	台湾禹鼎沙克	1套	启动、熄火、转速、振动
11	外形尺寸	—	—	2 747 mm×1 580 mm×2 169 mm

振动压路机(见图 6-12)工作原理:偏心振子在高速旋转下产生离心力带动钢轮一起振动,产生激振力。影响激振力大小的因素有偏心振子质量、旋转半径、旋转速度。

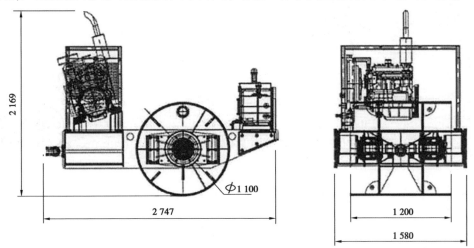

图 6-12　振动压路机　(单位:mm)

振动压路机主要由光面钢轮、发动机、振动系统、液压系统、通信系统、油箱等组成。振动压路机利用自重和振动力压实斜坡摊铺的混合料。振动压路机的静压模式和振压模式可以在遥控器的控制下自由切换,发动机的紧急熄火也可由遥控实现。振动压路机在牵引台车的牵引下(见图6-13、图6-14)对斜坡面的混合料进行压实。牵引台车可将其拉至牵引台车斜板,带动压路机在坝顶实现位置移动。

图6-13 牵引台车+振动压路机实物图

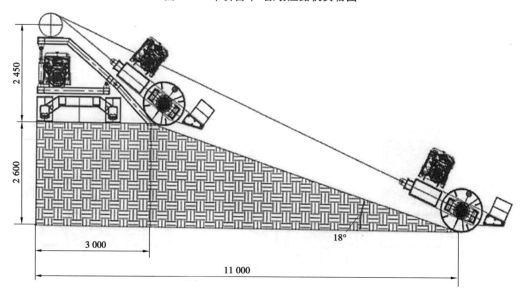

图6-14 牵引台车+振动压路机示意图 (单位:mm)

振动压路机的滚筒长1 400 mm、直径1 100 mm、厚度16 mm,振动频率45~50 Hz,振幅0.5 mm,激振力40 kN,整机设计质量3.84 t,工作坡面角度18°~34°,遥控操作(启动、熄火、转速、振动),液压油箱容积95 L,燃油箱容积82 L,连续工作大于或等于8 h,外形尺寸2 560 mm×1 800 mm×2 160 mm。

6.2 淤地坝施工工艺研究

6.2.1 研究目的

采用"6.1 淤地坝施工设备研发"提供的相关设备,针对研发的黄土固化剂新材料,基于中牟试验基地,开展拌和、摊铺、碾压试验,检验设备的适用性,并优化出关键的施工参数,形成新型淤地坝防护层施工工艺。

6.2.2 试验依据

(1)《碾压式土石坝施工规范》(DL/T 5129—2013);
(2)《土工试验方法标准》(GB/T 50123—2019);
(3)《碾压式土石坝设计规范》(SL 274—2020);
(4)《淤地坝技术规范》(SL/T 804—2020);
(5)《土工试验仪器 击实仪》(GB/T 22541—2008);
(6)《水利水电工程地质测绘规程》(SL/T 299—2020)。

6.2.3 碾压试验区布置

本试验在中牟试验场开展,场地总体面积约 3 000 m²。为模拟大坝填筑施工工况,在试验场开挖一个 30 m×40 m 的试坑,坑深 2 m,边坡坡比 1:1.5,试坑西侧顶部填筑 1.5 m 高。试验场地布置见图 6-15。

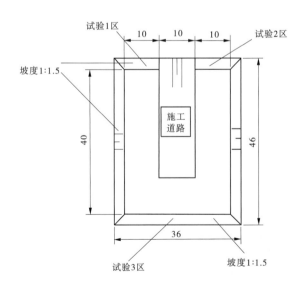

图 6-15 试验场地布置 (单位:mm)

在试验 1 区、试验 2 区进行平铺碾压,试验 3 区进行斜坡碾压。

试验场地应坚实平整,用试验碾压设备对场地进行预碾,直到每碾压 2 遍后全场平均沉降量不大于 2 mm,整场高差小于 20 cm 且局部起伏差小于 5 cm。对于试验 2 区填方场地,应分层碾压,直至达到坚实平整要求。场地碾压完毕后,先在基础上铺压一层试验料,压实到设计标准,将此层作为基层,在其上开展碾压试验。

备料场是用于堆放、储存试验用料,进行含水量、颗粒级配调整的场地。备料场布置于碾压试验场旁,便于土料的运输;备料场的面积能够满足需要,规划面积 500 m²。依照试验需求,不同类别、含水量要求的土料在备料场分区堆存,各区之间应预留足够的间距,并设置防水措施(可采用彩条布、塑料薄膜防护)。

6.2.4　碾压试验料源与设备

试验用土料选自中牟境内可利用的黄土,一次性运输约 500 m³ 黄土堆存于备料场。从不同的十个部位取样混合后开展室内试验,试验结果见表 6-5,黏粒含量 10.4%,三角坐标定名为轻粉质壤土,液塑限定名为低液限黏土。确定 15%、25%、35% 三个固化剂掺量开展室内固化土的击实试验,确定固化黄土的最大干密度和最优含水量,击实试验成果见表 6-5,最大干密度平均值 1.72 g/cm³,最优含水量平均值 16.3%。

表 6-5　中牟碾压试验黄土物理性质

编号	室内定名(三角坐标)	室内定名(液塑限)	颗粒组成/%						土粒相对体积质量 G_S	液塑限试验/%		
			砂粒		粉粒			黏粒		76 g 圆锥 17 mm 的沉入深度		
			颗粒大小/mm							液限 ω_{L17}/%	塑限 ω_p/%	塑性指数 I_p
			2~0.5	0.5~0.25	0.25~0.075	0.075~0.05	0.05~0.005	<0.005				
中牟碾压试验黄土	轻粉质壤土	低液限黏土	1.3	9.4	11.3	27.2	40.4	10.4	2.70	26.4	16.2	10.2

注:试验中选用的设备为 6.1 节介绍的研发设备。

6.2.5　碾压试验方案

6.2.5.1　平铺碾压试验方案

试验 1 区以其长边为轴线方向,划分为东西两个试验区域,分别进行稳定土拌和机仓面拌和碾压试验和挖掘机备料场拌和碾压试验。

稳定土拌和机仓面拌和碾压试验按照固化剂掺量 15%、25%、35%,每种掺量铺设厚度为 15 cm、20 cm、25 cm 的素土进行组合,共 9 种试验组合。在素土铺设 25 cm 进行 15% 和 25% 掺量的拌和时,发现稳定土拌和机拌和深度不满足要求,素土铺设 25 cm 和

35%掺量固化剂的组合取消,实际进行 8 种试验组合。

挖掘机备料场拌和碾压试验按照固化剂掺量 15%、25%、35%,每种掺量铺设厚度为 25 cm、30 cm 固化黄土进行组合,共 6 种试验组合。

稳定土拌和机仓面拌和碾压试验和挖掘机备料场拌和碾压试验的主要区别是固化黄土的拌和方式。稳定土拌和机仓面拌和碾压试验的拌和方式是先把土料在仓面铺填后平碾 2 遍,检测密度、含水量,测量方量,计算土料质量。根据固化剂掺量计算固化剂用量,在土料表面摊铺固化剂,用路拌机翻拌,检测含水量并调整,确定翻拌遍数。挖掘机备料场拌和碾压试验的拌和方式是在备料场标定挖掘机一挖斗土料的质量,用标定的挖掘机摊铺一挖斗土料后,按照固化剂掺量计算并摊铺固化剂,依次进行土料和固化剂的互层摊铺到预估方量,用挖掘机进行翻拌,检测含水量并调整,确定翻拌遍数。

固化黄土摊铺整平后,用振动碾进行碾压。振动碾宜在场外启动,达到正常工况后,由试验人员指挥进场,并按规定的遍数和行车速度对工作面进行碾压。以前进、后退(前进、后退均计碾压遍数)重迹碾压,相邻碾迹重叠宽度 10~20 cm。要求振动碾平行试验单元长度方向匀速、平直行驶,直至完成规定碾压的遍数。

6.2.5.2　斜坡碾压试验方案

试验 2 区从北向南划分为 5 个 3 m×6 m 的条带,按照固化剂掺量 10%、15%、20%、25%、35%、铺设厚度 15 cm、20 cm 进行斜坡碾压试验。

拌和方式是在备料场标定挖掘机一挖斗土料的质量,用标定的挖掘机摊铺一挖斗土料后,计算出固化剂掺量并摊铺固化剂,进行土料和固化剂的互层摊铺到预估方量,用挖掘机进行翻拌,检测含水量并调整,确定翻拌遍数。

采用挖掘机或铲车将拌和均匀后的黄土固化剂混合料倒入布料机装载斗内,由坝顶可移动牵引平台作为动力源牵引布料机在坡面上自由行动,布料机通过搅动机构实现平稳均匀布料,直至达到摊铺厚度要求。

采用 6 t 单钢轮振动光面碾,在可移动牵引平台牵引下采用进退错距法在坡面上开展碾压,相邻碾迹重叠宽度 10~20 cm。采用静压-弱振-强振的碾压方式,单钢轮振动光面碾在平行试验条带长度方向匀速、平直碾压,直至完成规定碾压的遍数。

6.2.5.3　现场记录和试验检测

碾压试验记录的内容包括运输设备类型,卸料方式,稳定土拌和遍数,铺料及平料的方法,碾压遍数,碾压过程中是否有弹簧、剪切破坏等现象。

用振动碾平碾 2 遍和振动碾压 2 遍后,每振动碾压 2 遍检测压实度,确定碾压遍数。测定压实后的土层厚度,并观察压实土层底部有无虚土层、上下面结合是否良好,有无光面及剪切破坏现象等。对试验分层钻芯取样,养护至 7 d、28 d 和 90 d 龄期后对芯样进行无侧限抗压强度试验。

6.2.6　碾压试验结果

6.2.6.1　平铺碾压试验结果

稳定土拌和机仓面拌和碾压试验压实度试验结果见图 6-16、图 6-17,芯样无侧限抗压强度试验结果见图 6-18，挖掘机备料场拌和碾压试验压实度试验结果见图 6-19、图 6-20。芯样无侧限抗压强度试验结果见图 6-21。

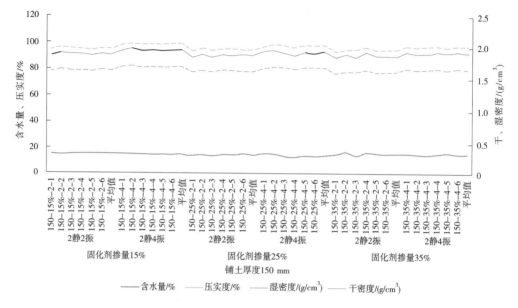

图 6-16　稳定土拌和机仓面拌和碾压试验压实度试验结果（一）

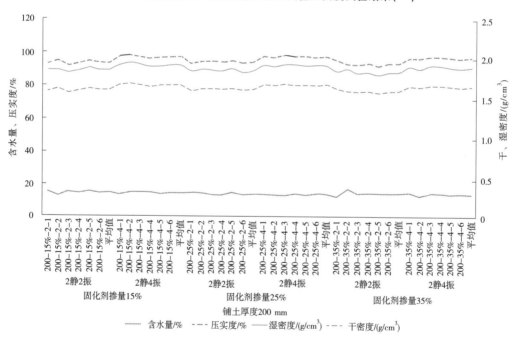

图 6-17　稳定土拌和机仓面拌和碾压试验压实度试验结果（二）

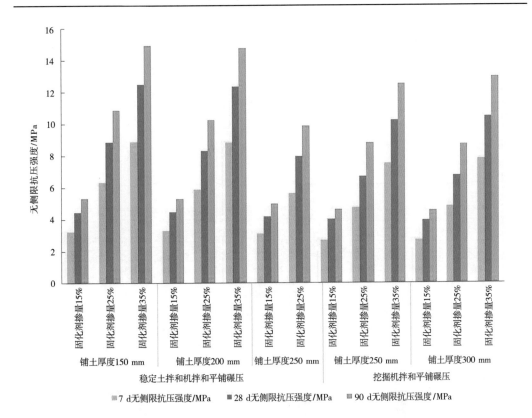

图 6-18　芯样无侧限抗压强度试验结果

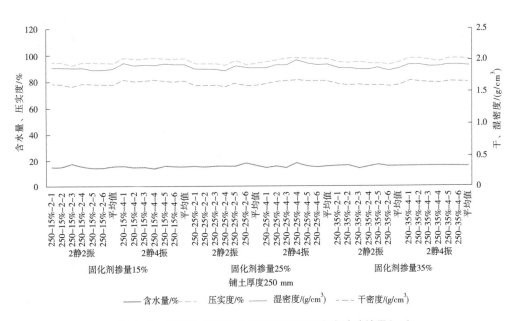

图 6-19　挖掘机备料场拌和碾压试验压实度试验结果(一)

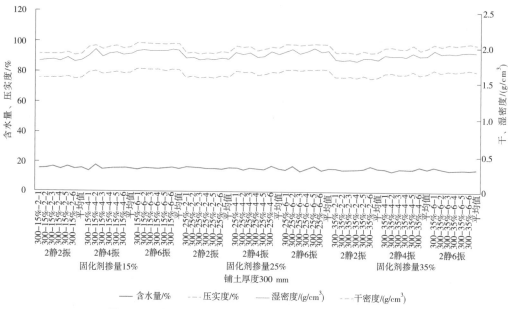

图 6-20 挖掘机备料场拌和碾压试验压实度试验结果（二）

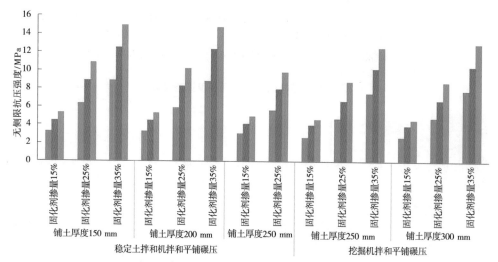

图 6-21 芯样无侧限抗压强度试验结果

　　分析试验结果可得出,铺设厚度 15 cm 和 20 cm 素土,固化剂掺量按照 15%、25%、35%时,采用 6 t 单钢轮振动压路机静碾 2 遍、振动碾压 4 遍的碾压参数时,压实度均满足设计要求。铺设厚度 25 cm 素土时,稳定土拌和机仓面拌和深度不能满足要求,且采用 6 t 单钢轮振动压路机静碾 2 遍、振动碾压 4 遍的碾压参数时,有部分压实度不满足设计要求。

　　分析图 6-19、图 6-20 的试验结果可知,固化剂掺量按照 15%、25%、35%,铺设厚度 25 cm 时,采用 6 t 单钢轮振动压路机静碾 2 遍、振动碾压 4 遍的碾压参数时,压实度均满足设计要求。固化剂掺量按照 15%、25%、35%,铺设厚度 30 cm 时,采用 6 t 单钢轮振动压路机静碾 2 遍、振动碾压 6 遍的碾压参数时,压实度均满足设计要求。

　　从芯样外观可发现稳定土拌和机拌和的芯样无大土块,拌和较均匀;从图 6-21 试验结果可知,固化剂掺量越高,芯样强度越高;相同掺量下采用稳定土拌和机仓面拌和的芯样强度较高。建议采用稳定土拌和机仓面进行固化黄土的拌和,有条件的工程可采用拌和楼制备固化黄土。

6.2.6.2 斜坡碾压试验结果

斜坡碾压试验压实度试验结果见图 6-22~图 6-25,稳定土拌和机仓面拌和碾压试验压实度试验结果见图 6-26、图 6-27,挖掘机备料场拌和碾压试验压实度试验结果见图 6-28~图 6-30,芯样无侧限抗压强度试验结果见图 6-31。

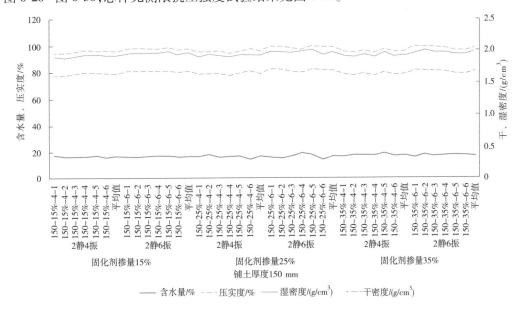

图 6-22 斜坡碾压试验压实度试验结果(一)

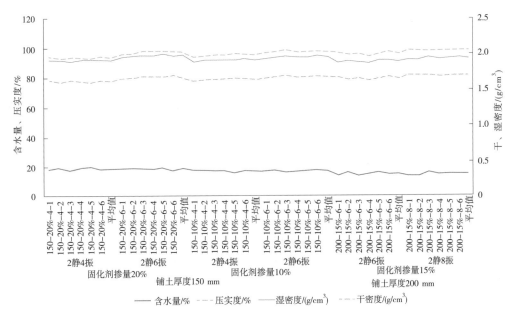

图 6-23 斜坡碾压试验压实度试验结果(二)

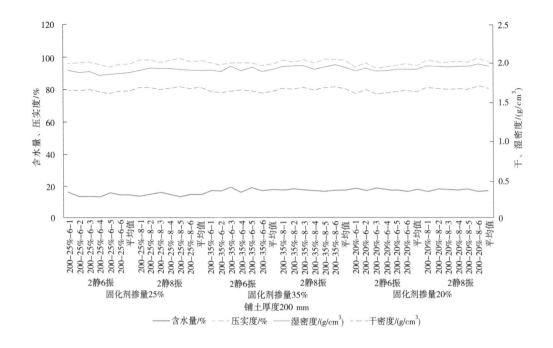

图 6-24　斜坡碾压试验压实度试验结果（三）

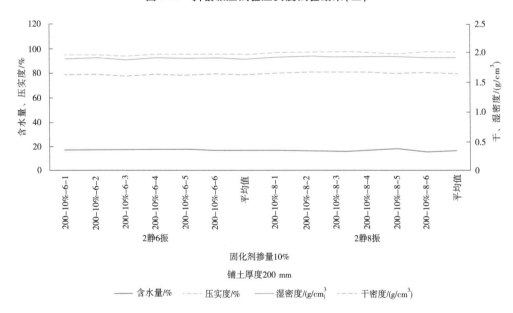

图 6-25　斜坡碾压试验压实度试验结果（四）

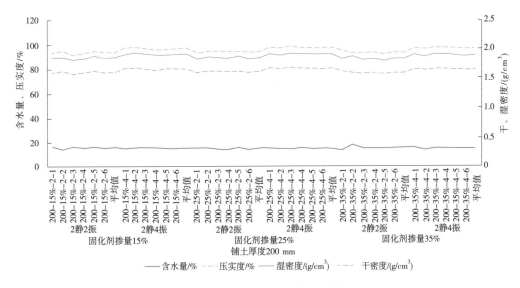

图 6-26　稳定土拌和机仓面拌和碾压试验压实度试验结果（一）

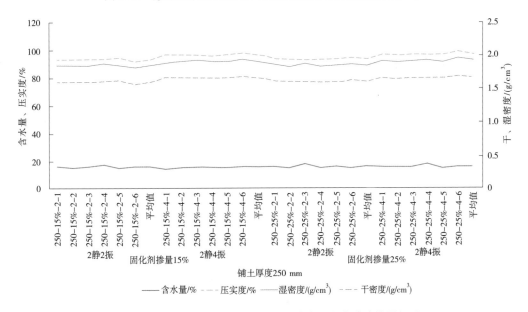

图 6-27　稳定土拌和机仓面拌和碾压试验压实度试验结果（二）

　　分析图 6-22~图 6-25 试验结果可知,固化剂掺量按照 10%、15%、20%、25%、35%,铺土厚度 15 cm 时,静碾 2 遍、振动碾压 6 遍的碾压参数,压实度均满足设计要求;固化剂掺量按照 10%、15%、20%、25%、35%,铺土厚度 20 cm 时,静碾 2 遍、振动碾压 8 遍的碾压参数,压实度均满足设计要求。从图 6-31 展示的试验结果可知,固化剂掺量越高,芯样强度越高。拌和方式相同,掺量相同的斜坡碾压芯样强度和平铺碾压芯样强度差异不大,说明压实度满足要求的情况下,可以用斜坡碾压进行固化黄土施工。

　　分析图 6-26、图 6-27 试验结果可知,铺土厚度 20 cm 和 25 cm 素土,固化剂掺量按照 15%、25%、35%时,振动碾静碾 2 遍、振动碾压 4 遍的碾压参数时,压实度均满足设计要

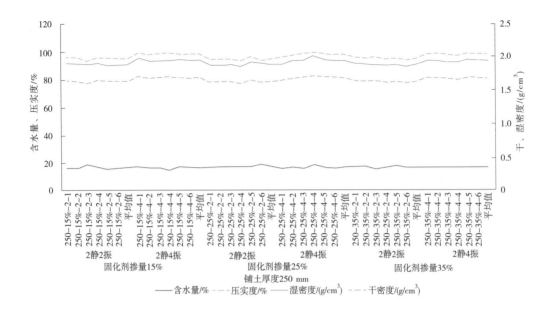

图 6-28　挖掘机备料场拌和碾压试验压实度试验结果（一）

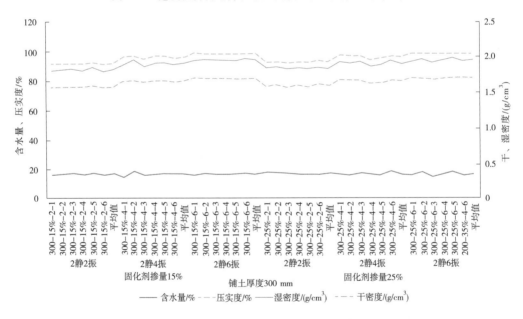

图 6-29　挖掘机备料场拌和碾压试验压实度试验结果（二）

求。铺设厚度 25 cm 素土时，稳定土拌和机的拌和深度不能满足要求，且采用振动碾静碾 2 遍、振动碾压 4 遍的碾压参数时，有部分压实度不满足设计要求。

　　分析图 6-28～图 6-30 试验结果可知，固化剂掺量按照 15%、25%、35%，铺土厚度 25 cm 时，采用振动碾静碾 2 遍、振动碾压 4 遍的碾压参数时，压实度均满足设计要求。固化剂掺量按照 15%、25%、35%，铺土厚度 30 cm 时，采用振动碾静碾 2 遍、振动碾压 6 遍的

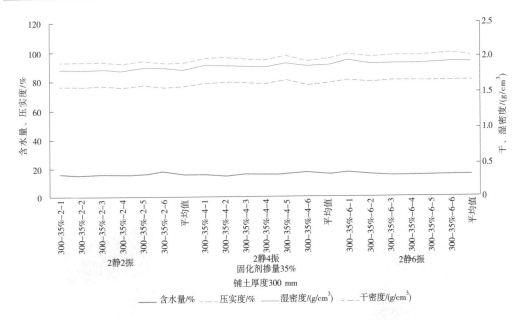

图 6-30 挖掘机备料场拌和碾压试验压实度试验结果（三）

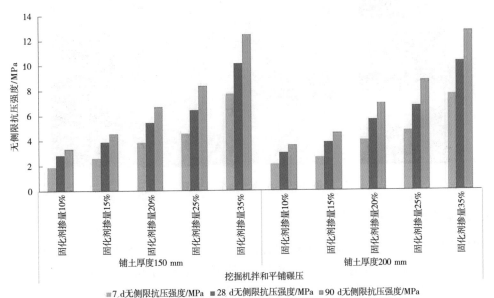

图 6-31 芯样无侧限抗压强度试验结果

碾压参数时,压实度均满足设计要求。

观察芯样外观发现稳定土拌和机仓面拌和的芯样无大土块,拌和较均匀。从图 6-31 试验结果可知,固化剂掺量越高,芯样强度越高;相同掺量下采用稳定土拌和机拌和的芯样强度较高。建议采用稳定土拌和机进行固化黄土的拌和,有条件的工程可采用拌和楼制备固化黄土。

6.3　淤地坝施工生产实践

6.3.1　工程概况

西峰淤地坝位于黄河水土保持西峰治理监督局南小河沟水土保持试验场,距庆阳市22 km,对外交通有两条道路:一条是试验区至318省道,另一条是从试验区、花果山水库至庆阳市西环路。淤地坝位于花果山水库左岸,距离500 m左右,坝长50 m,坝高约10 m,下游坡度约1:1.7。西峰淤地坝示意图见图6-32。

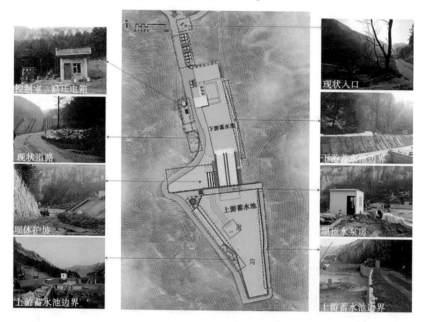

图 6-32　西峰淤地坝示意图

6.3.2　自然地理概况

南小河沟位于董志塬腹地西边缘,是泾河支流蒲河左岸的一条支沟,属黄土高塬沟壑典型区,上游沟道较宽,冲沟发育,为土质河床;下游沟道窄,山体陡峻,为石质河床。流域面积38.93 km²,其中塬面面积20.64 km²,占53.0%,位于东经107°30′~107°37′,北纬35°44′~37°41′,甘肃省庆阳市后官寨及西峰区境内,海拔1 050~1 423 m,流域长13.6 km,平均比降14.38‰,主沟相对高差150~200 m,南小河沟淤地坝分布位置见图6-33。

6.3.3　气象水文条件

南小河沟流域地处中纬度地带,深居内陆,大陆性气候明显,地形复杂。总的特点是:在时空分布上,全年大部分时间受高空西风环流影响,冬季盛行西北风,夏季盛行东南风;冬季地面为蒙古高压控制,干冷的极地大陆气团使降水稀少,天气多晴朗而寒冷;夏季高

图 6-33 南小河沟淤地坝分布位置

空西风带波动活跃,地面气压改变多为移动性的低压(气旋)型,降水机会多,但不均匀,盛夏副热带高压强盛时,常北跃和西进,造成高温、晴朗、干燥的伏夏天气。其四季特征是:春季风大雨少,冷暖无常,多寒潮;夏季温和凉爽,雨水集中,多冰雹;秋季气温逐降,阴雨连绵,多云雾;冬季多风寒冷,干燥少雪,多晴天。光、热、水气候要素在各季的分布和对农业生产作用的总状态是:干旱、温和、光有余。一是日照较长,太阳辐射强,光能资源丰富;二是热量适中,地域分布不一,时空差异大;三是降水分配不均衡,利用率较低;四是旱、冻、雹、洪、风五灾频繁。

根据西峰气象站 40 余年的观测统计,南小河沟年平均降雨量 520.0 mm,年最大降水量 750.2 mm,年最小降水量 344.6 mm,流域年平均气温 9.3 ℃,最高气温 39.6 ℃,最低气温 −22.6 ℃,最大日温差 23.7 ℃,年温差 62.2 ℃,无霜期 155 d。

6.3.4 地形地貌

南小河沟黄土地貌形态发育,为典型的黄土高塬沟壑区,塬面高程为 1 330~1 350 m,现河底高程为 1 183 m 左右。全流域由源面、山坡、沟谷组成,源面地形特点是大平小不平,集流线长,汇水面积大,源心区坡度在 1°~2°,源边区坡度在 1°~3°,多为农耕地,主要为水力侵蚀,以片蚀、细沟为主。据调查,每平方千米有胡同道路 1.5 km,农田集流槽 2.4 km,这些胡同道路及农田集流槽大都与沟头相连,是汇集源面暴雨洪水的主要通道,对沟谷发展起着重要的作用。据观测,源面胡同道路汇集的径流量占源面总径流量的 57.5%,汇集的侵蚀量占源面总侵蚀量的 69.4%。

山坡地形破碎,多呈嘴、梁、峁形。坡度一般在 10°~20°,多为坡耕地,主要为水力侵蚀,在嘴、梁、峁坡上部主要为细沟侵蚀,在其下部还常常发生陷穴、冲沟等侵蚀。

沟谷包括现代沟谷的谷坡和残存的缓坡地,以及沟床。谷坡的上、下部,一般是 40°~60° 的陡坡和大于 60° 的悬崖、立壁,陡坡多是牧荒地,谷坡中部多为 25°~30° 的坡耕地。

主沟下游的沟床已切入基岩,中上游和小支沟的沟床一般在黄土或红土层内;主沟上游和支沟内,多陡坡悬崖,坡耕地相对减少,且分布得很零散。沟谷台阶地的地面坡度一般小于15°。西峰淤地坝地形见图6-34。

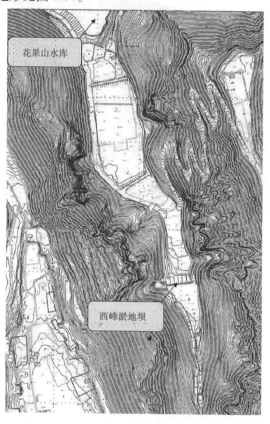

图 6-34　西峰淤地坝地形

6.3.5　工程地质条件

南小河沟流域地质构造较为单一,除下游沟床内有白垩纪砂岩露头外,其余地面几乎全部为黄土所覆盖。流域表层土壤的基本性质为黄土覆盖,容重变化在 12 500 ~ 14 500 N/m³。依据国际土壤质地分类标准,南小河沟黄土属于砂质土壤。

流域地层组成较为简单,从老到新主要为下更新统午城黄土(Q_{1w})、离石黄土(Q_{2l})、第四系全新统坡积(Q_4^{dl})及第四系全新统冲、洪物(Q_4^{al+pl})等,岩性主要是中、重粉质壤土及少量黏土。未发现断层通过,地质构造不发育。

6.3.6　西峰淤地坝护坡设计参数

整个下游坝坡全部采用防冲刷材料进行护坡,下游坝面设 3 个泄流通道,宽度分别为 6 m、1.5 m、6 m,防冲刷层厚 1 m。1.5 m 宽泄流通道冲刷坡段及消力池固化剂掺量为 30%,两侧 6 m 宽泄流通道固化剂掺量分别为 30% 和 20%。施工时先将原下游坝面清基 50 cm,清理树根及杂物,并用斜坡碾或蛙夯夯实基础。泄流通道 1205(高程 1 205 m)以下设排水孔,排水孔沿坡面方向间距 2 m,梅花形布置,孔径 75 cm,孔内回填无砂混凝土。

泄流通道两侧设 0.5 m 厚边墙,坝下 002.90 m 至坝下 003.67 m 边墙高度 3 m,坝下 003.67 m 至坝下 009.23 m 边墙高度由 3 m 渐变为 1 m,坝下 009.23 m 至消力池边墙高度为 1 m。

6.3.7 主要工程量

工程的施工工期为 50 d,新型淤地坝西峰坝项目实际完成土方开挖 6 600 m³,坡面碾压 1 000 m³,墙体砌筑 744 m³,钢筋制作及安装 152.91 t,模板安装 2 418.5 m²,混凝土浇筑 2 113 m³,钢管焊接完成 342 m,道路硬化 450 m,护栏制作及安装完成 251.28 m,该工程施工用到的主要施工机械如表 6-6 所示。

表 6-6 主要施工机械设备汇总

设备名称	型号及规格	数量	运行情况
挖掘机	SY155	3	良好
装载机	ZL50	1	良好
空压机	6 m³	1	良好
拌和设备	JS750	1	良好
布料机	自制	1	良好
可移动牵引平台	自制	1	良好
振动压路机	自制	1	良好
多级离心泵	80 m³	1	良好
振捣器	插入、平板式	3	良好
钢筋切割机	BY3-500	1	良好
钢筋切断机	—	1	良好
滚丝机	—	1	良好
钢筋调直机	—	1	良好
电焊机	QJ5	6	良好
等离子切割机	—	1	良好
空压机	0.3 m³	1	良好
汽车起重机	12 t	1	良好
自卸汽车	EQ3228G	2	良好
水准仪	—	1	良好
全站仪	—	1	良好

6.3.8　工程特性及技术特点

本工程主要特性是施工条件差、山区施工,项目多、设计复杂。分述如下:

(1)施工场地条件不好,现场施工布置困难,作业面铺展不开,安全因素影响大。本工程所在区域地形陡峭,平缓地少,可集中布置的场地极少。

(2)施工项目多,各阶段施工进度需严格计划和保证落实,从而避免其影响整体工期。部分时段中一些工程的施工强度大,因此要求具备较强的施工组织能力。

(3)施工面多、技术要求复杂。本次除险加固包含了坝坡黄土固化剂碾压、混凝土工程、土方开挖回填、液压闸及金属结构(管道、阀门、水泵、电气)安装等多项内容,其技术覆盖面广。因此,要求施工方须具有丰富、全面的施工经验和施工技术能力。

6.3.9　施工方法及技术措施

6.3.9.1　黄土固化剂混合料拌和

在备料场标定挖掘机一挖斗土料的质量,用标定的挖掘机摊铺一挖斗土料后,按照固化剂掺量计算并摊铺固化剂,依次进行土料和固化剂的互层摊铺到预估方量,用挖掘机进行翻拌,检测含水量并调整确定翻拌遍数。

6.3.9.2　黄土固化剂混合料摊铺

将拌和均匀后的黄土固化剂混合料倒入布料机装载斗,由坝顶可移动牵引平台作为动力源牵引布料机在坡面上自由行走,布料机在搅动机构作用下平稳布料,布料厚度为30 cm,宽度为3 m。

6.3.9.3　黄土固化剂混合料碾压

利用6 t单钢轮振动光面碾,在可移动牵引平台牵引下采用进退错距法碾压,碾压宽度为1~2 m,错距宽度为0.5 m,在振动压实机构作用下,采用静压-弱振-强振的碾压方式,碾压6~8遍至达到压实度要求。

6.3.10　社会经济效益

西峰淤地坝应用新型淤地坝斜坡施工成套设备与工艺,共投入拌和设备1套、布料机1台、振动压路机1台、可移动牵引平台1套,历时50 d,工程质量全部优良,节约材料成本30余万元,与传统淤地坝施工技术相比缩短工期10 d,且新设备与工艺自动化、机械化、智能化水平高,显著减轻了工人的劳动强度。此外,研究的黄土固化防护工程施工成套设备具有可拆卸性强、轻便、小型化、易于转移等特点,交通条件、施工工况适应性强。防冲刷材料现场施工拌和、摊铺、碾压工艺独特,养护方便,施工工期短、效率高,与传统的施工方法比较,在质量、安全、经济、技术效能等方面具有创新性和先进性。从市场的推广角度来看,全国淤地坝除险加固工程和新建工程将会源源不断地开始建设,且该设备和工艺不仅限于淤地坝施工,同样适用于其他土坝,推广价值大、市场前景广阔。该套设备及工艺与其他方案比较,减少事故,提高质量,缩短工期,经济效益、社会效益、生态效益显著。

6.4　本章小结

　　本章首先基于机械设计理论设计优化出适用于淤地坝斜坡施工用的拌和设备、摊铺设备、碾压设备,其次利用设计的相关设备在中牟试验基地开展免管护防护层施工试验,检验设备的适用性并获取淤地坝防护层施工关键工艺参数,并将相关设备及工艺应用到中试试验基地西峰坝的生产实践中,得出以下结论:

　　(1)通过功能需求分析、结构设计,研制出了适合黄土高原地区淤地坝分布"散、偏、远"特点及淤地坝小坡面施工工况的"拌和、摊铺、碾压"的专用机械设备,实现了固化土防冲层施工工艺全工序机械参与、施工效率高、施工成本降低的目标。

　　(2)通过在中牟试验基地开展固化土防护层"拌和、摊铺、碾压"试验,检验了研发设备的适用性,拌和、摊铺、碾压设备适应性良好。

　　(3)通过在中牟试验基地不同工况下(斜坡、平地)开展稳定土拌和机仓面拌和碾压试验和挖掘机备料场拌和碾压试验,获取了不同固化剂掺量、不同摊铺厚度对应的碾压方式(静-振交互)、碾压遍数等关键参数,初步形成了一套可推广应用的固化土防护层施工工艺。

　　(4)通过将研制的固化土防护层施工工艺应用在中试项目——西峰淤地坝项目,显示本章研制的相关设备和工艺具有施工质量好、效率高、劳动强度低,经济效益、社会效益、生态效益显著等优点,推广应用价值大。

参 考 文 献

[1] 焦国旺.振动压路机驾驶室隔振系统仿真与优化[D].南京:东南大学,2010.

[2] 黎文琼.振动压路机驾驶室振动研究与控制[D].南京:东南大学,2013.

[3] 马学良.振荡压路机压实动力学及压实过程控制关键技术的研究[D].西安:长安大学,2009.

[4] 张奕.智能压路机控制系统设计及关键技术研究[D].西安:长安大学,2009.

[5] 伍斌.智能压路机控制系统的研究[D].合肥:合肥工业大学,2012.

[6] 洪育成.大型工程机械设备远程监控系统的研究[D].武汉:华中科技大学,2012.

[7] 荆俊志.压实机械工作状态远程监控系统[D].西安:长安大学,2014.

[8] 赵利军.搅拌低效区及其消除方法的研究[D].西安:长安大学,2006.

[9] 冯忠绪,赵利军.智能化搅拌设备[J].长安大学学报(自然科学版),2004,24(6):77-79.

[10] 冯忠绪.混凝土搅拌理论与设备[M].北京:人民交通出版社,2001.

[11] 王卫中.双卧轴搅拌机工作装置的试验研究[D].西安:长安大学,2004.

[12] 刘志军.挖掘机安装液压振动夯在水库除险加固工程中的应用[J].农业科技与信息,2020(1):102-103.

[13] 郑永军.实验用双卧轴混凝土搅拌机的仿真研究[D].西安:长安大学,2020.

[14] 廖泽楚,高伟,刘磊,等.螺带式混凝土搅拌机混合特性及 DEM 模拟[J].过程工程学报,2019,19(4):668-675.

[15] 李国民.斜坡碾压技术在某水库施工中的应用[J].黑龙江科技信息,2016(6):194.

[16] 黄宝成. 斜坡碾压技术在某水库施工中的应用[J]. 黑龙江水利科技,2016,44(1):105-106.

[17] 薛日芳. 斜坡碾压技术在东石湖水库枢纽调蓄水池堆石坝施工中的应用[J]. 山西水利科技,2014 (4):12-14.

[18] 杨金平. 斜坡碾压技术在东石湖水库施工中的应用[J]. 山西水利,2014(8):39-40.

[19] 张亚丽. 面板堆石坝传统斜坡碾压与挤压边墙成本分析[J]. 中国水运(下半月),2014,14(6):376-377.

[20] 王炜,陈卫烈. 张河湾抽水蓄能电站上水库工程斜坡垫层料的碾压施工及质量控制[J]. 建材世界, 2011,32(5):90-94.

[21] 甘果. 自制车载式斜坡碾压牵引设备[J]. 施工技术,2011,40(12):101.

[22] 吴有如,刘国林. 浅谈堆石坝斜坡削坡、碾压控制[C]//抽水蓄能电站工程建设文集 2007,2007: 369-372.

[23] 吴有如,刘国林. 浅谈堆石坝斜坡削坡及碾压控制[J]. 人民长江,2007(5):52-53.

[24] 沈文华,吴松. 乌鲁瓦提水利枢纽工程主坝垫层料斜坡碾压施工[J]. 水利水电技术,2003(12): 4-7.

[25] 郑国和. 汾河二库大坝碾压混凝土斜坡铺筑技术[C]//中国水力发电工程学会 2003 年度学术年会碾压混凝土筑坝技术交流论文汇编,2003:93-96.

[26] 宋建庆,郑国和. 汾河二库大坝碾压混凝土斜坡铺筑技术[J]. 山西水利科技,2000(3):57-59.

[27] 赵忠柱,孙忠文,代朝永,等. 垫层料斜坡碾压的质量分析[J]. 东北水利水电,1999(3):36-38.

[28] 房纯纲,葛怀光,刘树棠,等. 斜坡碾压质量的实时控制[J]. 水利水电技术,1997(2):46-50,63.

[29] 徐立汉. 我们是怎样进行斜坡振动碾压的[J]. 建筑机械化,1993(3):5-6.

第 7 章　新型淤地坝科学试验研究

现有淤地坝存在溃决风险高、管护压力大、拦沙不充分等问题,为突破淤地坝坝身过流难题、充分发挥淤地坝的生态保护修复效益,创新性地提出高标准新型淤地坝坝身过流的设计运用理念,与传统淤地坝相比,高标准新型淤地坝可以实现防溃决、免管护、多拦沙、降低造价的目标,能更好地发挥淤地坝的综合效益,支撑黄河流域生态保护和高质量发展。在高标准新型淤地坝技术体系中,筑坝新材料的抗冲刷性能是核心问题。因此,开展系列科学试验,为高标准新型淤地坝的设计和施工提供理论依据。

7.1　室内物理模型抗冲刷试验

7.1.1　试验目的及方案

通过室内试验手段探讨淤地坝新材料在洪水溢流过程中的冲蚀规律,为黄土高原地区高标准新型淤地坝的设计和建设提供相应的依据。

7.1.1.1　试验原理

在高速水流的冲刷下,用最大冲刷深度间接表示试块的冲蚀程度。

7.1.1.2　试验内容

对不同掺量下的固化黄土开展室内冲刷试验,采用比尺缩小的模型试验无法反映真实冲刷情况,须采用1:1的原型试验。淤地坝溢流后整个下游坡面受到冲蚀,根据能量守恒定律,坝下游坡面上的最大流速发生在下游坡面的坝脚处,因此选取坝脚处的最大流速区为冲刷对象。坡面上的切应力由主流区的流速决定,若试验中坡面上流场与该处的实际流场一致,则冲蚀规律必然也一致。

7.1.2　试验过程

7.1.2.1　试样的制备及养护

采用静压法制备长方体试样,具体过程如下:

(1)按设计方案,固化剂掺量设定为 5%、10%、15%、20%、25% 和 30%;

(2)将固定质量并已初步过筛的黄土、固化剂倒入搅拌机进行干拌,然后按照最佳含水量加入适量的水进行湿拌,拌和时间约为 30 min;

(3)将搅拌均匀的固化黄土分 5 次倒入内壁事先涂好凡士林的预制试模中,且分层击实,最终在压力机下成型试样,尺寸为 480 mm×480 mm×100 mm;

(4)将成型好的试样取出,试块用土工布遮盖,并放置在(20±1)℃恒温恒湿箱里、相对湿度大于或等于98%的养护箱中养护 28 d。

不同固化剂掺量试样的组成如表 7-1 所示,试样制备过程如图 7-1 所示。

表 7-1　不同固化剂掺量试样的组成

掺量/%	黄土/kg	固化剂/kg	水/kg
5	43.044	2.088	3.728
10	40.778	4.176	3.904
15	38.514	6.264	4.082
20	36.248	8.352	4.260
25	33.980	10.440	4.430
30	31.860	12.520	4.460

图 7-1　抗冲刷固化黄土试样制备过程

7.1.2.2　试样的安装及数据采集

将养护好的试样放置在自主设计的抗冲刷试验机上,如图 7-2(a)所示。试样顶端靠近鸭嘴扁口,鸭嘴扁口参数见表 7-2。同时,在试样正上方架设三维激光扫描仪,如图 7-2(b)所示,该设备可以在冲刷试验结束后实时收集试样表面的形态坐标数据。数据采集过程中要清除掉试样表面的水,以免影响数据采集效果。扫描仪的具体参数见表 7-3。在试验开展过程中,采用水泵机抽水,以满足冲刷时设定的流速,水泵机参数见表 7-4。试验布置如图 7-3 所示。

(a)试样放置　　　　　　　　(b)数据采集　　　　　　　(c)冲刷试验整体效果图

图 7-2　抗冲刷试验过程

表 7-2 鸭嘴扁口参数

长/mm	宽/mm	出口流速/(m/s)	扁口与试块间距/mm	水流与试块夹角/(°)
320	10	≥15	≤5	≤5

表 7-3 扫描仪(Focus 3D)参数

垂直上界/(°)	垂直下界/(°)	水平上界/(°)	水平下界/(°)	点距离误差/(mm/m)	扫描质量/倍	扫描时间(时:分)
−27	0	70	111	3.068/10	4×	7:55

表 7-4 水泵机参数

$Q/(m^3/h)$	H/m	$P/t/(bar/c)$	$n/(r/min)$
400	43	110/120	1 450

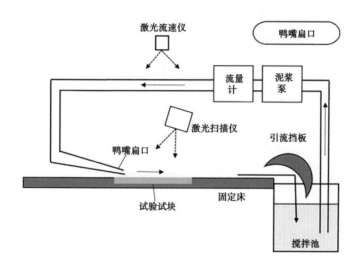

图 7-3 试验布置

7.1.3 试验结果分析

7.1.3.1 清水冲刷

将设备通电,变电柜调节转速至 3 500~4 000 r/min,使流量计流量稳定在 170~185 m³/h,流速大于或等于 15 m/s 进行冲刷试验,记录如下:将扫描仪中初始文件导入 SCENE 软件,选取试块表面为研究区域,结合冲刷时间,得到累计最大冲刷深度和冲刷时间的关系。图 7-4 展示了不同固化剂掺量固化黄土在冲刷 10 h 后的表面形态,可知随着固化剂掺量的增大,试样表面形态逐渐趋于光滑,表明增大固化剂掺量可以改善其抗冲刷性能。固化剂掺量为 30%的试样从开始到累计 10 h 冲刷结束,除空蚀引起的一些坑洼外,试块表面并无明显的冲刷痕迹,更无剥落现象出现。

结合冲刷时间,得到累计最大冲刷深度和冲刷时间的关系(见图 7-5),可知 10%、15%和 25%掺量试样的累计最大冲刷深度随着冲刷时间的增加呈现线性增加,且相关性

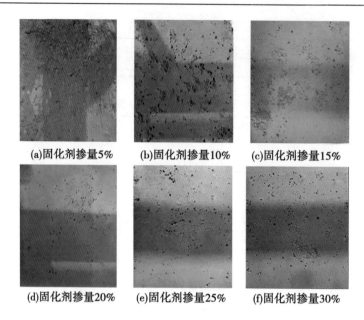

(a)固化剂掺量5%　　(b)固化剂掺量10%　　(c)固化剂掺量15%

(d)固化剂掺量20%　　(e)固化剂掺量25%　　(f)固化剂掺量30%

图 7-4　不同固化剂掺量试样清水冲刷后的上表面形态

较好;5%及20%掺量试样的累计最大冲刷深度随着冲刷时间的增加呈幂函数增加。

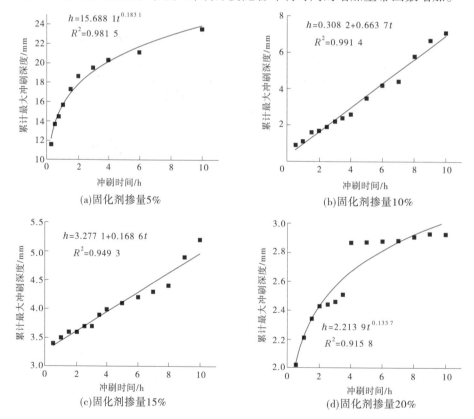

$h = 15.688\ 1t^{0.183\ 1}$
$R^2 = 0.981\ 5$

(a)固化剂掺量5%

$h = 0.308\ 2 + 0.663\ 7t$
$R^2 = 0.991\ 4$

(b)固化剂掺量10%

$h = 3.277\ 1 + 0.168\ 6t$
$R^2 = 0.949\ 3$

(c)固化剂掺量15%

$h = 2.213\ 9t^{0.133\ 7}$
$R^2 = 0.915\ 8$

(d)固化剂掺量20%

图 7-5　不同掺量试样清水冲刷累计最大冲刷深度-冲刷时间关系

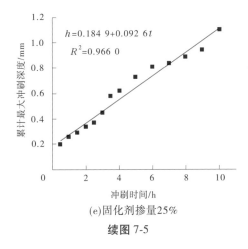

(e)固化剂掺量25%

续图 7-5

7.1.3.2　浑水冲刷

在含沙量为 50 kg/m³ 的浑水条件下,将设备通电,变电柜调节转速至 4 000 r/min,使流量计流量稳定在 175~185 m³/h,流速大于或等于 15 m/s 的条件下进行冲刷试验:本次冲刷试验不同固化剂掺量经 15 m/s 水流冲刷 10 h 后的累计最大冲刷深度如图 7-6、图 7-7 所示。可知 5% 和 25% 掺量试样的累计最大冲刷深度随着冲刷时间的增加呈幂函数增加;10% 掺量试样的累计最大冲刷深度随着冲刷时间的增加呈多元函数关系增加;15% 掺量试样的累计最大冲刷深度随着冲刷时间的增加呈线性增加;20% 和 30% 掺量试样的累计最大冲刷深度随着冲刷时间的增加呈对数函数增加。不同掺量下的累计最大冲刷深度的拟合相关性均较好。

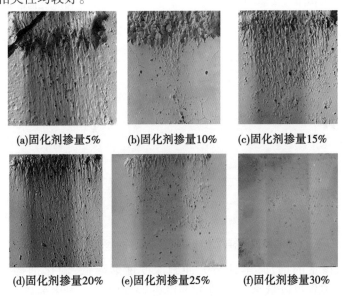

(a)固化剂掺量5%　　(b)固化剂掺量10%　　(c)固化剂掺量15%

(d)固化剂掺量20%　　(e)固化剂掺量25%　　(f)固化剂掺量30%

图 7-6　不同掺量试样浑水冲刷 10 h 的上表面形态

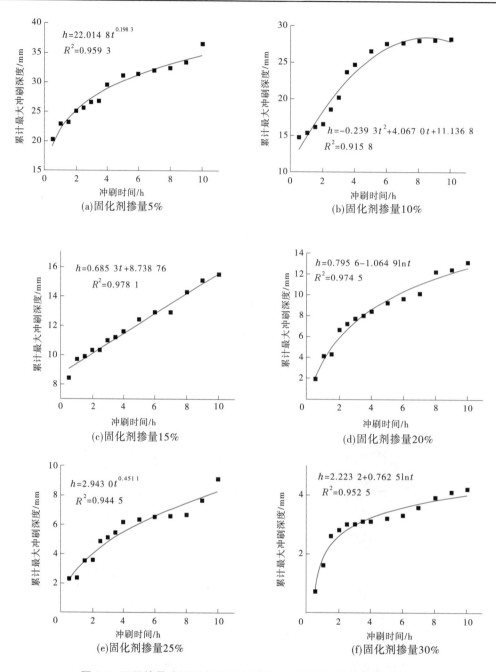

图 7-7　不同掺量试样浑水冲刷累计最大冲刷深度-冲刷时间关系

随着固化剂掺量的增加，累计最大冲刷深度逐渐降低，固化剂掺量由 5% 增加至 10%，累计最大冲刷深度降低至原来的 1/3，降低幅度明显。固化剂掺量为 25% 时，清水冲刷的累计最大冲刷深度约为 1 mm，为试样厚度的 1%，表明该掺量下固化黄土的抗冲刷性能优良，可以满足水流 15 m/s 的抗冲刷指标。固化剂掺量为 30% 时，浑水冲刷的累计最大冲刷深度约为 4.5 mm。

图 7-8 和 7-9 分别给出了累计最大冲刷深度与固化剂掺量和试样无侧限抗压强度的关系。对比发现,随着固化剂掺量的增大,累计最大冲刷深度逐渐降低;随着试样无侧限抗压强度的提高,累计最大冲刷深度逐渐降低;二者具有较好的相关性。固化剂掺量超过 15%以后,累计最大冲刷深度变化缓慢。

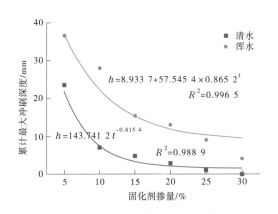 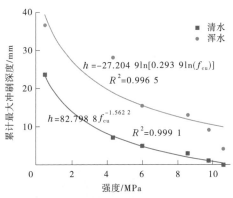

图 7-8　累计最大冲刷深度-固化剂掺量关系　图 7-9　累计最大冲刷深度-无侧限抗压强度关系

室内抗冲刷试验分别采用清水和含沙量 50 kg/m³ 的浑水作为流动介质,在 15 m/s 流速下冲刷 10 h,得出以下结论:

(1)清水工况下,5%掺量固化剂的试块在经历 10 h 冲刷后,上表面剥蚀冲刷严重,部分区域形成小范围塌陷,内部空蚀空洞现象极其明显,随着冲刷时长的累加,空蚀剥落现象有进一步发展为小型冲刷坑群并连成片的趋势,经过测量发现其最大冲刷深度为 17.9 mm,全局平均冲刷深度为 4.5 mm,筛选区平均冲刷深度为 4.9 mm,在不利条件下此掺量固化黄土筑成的淤地坝防护层的安全将无法得到保障,建议采用更高固化剂掺量的试块进行进一步验证。

(2)清水工况下,15%的试块在经历 10 h 冲刷后,试块表面剥蚀冲刷不严重,仅在鸭嘴扁口出流口的最不利冲刷条件区域,存在极小范围的冲刷剥蚀现象,经测量发现其最大冲刷深度为 6 mm,全局平均冲刷深度为 1.8 mm,筛选区平均冲刷深度为 2.9 mm,结合经济因素,初步判断 15%固化剂掺量的材料可作为新型淤地坝的筑坝材料,在后期需增加试验条件进一步验证其安全性。

(3)清水工况下,30%的试块在经历 10 h 冲刷后,试块表面无明显冲刷痕迹,经测量发现其最大冲刷深度为 2.5 mm,全局平均冲刷深度为 1.1 mm,筛选区平均冲刷深度为 2.1 mm,如果不考虑经济因素,30%固化剂掺量的材料完全满足高标准新型淤地坝筑坝材料的性能要求。

(4)相同流速和冲刷时间下,含沙量为 50 kg/m³ 的含沙水流比清水冲刷程度要剧烈,但是二者之间的差距随着固化剂掺量的增加而减小,若清水条件下采用 15%的掺量配比,则建议浑水条件下采用 20%以上的掺量配比以保证工程的安全性。

7.2 中试试验研究

7.2.1 西峰示范坝基本情况

为验证新型淤地坝的技术可行性和工程安全性,在甘肃省庆阳市黄河水土保持西峰治理监督局所管辖的南小河沟水土保持科技示范园区内,依托现有的湫沟淤地坝进行高标准新型淤地坝改造。湫沟淤地坝位于花果山水库左岸,坝长50 m,坝高约10 m,下游坡度约1:1.7,距离下游的花果山水库500 m左右。花果山水库蓄水充足,可方便后期开展示范坝的过水冲刷试验。湫沟淤地坝工程改造后称为西峰示范坝。

西峰示范坝布设了三条试验流道,如图7-10所示。

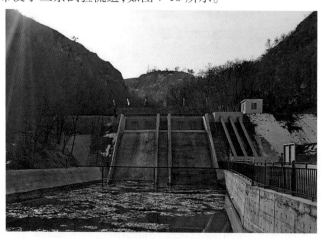

图 7-10 西峰示范坝

(1)左侧试验流道:流道宽度6 m,防冲刷保护层的固化剂掺量30%。

(2)中间试验流道:流道宽度1.5 m,防冲刷保护层为固化剂掺量20%和30%混合料。

(3)右侧试验流道:流道宽度6 m,防冲刷保护层的固化剂掺量20%。

根据本项目实际情况,计算出单宽流量与堰上水头,如表7-5所示。

表 7-5 单宽流量与堰上水头关系

堰上水头/m	单宽流量/[m³/(s·m)]	堰上水头/m	单宽流量/[m³/(s·m)]
0.2	0.15	1.2	2.24
0.3	0.28	1.3	2.53
0.4	0.43	1.4	2.82
0.5	0.60	1.5	3.13
0.6	0.79	1.6	3.45
0.7	1.00	1.7	3.78
0.8	1.22	1.8	4.12
0.9	1.46	1.9	4.47
1.0	1.71	2.0	4.82
1.1	1.97		

试验开始时下泄流量大于抽水量,上游蓄水池水位快速下降,之后下泄流量与抽水量平衡,此时上游蓄水池水位稳定在某一高度。根据 3 台水泵的最大抽水量(1.5 m³/s),可以估算 3 个泄槽所能满足的最大单宽流量及对应的堰上水头、稳定后的单宽流量及对应的堰上水头,如表 7-6 所示。

表 7-6　3 个泄槽能达到的单宽流量及对应堰上水头

序号	泄水通道宽度/m	最大瞬时单宽流量/[m³/(s·m)]	最大单宽流量对应堰上水头/m	稳定单宽流量/[m³/(s·m)]	稳定单宽流量对应堰上水头/m	固化剂掺量/%
1	1.5	4.82	2	1	0.70	20~30
2	6	4.82	2	0.25	0.28	30
3	6	4.82	2	0.25	0.28	20

在 3 台泵同时工作的情况下,可以估算堰上水头随时间变化的关系,据此进行泄流试验起点时间的确定,如图 7-11 所示。

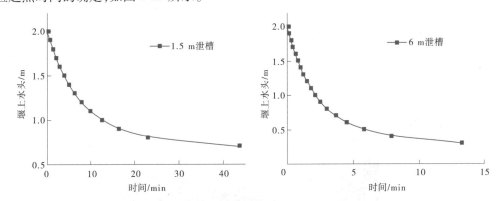

图 7-11　不同泄槽宽度堰上水头-时间关系曲线

7.2.2　试验任务

紧紧围绕试验目标开展具体试验工作,主要试验任务包括:

(1)开展不同下泄流量、不同冲刷历时、不同固化剂掺量的黄土防冲刷保护层抗冲刷性能研究。试验过程中需要视频影像监测:现场影像、试验运行情况、水流流态视频影像等。

(2)上游库区堰上水头与溢流特性监测。一是对堰上水头进行监测;二是在溢流面布置典型断面,对沿程和横向水深、流速进行观测,测定最大流速及断面流速分布规律,并建立堰上水头与溢流面沿程各点的水位流量关系。

(3)消力池脉动压力分布监测。放水试验过程中,实时监测脉动压力的大小及分布,对消力池设计厚度等提供参考。

(4)过流试验完成后,及时开展冲刷后溢洪道表面三维扫描和三维重构,据此进行不同工况下冲刷深度、冲刷坑洞面积(体积)等冲刷特征对比分析,为新型淤地坝设计中黄土固化材料设计指标选定、新型坝工结构设计提供依据和支撑。

7.2.3 中试试验初期探索

7.2.3.1 施工工法验证

通过西峰示范坝的建设,探索适合防冲刷保护层新材料现场施工的拌和工艺、碾压工艺、养护方法和施工工期等,积累新材料从实验室到工程实践的施工经验,总结了一套可行的施工工法;提出了改善施工效率的施工设备和施工工艺。

7.2.3.2 固化黄土材料防冲刷保护层结构安全性验证

2021 年 1 月 30 日,成功完成了西峰示范坝过水安全性验证,累计放水冲刷 10 h,坝体结构未受到影响。2021 年 4 月 21 日,完成了西峰示范坝防冲刷保护层与原坝面之间的脱空监测,各泄水流道防冲刷保护层未见明显缺陷,新材料防冲刷层与原坝面之间未见明显脱空。

2021 年 5 月 26 日,按照循序渐进的原则,从低水头放水开始,逐步增加堰上水头,开展了防冲刷保护层抗冲刷性能首期试验,每个流道分别冲刷 4 h,总冲刷历时 12 h,试验过程中完成了相应的水力学要素(流速、脉动压力)的测试,试验完成后进行了固化黄土冲刷形态监测。根据首期试验监测结果,西峰示范坝最大堰上水头 1.9 m,最大泄流流速达 12 m/s,最大单宽流量 4.4 $m^3/(s \cdot m)$,下游消力池脉动压力在 $-11.6 \sim 11$ kPa,防冲刷保护层抗冲刷性总体较好,最大冲坑深度约为 3 cm,平均冲刷厚度小于 0.5 cm。

7.2.3.3 固化黄土冲刷深度检测

图 7-12 展示用 Focus 3D 三维激光扫描仪对溢洪道在冲刷前、后的形态扫描。

图 7-12 Focus 3D 三维激光扫描仪

以左侧流道为例,放水前、后的情况如图 7-13、图 7-14 所示。

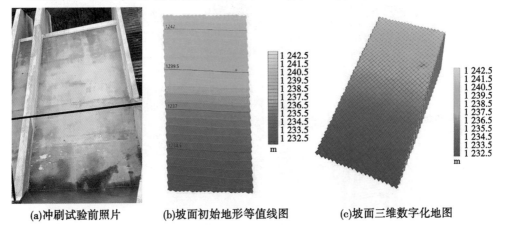

(a)冲刷试验前照片　　　(b)坡面初始地形等值线图　　　(c)坡面三维数字化地图

图 7-13　放水前左流道情况

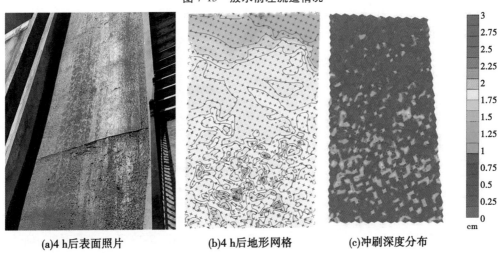

(a)4 h后表面照片　　　(b)4 h后地形网格　　　(c)冲刷深度分布

图 7-14　放水 4 h 后左流道情况

由左侧流道冲刷前的照片和激光扫描结果来看,左流道初始表面光滑平整。左流道冲刷 4 h 后,除层与层之间的连接处因施工工艺问题所造成的小块剥落和土壤粒径不均匀出现的小蜂窝麻面外,坡面整体无大冲坑及空蚀空洞现象出现。由左流道的地形网格可见,蜂窝麻面较集中出现在坡面的中下部区域。

由冲刷试验激光扫描结果可知:

(1)坡面上部区域冲刷极为轻微,中下部区域有稍微冲刷。

(2)大部分冲刷深度集中在 0~0.5 cm。

(3)冲刷深度大于 1 cm 的区域呈分散分布,判断为黄土团粒在水力冲刷后剥落。

采用 LS300-A-II 型流速仪,布置在流道和消力池交界部位,如图 7-15 所示。左侧流道冲刷过程中的流速随时间的变化关系如图 7-16 所示,测得最大流速为 10.76 m/s。

图 7-15　流速仪布置

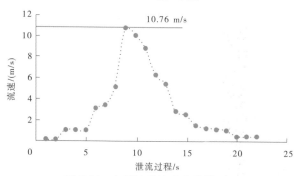

图 7-16　左侧流道流速变化情况

7.2.3.4　脉动压力监测

采用 HM-90 高频动态脉动压力传感器进行监测。布设位置如图 7-17(a)所示,数据采集信号接收如图 7-17(b)所示。消力池脉动压力波动如图 7-18 所示,瞬间捕获到最大压力值为-11.6 kPa。

(a)脉动压力传感器布置情况　　(b)脉动压力传感器布设及信号接收

图 7-17　脉动压力监测过程

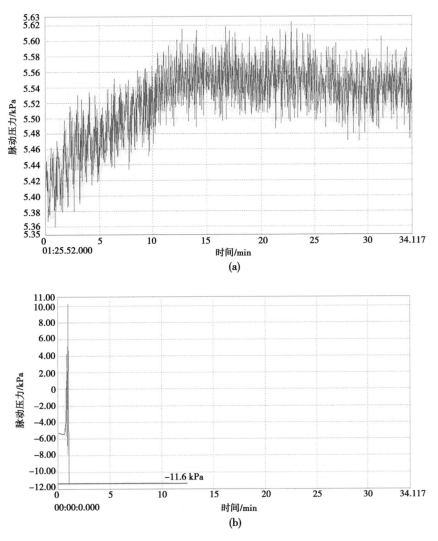

图 7-18　消力池脉动压力波动

7.2.4　中试试验研究

7.2.4.1　试验方案

1. 试验洪量及冲刷历时确定

室内试验无法准确模拟实际的洪水过程,经综合考虑,采用实测淤地坝特小流域典型洪水过程和试点坝设计洪水过程为模拟对象,以下泄洪水冲刷切应力等效为原则,分析以实测典型洪水和试点坝设计洪水为洪水边界条件下,按照试验坝实际泄流能力,换算出试验坝不同宽度流道的试验冲刷历时。同时,考虑淤地坝地区实际可能的洪水对淤地坝泄流设施造成的冲刷能量,按照冲刷切应力等效的原则,换算出不同条件下试验坝不同宽度流道的试验冲刷历时。综合以上边界条件,设计各流道的冲刷流量和历时,来探讨西峰示范坝固化黄土防冲刷保护层可以抵抗的洪水条件。

2. 试验坝模拟冲刷历时确定

综合考虑洪水冲刷边界条件和试验流道布设情况,从边界外包的角度,设置不同流道模拟工况和冲刷历时(见表7-7)。

表7-7　各流道冲刷历时设计情况

溢洪道	组次	单次冲刷时长设计
左侧(30%固化剂掺量,6 m宽)	3	9 h+9 h+9 h
右侧(20%固化剂掺量,6 m宽)	2	9 h+9 h
中间(20%~30%固化剂掺量,1.5 m宽)	2	3.5 h+4 h

左侧和右侧流道(6 m宽):用以模拟洪水条件下20%和30%固化剂掺量防冲刷保护层的冲刷情况,设计标准时,最大冲刷历时为8.6 h;校核标准时,最大冲刷历时为17.9 h。经综合考虑,左侧流道和右侧流道分别设置两个组次冲刷试验,每个组次冲刷历时9 h,总冲刷历时18 h,第一组次冲刷试验模拟洪水条件设计标准工况下的冲刷情况,第二组次冲刷试验进一步模拟洪水条件校核标准工况下的冲刷情况。

为进一步模拟30%固化剂掺量时防冲刷保护层的冲刷情况,校核标准时,最大冲刷历时为26.9 h,因此左侧流道再增加一个组次(冲刷历时9 h)的冲刷试验,设计累计冲刷历时为27 h。

中间流道(1.5 m宽):用于洪水条件下20%~30%混合固化剂掺量防冲刷保护层的冲刷情况,设计标准时,最大冲刷历时为4.4 h;校核标准时,最大冲刷历时为7.5 h。经综合考虑,中间流道分别设置两个组次冲刷试验,第一组次冲刷历时3.5 h,第二组次冲刷历时4 h,总冲刷历时7.5 h,第一组次冲刷试验模拟洪水条件设计标准工况下的冲刷情况,第二组次冲刷试验进一步模拟洪水条件校核标准工况下的冲刷情况。

7.2.4.2　试验过程及结果

2021年9月24日至10月4日,开展防冲刷保护层新材料抗冲刷性能最终试验,按照前期设计,试验过程中完成了相应的水力学要素的监测,试验完成后进行了坡面冲刷形态监测。其中,图7-19展示了各项水力要素监测前的设备和仪器的准备及安装工作。经前期校验和调试准备,各项功能完备正常,完全满足试验所需条件。

(a)安装横梁(一)　　　　(b)安装横梁(二)　　　　(c)安装电线

图7-19　试验前期准备过程

(d)安装流速仪(一)　　　　　　(e)安装流速仪(二)　　　　　(f)安装压力传感器(一)

(g)安装压力传感器(二)　　　　(h)安装上游液位计　　　　　(i)安装流道水尺

(j)调试扫描仪　　　　　　　　(k)调试传感器　　　　　　　(l)调试激光测速仪

续图 7-19

(m)调试电机　　　　　(n)选择合适测点　　　　(o)配套设备(一)

(p)配套设备(二)　　　　　　(q)固定钢架

续图 7-19

在 2021 年 5 月开展一期放水试验前,又进行过多次放水过程,试验后坡面并未进行修补填坑等加固维修工作,故现场看到的冲刷痕迹为建坝以来冲刷效果的所有叠加。

1. 流速监测

采用两套流速监测设备,其一为 LS300-A-Ⅱ 型高精度流速仪,布置在坡面和消力池水面的交界部位,如图 7-20(a)所示。搭载两套垂直安装的 220 V 步进式交流电伺服电机,配合导轨和绝缘线盒,整套设备可通过终端电机控制流速仪探头的上下左右移动,在上游放水过程中,通过终端电机控制调节探头位置以进行更好的流速测量。其二为非接触式红外线激光测速仪,该仪器采用 K 波段平面微带阵列天线,能量集中,低功耗,集成垂直角度补偿、流速滤波算法等功能,测速时结果不受温度、气压影响,设备不受污水腐蚀、泥沙影响,受水毁影响小,便于维护,如图 7-20(c)所示,该设备用于监测上游泄流过程中坡面的流速大小及变化情况。在 2 m 水头工况下,泄流过程中的流速变化如图 7-21所示。试验结果表明,在 2 m 水头工况下,测得下游最大流速为 11.13 m/s,坡面最大流速为 6.04 m/s。

2. 液位监测

液位监测采用 CKDP-200 超声波液位计。该仪器具有完善的液位测控数据传输和人机交互功能,抗干扰性强,可任意设置上下限节点及在线输出调节,并带有现场显示,可

图 7-20　流速监测过程

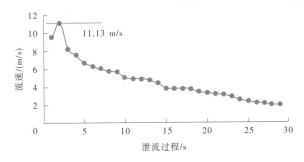

图 7-21　2 m 水头泄流过程流速变化

选择模拟量、开关量及输出,方便与相关设施接口。因不必接触相关介质就能满足大部分场景下的测量要求,从而彻底地解决压力式、电容式、浮子式等传统测量方式带来的缠绕、堵塞、泄露、介质腐蚀、维护不便等缺点。

超声波液位计是测量一个超声波脉冲从发出到返回整个过程所需的时间。它向液面发出一个超声波脉冲,经过一段时间,超声波液位计的传感器接收到从液面反射回的信号,信号经过变送器电路的选择和处理,根据超声波发出和接收的时间差,计算出液面到传感器的距离。超声波液位计是非接触测量方式,多种传感器材质,内置全量程温度补偿,适合测量各类介质的液位高度。

现场液位计的布设位置如图 7-22(a)所示,左、中、右流道各一个,对应流道泄流则打开相应流道的测量开关进行测量,人机交互式便捷精确,该仪器采样数据庞大,采样速度可调,完全满足试验要求。在不同工况、不同闸门的开度下,泄流过程中上游液位变化如图 7-23 所示,其中,闸门间歇性表示闸门的间歇性放下,而闸门一次性表示闸门在一次过程中完全放下。

3.脉动压力监测

脉动压力监测采用 HM-90 高频动态脉动压力传感器,能准确测量液体和气体的压力,适用于多种静态和高动态测量任务。具有如下特征:①精度等级 0.1;②良好的重复性和再现性;③可选 TEDS(传感器自动识别和配置);④额定压力下,温度稳定性为

图 7-22　液位计布设及工作界面

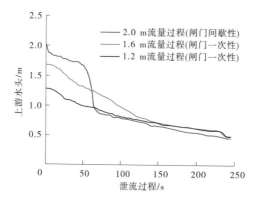

图 7-23　不同工况泄流过程

+0.1%;⑤坚固的单片钢测量体;⑥耐腐蚀,即使在腐蚀性和潮湿环境中也能正常工作;⑦过载范围为额定压力的 2.5 倍;⑧防护等级为 IP67,能够长期抵抗湿气和污垢。

在试验现场,该传感器的布设位置为坡脚的侧墙处,距坡面距离为 20 cm,距消力池底部为 10 cm,实际拍摄安装位置如图 7-24 所示。传感器的另一头经集线器与电脑相连,通过相应的配套软件,可实时读取传感器探头的压力变化情况并进行可视化处理(见图 7-25、图 7-26)。在最不利工况下,上游 2 m 水头的泄流过程中,瞬间捕获到最大压力值为 31 kPa,最小压力值约为−15 kPa。

4.地形监测

地形监测采用的是 FARO 公司生产的 Focus 3D 三维激光扫描仪,该仪器以每秒最大 976 000 点的速率最长可扫描为 503 ft(1 ft=0.304 8 m)。Focus 3D 三维激光扫描仪采用最高效的三维数据文档制作方法,使 Focus 3D 使用便捷,与常规扫描器相比可节省高达 50%的扫描时间,做到迅速准确。

图 7-24　脉动压力传感器布设位置

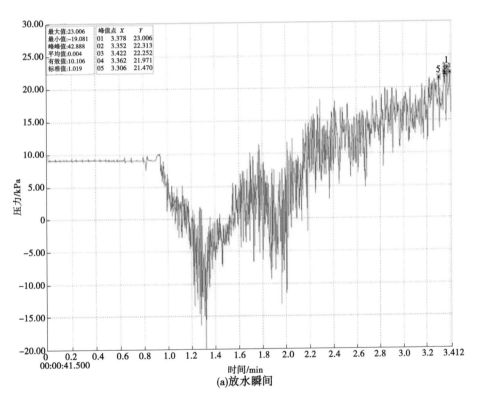

(a)放水瞬间

图 7-25　1.2 m 水头工况下游消力池底板压力

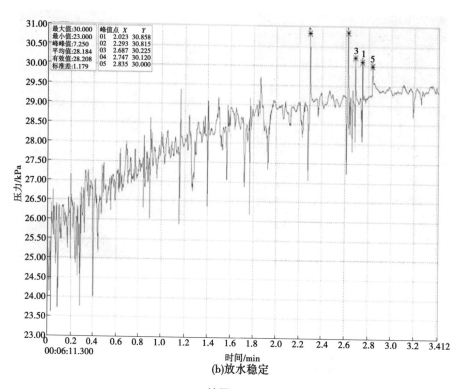

(b)放水稳定

续图 7-25

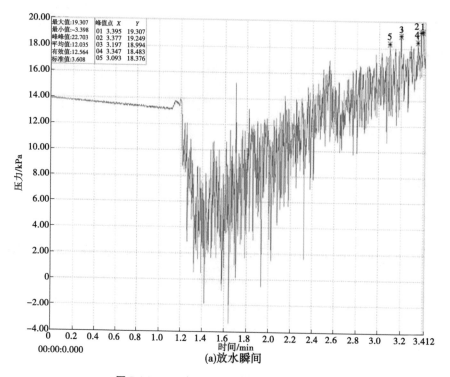

(a)放水瞬间

图 7-26　2 m 水头工况下游消力池底板压力

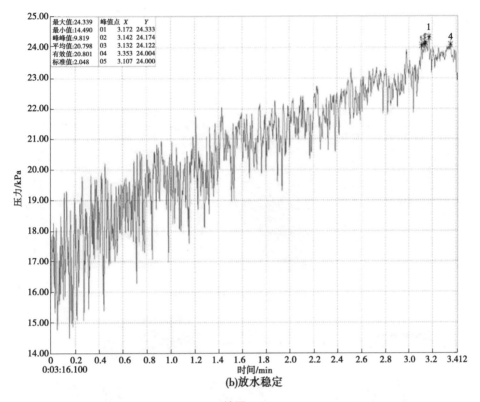

	峰值点	X	Y
最大值:24.339	01	3.172	24.333
最小值:14.490	02	3.142	24.174
峰峰值:9.819	03	3.132	24.122
平均值:20.798	04	3.353	24.004
有效值:20.801	05	3.107	24.000
标准值:2.048			

(b)放水稳定

续图 7-26

现场试验首先在坝体周围全局布置五个反射球作为整体控制和坐标系的对应与核定基准点(见图 7-27),设定好各项相应参数;其次扫描初始坝体坡面作为初始值数据集 $f(x_0,y_0,z_0)$,每第 i 组试验结束后扫描坡面数据集 $f(x_i,y_i,z_i)$,将数据导入相应的软件中进行后处理,取 $\varphi_i=f(x_i,y_i,z_i)-f(x_0,y_0,z_0)$ 作为第 i 组试验的坡面高度变化,并进行对应的参数统计和计算。

图 7-27　试验前坝体坡面及扫描仪布设

图 7-28 为左流道坡面高度变化。取 $y = -1$ cm 平面作为截面去切割高度变化图的三维图层,定义为三维注水图,由图 7-29 可知,冲刷深度大于 1 cm 的区域显示为水层的蓝色,蓝色区域集中于中部小坑及左下角水面交接处,初步判定中部冲刷坑为土质粒径不均匀所造成,而左下角水面交接处为空蚀现象所导致,因此判定左流道掺量固化剂材料的可靠性。

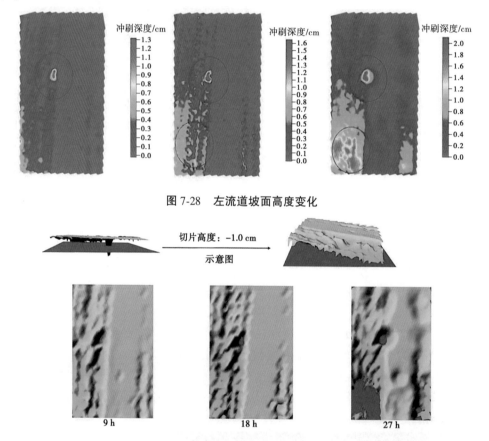

图 7-28　左流道坡面高度变化

图 7-29　左流道坡面高度变化注水情况(-1 cm)

图 7-30 为右流道坡面高度变化。取 $y = -1$ cm 平面作为截面去切割高度变化图的三维图层,由图 7-31 右流道坡面高度变化注水情况可知,冲刷深度大于 1 cm 的区域显示为水层的蓝色,蓝色区域集中于闸门流道下部第三层坡面与第四层坡面的交接处,节理明显,且有逐步发育的趋势,以及下部坡面与水面交接处的空蚀区域。通过分析冲刷坑的 GRD(云图)可知,冲刷坑的冲刷范围小且深度垂向发育较为显著,横向发育并不明显,这是因土质粒径不均匀而瞬间丢土导致的 Z 值(深度)突变的典型特征,亦初步判定右流道掺量固化剂材料的可靠性。

对中间流道而言,冲刷 7.5 h 后整体变化并不明显,破坏区域仅局限于中部一小冲刷坑,最大冲刷深度为 1.24 cm,如图 7-32 所示,冲刷坑的冲刷范围小且深度垂向发展,纵向发展并不显著,认定为冲刷过程中的大土粒脱落而非正常冲刷所导致。验证了混合掺量固化剂材料的可靠性。

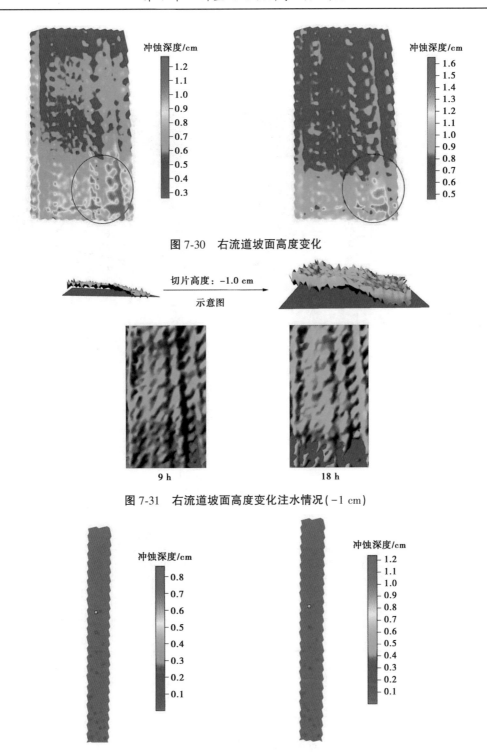

图 7-30　右流道坡面高度变化

图 7-31　右流道坡面高度变化注水情况（−1 cm）

图 7-32　中间流道坡面高度变化

　　通过相关的数据筛选与定位,试验后坡面的最大冲刷深度分布如图 7-33 红圈所示,其中,绿圈为本次试验最大冲刷区域,红圈为累计最大冲刷区域。结合图 7-34 的原始坡面对比,可以看出,破损区域为施工早期的修补区域,痕迹范围明显,而非一体化施工的区域,且冲刷较严重区域并未连接成片,位置分布乱序,冲坑的垂向发育显著,纵向发育极少,且集中于空蚀区域,受冲刷影响较少而受汽蚀等非相关因素影响居多,认为冲刷区域受土质粒径的不均匀性影响极大,且以中间流道为典型代表。总体各项参数总结如表 7-8 所示。

图 7-33　最大冲刷深度分布

图 7-34　原始坡面

表 7-8　冲刷参数汇总

流道	左			右		中间	
固化剂掺量/%	30			20		20~30 混合	
冲刷时间/h	9	18	27	9	18	3.5	7.5
本次最大冲刷深度/cm	1.221	1.650	2.032	1.253	1.722	0.863	1.241
本次平均冲刷深度/cm	0.089	0.252	0.349	0.565	0.726	0.050	0.142
体积丢土比 φ_i/%	1.12			1.41		0.35	
冲坑情况	未出现深坑连片现象			未出现深坑连片现象		未出现深坑连片现象	
质量等级排序	1			3		2	

7.2.5　试验结论

坡面监测结果表明,坡面抗冲刷效果显著,冲刷严重区域集中于层与层的交接处和近水面的空蚀区,抗冲刷水平表现为左流道(30%)>中间流道(20%~30%)>右流道(20%),破坏面积及体积均未超过整体的 2%,与实验室得出的结论极为一致,进一步验证了材料的安全可靠性与可行性。

对左流道分析,累计最大冲刷深度为 2.032 cm,经过 27 h 的持续性冲刷,90% 的坡面冲刷深度变化小于 0.480 cm,95%的坡面冲刷深度变化小于 0.578 cm,99%的坡面冲刷深度变化小于 0.689 cm。变化剧烈地区集中于坡面中部的土质不均匀变化区及近水面的空蚀区域,其中冲刷体积占整体体积的 1.12%,未出现深坑连片现象。

对右流道分析,累计最大冲刷深度为 1.722 cm,经过 18 h 的持续性冲刷,90%的坡面冲刷深度变化小于 0.942 cm,95%的坡面冲刷深度变化小于 1.040 cm,99%的坡面冲刷深度变化小于 1.260 cm。变化剧烈地区集中于层与层之间的交接处及近水面的空蚀区域,其中冲刷体积占整体体积的 1.41%,未出现深坑连片现象。变化趋势表现为冲坑深度的增加而非面积的扩大化,故未表现出明显的区域冲刷现象。

对中间流道分析,累计最大冲刷深度为 1.241 cm,经过 7.5 h 的持续性冲刷,90%的坡面冲刷深度变化小于 0.162 cm,95%的坡面冲刷深度变化小于 0.427 cm,99%的坡面冲刷深度变化小于 1.082 cm。其中冲刷体积占整体体积的 0.35%,未出现深坑连片现象。变化剧烈地区仅限于中部因小块土质脱落带来的深度垂向变化,其余区域未表现出明显的冲刷变化。

通过相关的数据筛选与定位,得出试验后坡面冲刷较严重区域并未连接成片,位置分布乱序,冲坑的垂向发育显著,纵向发育极少,且集中于空蚀区域,受冲刷影响较少而受汽蚀等非相关因素影响居多,认为冲刷区域受土质粒径的不均匀性影响极大,而抗冲刷性能极好。

针对脉动压力,下游消力池底板在最不利工况下最大脉动压力为 31 kPa,最小脉动压力为 −15 kPa。

针对流速液位,在 2 m 水头工况下,测得下游最大流速为 11.13 m/s,坡面最大流速为 6.04 m/s,泄流过程的液位变化符合概化后的小流域洪水过程。

综上所述,新型淤地坝的现场试验从最不利工况入手,最大程度还原实际情况进行试验,新型淤地坝在安全性能、过流能力、抗冲刷水平等各方面均取得较好的结果,试验结果很好地支撑了防溃决高标准新型淤地坝的推广及应用。

7.3　西峰示范坝数值分析

7.3.1　研究目的和内容

研究建立淤地坝三维数值模型进行坝面过水冲刷计算分析,评价防冲刷保护层和消力池的应力应变特性及保护层的滑移脱空规律,为设计、施工提供支撑。

7.3.2　有限元建模

依据实际工程建立三维有限元模型。坐标系定义:X 为顺河向,指向下游为正;Y 为坝轴向,指向左岸为正;Z 为垂直向,向上为正,以其高程为垂直向坐标值,初始地面为 Z 向坐标零点。为方便结果后处理,建立局部坐标系,X 为顺坡向,指向坡脚为正;Y 为坝轴线方向,指向左岸为正;Z 为坡面法向,向上为正。模型三维网格剖分如图 7-35 所示,共有单元总数 49 008 个,结点总数 56 921 个,单元为 8 结点六面体实体单元,网格单元尺寸一般为 2~3 m。

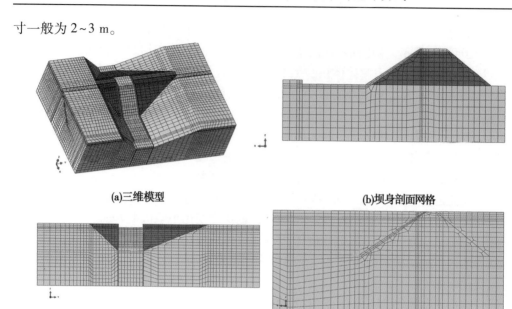

(a)三维模型 　　　　　　　　　　　　 (b)坝身剖面网格

(c)顺河向网格 　　　　　　　　　　　 (d)坝轴线方向网格

图 7-35　西峰示范坝模型三维网格剖分

7.3.3　计算方案和加载过程

本次计算采用静力分析,增量步长自动选择,最大增量步长为 100。坝基底部约束所有方向位移;坝基左右两侧约束 X 向位移;坝基前后约束 Y 向位移。

首先在库区淤沙条件下对坝体和坝基进行地应力平衡;然后进行保护层和消力池的施工;最后进行放水过程的模拟,采用荷载结构模型,即将水流对结构的作用简化为外荷载。为提高收敛,将水流荷载分为坝顶荷载、坝坡荷载和消力池荷载,并在不同的分析步中依次完成。水流在坝坡上存在自重对坡面的压力和流动对坡面的冲刷力,稳态下压力为常量,冲刷力从坝顶到坝脚逐渐增大。到达消力池后冲刷力逐渐减小,如图 7-36 所示,具体取值如表 7-9 所示。

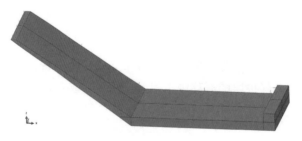

图 7-36　水流荷载示意图

表 7-9　水流荷载　　　　　　　　　　　　　　　　单位:kPa

坝顶	坝坡水压	坝坡冲刷	消力池水压	消力池冲刷
2	2	$3\times(20+X)$	2	$3\times(25-X)$

注:X 为顺河向的荷载,指向下游为正,坝脚为零点。

7.3.4　计算参数

坝体计算参数见表 7-10。线弹性材料计算参数见表 7-11。

表 7-10　坝体计算参数

干密度/(g/cm³)	φ_0/(°)	$\Delta\varphi$/(°)	K	n	R_f	K_b	m
1.6	30	0	800	0.2	0.8	700	0.2

表 7-11　线弹性材料计算参数

材料	干密度/(g/cm³)	弹性模量/GPa	泊松比
坝基	1.7	0.05	0.15
砌体砖墙	1.9	2	0.16
混凝土	2.0	20	0.30
黄土固化新材料	1.8	6	0.20

7.3.5　有限元计算结果及分析

本节分别给出了整体模型、坝体坝基、保护层和消力池的应力变形性状。应力结果中以压应力为正、拉应力为负;位移结果中顺河向位移以向下游位移为正、向上游位移为负,沉降为负。局部坐标系中,应力结果以压应力为正、拉应力为负;顺坡向指向坡脚为正,坝轴线方向指向左岸为正;坡面法向向上为正。

7.3.5.1　整体模型的应力变形

由整体模型的应力变形(见图 7-37)可知,最大沉降为 4.4 mm,发生在约 2/3 坝体高度部位。顺河向位移向下游最大为 0.96 mm,位于消力池部位;向上游最大为 2.3 mm,位于坝身上。最大拉应力为 0.69 MPa。

7.3.5.2　坝体坝基的应力变形

由图 7-38 可知,最大沉降为 3.24 mm,发生在约 2/3 坝体高度部位。顺河向位移向下游最大为 0.58 mm,位于消力池前方坝基部位;向上游最大为 2.3 mm,位于坝身上。最大拉应力为 0.16 MPa。

7.3.5.3　保护层和消力池的应力变形

由图 7-39 可知,坡面法向最大变形为 4.1 mm,发生在约 2/3 坝体高度部位;顺坡向位移向坡脚最大为 2.1 mm,位于坝顶处;最大拉应力为 0.18 MPa;顺坡向最大压应力为

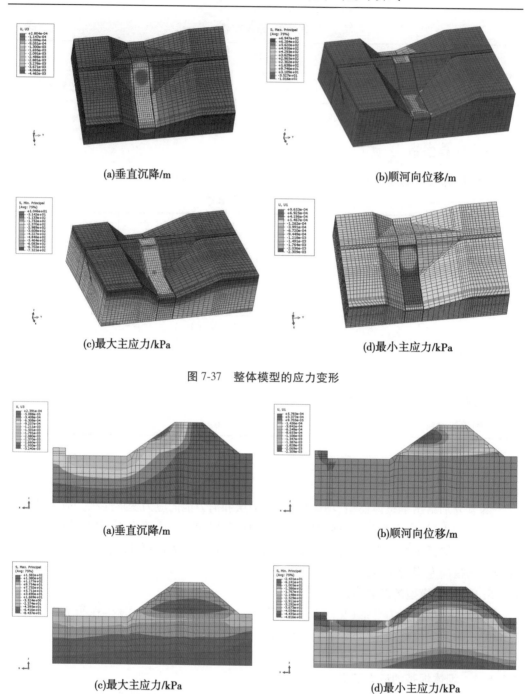

(a)垂直沉降/m　　　　　　　　　　　　(b)顺河向位移/m

(c)最大主应力/kPa　　　　　　　　　　(d)最小主应力/kPa

图 7-37　整体模型的应力变形

(a)垂直沉降/m　　　　　　　　　　　　(b)顺河向位移/m

(c)最大主应力/kPa　　　　　　　　　　(d)最小主应力/kPa

图 7-38　坝体坝基的应力变形

0.5 MPa,坡面法向最大压应力为 0.42 MPa,轴向最大拉应力为 0.15 MPa。

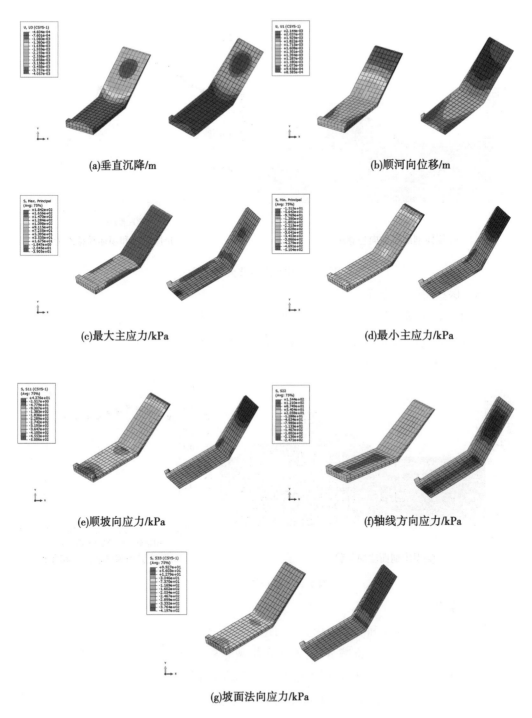

(a)垂直沉降/m

(b)顺河向位移/m

(c)最大主应力/kPa

(d)最小主应力/kPa

(e)顺坡向应力/kPa

(f)轴线方向应力/kPa

(g)坡面法向应力/kPa

图 7-39　保护层和消力池的应力变形

7.3.5.4　保护层滑移分析

图 7-40(a)为保护层顺坡向滑移云图,提取保护层和坝体接触部分节点的顺坡向位移并取差输出如图 7-40(b)所示。分析可知,保护层滑移最大值约为 2.16 mm,在坡面中

间位置。

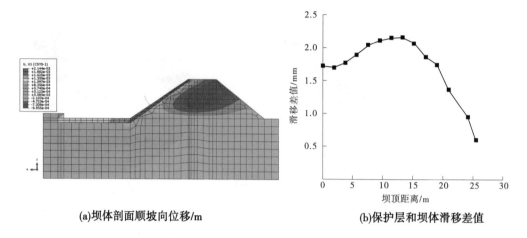

(a)坝体剖面顺坡向位移/m   (b)保护层和坝体滑移差值

图 7-40　保护层滑移分析结果

7.3.5.5　保护层脱空分析

图 7-41(a)为坝体剖面法向位移,提取保护层和坝体接触部分节点的法向位移并取差输出如图 7-41(b)所示。分析可知,溢洪道结构和坝体之间基本不产生脱空问题,只是在近坝趾部位有不超过 0.5 mm 的小区域的脱空现象。

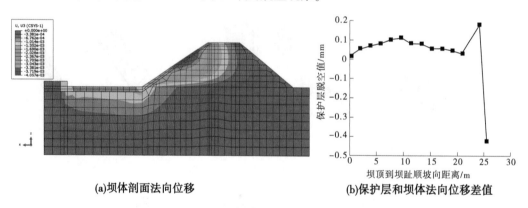

(a)坝体剖面法向位移   (b)保护层和坝体法向位移差值

图 7-41　保护层脱空分析

7.3.5.6　稳定性分析

稳定性分析中,坝体和坝基采用莫尔-库仑模型,在坝体稳定的前提下施加外荷载取得初始应力状态,然后进行折减分析,本例在折减分析步中第 0.82 秒无法收敛,计算终止,表征强度折减到一定程度后,坝体已失稳。破坏时的滑动面如图 7-42(a)所示。将折减系数 F_V 和 U_1 的关系绘制于图 7-42(b),若以数值计算不收敛作为坝坡稳定的评价标准,对于 F_V 为 3.39,即安全系数 $F_s = 3.39$;若以位移的明显拐点作为评价标准,则安全系数 $F_s = 3.27$,两种判别方式得到的安全系数均大于 3,说明坝体是稳定的。

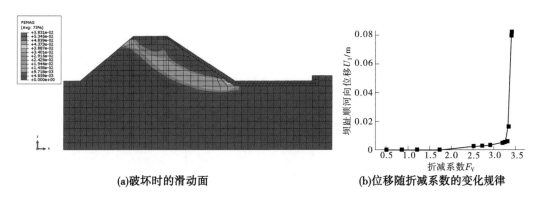

(a)破坏时的滑动面　　　　　　　　(b)位移随折减系数的变化规律

图 7-42　稳定性分析

7.4　安全监测

7.4.1　防冲刷保护层脱空监测

通过使用地质雷达探测技术开展对下游坝坡防冲刷保护层的监测,查明下游坝坡防冲刷材料护坡与原下游坝面之间是否脱空情况及其他缺陷,评价防冲刷保护层的施工质量。

2021 年 4 月开展了监测工作,主要工作内容是对下游坝面 3 个泄流通道防冲刷保护层进行地质雷达监测。依照监测方案,整个试验坝共布置 26 条测线,监测人员于当天完成了外业的数据采集工作,累计完成雷达监测工作量 429 m,具体见表 7-12。

表 7-12　泄洪通道防冲刷保护层雷达监测工作量

监测部位	测线数/条	监测长度/m
左岸泄洪通道	12	198
中部泄洪通道	2	33
右岸泄洪通道	12	198
合计	26	429

7.4.1.1　监测依据
监测主要依据《水利水电工程物探规程》(SL 326—2005)。

7.4.1.2　监测方法
监测采用地质雷达法,仪器为美国 GSSI 公司生产的 SIR4000 型地质雷达,搭配 400 MHz 和 200 MHz 天线,采用时间模式进行测量,每次扫描的采样数为 1 024,记录长度为 60 ns,采用 5 点增益,滤波范围为 100~800 MHz。

7.4.1.3　地质雷达工作原理
1. 工作原理
地质雷达探测原理是利用高频电磁波以宽频带短脉冲的形式来探测隐蔽介质分布和

目标物。当发射天线向被测物发射高频宽带短脉冲电磁波时,遇到不同介电特性的介质就会有部分电磁波能量返回,接收天线接收反射回波,并由主机记录下来,同时记录反射时间,形成雷达剖面图。电磁波在介质中传播时,其路径、电磁波场强度及波形将随所通过介质的电磁特性及其几何形态发生变化。因此,根据接收到的电磁波特征,以及波的旅行时间(亦称双程走时)、幅度、频率和波形等,通过雷达图像的处理和分析,可以推断出介质的内部结构及目标体的深度、形状等特征参数。其工作原理见图 7-43。

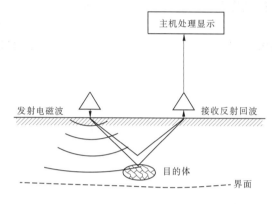

图 7-43　地质雷达工作原理示意图

2. 现场工作

测量方式采用剖面法,即发射天线(T)和接收天线(R)以固定间隔沿测线同步移动的一种测量方式。发射天线和接收天线同时移动一次便获得一个记录。当发射天线与测量天线同步沿测线移动时,就可以获得一个个记录组成的探地雷达时间剖面图。根据图像特征,做出分析解释。

3. 技术措施

(1)在现场选取一段进行试验,由此确定仪器的各项采集参数。

(2)在工作时,天线贴紧被测物表面,每个管片接缝处手动打标一次,操作员时刻密切注意数据变化,确保数据采集密度符合要求。

(3)在监测过程中严格执行公司发布的《质量/环境/职业健康安全管理体系》,确保工作中的环境不受污染,工作人员的安全有保障。

7.4.1.4　测线布置

沿坝顶顺下游坝坡方向布置雷达测线,左、右岸泄洪通道处各均匀布置 6 条雷达测线,测线水平间距为 0.85 m,测线长度均为 16.5 m,分别使用 400 MHz 和 200 MHz 雷达天线在防冲刷保护层表面开展监测。

采用 400 MHz 天线监测时,测线编号自左岸至右岸依次为测线 1~测线 13,监测时使用测距轮(距离模式);采用 200 MHz 天线监测时,测线编号自左岸至右岸依次为测线 1′~测线 13′,在时间模式下开展监测。雷达测线布置见图 7-44 和图 7-45。

7.4.1.5　资料处理与成果分析

根据现场实际采集的资料,进行计算分析。数据处理采用地质雷达系统的原配软件及其他分析处理软件,一般地质雷达资料处理的流程图见图 7-46。主要处理步骤如下:

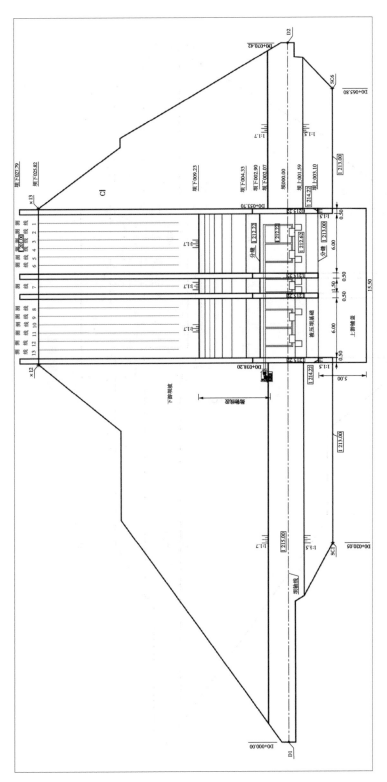

图 7-44　400 MHz 天线雷达测线布置　（单位：m）

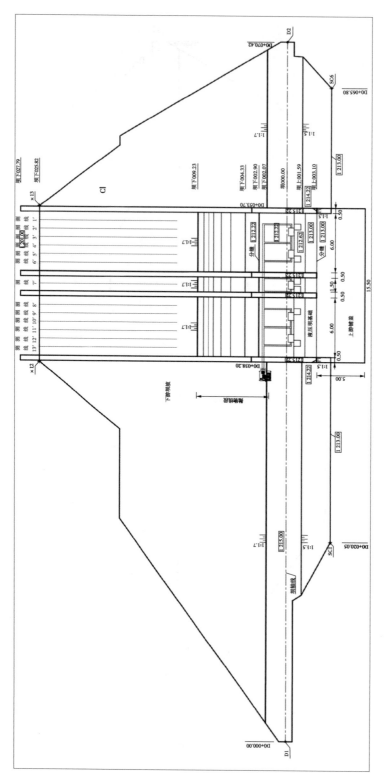

图 7-45 200 MHz 天线雷达测线布置（单位：m）

（1）扫描文件编辑：包括文件测量方向统一，切掉多余信息，编辑文件头。

（2）数据预处理：包括数据合并，测线方向归一化，按标记均一化剖面水平距离。

（3）常规处理：包括各种数字滤波、反滤波等。

（4）图像增强：包括振幅恢复、道内均衡、道间平均等。

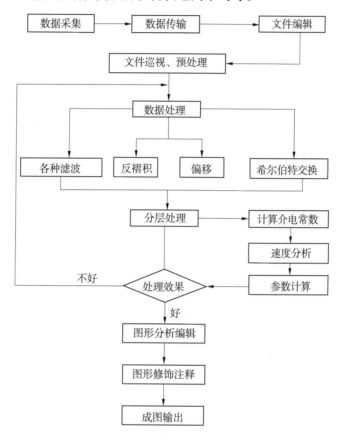

图 7-46　地质雷达数据处理流程

现场监测时，分别使用 200 MHz、400 MHz 天线对西峰示范坝下游坝坡防冲刷保护层进行监测：

（1）使用 400 MHz 天线监测时，受天线频率限制及防冲刷保护层材质影响，各测线的监测成果图未见明显反射界面，即使用 400 MHz 天线对该材料的穿透能力较弱，未能探测到防冲刷保护层底部。

（2）使用 200 MHz 天线对防冲刷保护层进行监测时，各测线的监测成果图在深度 1 m 左右处可见连续均匀反射，未见脱空等其他缺陷特征。

7.4.2　坝体安全监测

通过在西峰示范坝表面布设表面垂直位移及水平位移监测墩，持续监测坝体的变形数据，评价西峰示范坝的稳定状态，为相关单位的生产管理提供参考。

依据《土石坝安全监测技术规范》（SL 551—2012），结合西峰示范坝工程实际情况，共布设 3 个监测基准点及工作基点。在垂直坝轴线方向布设 2 个监测横断面,平行坝轴线方向布设 4 个监测纵断面,纵横监测断面交点部位共设 8 个监测墩,拟采用前方交会法进行表面垂直位移及水平位移监测。

7.4.2.1 监测依据

(1)《水利水电工程安全监测设计规范》(SL 725—2016)。

(2)《土石坝安全监测技术规范》(SL 551—2012)。

(3)《工程测量标准》(GB 50026—2020)。

(4)其他现行有效的国家标准规程、规范。

7.4.2.2 监测布置

1. 监测点布设

依据《土石坝安全监测技术规范》(SL 551—2012),结合西峰示范坝工程实际情况,2 条监测横断面垂直坝轴线方向,且间距应取 20~50 m;4 条监测纵断面平行坝轴线,位置分别选定于上游坝坡正常蓄水位以上、坝顶、下游坝坡 1/2 坝高以上和下游坝基处。表面垂直位移及水平位移监测共用一个监测墩,且应布设于纵横监测断面交点部位,共 8 个。监测墩的埋设方法如图 7-47 所示。

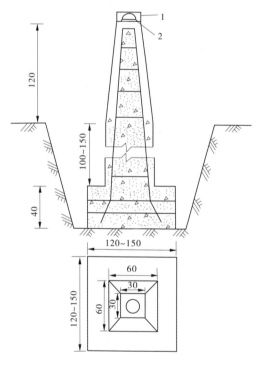

1—GNSS(定位设备);2—观测墩。

图 7-47 土质普通钢筋混凝土监测墩 (单位:cm)

基准点选择在工程影响以外区域,布置在西峰示范坝下游地质条件良好、基础稳固、能长久保存的位置,平面基准点数量不应少于 3 个。工作基点应选择在靠近工程区、基础相对稳定、方便监测的位置,其数量及布设应满足监测点对监测控制的需要(见图 7-48)。

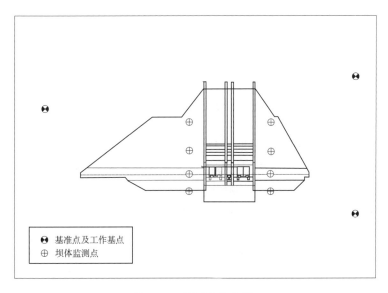

图 7-48   监测点位布置

2. 监测高程控制网

高程控制网观测采用几何水准测量法,使用 Leica DNA03 电子水准仪进行观测,采用电子水准仪自带记录程序,记录外业观测数据文件。控制网观测按《工程测量标准》(GB 50026—2020)二等垂直位移基准网技术要求观测(见表 7-13)。

表 7-13   水准控制网主要技术要求

序号	项目	限差
1	相邻基准点高差中误差/mm	±0.5
2	测站高差中误差/mm	±0.15
3	往返较差、附合或环线闭合差/mm	$\pm 0.30\sqrt{n}$ (n 为测站数)
4	检测已测高差之较差/mm	$\pm 0.4\sqrt{n}$ (n 为测站数)
5	视线长度/m	≤30
6	前后视距差/m	≤0.5
7	前后视距累计差/m	≤1.5
8	视线离地面最低高度差/m	0.3

观测采用闭合水准路线时可以只观测单程;采用附合水准路线时必须进行往返观测,取两次观测高差中数进行平差。观测顺序是往测:后、前、前、后,返测:前、后、后、前。

观测注意事项如下:

(1)使用的电子水准仪、铟钢尺应在项目开始前和结束后进行检验,项目进行中也应定期进行检验。

(2)观测应做到三固定,即固定人员、固定仪器、固定测站。

(3)严格按精度要求控制各项限差。

（4）每测段往测和返测的测站数均应为偶数，否则应加入标尺零点差改正。。

（5）由往测转向返测时，两标尺应互换位置，并应重新调整仪器。

（6）完成闭合路线或附合路线时，应注意电子记录的闭合差或附合差情况，确认合格后方可完成测量工作。

监测基准网首次与施工高程控制网联测进行 2 次，两次观测较差应满足表 7-13 要求，取平均值作为初始值。

监测基准网在监测过程中需定期进行复测以检核其稳定性，基准点稳定性检核每 3 个月进行一次，对于监测过程中使用的基准点在检核时需和施工高程控制网联测。

工作基点在基坑开挖和主体结构施作过程中每 1 个月检核复测一次，工作基点在检核复测时需和基准点联测，其他周期每 3 个月检核复测一次。

3. 监测平面控制网

水平位移监测基准网观测使用 Leica TM50 全站仪按二等水平位移观测技术要求观测，观测技术要求符合《工程测量标准》（GB 50026—2020）的有关规定（见表 7-14）。

表 7-14　水平位移监测基准网观测主要技术指标及要求

序号	项目	指标或限差
1	相邻基准点的点位中误差/mm	±3.0
2	测角中误差/(″)	±1.8
3	最弱边相对中误差	≤1/100 000
4	水平角观测测回数	6
5	距离观测测回数	往返 3 测回

观测注意事项如下：

（1）使用的全站仪应在项目开始前和结束后进行检验，项目进行中也应定期进行检验，尤其是对照准部水准管及电子气泡补偿的检验与校正。

（2）观测应做到三固定，即固定人员、固定仪器、固定测站。

（3）仪器安置稳固，严格对中整平。

（4）观测时间及环境：不在日出前后 1 h、中午时进行观测，更不能在大风或有雾的情况下进行观测。

（5）严格按精度要求控制各项限差。

水平位移控制网首次与施工水平控制网联测进行 2 次，采用施工水平控制网测量成果，两次观测较差应满足表 7-14 要求，取平均值作为初始值。

监测控制网在监测过程中需定期进行复测以检核其稳定性，基准点稳定性检核每 6 个月进行一次，对于监测过程中使用的基准点在检核时需和施工水平控制网联测。

工作基点在基坑开挖和主体结构施作过程中每 1 个月检核复测一次，工作基点在检核复测时需和基准点联测，其他周期每 3 个月检核复测一次。

7.4.2.3　监测方法

1. 垂直位移观测方法

参照监测高程控制网中二等垂直位移观测要求。

2. 水平位移观测方法

拟采用前方交会法进行观测作业,观测方法应符合以下规定。

1)监测设置

(1)前方交会法分为角度交会法、距离交会法和边角交会法,当监测采用角度交会法或距离交会法时,宜按三座控制点进行监测方案设计。

(2)角度交会法监测,交会角应在 40°~100°,固定点至变形监测点距离不宜超过 500 m。

(3)距离交会法监测,交会角应在 30°~150°,固定点至变形监测点距离不宜超过 500 m。

(4)边角交会法监测,交会角应在 30°~150°,当交会角接近限值时,其最大边长不宜超过 800 m。

(5)变形监测点应安置配套反射棱镜或其他固定照准标志。

2)监测方法与要求

(1)全站仪标称精度应满足测角精度 1″、测距精度 $(1+1\times10^{-6})$ mm。

(2)方向监测一测回正镜、倒镜各照准监测点目标 2 次,取中数计算一测回监测值,以各测回均值作为方向监测成果。

(3)距离监测一测回照准监测点目标 1 次,进行 2 次读数,取中数计算一测回监测值,以各测回均值作为距离监测成果。距离监测时应同时记录温度、气压,其读数精确到 0.2 ℃和 50 Pa。

7.4.2.4　精度评定

(1)垂直位移观测方法限差要求见表 7-15。

表 7-15　垂直位移观测方法限差要求

序号	项目	限差
1	变形观测点的高程中误差	1.0 mm
2	每站高差中误差	0.30 mm
3	往返较差及环线闭合差	$\pm 0.6\sqrt{n}$ mm
4	检测已测高差较差	$\pm 0.8\sqrt{n}$ mm
5	视线长度	50 m
6	前后视的距离较差	2.0 m
7	任一测站前后视距差累计	3 m
8	视线离地面最低高度	0.3 m

(2)水平位移观测交会方法限差要求见表 7-16。

表 7-16　水平位移观测交会方法限差要求

交会方法	监测测回数	两次读数限差	测回间互差
角度交会	方向 3 测回	2.0″	3.0″
距离交会	距离 3 测回	1.0 mm	1.5 mm
边角交会	方向 3 测回	2.0″	3.0″
	距离 3 测回	1.0 mm	1.5 mm

7.4.2.5　监测频率

坝体表面变形监测频率应分阶段确定,在施工期,监测频率应为 1~4 次/月;在初蓄期,监测频率应为 1~10 次/月;在运行期,监测频率应为 2~6 次/年。当遇特殊情况和工程出现不安全征兆时,应增加频次。

7.4.2.6　监测结果

监测数据汇总见表 7-17。

表 7-17　监测数据汇总

序号	监测项目	测点编号	阶段变形最大值/mm	阶段最大变形速率/(mm/d)	累计变形最大值/mm	结论
1	水平位移	W4-3	2.30	0.29	2.30	正常
2	竖向位移	W4-3	-3.70	-0.46	-3.70	正常

1. 水平位移综合评述及曲线图

试验期间共测取 9 次数值。本阶段变形在 -0.60(W4-3)~2.30 mm(W1-3),平均变化速率在 -0.07~0.29 mm/d。累计变化量在 -0.60(W4-3)~2.30 mm(W1-3);累计变化量及变化速率正常。绘制累计位移曲线如图 7-49 所示。

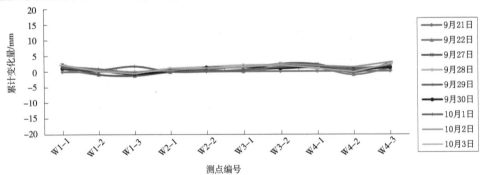

图 7-49　水平位移监测结果

2. 竖向位移综合评述及曲线图

试验期间共测取 9 次数值。本阶段变形在 -3.70(W4-3)~2.70 mm(W1-3),平均变化速率在 -0.46~0.34 mm/d。累计变化量在 -3.70(W4-3)~2.70 mm(W1-3);累计变

化量及变化速率正常。绘制累计位移曲线如图 7-50 所示:

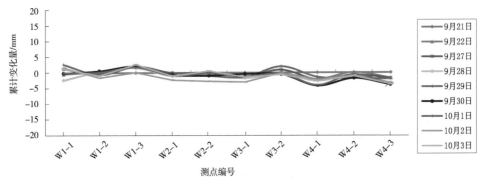

图 7-50　竖向位移监测结果

7.5　本章小结

室内冲刷试验结果表明,清水工况下,如果不考虑经济因素,30%固化剂掺量的材料完全满足高标准新型淤地坝筑坝材料的性能要求;浑水条件下采用 20%以上的掺量配比以保证工程的安全性能。

根据首期试验监测结果,西峰示范坝最大堰上水头 1.9 m,最大泄流流速达 12 m/s,最大单宽流量 4.4 m³/(s·m),下游消力池脉动压力在 -11.6~11 kPa,防冲刷保护层抗冲刷性总体较好,最大冲坑深度约 3 cm,平均冲刷厚度小于 0.5 cm。针对脉动压力,下游消力池底板在最不利工况下最大脉动压力为 31 kPa、最小脉动压力为 -15 kPa。

根据西峰示范坝数值分析可知,抗冲刷保护层结构整体位移较小,最大方向拉应力约为 0.15 MPa,最大方向压应力约为 0.5 MPa,远小于黄土固化新材料的抗拉强度和抗压强度指标,且防冲刷保护层与坝体之间不会产生明显的滑移和脱空。由此判断,西峰示范坝溢洪道结构在放水冲刷过程中结构的安全性是能够保证的。

依据设计图纸,通过对监测现场的查勘及对监测数据的分析,得出的监测结论如下:西峰示范坝工程各泄洪道坝坡防冲刷保护层未见明显缺陷,防冲刷材料与原坝面之间未见明显脱空。坝体各个位移监测项目数据显示,各个监测点位移累计值及变化速率较小,监测数据无异常。

参考文献

[1] 张金良,宋志宇,李潇旋,等. 高标准免管护新型淤地坝坝身过流安全性研究[J].人民黄河,2021, 43(12):1-4,17.

[2] 岳凡. 淤地坝柔性阶梯型溢洪道泄流试验[D]. 西安:西安理工大学,2020.

[3] 于沭,陈祖煜,杨小川,等. 淤地坝柔性溢洪道泄流模型试验研究[J]. 水利学报,2019, 50(5):612-620.

[4] 汪涛. 沙旋沟淤地坝筑坝土料的分散性鉴定及改性试验研究[D].咸阳:西北农林科技大学,2016.

［5］郝伯瑾,李峰,鲁立三.多沙粗沙区骨干淤地坝坝面过水技术研究［J］.人民黄河,2012,34(4)：84-86.

［6］崔亦昊,谢定松,杨凯虹,等.淤地坝坝面过水试验研究［J］.中国水利水电科学研究院学报,2006 (1)：42-47.

［7］李佳佳.基于MIKE21模型的淤地坝溃决过程数值模拟［D］.西安:西安理工大学,2021.

［8］王亮,聂兴山,郝瑞霞.淤地坝蓄水加固改造方案的渗流和稳定性分析［J］.人民黄河,2021,43 (4)：137-141.

［9］陈彬鑫.淤地坝蓄水改造三维渗流和稳定性分析［D］.太原:太原理工大学,2021.

［10］高远.淤地坝淤积高度对下游溢洪道水力特性的影响研究［D］.太原:太原理工大学,2021.

［11］田王慧.淤地坝溃坝模式和渐进式溃坝机理研究［D］.西安:长安大学,2021.

［12］王亮.基于流固耦合方法淤地坝蓄水改造的渗流和稳定性分析［D］.太原:太原理工大学,2020.

［13］张兆安,侯精明,刘占衍,等.淤地坝淤积对漫顶溃坝洪水影响数值模拟研究［J］.水资源与水工程学报,2019,30(4)：148-153,158.

［14］李星南.淤地坝台阶式过水坝面过流特性分析及其生态袋构建初步研究［D］.西安:西安理工大学,2019.

［15］马松增,徐建昭,何明月.河南省淤地坝安全自动化监测系统设计与应用［J］.水土保持通报,2020,40(5)：112-117.

［16］李想.基于物联网的土质淤地坝监测预警系统［D］.太原:太原理工大学,2018.

［17］张峰,周波,李锋,等.三维激光扫描技术在淤地坝安全监测中的应用［J］.水土保持通报,2017,37(5)：241-244,275.

［18］喻权刚,马安利.黄土高原小流域淤地坝监测［J］.水土保持通报,2015,35(1)：118-123.

第 8 章 以新型淤地坝为统领的 黄土高原小流域综合治理研究

人民治黄以来,针对水土流失防治进行了大量的实践,积累了丰富的经验并取得了显著的成果。20 世纪 80 年代水利部总结并提出小流域综合治理,相关治理实践为控制水土流失、减少入黄泥沙、改善区域生态环境和促进经济社会可持续发展做出了突出贡献。小流域综合治理即按照优化治理目标,把水土保持诸项措施(工程、生物、农业)按一定结构进行科学配置,从而形成综合系统,使小流域的资源得到有效保护、积极培育和开发利用,促进流域内农、林、牧、副等各行业可持续协调发展,发挥最大的综合效益。淤地坝、梯田、水库等水利和水土保持工程措施及植被恢复工程的实施是小流域综合治理的主要措施手段。

小流域综合治理虽已取得阶段性成效,但目前仍有 23.42 万 km^2(2020 年)水土流失面积未得到有效治理。黄土高原水土流失、生态脆弱、民生发展不足等问题依然是突出短板。要突出抓好黄土高原水土保持,必须加大水土流失综合治理力度,以减少入河入库泥沙为重点,积极推进小流域综合治理和淤地坝建设,将水土保持工程、生态修复和高效农业作为一个系统,整体推进小流域综合治理。《推动黄河流域水土保持高质量发展的指导意见》指出,要坚持系统治理观念指导下的小流域综合治理,通过固沟保塬建设、生态清洁小流域建设、农村人居环境改善打造生态产业型、生态宜居型、生态旅游型等"小流域+"。淤地坝作为小流域综合治理的重要工程措施,对治理模式升级和治理技术进步具有显著的研究和应用价值,高标准新型淤地坝与小流域综合治理的各类措施具有很好的相关性和耦合性,是系统治理的关键环节。

8.1 黄土高原小流域综合治理发展历程

小流域水土流失治理模式是运用多学科理论,以区域水土流失治理目标和社会经济发展方向为指导,对治理措施组成、措施空间布置、措施之间功能搭配与镶嵌组装情况进行总结,详细描述了该区域解决生态环境、社会经济问题的核心,是在治理思想的经验积累和实践后,对流域水土流失治理的真实反映和高度概括。

我国的小流域治理实际上就是山丘区水土保持内涵的拓宽与发展。水土保持已由控制土壤侵蚀提升为流域水土等自然资源的可持续经营。流域管理学是以流域为单元,研究水土资源及其他自然资源与环境的保护、改良及合理利用的科学。流域水土资源及其他自然资源是流域生态系统的基本要素,流域管理学的研究对象是流域生态系统及流域经济系统,或称流域生态经济系统。近年来,黄土高原不同类型区治理模式的构成内涵和服务目标方面已有大量总结工作,皆表明流域内水土保持措施的合理配置,能有效改善区域生态经济条件,建立适合的水土流失治理模式,是小流域治理建设成功的保证。

8.1.1　政策环境与顶层设计

1980 年以来,国家经济持续发展,农村各项改革深入实施,其中农村联产承包责任制的实施激发了水土流失区"千家万户治理千沟万壑"的积极性。同时随着国家经济实力的增强,治理水土流失的资金投入力度也逐步加大。20 世纪 80 年代先后启动实施了国家重点治理项目、黄土高原沙棘资源开发利用项目、黄河中游治沟骨干工程项目等,同时国家在 20 世纪 70 年代末期投资的试点小流域治理项目继续深入实施。1980 年 3 月 29 日,国家农业委员会、国家科学技术委员会、中国科学院在西安召开了黄土高原水土流失综合治理科学讨论会。会议就黄土高原的综合治理和加速治理的迫切性、重要性等问题进行了深入的讨论。1980 年 4 月 29 日水利部发布了《水土保持小流域治理办法》,黄委在黄河中游水土流失严重的地方选定 38 条小流域进行综合治理试点。黄委试验推广了机修梯田、旱作农业、径流林业等一系列水土保持先进技术。1981 年 11 月在西安召开了恢复后的黄河中游水土保持委员会第一次会议。会议研究确定了黄河中游黄土高原地区水土保持发展方略,提出了"治理与预防并重,除害与兴利结合;工程措施与植物措施并重,乔灌草结合,草灌先行;坡沟兼治,因地制宜;以小流域为单元,统一规划,分期实施,综合治理,集中治理,连续治理"的思路。1997 年黄河流域先后共开展了 227 条重点小流域治理项目,其中 23 条小流域被水利部、财政部命名为"十百千"示范工程。1980~2000 年黄委在黄河上中游地区组织实施了黄河小流域综合治理项目,涉及小流域 141 条,完成水土流失治理面积 1 725 km^2。

2015 年 10 月 4 日,国务院印发《关于全国水土保持规划(2015~2030 年)的批复》,提出:在水土流失地区开展以小流域为单元的综合治理,在重要水源地积极推进清洁小流域建设。在西北黄土高原区重点是实施小流域综合治理,建设以梯田和淤地坝为核心的拦沙减沙体系,保障黄河下游安全。2016 年水利部召开的水土保持工作视频会议上指出,"十二五"期间,长江和黄河上中游、丹江口库区及上游、京津风沙源区、西南岩溶区、东北黑土区等重点区域水土流失治理和生态清洁小流域建设继续推进,全国共建成生态清洁小流域 1 000 多条。

党的十八大以来,黄土高原水土保持工作成效显著,水土流失面积和强度实现"双下降",入黄泥沙大幅减少,生态环境持续向好。但是,黄土高原依然是我国水土流失最严重、生态环境最脆弱的区域之一,水土保持工作距离高质量发展还有差距,治理模式仍存在薄弱环节,乡村发展依然受限。2019 年,黄河流域生态保护和高质量发展上升为重大国家战略,黄土高原作为黄河流域治理的攻坚区、国家生态安全屏障的重要区,同时也是流域高质量发展的实验区和中华文化弘扬的创新区,战略定位突出、特色鲜明,是战略推进和实施的前沿阵地。2021 年 10 月,《黄河流域生态保护和高质量发展规划纲要》颁布,明确指出要突出抓好黄土高原水土保持,全面保护天然林,持续巩固退耕还林还草、退牧还草成果,加大水土流失综合治理力度,稳步提升城镇化水平,改善中游地区生态面貌。要用山水林田湖草沙系统理念坚持推行小流域综合治理,推进高标准淤地坝建设,加快构建水土保持工作新格局,为黄河成为造福人民的幸福河提供支撑。

黄土高原历经 60 余年的治理,从建坝造地科学种田,到小流域综合治理发展区域经济,再到兼顾林草生态措施和经济效益的绿色发展,逐步实践和总结出了以小流域为单元的水土流失综合治理模式。2021 年,习近平总书记在陕西省榆林市高西沟村考察黄土丘陵沟壑区综合治理情况时指出,高西沟村是黄土高原生态治理的一个样板,要深入贯彻绿水青山就是金山银山的理念,把生态治理和发展特色产业有机结合起来,走出一条生态和经济协调发展、人与自然和谐共生之路。以新型淤地坝为统领的黄土高原小流域综合治理研究迫在眉睫,把生态治理和发展特色产业有机结合起来更是黄土高原生态治理的重中之重。

8.1.2　治理措施及成效

随着科学技术的进步和区域经济社会的发展,黄土高原小流域综合治理不断在实践中完善发展,十八大以来,结合生态文明、乡村振兴、山水林田湖草沙系统治理等新理念,黄土高原水土流失治理模式逐渐强调整体性和系统性。

8.1.2.1　林草措施

通过增加植被覆盖度来控制水土流失的方法,主要控制坡面尺度的土壤侵蚀,主要体现在 1999 年以来国家大规模实施的退耕还林还草工程实施上。退耕还林还草工程的大规模实施已使得黄土高原生态环境条件明显改善,一个突出特征是区域植被覆盖度显著增加,从植被覆盖指数来看,1980 年以来黄土高原植被覆盖指数上升了 11.5%,2000～2015 年期间,黄土高原植被覆盖指数增长率远高于全国平均水平。退耕还林还草工程显著提升了区域生态系统服务功能,在土壤保持方面,2000～2015 年,平均土壤侵蚀由 47.37 t/hm² 下降到 18.77 t/hm²,年减少土壤侵蚀量 34.4 亿 t;黄河黄土高原段输沙量呈现显著下降趋势,黄河年平均输沙量从 20 世纪 70 年代的 13 亿 t/年下降到不足 3 亿 t/年。在固碳方面,黄土高原净生态系统生产力显著增加,且主要集中在黄土丘陵沟壑区等退耕还林还草工程实施区域;黄土高原在退耕还林还草工程实施以来,实现了从碳源向碳汇的转变,区域累计固碳量约 960 万 t。水土保持林草措施可以使小流域的治理与开发融为一体。在小流域中,建设乔、灌、草相结合的生态经济型防护林体系,是实现流域可持续治理与开发的根本措施。在小流域中建立生态经济型防护林体系,一是可以发挥林木特有的生态屏障功能;二是可以为社会提供更多的林产品,提高经济效益。目前,黄土高原小流域治理中的防护林体系主要包括分水岭防护林、护坡林、护埂林(地埂造林)、侵蚀沟道防护林、护岸护滩林、山地果园及经济林等。应根据区域自然历史条件和防灾、生态、经济建设的需要,将多用途的各个林种结合在一起,并布设在各自适宜的地域,形成一个多林种、多树种、高效益的防护整体。

8.1.2.2　工程措施

水土保持工程措施是小流域治理与开发的基础,能为林草措施及农业生产创造条件,是防止水土流失,保护、改良和合理利用水土资源,并充分发挥各种资源的经济效益,建立良好生态环境的重要治理措施。多年的实践与探索表明,在黄土高原小流域治理中根据水土流失发生发展的规律,在不同地形部位有针对性地布设适宜的水土保持工程,效果十分明显。目前,黄土高原小流域治理中主要采用的水土保持工程措施有山坡防护工程、沟道治理工程、山洪排导工程和小型蓄水用水工程。山坡防护工程包括梯田、拦水沟埂、水平沟、水平阶、鱼鳞坑、截流沟等,它们主要是通过改变微地形来防止坡面水土流失、就地拦蓄雨水,为农作物或植被生长增加土壤水分,同时可将未完全拦蓄的地表径流引入小型蓄水工程,进一步加以利用。沟道治理工程包括沟头防护工程、淤地坝、谷坊等,主要用于防止沟头前进、沟床下切和沟岸扩张,减缓沟床比降,调节山洪流量,减少山洪或泥石流的固体物质含量,使其安全排泄。山洪排导工程包括排洪沟、导流堤等主要用于防止山洪或泥石流的危害。小型蓄水用水工程包括小水库、蓄水塘坝、涝池、水窖等,主要用于把地表径流和地下潜流拦蓄起来,变害为利。

1. 梯田

修建梯田一直是黄土高原坡面水土流失治理的核心工程措施,而且梯田占总耕地面积的比例也在逐年增加,截至 2017 年,黄土高原梯田面积占总耕地面积达到 60% 左右,梯田建设和相应的植被恢复措施可有效减少坡地水土流失、改善区域生态环境,并使景观要素配置趋于优化。梯田也使耕地质量得到明显改善,梯田粮食平均单产可以达到坡耕地的 2~3 倍,由于梯田建设的高效农田,黄土高原在大规模退耕还林还草工程实施背景下,粮食总产量仍有波动性上升的趋势。另外,梯田苹果是黄土丘陵沟壑区经济发展的支柱产业,仅延安地区梯田苹果面积近 16.67 万 hm²,价值超过百亿,是“绿水青山就是金山银山”在黄土高原生态产业发展的重要体现形式。黄土高原大规模的梯田建设,形成了保障这一地区粮食和生态安全、推进乡村振兴战略实施的重要资产储备。黄土高原梯田建设、使用和维护,也应当综合考虑当地经济发展状况、农业发展需求、农业人口数量等,科学统筹和规划梯田的建设和整理,以利于农产品产业化经营、多样化经营和农业经济的持续、稳定增长。另外,对于梯田的新建和扩建则要严格控制,需因地制宜根据农业经济发展和当地居民需求进行科学规划和统筹,合理配置农业用地和生态用地,避免大规模新建、扩建梯田,以维护退耕还林还草成果和区域生态安全。

2. 淤地坝

在生态脆弱的陕北黄土高原地区,淤地坝既能拦截泥沙、保持水土,又能淤地造田、增产粮食,是黄土高原分布最为广泛和行之有效的水土流失治理措施。在淤地坝发展过程中,历经了由小型到大型,从蓄水拦泥到淤地生产,从单坝建设到坝系建设的过程,大体分为 4 个阶段:20 世纪 50 年代的试验示范阶段;60 年代的推广普及阶段;70 年代的发展建设阶段;80 年代以来以治沟骨干工程为骨架、完善提高坝系建设的规范化建设阶段。淤地坝是黄土高原分布最广的水土保持措施,主要防治沟道水土流失,具有较好的生态效益和粮食供给作用。淤地坝作为控制水土流失的重要措施,截至 2020 年,黄土高原的淤地坝数量达 58 776 座。淤地坝有效地控制了黄土高原的水土流失,累计拦减入黄泥沙 95.4 亿 t。淤地坝中的土壤有机质含量较高,达到 3.4 g/kg,当淤地坝淤满以后,因为具有良好的土壤养分和水分条件,可以转化为优质农田。高产稳产的淤地坝农田建设,为退耕还林还草创造了条件,每公顷坝地可促进 6~10 hm² 坡地退耕,将加快区域植被的快速有效恢复,充分保障退耕还林还草工程的顺利实施。淤地坝建设还具有优化产业结构、促进当地经济社会发展的作用,在淤地坝农田,优质品种的引进、现代农机具和地膜覆盖、温室大棚技术的使用和推广,大大提高了农业集约化经营程度和土地生产利用率及产出率;同时在退耕坡地上栽植经济林、药材,发展高效牧草,促进了林果业和畜牧业的发展。

3.治沟造地

治沟造地是集坝系建设、旧坝修复、盐碱地改造、荒沟闲置土地开发利用和生态建设为一体的一种沟道治理新模式,通过闸沟造地、打坝修渠、垫沟覆土等主要措施,实现小流域坝系工程提前利用受益,是增良田、保生态、惠民生的系统工程。治沟造地工程是根据黄土丘陵沟壑纵横的地貌特点,在继承几十年来淤地坝建设的成功模式基础上,改坝库天然淤沙为人工填土,快速造地、变荒沟为良田,是行之有效的正确途径;治沟造地工程的全面实施不仅增加了黄土高原地区基本农田耕地面积,保障了区域粮食安全,而且对保护生态环境、促进社会主义新农村建设具有积极意义。另外,治沟造地工程要着眼长远、科学规划,坚持增加耕地和保护环境并重,坚持造田不毁林,尽量增加造地成本投入建设高质量农田,精耕细作,提高生产效率,以促进黄土高原地区农业可持续发展,使治沟造地成为黄土高原利国利民的民生工程、生态工程。

8.1.2.3　农业措施

在水土流失的农田中,采用改变小地形,增加植被覆盖度、地面覆盖和土壤抗蚀力等方法,达到保水、保土、保肥、改良土壤、提高产量等目的的措施称为水土保持农业措施。以改变小地形为主的水土保持耕作措施有沟垄耕作、等高耕作、坑田等。以增加农地覆盖为目的的措施有留茬,用秸秆、地膜或砂卵石铺盖田面等,可防止土壤水分蒸发,增加降水入渗。增加土壤抗蚀力的措施有免耕、少耕、改良土壤理化性质等。随着水土流失治理与自然资源综合开发利用的结合,在一些小流域治理中已建成了以生态农业原理为基础,以高效、优质、可持续发展为目的的农林复合型、林牧复合型或农林牧复合型的复合生态经济系统。

8.1.3　典型案例

8.1.3.1　山西省吕梁市柳林县昌盛农场

柳林县昌盛农场有限公司始建于 1996 年 5 月,是以股份制模式开发治理生产经营的生态农业综合示范园区(见图 8-1)。位于山西省吕梁市柳林县城以东 6 km 的龙头山,总面积 3 000 余亩,现有员工 150 余人。园区建设以来,坚持科学发展、修梯田、打坝造地、引水修路、植树造林,实行山水田林路综合治理,农林牧副渔全面发展,营造经济林 1 500 亩、生态林 500 亩,新建高标准机修梯田 1 000 亩,治理建设累计投资 1.2 亿元,义务工 3 万人。农场内配套龙泉湖、生态广场、汽车影院、百果园、百花园、红太阳广场、神农塔等,可供游客观赏、学习教育。园区内配有现代风格的田园宾馆和生态餐厅,能够同时容纳120 人住宿,200 人就餐。

该农场以建设黄土高原秀美山川为基础,发展生态观光休闲农业,但目前存在缺乏带动性特色产业、生态旅游特色不显著、农场内部大规模系统化管理落后等问题。

8.1.3.2　陕西省榆林市绥德县赵家圪农业科技示范基地

2017 年 4 月 2 日开始建设,从赵家圪流转土地 5 600 亩,用于种植苹果、梨、杏、海红果和玫瑰等,以苹果为主。目前,示范基地以水土保持为基础主要发展林果经济,结合采摘体验、农业观光发展旅游业,经营效益显著,沟底全部修建淤地坝(见图 8-2)。人员用水采用山顶打井,灌溉水来源于坡耕地中修建的集水池。由于该地区降雨量较少,且降雨的时间分布和种植时间不同,目前修建的集水池只能满足 4~6 月果园的需水量。秋季的

图 8-1　昌盛农场实景

灌溉有 1 120 亩采用滴灌,4 480 亩为人工拉水浇灌,用水量为滴灌 200 m³/亩,漫灌 600 m³/亩。主要投入为土地、人工、肥料、树木和基础设施建设的费用。土地费用主要来源为政府补贴和承包人出资。人工:用工标准:女工 100 元/d,男工 120 元/d。2017 年、2018 年相继投资 180 万元和 140 万元,之后每年增加投资 20%。树苗成本:矮化树 80 株/亩,12 元/株即 960 元/亩;乔化树 33 株/亩。肥料:主要用的是人畜费,施肥量为 25 kg/株,2 m³/亩,240~270 元/m³ 即 480~540 元/亩。基础建设:主要为道路和集水池,均为政府出资建设。

8.1.3.3　榆林市米脂县高西沟村

　　高西沟位于米脂县城北 20 km 处,无定河东岸的金鸡河流域,总面积 4 km²,耕地 4 553 亩(含高产农田 777 亩)、林地 3 300 亩(其中生态林 2 300 亩、经济林 1 000 亩),林草覆盖率 70%,全村 195 户 600 人,是典型的集体农业开发合作社发展模式,以旅游业带动当地经济发展(见图 8-3)。

图 8-2 赵家圪农业科技示范基地

图 8-3 高西沟村实景

从 20 世纪 50 年代起,坚持推进水土保持和小流域综合治理,共建成淤地坝 126 座、水库 2 座、高产农田 777 亩、林地 3 300 亩,把一个地表破碎、土地贫瘠的秃山治理成山青水秀、旱涝保收的"陕北小江南"。2020 年村集体经济收入 10.4 万元,人均可支配收入 18 851 元,比全县平均水平高出 5 834 元。村内以小米、山地苹果和农业观光为特色产业,发展乡村生态游,壮大村集体经济,把生态优势转变成发展优势。

1953 年起四任班子三代人以水土保持为己任,在实践中确立了"因地制宜、合理用地"的原则,坚持山、水、林、草、田、路综合治理,尊重自然规律,按照"山上缓坡修梯田,沟里淤地打坝堰,高山远山森林山,近山阳坡建果园,荒坡陡岥种牧草,塌崖烂畔种柠条"的做法,在生产实践中逐渐形成林、草、田各占 1/3 的"三三制"用地模式。十八大以来坚持巩固退耕还林成果,把生态效益换成经济效益,将原有"三三制"用地模式调整为"三二一"模式,实现了"泥不下山、洪不出沟、不向黄河输送泥沙"的愿望。

8.1.3.4 榆林市榆阳区赵家峁水土保持示范园

该村位于榆林城区东南 30 km 处,属黄土丘陵沟壑区,村域总面积 17 km²,耕地 5 300 亩(其中退耕还林面积 3 200 亩),5 个村民小组,户籍人口 261 户 800 人。2013 年,赵家峁村抓住小流域综合治理的契机,以国家水土保持重点建设工程、省水土保持补偿费使用项目和国家京津风沙源二期治理移民搬迁项目的实施为抓手,以"杏花溪谷,峁上人家"及"老家记忆,难忘乡愁"为主题,实施休闲农业、时令水果采摘、水上乐园和旧农居体验为一体的"一山、一水、一片绿,宜居、宜业、宜旅游"的水土保持示范项目。示范区已建成"农业产业开发区、杏树生态景观区、山水文化旅游区、黄土风情体验区"四个一级功能区(见图 8-4)。示范园启动建设的主要资金来源包括地方政府出资(水土保持重点工程及水土保持补偿费、水利设施国家投资、京津风沙源二期治理移民搬迁补贴等)和村带头人自发投入。

图 8-4　赵家峁水土保持示范园实景

该村采取"公司+合作社+农户"的运作模式组建成立了红雨农业发展有限公司和金润园种养合作社。建成"统一经营、民主管理、按股分红、风险共担"的现代农业经营体制。农民把土地和现金入股公司进行统一经营,公司为农民资产进行确权登记,设立人口股、劳龄股、土地股、资金股和旧房产股(其中资金股为发展股,占23%;其他为基础股和保障股,土地股占38%、人口股占22%、劳龄股占5%、旧房产股占12%),五种股份总股本1 890万元。全村累计土地入股5 300亩、现金入股435万元,总股数225 534股。由此实现了确权、确股、不确地,解决了土地的撂荒问题,有利于统一规划、集中治理、规模化经营及农民产业的融合,从而壮大了村集体经济,促进了农民增收。2019年村集体资产突破6 000万元,农民人均可支配收入达20 160元。目前,主要以生态旅游为主,占集体收入的70%。2020年旅游集体收入1 400万元,2021年旅游集体收入1 700万元。

8.1.3.5　延安市安塞区南沟水土保持示范园

延安市安塞区南沟水土保持示范园(见图8-5)位于安塞区高桥镇,距离延安市区15 km,紧邻303省道,北接枣园,南接万花,黄延高速辅线穿村而过,交通便利,区位优势明显。南沟村辖7个村民小组,337户1 002人。示范园总规划面积17.13 km²。

图 8-5　南沟水土保持示范园实景

规划分两期实施,一期建设集中打造南沟流域,以此为中心向上砭流域有序推进。2015 年签约延安惠民农业科技发展有限公司,引入民间资本,作为示范园建设的投资主体。2017 年,通过政府项目捆绑和企业自筹资金,累计投入 3.6 亿元,实施水土保持治理、移民搬迁、绿化林带等工程,共建成基本农田 1 390 亩、土壤改良 500 亩、节水灌溉 400 亩、新建田间道路 15 km、浆砌石排水沟 6.5 km、淤地坝 4 座、营造水保林 8 082 亩、经济林 1 006 亩、边坡治理 1.18 km², 高万路 17.2 km,建成 2 个景观型涝池,配套了滚坝、凉亭、步道、护坡及人工湖等景观。园区配套建设住宅小区,水、电、路、管网等基础设施完善,生态酒店、QQ 农场、花样迷宫等娱乐设施已成功投入运营。

示范园共栽植格桑花、白皮松、红叶李、樱花、牡丹、火炬、美国红枫等绿化苗木 20 余个品种,引进葡萄、油桃、樱桃等采摘品种 10 余种。园内采用六棱砖空心护坡、浆砌石骨架植草护坡、钢筋混凝土骨架植草护坡、层叠铅丝笼插柳护坡、生态连锁砖植草护坡等形式治理高陡边坡 1 668 m,布设导视牌、植物名牌、水保宣传牌、形象牌等 200 多个。累计治理面积 19 km², 并于 2016 年 9 月通过陕西省水保局组织的省级水土保持示范园验收。目前,园区内四季常绿、三季有花,道路系统设施合理,导视系统齐全,治理措施完善,符合当地特点,起到了示范带动作用。

8.2　黄土高原小流域综合治理面临的主要问题

8.2.1　治理理念不系统

我国小流域综合治理最早始于 20 世纪 50 年代,到 80 年代开始正式推广、普及和全面发展。经过 30 多年的摸索与实践,目前已逐步探索出适合我国国情的综合治理理念、技术及管理措施。总体而言,我国的小流域综合治理已取得令人瞩目的生态效益、经济效益和社会效益。上至各级水土保持单位领导,下至广大基层群众都基本了解了小流域综合治理理念。

20 世纪 80 年代初期,小流域治理仍处于探索阶段,系统理念并未形成,该阶段小流域综合治理的目标是水土保持;80 年代后期,国家的中心转移到发展经济建设上,黄土高原小流域综合治理开始融合经济开发的理念,寓经济效益于治理措施中;进入 90 年代后,小流域综合治理开始以市场为导向,建立适度的商品生产基地,发展部分支柱性产业,推动小流域综合治理踏上一个新的台阶。

十九大以来,生态文明建设进入新时代。小流域综合治理理念需要紧跟时代步伐,用最新生态文明建设理念指导黄土高原水土流失治理工作。新时代背景下,国家提出"山水林田湖草生命共同体"的概念,开始重视生态系统的整体性、稳定性和健康等特征。这表明黄土高原治理需求已由过去减少水土流失,增加粮食供给能力,转变为提升生态环境质量,改善人居环境,增加经济收入,促进城乡社会经济繁荣;小流域综合治理的理念已转变为兼顾生态系统各要素,对生态系统进行整体保护、修复及治理。然而,当前黄土高原小流域治理的目标过于单一,仍以减缓水土流失和增加耕地面积为主,与国家提出的生态文明建设理念还存在不小的差距。

转变小流域综合治理理念,已成当务之急。小流域综合治理需要更多考量区域社会经济发展,统筹山水林田湖草多要素,实现生态建设与社会经济发展高度融合,赋予水土保持更加系统的综合治理目标。通过区域水土流失治理与社会经济发展深度耦合,构建新型水土流失治理模式:通过土地、产业、税费等相关政策供给,提高农民、企业参与水土流失治理积极性,鼓励民间资本参与水土流失治理工作,提高水土保持治理多方参与度。对现有小流域综合治理项目进行提升增效,释放生态经济潜能,优化区域生态资源配置和区域经济发展结构,助力稳定脱贫机制形成与构建,促进乡村振兴。

8.2.2　治理程度不均衡

黄土高原小流域综合治理是一项长期性的工作,为了推动区域经济的发展,中华人民共和国成立以来黄土高原水土保持工作经历了由单项重点治理到全面协调发展的过程。长期以来,小流域综合治理的规划以分散的单项治理为主,未形成科学合理的配置体系,不同区域治理目标、采取的防治措施、治理投入水平、治理标准等方面都存在巨大差异。

如图 8-6 所示,各个阶段和时期,黄土高原小流域综合治理的侧重点均有所不同,实施的生态建设、农业基础设施建设等治理工程多为分头实施的项目,工程措施配套不全,难以开展维护、巩固、配套工程建设等,影响了水土流失治理的效果和长效性。当前黄土高原小流域治理不平衡、不充分,对生态系统各要素流动性、区域内社会经济与生态环境协调性、流域上下游关联性等问题考虑不足,规范缺乏统一性、系统性和整体性,生态保护和恢复工程总体效果还不够理想,部分生态问题还较突出,整体的治理布局亟待调整。

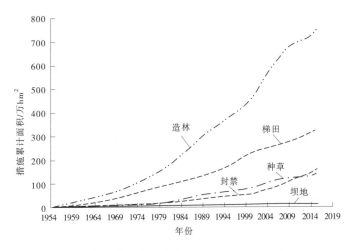

图 8-6　不同年份黄土高原水土保持措施累计面积变化情况

因此,有必要根据小流域所具有的主导功能进行分类和综合治理。例如,根据小流域主导功能定位,将小流域划分为水源涵养型(区)、土壤侵蚀控制型(区)、观光旅游型(区)、绿色产业型(区)、经济林果型(区)和种养(加)经济型(区)等(张洪江,张长印等,2016),进行小流域统一规划,调整土地利用模式和产业结构,促进新型农业产业化,实现区域资源和市场经济相结合、区域水土流失治理与经济开发相结合、人工治理与生态修复相结合,优化配置,全面发展。

　　未来我国的小流域综合治理要建立从规划、设计到施工等完整的技术体系与建设模式，科学合理配置工程、生物和农业措施，生态建设与经济发展统筹兼顾，因时因地制宜地提高设计水准，处理好长远利益与当前利益的关系，做到生态效益、经济效益和社会效益的统一。

8.2.3　治理模式亟待创新

　　我国黄土高原水土流失面积相对较大，整体上生态环境较为脆弱，在小流域综合治理过程中，亟须通过科学的方式进行管理，利用先进的科学技术进行处理，达到理想的治理效益。目前，我国黄土高原小流域综合治理中多选用较为成熟的传统技术，而多数黄土高原地区的生态环境问题复杂，单一的治理方式难以达到理想的效果。随着水土流失的治理和社会经济条件的发展，黄土高原广大群众的生活和生产水平有了明显提高，人们对所处的环境条件有更高的要求，特别是对山水林田湖草沙一体化保护修复、应对全球气候变化和极端天气、"碳达峰碳中和"、人居环境改善、乡村发展、生态产品价值实现等新的更高要求不断涌现，对传统小流域综合治理提出了更高要求。水土保持建设过于依赖政府财政支撑，公益性强，"造血"能力不足，"绿水青山"向"金山银山"的转化缺乏体系支撑。此外，目前的小流域综合治理还存在工程治理标准过低、林草植被生态退化等现实问题，治理技术急需改进。

8.3　以新型淤地坝为统领的小流域综合治理模式

　　针对当前水土流失治理存在的问题，结合乡村振兴战略和美丽乡村建设，以小流域为单元统筹发展与保护，以高标准新型淤地坝为统领，构建沟底、沟坡、沟缘、坡(塬)面立体化水土流失综合治理体系。在沟底新建一批高标准新型淤地坝、改建一批老旧病险淤地坝，形成干支沟、上下游统一规划，小多成群、骨干控制的淤地坝系，利用大型淤地坝蓄洪拦沙、合理利用降水资源，利用中小型淤地坝淤地造田，结合川台、沟台地平整，建设高标准农田；在沟坡营造水土保持林，提高植被覆盖，减少沟坡失稳引起的滑坡、崩塌等重力侵蚀；在沟缘线附近实施沟头防护工程，防止沟头延伸和沟岸扩张；在坡(塬)面做好植被保护和修复、坡耕地水土流失综合治理，大力实施旱作梯田，因地制宜地种植林果等经济林，加强雨水集蓄利用和径流排导；结合水土流失综合治理，在人口相对聚集的区域，强化农业面源和农村生活污染防治，开展农村人居环境整治，发展生态农业和文化旅游，实现山上有林果、坡上有梯田、沟底有坝系、坝上有水有田、村村有产业，实现水土保持功能系统性增强，水源涵养、防风固沙、碳固定等复合生态系统服务功能全面提升，打造山青、水美、岸绿、村融、低碳、高效、人与自然和谐相处的生态产业型、生态宜居型、生态旅游型等"小流域+"。

　　在综合治理新模式中，高标准新型淤地坝将发挥主导统领的作用。以稳定的坝系构建沟底水土拦蓄的稳定防线，稳定提升沟底侵蚀基准面，提供高质量沟底坝地；通过稳定的坝系增加关键节点处坝体的蓄水，为沟域内的植被恢复、农林经济作物发展就地提供水源，并为沟域内乡村生态和文旅发展提供必要的水要素。此外，沟头防护工程、沟坡水土保持、坡(塬)面植被保护和修复等措施可进一步减少水土流失,减轻淤地坝系面临的防洪拦泥压力,有效提升坝系的持久运行功能。因此,高标准新型淤地坝与其他治理措施是相辅相成的,各种措施在沟域内的配置比例则宜根据沟道具体情况进行具体考虑。

8.3.1　水土保持工程措施提升

黄土高原土质疏松,大部分区域地形破碎、丘陵沟壑纵横,且气候干旱。水土流失是制约这一地区社会经济发展与人民生活水平提高的重要因素。为控制水土流失、提升社会经济效益、改善区域生态环境,自 20 世纪 50 年代以来,在黄土高原地区陆续开展了大规模的水土保持和生态工程建设。水土保持工程措施配合植被建设、耕作措施等,有效控制了水土流失、保障了粮食生产、提升了应对自然灾害的能力,有效推动了黄土高原生态环境改善、人民生活水平提高和社会经济发展。

20 世纪 50~60 年代中期,黄土高原主要以营造梯田辅以植树造林等坡面治理为主;60~70 年代末期集中在修建淤地坝、营造梯田等沟坡联合治理为主;70~90 年代末从营造梯田、修建淤地坝、植树造林等开始走向配合自然修复的小流域综合治理;2000 年以后则在以上措施的基础上开展了大规模的退耕还林还草工程,并且 2010 年以后在退耕还林还草的基础上辅以治沟造地等流域综合整治与生态循环经济建设。总体而言,黄土高原水土保持工程措施建设经历了从单一的坡面工程治理过渡到坡面和沟道联合的工程治理,再到工程措施和植被措施相结合的小流域综合治理。2000 年以来,水土保持工程措施成为黄土高原大规模植被建设的重要辅助手段,有力促进了区域生态系统恢复和环境改善。

通过建设高标准新型淤地坝坝系,强化淤地坝拦、蓄、排、种、养复合功能的综合利用,在 5°~15° 缓坡建设宽幅旱作梯田,因地制宜地建设生产道路、排灌沟渠、水窖等配套设施,结合淤地坝非汛期蓄水,利用淤地坝蓄水和智慧灌溉提高梯田农业现代化水平,形成小流域水土资源高效控制利用体系。水土保持工程措施通过改变水文过程和物质迁移过程等,影响水土资源的再分配,发挥土壤保持、土壤肥力提升、粮食供给、水文调节、水源涵养等关键生态系统服务,是典型的社会-经济-自然相互作用的人地耦合系统(杨磊,2020)。

黄土高原地区大规模建设的水土保持工程措施主要包括沟道水土保持工程和坡面水土保持工程(见图 8-7)。沟道水土保持工程措施主要是淤地坝,以及近年来发展的治沟造地、固沟保塬等工程措施;坡面水土保持工程措施主要包括梯田,以及用于拦截泥沙、辅助植被建设的鱼鳞坑、水平沟、水平阶、反坡梯田等工程措施。淤地坝主要通过在河道拦截径流,达到拦截泥沙、淤地造田的功能。淤地坝淤满后土地较为平整,相比自然坡面拥有较好的土壤养分和水分条件,具有较好的生态效益和粮食供给能力。统计表明,经过多年的建设,黄土高原现存淤地坝数量达 5.88 万座,淤地坝的建设也经历了从蓄水拦泥到淤地生产,从小型淤地坝到大型淤地坝,从单坝建设到坝系建设的发展过程。

淤地坝历史悠久,实践证明,淤地坝作为黄土高原水土保持建设的重点和水土流失治理的关键措施,主要发挥着以下 6 个方面的作用:一是拦泥保土,减少入黄泥沙(尤其是

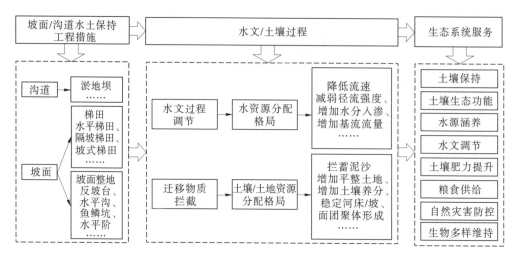

图 8-7　水土保持工程措施的生态过程与生态系统服务

粗泥沙);二是淤地造田,提高粮食产量,保障粮食安全;三是促进水资源利用,解决农民生活生产用水;四是增加农民收入,发展农村经济,解决"三农"问题;五是促进退耕还林还草,改善生态环境;六是以坝代桥,改善农村交通条件等。大规模建设淤地坝,对于治理水土流失、减少入黄泥沙、改善黄土高原地区的生态环境、发展区域经济、提高群众生活水平和确保黄河安澜具有不可替代的重要作用。

黄土高原大规模水土保持工程建设使得进入黄河的泥沙量快速减少,是黄河泥沙减少的重要原因之一。其中,淤地坝可有效拦截来自上游坡面和沟道侵蚀土壤,使大量土壤在淤地坝内沉积,直接减少汇流区进入河流的泥沙量,同时拦截径流,减轻对沟谷的冲刷。数据表明,黄土高原的淤地坝每年减少进入黄河的泥沙约达 2.2 亿 t。黄河潼关站的年均输沙量由 20 世纪 70 年代前的 16.0 亿 t,锐减到 2000~2005 年的 2.6 亿 t,2011 年以后已经锐减到 1.5 亿 t 左右。黄河河龙区间淤地坝减沙量占水土保持措施年均减沙量的64.7%。黄河支流皇甫川流域的研究表明,淤地坝在 1990~1999 年间减少径流泥沙27.7%,在 2000~2012 年间则贡献了泥沙减少量的 78.3%;若不考虑土地利用变化,淤地坝可减少 51.9% 的径流泥沙,而土地利用变化和淤地坝的共同作用则可减少流域径流泥沙的 80%。

黄河中游兴建的水利水土保持工程措施对控制水土流失、减少入黄泥沙特别是粗颗粒泥沙发挥了重大作用(见图 8-8)。淤地坝是快速减少入黄粗泥沙的首选工程措施和第一道防线。但随着时间的推移,河龙区间粗泥沙相对体积质量、淤地坝减沙量和拦减粗泥沙量均呈下降趋势,淤地坝拦减粗泥沙量的时效性比较明显。黄河中游河龙区间 20 世纪 70 年代以来,输沙量明显减少,黄河河流泥沙粒径有细化的趋势,淤地坝建设是造成泥沙细化的主要原因。龙门水文站泥沙中值粒径从 20 世纪 60 年代的 0.032 4 mm、70 年代的 0.028 5 mm 到 80 年代的 0.025 0 mm。冉大川通过对黄河中游河龙区间淤地坝拦减粗泥沙和淤地坝水土保持措施实施前后泥沙粒径变化的分析,指出自 20 世纪 70 年代以来,河龙区间粗泥沙占比(粗泥沙量占年输沙量的比例)、淤地坝减沙量和拦减粗泥沙量均呈下降趋势;实施水土保持措施治理后,绝大部分流域泥沙中值粒径和平均粒径同时变小,泥沙明显变细。淤积物也有进一步细化的趋势, 1980 年以来,下游河道淤积泥沙粒径大于或等于 0.05 mm 的比值由原来(20 世纪五六十年代)的 50% 下降到 1990～1998 年的 37.6%,而泥沙粒径大于或等于 0.025 mm 的比值还略有增加。以往研究成果表明,在各项水土保持措施中,对减少入黄泥沙的贡献率最大的是淤地坝拦沙。淤地坝对入黄泥沙减少的贡献率远远高于其他措施,20 世纪 90 年代有所下降,但仍占 70.8%。很显然,如果只强调坡面林草、梯田措施还是远远不够的,故在当前的西部大开发中退耕还林还草的同时,必须高度重视淤地坝的建设,在经费投入上予以保证,使之产生可持续的拦沙效益。

(a)水平梯田　　　　　　　　　　　　(b)淤地坝

(c)反坡梯田　　　　　　　　　　　　(d)鱼鳞坑

(e)水平沟　　　　　　　　　　　　(f)水平阶

图 8-8　黄土高原不同类型的水土保持工程措施

淤地坝、坡面整地等工程措施也是黄土高原的一个重要碳汇,有估算认为黄土高原地区淤地坝固碳量达到了 9.52 亿 t。坡面土壤侵蚀迁移的表层土壤碳含量一般较高,并且侵蚀作用的选择性会使土壤中含碳量高的黏粒和粉粒优先迁移,因此淤地坝、水平沟、隔坡梯田等工程措施内沉积物中常常出现碳富集。尤其对于淤地坝而言,由于土壤的压实作用,淤地坝内空气流通差,抑制了土壤微生物活动,降低了土壤有机碳的矿化分解速率,提升了淤地坝作为陆地生态系统碳汇的潜力。黄土高原的多次研究均表明淤地坝是良好的土壤碳库。例如,李勇等对延安碾庄沟流域进行调查和估算认为,1957~2000 年淤地坝工程存储有机碳达 17.3 万 t。岳曼等估算延安大中型淤地坝土壤有机碳储量达 0.423 亿 t,占黄土高原表层 0~40 cm 土壤有机碳储量的 1.48%。另外,水土保持工程措施作为植被恢复的重要辅助手段,也在很大程度上促进了生态系统的固碳。

　　关于梯田工程的详细介绍已在 8.1.2.2 中阐述,在此不再赘述。

8.3.2　生态保护修复提升

　　在生态脆弱的黄土高原地区,淤地坝建设可以巩固退耕还林还草,是实现生态环境改善的基础(见图 8-9)。淤地坝作为流域综合治理体系中的重要防线,与其他水土保持措施相结合,通过其拦、蓄、淤的功能,既能将洪水泥沙就地拦蓄,有效防止水土流失,又能形成坝地,充分利用水土资源,使荒沟变成高产稳产的基本农田,从而有效解决黄土高原水土流失严重和干旱缺水这两大难题,成为开发荒沟、改善生态环境的"奠基石",在黄土高原地区具有极其重要的战略地位和不可替代的作用。

(a)绥德县沟道小坝群增加耕地面积

(b)延川县淤地坝扩大耕地面积

(c)志丹县孙岔罗子沟骨干淤地坝

(d)宝塔区碾庄沟坝地建起蔬菜大棚

图 8-9　陕西淤地坝建设及利用情况

　　淤地坝对生态保护修复提升的作用主要体现在保障小流域生态安全、优化水土资源高效利用、促进农业绿色发展、支撑林草生态修复等方面,高标准新型淤地坝建设对实现黄土高原秀美山川建设有重要意义。

8.3.2.1　保障小流域生态安全

淤地坝具有良好的蓄水作用,因此其土壤含水量要明显高于坡地,特别是在大旱的情况下,淤地坝抵御干旱灾害的效果更为显著。调查发现,干旱年份坝地作物产量通常可以达到坡耕地产量的几倍,甚至当坡耕地作物绝收时,坝地产量还能保证 7 成以上,因此黄土高原地区广泛流传着"村有百亩坝,再旱也不怕"的说法。王茂沟区域 1964~1979 年作物产量的数据表明,干旱尤其是大旱年份(1965 年和 1972 年),淤地坝(见图 8-10)单位面积的产量为平均产量的 10~12 倍,比其他年份翻一番,充分说明淤地坝的建设及利用可以大大提高小流域农作物的产量,提高抵御旱灾的能力(李勉,杨剑锋等,2006)。另外,以小流域为单元,通过梯级建设淤地坝,可以层层拦截降雨,在汛期,可以起到较强的削峰、滞洪功能和上拦下保的作用,从而在一定程度上减轻洪涝灾害的发生频率及致灾程度,有效防止洪水泥沙对下游造成的危害。例如,王茂沟流域在 1959 年 8 月 19 日(降雨量 100 mm)和 1961 年 8 月 1 日(降雨量 77.1 mm)的两次暴雨中,与邻近的自然条件相似、淤地坝很少的李家寨沟小流域相比,坝系削减洪峰流量分别达到了 90.7%和 88.3%。此外,由于淤地坝三面都有丘陵包围,其内部受到大风灾害的影响要比丘陵顶部和坡面小,尤其对坝地农业生产而言,在很大程度上减轻了风灾的危害程度。因此,淤地坝在抵御洪灾、旱灾、风灾方面发挥着重要作用,对当地的生态保护提升作用明显。

图 8-10　王茂沟淤地坝

8.3.2.2　优化水土资源高效利用

水土流失是当前黄土高原许多小流域面临的最大生态环境问题。黄土高原沟壑纵横,沟蚀的发展导致坡面不断遭到蚕食,沟壑面积日益扩大,耕地面积日益缩小,土地资源不断遭到破坏。在侵蚀发育强烈地区修建淤地坝后,可抬高侵蚀基准面,防止沟床下切和沟岸扩张,减少沟岸崩塌、泻溜、滑坡、滑塌等重力侵蚀活动的发生。据调查的坝高与拦泥量推算,大型坝泥面抬高约 14 m,中型坝 9 m,小型坝 4 m,平均抬高侵蚀基准面约 8 m。在一些坝库成群的完整坝系流域,沟道地形条件已发生显著变化,形成沟道川台化,重力侵蚀明显减少。

淤地坝在保护水资源、提高降水利用率方面也发挥着重要作用。小流域中部分淤地坝可作为小水库使用,能够有效蓄积、利用地表径流,提高水资源利用率,对解决水资源缺乏地区的农民生活和农业生产用水发挥着重要作用,特别是解决农村生产生活用水。据调查,黄河中游地区已建成的淤地坝,解决了 1 000 万人的饮水困难问题。同时,利用骨干坝前期蓄水发展灌溉面积 2.33 万 hm²。延安王窑水库不仅解决了附近村镇的人畜用水,而且成为延安市用水的支柱。"十年九旱"的安塞县南沟流域,多年靠窖水和在几十里外人担畜驮解决人畜饮水,通过坝系建设,不仅彻底解决了水荒,而且每年还向流域外调水 50 多万 m³,发展灌溉面积 133.3 hm²。这些充分反映出淤地坝在调节径流时空分布、提高降水利用率、改善流域生态环境方面发挥着重要作用。

8.3.2.3　促进农业绿色发展

淤地坝可通过泥沙淤积,将沟道的荒沟、河滩、荒坡等不能利用土地变为高产粮田,改善了山区原来的农业生产条件。坝地主要是由山坡表土随坡面径流汇入沟道淤积而成的,水分条件较好,抗旱能力强。同时,大量的牲畜粪便、枯枝落叶及有机肥料流入坝内,使坝地非常肥沃,成为高产稳产基本农田。一般坝地的土壤养分较坡耕地高 3%~8%,新型淤坝地高于坡耕地 28%~36%,坝地土壤含水量高于坡耕地土壤含水量的 86%。因此,淤地坝种植玉米、高粱等作物的单位面积产量可以达到 7 000~7 800 kg/hm²,是梯田粮食产量的 2 倍、坡地产量的 3~4 倍。不同土地类型土壤水肥含量见表 8-1。

表 8-1　不同土地类型土壤水肥含量

土地类型	有机质		全氮		水解氮		含水量	
	含量/%	比值/%	含量/%	比值/%	含量/%	比值/%	含量/%	比值/%
坡地	0.289	100	0.053	100	4.451	100	9.47	100
梯田	0.363	126	0.071	134	5.924	133	10.72	113
坝地	0.305	106	0.057	108	4.574	103	17.61	186
新型淤坝地	0.394	136	0.068	128	5.703	128		

淤地坝将泥沙就地拦蓄,使荒沟变成良田,可增加耕地面积。据榆林地区 23 座典型淤地坝调查统计,扣除淤地坝淹没原有耕地外,淤积的河沟中净增耕地 233.33 hm²,占总淤积地面积的 63.2%,平均单坝可净增耕地 10.1 hm²。延安市碾庄沟流域共有坝地 110.13 hm²,粮食产量由 1982 年的 579 t 增至 1995 年的 1 770 t,人均粮食 260 kg,解决了山区农民的温饱问题。流域坝地面积仅占总耕地面积的 5.8%,而坝地产量则占总产量的 32%,平均建 1 hm² 坝地可退耕 11 hm² 坡地,这将大大促进林牧业发展。

8.3.2.4　支撑林草生态修复

黄土高原地区水土流失严重,地形破碎、新构造运动活跃、黄土层疏松深厚,天然植被受到严重破坏。植被最大程度上的恢复和重建才是黄土高原地区治理水土流失的根本措施,其中封山育林是植被建设的主要措施之一。淤地坝水肥条件好,种植烤烟、蔬菜、瓜果、水稻、药材、育苗等附加值高的植物,大大提高了坝地利用的经济效益,促使农民自觉地退耕还林还草,为流域退耕还林还草和封育修复创造了条件。

黄土高原植被恢复的工作重心一直放在人工造林、种草方面。但是,几十年来,因为树种和造林立地选择过于不当等,人工植被建设工作并没有达到人们的预期效果。平均造林保存率很低,而且形成了大面积的低质林分;另外,天然植被资源的保护也没有得到足够的重视,仍处于不断退化之中。随着对黄土高原生态环境治理经验教训的不断总结,人们意识到保护好现有天然植被是进行植被恢复的基础和前提。1998 年国家开始实行天然林保护工程,全面禁止采伐天然林,这对于黄土高原地区来说,也是植被生态建设思路的一次重要转变。经过几年的封山育林,黄土高原地区残存不多的次生林资源得到了一定程度上的恢复。近些年来,黄土高原地区不少地方实行了封山禁牧、轮牧,提倡围栏圈养等措施,也在一定程度上起到了恢复植被的作用。经过几十年的植被恢复和建设工作,黄土高原地区的森林资源得到了一定程度的恢复。20 世纪 90 年代,黄土高原地区的森林覆盖率达到 7.8%,资料显示,在黄土高原水土流失严重地区的 106 个县中,林地中天然林占总面积的 59.8%,而人工林占 40.2%(彭镇华,董林水等,2006)。黄土高原的天然次生林区多位于土层浅薄的土石山区,而且多数都位于河流的上游地区,其生态地位也非常重要,是重要的水源涵养和水土保持林。土石山区因土层较为浅薄,而且很多地带坡度较陡,这样植被一旦遭到破坏,形成土壤流失,很容易形成岩石裸露的石质山地,再想恢复土壤和植被可能性不大。因此,从保持水土和涵养水源的角度来讲,需要排除人为干扰,进行长期的封山育林。另外,黄土高原仅存不多的天然次生林是生物多样性保护最关键的地区,人类对天然森林资源的不断破坏是造成生物多样性不断锐减的直接原因,一定面积的天然次生林对野生动物多样性的维持至关重要,黄土高原动物多样性变化也不过是近几百年的事情,很多大型食肉动物及鸟类是近几百年随着天然森林的不断破坏而绝迹的(朱志诚,1996)。因此,在珍稀濒危物种较多的天然次生林区设立自然保护区,是生物多样性保护的重要手段。

退耕还林本身是生态建设的一个重要组成部分,在对生态环境进行改善方面的作用非常突出,同时有助于对现有农村经济结构进行合理优化,加快促进地方经济快速发展。从本质上来讲,退耕还林工程本身是立足于生态环境改善及保护视角的,采取循序渐进的原则来逐步停止耕种,并合理种植林木的一项工程,旨在可以将耕种区域逐渐恢复成能够改善生态环境的森林植被。陕西绥德县建造淤地坝后,耕地面积由占总面积的 57% 下降到 28%,林地面积由 3% 上升到 45%,草地面积由 3% 上升到 7%,当地的生态环境得到了明显改善。典型小流域不同类型用地所占面积比的变化过程见图 8-11。因此,淤地坝的建设不仅可以增加农业用地面积和作物产量,还可以从根本上巩固和扩大黄土高原地区退耕还林还草成果,促进流域植被覆盖度的提高和生态环境的改善,有利于流域良好生态环境的形成和发展。

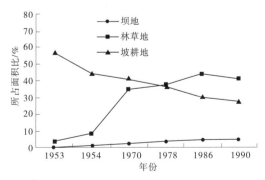

图 8-11 王茂沟流域不同类型用地所占面积比的变化过程

随着我国积极推进生态系统保护修复工作,森林草原面积和质量得到显著提升。"十三五"期间,全国累计完成造林 5.45 亿亩,建设国家储备林 4 805 万亩,落实草原禁牧 12 亿亩、草畜平衡 26 亿亩,天然草原综合植被盖度达到 56.1%,天然草原鲜草总产量突破 11 亿 t。与此同时,要清醒认识到,我国总体上仍然是一个缺林少绿、生态脆弱的国家。在今后的育林过程中需要额外注意调整优化林分根本结构,增加混交林比例,适当延长轮伐期,增强碳汇能力;加强中幼林抚育和退化林修复,加大人工林改造力度,科学谋划草原生态保护修复工程布局,改善草原生态整体状况,扭转草原退化和荒漠化趋势。在充分做好气候变化动态评估预测的基础上保护和恢复荒漠植被,努力增加旱区植被碳汇增量。通过林草质量提升工程,加强抚育经营管理,持续提升林草系统气候适应性和韧性。此外,因地制宜地开展能源林培育,加强现有低产低效能源林改造,稳步提高能源林建设规模和质量,推进优质木竹资源定向培育与利用,提高生物固碳效率也是有效的生态恢复手段。

林草的科学管护和定向调控技术是恢复植被的重要前提。在实际建设过程中,为了追求效率,黄土高原的植被建设多依循重视乔灌而轻视木林的传统,植被与植被地带性分布和水土条件存在较大出入,既不利于植被生长发育,也不利于相应地区的土壤恢复。与此同时,先毁天然植被后种植的现象也层出不穷,严重破坏土壤。形式化、规模化的建设规划导致林草建设随意,更加剧了水土流失(赵晓娅,2020)。

做好黄土高原林草管护,有助于提高黄土高原的植被覆盖率,减轻水土流失问题,恢复当地生态,减少决堤、侵蚀、决溢等现象。研究发现,黄土高原多年来的水土重建、植树造林工作有效地减少了地表径流。符合植被地带、水土地带的植被建设有效地维护了水分与土壤间的平衡性,发挥出良好的水土保持效能。由此,做好黄土高原地区林草管护,有利于恢复生态、保持水土。此外,做好黄土高原林草管护,减少水土流失,便能有效控制下游河道的侵蚀堆积、堤坝决溢风险,能切实减少政府在防灾赈灾方面的经济支出。与此同时,良好的林草建设势必能发展良好的生态环境,好的自然环境能够促进旅游产业的联动发展,最终促进当地经济发展。

考虑到黄土高原地区缺水干旱和土壤干层的情况,许多地区开始重视科学的林草建设技术和林草配置,通过制订科学性、可行性的林草建设措施,达到生态建设目的。黄土高原林草管护生态建设集中体现出地带性特征,不同地形区位可种植的植被类型也有所差异。在研究水土分布和植被分布、生长发育规律基础上,因地制宜地依托天然植被进行林草建设,从而在林草管护生态建设中体现出植被地带性特征。对于黄土高原森林带,林草管护和生态建设中侧重造林,可自行恢复的植被多采取封山育林、退耕还林等措施,对部分被破坏严重、自行恢复能力较差、发育不良的植被区,可通过飞机播种或人工造林等方式有效促进其恢复和改造;黄土高原森林草原带,林草建设多以灌草为主,部分水分条件好的地区可进行乔灌混交林建设;对于黄土高原典型草原带,存有较多天然的优良牧草,但缺少乔木林,因此在林草建设中多使用灌木、牧草带状混交方案,以求在较短时间内建成稳定的草灌植被;对于黄土高原荒漠草原带,该地带多见旱柳、小叶杨、新疆杨等耐寒林木,多建有小片纯林、混交林和行道林。未来黄土高原的林草建设可能会呈现出强调依托天然植被、从种绿到护绿、从单一生态性到生态联动经济共同发展的趋势。

随着淤地坝的建设,流域地表植被覆盖度显著增加,流域内年温差减小、空气湿度提高、灾害天气发生频率下降,局部小气候有明显改善,促进了当地生态环境的好转,极大地改善了人类的生产生活条件和动物的栖息条件,流域内栖息的野生动物不论种类和数量都呈增加趋势,为小流域的持续发展创造了前提条件。

整体而言,黄土高原淤地坝工程是水土保持综合治理和生态修复工程的结合点。淤地坝的建设为山区农民群众提供了高产稳产的耕地资源,实现了少种多收,提高了土地生产力和持续增产的能力,解除了群众的后顾之忧,调动了群众治理水土流失的积极性,为大面积"封山绿化"、实施封育保护、实现"粮油下川,林草上山"提供了可靠保障。

8.3.3　人居环境与产业经济提升

随着中国经济高速发展,农村、农业和农民的发展进入创新与转型升级的新阶段,农业现代化发展是国家现代化的重要基础和支撑,促使农业农村实现现代化跨越式发展是当前我国农业现代化所面临的重大难题(鲍玉海,贺秀斌,2014)。党中央在十九大报告中明确提出要实施乡村振兴战略,构建田园特色经济体系。田园综合体建设是我国乡村发展的必经之路,是田园特色经济体系的主要内容之一,是实施乡村振兴战略的有效载体,同时是农村现代化建设的一种新的模式。田园综合体是以农民合作社为主要载体,农民充分参与和受益,集循环农业、创意农业、农事体验于一体的乡村综合发展模式。

淤地坝是黄土高原区水土流失治理的工程措施之一,其拦沙减淤、淤地造田、促进水土资源利用、促进退耕还林还草、以坝代路等复合功能的提升,对广大农村地区环境基础设施完善和产业经济发展具有十分重要的促进作用。高标准新型淤地坝坝系建设已成为支撑黄土高原地区生态保护、经济发展、脱贫致富的有效途径,不仅改善了地区生态环境,而且带动了当地经济社会的可持续发展。

淤地坝能够将泥沙就地拦截形成坝地,产生规模巨大的增量耕地,坝地土壤主要来源于山坡表土随坡面径流汇入,土壤肥沃,质地松散。试验数据表明,坝地表层土壤有机质、N、P 和 K 含量分别是新开发的梯田的 1.3 倍、1.2 倍、4 倍和 5.2 倍。淤地坝拦泥淤地形成水肥气热耦合性好、高产稳产的坝地,能够补充耕地数量,增加高标准农田。坝地可以替代坡耕地,在耕地质量提升的同时,巩固退耕还林还草成果,改善地区生态环境,升级地区产业结构,有力促进生态环境改善。

淤地坝非汛期需水可以强化黄土高原地区雨水资源集约利用,为农业灌溉、畜禽养殖等提供一定的水资源,解决了农民部分生活生产用水问题。淤地坝拦蓄洪水,减轻了黄河中下游的防洪负担,并使水沙得到分离,浑水变清,净化了水质,使拦截的水沙资源能够得到有效利用。淤地坝拦截的水面,可以发展水产养殖业;另外,亦可进行农田灌溉,增加了水地面积和粮食产量。

各个淤地坝连接沟道两岸,以坝代路,为农业生产、民众出行提供便利的交通条件。通过淤地坝工程,在坝系小流域内形成了良好的水土资源、交通、植被等基础条件,为淤地坝系人居环境与基础设施提升提供了得天独厚的条件。在保障淤地坝安全运行的基础上,开展淤地坝系田园综合体建设,是提高淤地坝系利用效率的新机遇。

综合利用高标准新型淤地坝坝系拦、蓄、排、种、养复合功能,依托于当地丰富的自然资源和文化资源,充分发挥淤地坝系在小流域防洪、拦泥、生产、水资源调控利用的优势,打造集现代农业、文旅休闲、田园社区为一体的淤地坝系田园综合体,改善人居环境,更好地带动乡村居民的生活发展。坝系流域田园综合体构建模式,将淤地坝系与田园综合体联系起来,对于实现淤地坝系的可持续发展、助力乡村振兴、优化当地特色产业布局都具有重要的推广应用价值。同时,淤地坝系田园综合体的构建在综合利用农村资源、深度开发农业多功能性、解决农村经济发展、构建未来城乡形态等方面具有重要的现实意义。

实施高标准农田建设,在坝地、坡面、塬面打造特色农产品优势区,在建设淤地坝系的基础上,以发展现代化农业为目标,在淤地坝系流域大力发展经济农作物产业,打造独具特色的农副产品品牌。构建"双循环"绿色高效农业模式,加强特色农产品认证和保护,打造具有综合性、文化性的区域公共品牌,集创意农业、休闲旅游、人文景观为一体,是在本来的生态农业和休闲旅游的基础上的深化和升华,能更好地体现村庄的特色。依托于淤地坝系流域,构建山水林田路湖体系,充分发掘当地的自然资源和文化资源,结合人文要素营造具有淳朴田园风情和浪漫生活气息的休闲旅游氛围,通过提高田园综合体模式下淤地坝系具有的产业价值,更好地带动乡村文旅发展。结合水土保持工程、林草景观、农业景观发展特色休闲农业和乡村旅游,推动一二三产业高效融合、快速发展。根据居民、游客需求,结合现代农业、休闲旅游业对淤地坝系流域居民点进行规划设计,以改善人居环境为基础,大力实施绿化、美化工程和环境保护工程,完善基础配套设施,全面打造富有乡村气息的田园综合体。

8.3.4　乡村产业经济提升

"沟里筑道墙,拦泥又收粮",这是黄土高原地区群众对淤地坝作用的高度概括。调查表明,淤地坝在拦截泥沙、蓄洪滞洪、减蚀固沟、增地增收、促进农村生产条件和生态环境改善等方面发挥了显著的生态效益、社会效益和经济效益。延安市宝塔区副区长王建军说:"淤地坝建设无论是在生态建设,还是在增产粮食方面都有着不可替代的作用。"当地的群众形象地把淤地坝称为流域下游的"保护神",解决温饱的"粮食囤",开发荒沟、改善生态环境的奠基石。

淤地造田,提高粮食产量。淤地坝将泥沙就地拦蓄,使荒沟变成了人造小平原,增加了耕地面积。同时,坝地主要是由小流域坡面上流失下来的表土层淤积而成,含有大量的牲畜粪便、枯枝落叶等有机质,土壤肥沃,水分充足,抗旱能力强,成为高产稳产的基本农田。据黄河水利委员会绥德水土保持试验站实测资料,坝地土壤含水量是坡耕地的1.86倍。据黄土高原七省(区)多年调查,坝地粮食产量是梯田的2~3倍,是坡耕地的6~10倍。坝地多年平均亩产量300 kg,有的高达700 kg以上。山西省汾西县康和沟流域,坝地面积占流域总耕地面积的28%,坝地粮食总产量却占该流域粮食总产量的65%。据统计,黄土高原区坝地占总耕地的9%,而粮食产量占总产量的20.5%。特别是在大旱的情况下,坝地抗灾效果更加显著。据陕西省水土保持局调查资料:1995年陕西省遭遇历史特大干旱,榆林市横山县赵石畔流域有坝地1 600亩,坡耕地25 000亩,坝地亩产均在300 kg以上,而坡耕地亩产仅10 kg,坝地亩产是坡耕地的30多倍。因此,在黄土高原区广泛地流传着"宁种一亩沟,不种十亩坡""打坝如修仓,拦泥如积粮,村有百亩坝,再旱也不怕"的说法。

防洪减灾,保护下游安全。以小流域为单元,淤地坝通过梯级建设,大、中、小结合,治沟骨干工程控制,层层拦蓄,具有较强的削峰、滞洪能力和上拦下保的作用,能有效地防止洪水泥沙对下游造成的危害。1989 年 7 月 21 日,内蒙古准格尔旗皇甫川流域普降特大暴雨,处在暴雨中心的川掌沟流域降雨 118.9 mm,暴雨频率为 150 年一遇,流域产洪总量 1 233.7 万 m³,流域内 12 座治沟骨干工程共拦蓄洪水泥沙 593.2 万 m³,缓洪 514.8 万 m³,削洪量达 89.7%,不但工程无一损失,还保护了下游 3 900 亩坝地和 5 100 亩川、台、滩地的安全生产,减灾效益达 200 多万元。甘肃省庆阳县崀山湾淤地坝建成以后,下游 80 户群众财产安然无恙,道路畅通,600 亩川台地得到保护,仅该坝保护的川台地年人均纯收入就达 1 680 元,使烂泥沟变成了"聚宝盆"。

合理利用水资源,解决人畜饮水。淤地坝在工程运行前期,可作为水源工程,解决当地工农业生产用水和发展水产养殖业。对水资源缺乏的黄土高原干旱、半干旱地区的群众生产、生活条件改善发挥了重要作用。环县七里沟坝系平均每年提供有效水资源 160 多万 m³,常年供给厂矿企业,并解决了附近 4 个行政村 7 000 多头(只)牲畜的用水问题。"十年九旱"的定西县花岔流域,多年靠窖水和在几十里外人担畜驮解决人畜饮水。通过坝系建设,不仅彻底解决了水荒,而且每年还向流域外调水 50 多万 m³,发展灌溉 2 000 余亩。

同时,淤地坝通过有效的滞洪,将高含沙洪水一部分转化为地下水,一部分转化为清水,通过泄水建筑物,排放到下游沟道,增加了沟道常流水,涵养了水源,同时,对汛期洪水起到了调节作用,使水资源得到了合理利用。据黄河水利委员会绥德水土保持试验站多年观测,陕西绥德县韭园沟小流域,坝系形成后,人、畜数量增加 1 倍多,发展水地 2 700 多亩,沟道常流水不但没有减少,反而增加 2 倍多。

优化土地利用结构,促进退耕还林还草。淤地坝建设解决了农民的基本粮食需求,为优化土地利用结构和调整农村产业结构,促进退耕还林还草,发展多种经营创造了条件。昔日"靠天种庄园,雨大冲良田,天旱难种田,生活犯熬煎"的清水河县范四夭流域,坚持以小流域为单元,治沟打坝,带动了小流域各业生产,2001 年流域人均纯收入达 1 970 元,电视、电话、摩托车等高档产品也普遍进入寻常百姓家。绥德县王茂庄小流域,有坝地 400 多亩,在人口增加、粮食播种面积缩小的情况下,粮食总产量却连年增加,使大量坡耕地退耕还林还草,土地利用结构发生了显著变化,耕地面积由占总面积的 57% 下降到 28%,林地面积由 3% 上升到 45%,草地面积由 3% 上升到 7%。坝地面积占耕地面积的 15%,产量却占流域粮食总产量的 67%。实现了人均林地 36 亩、草地 5 亩,粮食超千斤。环县赵门沟流域依托坝系建设,累计退耕还林还草 3 250 亩,发展舍饲养殖 1 575 个羊单位,既解决了林牧矛盾,保护了植被,又增加了群众收入。目前,黄土高原地区已涌现出一大批"沟里坝连坝,山上林草旺,家家有牛羊,户户有余粮"的富裕山庄。另外,淤地坝的建设,坝顶成为连接沟壑两岸的桥梁,大大改善了山区的交通条件,促进了物资、文化交流和商品经济的发展。

8.4　本章小结

　　结合国家乡村振兴战略和美丽乡村建设的推进,研究提出以高标准新型淤地坝为统领,融合水土保持智能监测预警体系、林草植被保护修复、旱作梯田建设、生态宜居美丽乡村建设等技术和措施,构建沟底、沟坡、沟缘、坡(塬)面立体化水土流失综合治理体系;在人口相对聚集的区域,强化农业面源和农村生活污染防治,开展农村人居环境整治,发展生态农业和文化旅游,实现山上有林果、坡上有梯田、沟底有坝系、坝上有水有田、村村有产业,打造山青、水美、岸绿、村融、低碳、高效、人与自然和谐相处的生态产业型、生态宜居型、生态旅游型等"小流域+"综合治理模式。实施以新型淤地坝为统领的小流域综合治理,将水土保持生态建设与资源、产业开发项目一体化实施,有利于整合各类资源、激发经济活力,促进黄土高原水土保持生态建设高质量发展。

参 考 文 献

[1] 谢永生,李占斌,王继军,等.黄土高原水土流失治理模式的层次结构及其演变[J].水土保持学报, 2011,25(3):212-213.

[2] 景可,焦菊英.黄土丘陵沟壑区水土流失治理模式、治理成本及效益分析——以米脂县高西沟流域为例[J].中国水土保持科学,2009,7(4):20-25.

[3] 苏仲仁,王晶.全国八大重点治理区水土保持效益分析[J].中国水土保持,1992(3):1-5.

[4] 郭廷辅.我国水土保持工作现状、问题和对策[J].地理研究,1995,14(4):1-7.

[5] 段巧甫.论水土保持在生态环境建设中的主体地位和作用[J].中国水土保持,1999(10):13-14.

[6] 王礼先.小流域综合治理的概念与原则[J].中国水土保持,2006(2):16-17.

[7] 李宗善,杨磊,王国梁,等.黄土高原水土流失治理现状、问题及对策[J].生态学报,2019,39(20): 7398-7409.

[8] 李相儒,金钊,张信宝,等.黄土高原近60年生态治理分析及未来发展建议[J].地球环境学报, 2015,6(4):248-254.

[9] 余新晓,贾国栋.统筹山水林田湖草系统治理带动水土保持新发展[J].中国水土保持,2019(1): 5-8.

[10] 朱显谟.黄土高原国土整治"28字方略"的理论与实践[J].中国科学院院刊,1998(3):232-236.

[11] 高健翎,高燕,马红斌,等.黄土高原近70a水土流失治理特征研究[J].人民黄河,2019,41(11): 65-69.

[12] 张洪江,张长印,赵永军,等.我国小流域综合治理面临的问题与对策[J].中国水土保持科学, 2016,14(1):131-137.

[13] 高照良,李永红,徐佳,等.黄土高原水土流失治理进展及其对策[J].科技和产业,2009,9(10): 1-12.

[14] 刘迎春.小流域综合治理面临的问题与对策[J].农业科技与信息,2020(3):41-42.

[15] 罗婷,向万丽,靳艳.小流域水土保持综合治理存在问题及对策分析[J].中国设备工程,2021 (14):241-242.

[16] Li E, Mu X, Zhao G, et al. Effects of check dams on runoff and sediment load in a semi-arid river basin

ofthe Yellow River [J]. Stochastic Environmental Research and Risk Assessment, 2017, 31(7): 1791-1803.

[17] Wang Y F,Fu B J,Chen L D,et al. Check dam in the Loess Plateau of China:Engineering for environmental services and food security[J]. Environmental Science & Technology, 2011, 45(24): 10298-10299.

[18] Zhao G J, Kondolf G M, Mu X M, et al. Sediment yield reduction associated with land use changes and check dams in a catchment of the Loess Plateau, China[J]. Catena, 2017, 148(2): 126-137.

[19] 陈雪,宋娅丽,王克勤,等. 布设等高反坡阶对滇中松华坝水源区坡耕地土壤饱和导水率的影响[J]. 福建农林大学学报(自然科学版), 2019(15):649-655.

[20] 冯棋,汪亚峰,杨磊,等. 土壤侵蚀对陆地碳源汇的作用机制研究进展[J]. 土壤通报, 2018, 49(6): 1505-1512.

[21] 韩鹏,倪晋仁.黄河中游粗泥沙来源探析[J].泥沙研究,1997(3):48-56.

[22] 胡春宏, 张晓明. 论黄河水沙变化趋势预测研究的若干问题[J]. 水利学报, 2018, 49(9): 1028-1039.

[23] 李勇,白玲玉. 黄土高原淤地坝对陆地碳贮存的贡献[J]. 水土保持学报, 2003, 17(2):1-4,19.

[24] 刘晓燕, 申冠卿, 张原锋,等. 黄河下游高含沙洪水冲淤特性及其调控对策初探[J]. 北京师范大学学报(自然科学版), 2009(5):490-494.

[25] 刘正杰. 淤地坝建设是黄土高原地区实现小康社会的基础工程[J]. 水土保持科技情报, 2003(6):3-5.

[26] 弥智娟. 黄土高原坝控流域泥沙来源及产沙强度研究[D].咸阳:西北农林科技大学, 2014.

[27] 聂兴山. 坝系农业是黄土高原持续农业的发展方向[J]. 中国水土保持,2000(9):35-36.

[28] 钱云平,林银平,董雪娜,等.黄河中游粗沙区来沙量与粗泥沙模数变化分析[J].人民黄河,1998, 20(4):15-17,46.

[29] 冉大川,刘斌,王宏,等.黄河中游典型支流水土保持措施减洪减沙作用研究[M].郑州:黄河水利出版社,2006.

[30] 冉大川,罗全华,刘斌,等.黄河中游地区淤地坝减洪减沙及减蚀作用研究[J].中国水利,2003(9): 67-69.

[31] 冉大川.黄河中游河口镇至龙门区间水土保持与水沙变化[M].郑州:黄河水利出版社,2000.

[32] 徐建华,吴成基,林银平,等. 黄河中游粗泥沙集中来源区界定研究[J]. 水土保持学报, 2006, 20(1):6-9,14.

[33] 徐建华,吕光圻,张胜利,等.黄河中游多沙粗沙区区域界定及产沙输沙规律研究[M].郑州:黄河水利出版社,2000.

[34] 徐剑峰, 弓增喜. 伊盟洪水泛滥 黄河内蒙段出现沙坝[J]. 人民黄河, 1989(6):70.

[35] 许炯心.黄河中游多沙粗沙区水土保持减沙的近期趋势及其成因[J].中国水土保持,2004(7): 3-6.

[36] 杨磊, 冯青郁, 陈利顶. 黄土高原水土保持工程措施的生态系统服务[J]. 资源科学, 2020(1): 87-95.

[37] 路晓刚, 邱城春. 淤地坝在生态建设中的重要作用[J].青海环境,2006,16(3):112-113,119.

[38] 岳曼. 延安地区土壤有机碳空间分布模型建立与储量估算[D].咸阳:西北农林科技大学, 2008.

[39] 李勉, 杨剑锋, 侯建才. 王茂沟淤地坝坝系建设的生态环境效益分析[J]. 水土保持研究, 2006, 13(5):145-147.

[40] 彭镇华, 董林水, 张旭东,等. 植被封禁保护是黄土高原植被恢复的重要措施[J]. 世界林业研究,

2006，19(2)：61-67.

[41] 张翠萍，姜乃迁，侯素珍，等. 近期渭河下游河道淤积成因分析[J]. 人民黄河，2006，28(6)：75-76，79.

[42] 张胜利，赵业安. 黄河中上游水土保持及支流治理减沙效益初步分析[J]. 人民黄河，1986(1)：5-10.

[43] 赵晓娅. 黄土高原林草管护生态建设特点与发展趋势[J]. 现代园艺，2020，43(20)：157-158.

[44] 朱志诚. 全新世中期以来黄土高原中部生物多样性研究[J]. 地理科学，1996，16(4)：351-358.

[45] 白志刚，王晓，尚国梅，等. 淤地坝建设对改善黄土高原区域环境的影响[J]. 中国水利，2003(9)：23-24.

[46] 鲍玉海，贺秀斌，钟荣华，等. 基于绿色流域理念的三峡库区小流域综合治理模式探讨[J]. 世界科技研究与发展，2014，36(5)：505-510.

第 9 章　新型淤地坝建设实践

新型淤地坝技术成功推广应用于陕西、内蒙古 13 座试点坝建设,其中陕西 9 座、内蒙古 4 座。

9.1　陕西省富县陈家沟淤地坝

9.1.1　工程概况

陈家沟淤地坝位于富县茶坊镇陈家沟村境内大申号水库库区右岸支沟内(见图 9-1),属北洛河流域,流域属黄土高塬丘陵沟壑区,梁峁相间,地形破碎,现状条件下流域内植被尚可。坝址区位于半干旱区,属大陆性暖温带季风气候,光照充足,四季分明,春季多风,夏季炎热,秋季多雨,冬季干寒,年平均气温 8~9 ℃,多年平均降水量 561 mm,降水年际变化大,年内分配不均,多集中在 7、8、9 三个月,约占全年降水量的 60%。

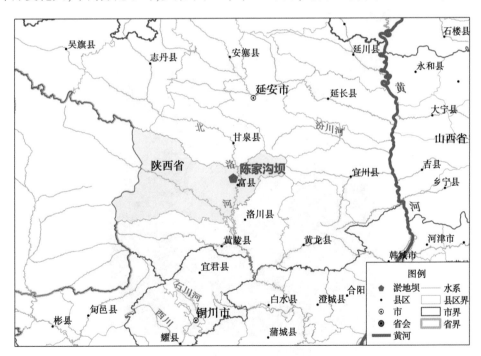

图 9-1　富县陈家沟坝位置示意图

该工程建设主要是为大申号水库清淤提供泥沙淤放场所,将大申号水库的部分淤积泥沙抽蓄至陈家沟坝内,以恢复大申号水库的部分兴利、防洪库容。因工程建设后,坝体内库容很快就会被清淤所占,故不设放水卧管,仅在坝身上布置泄水建筑物,使洪水能安全过坝即可。

9.1.2 大坝设计

根据现场地形条件,坝址区左岸有一道路,高程约为 1 008 m,为了不影响该道路,坝顶高程确定为 1 004 m,库容为 19.2 万 m^3,最大坝高 18.5 m。坝顶长度 85 m,上游坡比为 1:2.0,下游坡比为 1:1.5。

为降低坝体内浸润线,在坝基部位设条状排水体。在坝轴线下游 10 m 处布置一纵向排水体,在 D0+37.00、D0+47.00、D0+57.00、D0+67.00 四处设横向排水体。排水体为倒梯形断面,厚 0.6 m,上、下底长分别为 2.6 m、1.4 m,排水体为连续级配碎石,外包土工布。

9.1.3 坝身溢洪道设计

泄水建筑物布置于坝身(简称"坝身溢洪道"),采用正槽式开敞泄流,由进口段、泄槽段、消能段组成。在确定控制单宽流量的基础上,根据宽顶堰泄流公式确定堰上水深,考虑一定的超高后,在尽可能不改变坝高的情况下确定堰顶高程,然后根据调洪反算溢洪道的宽度。布置于坝身的溢洪道单宽流量控制为 3 $m^3/(s \cdot m)$,设计成宽浅式溢洪道,通过调洪计算得到泄流宽度为 26 m。

9.1.3.1 工程布置及结构形式

溢洪道采用开敞式,无坎宽顶堰泄流,堰顶高程 1 001.00 m。整个溢洪道由进口段、泄槽段、消能段组成(见图 9-2)。

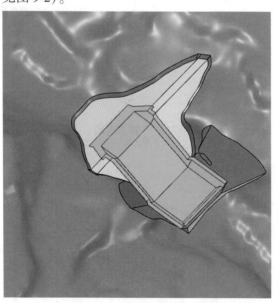

图 9-2 溢洪道结构形式

1. 进口段(0-008.00~0+002.90)

进口段 0-008.00~0+002.90 采用固化材料,底坡水平,梯形断面,底宽 26 m,高度 2.4~3.0 m,两侧坡度 1:1,底板高程 1 001.00 m,厚度 1.5 m,边墙水平宽 2.0 m。桩号

0-004.00 和 0+000.00 堰顶下做深 0.5 m、宽 0.8 m 的固化材料齿墙。

　　2. 泄槽段(0+002.90～0+026.90)

　　泄槽段采用直线布置,全长 24 m,底坡 1:1.5。泄槽采用底宽相等的梯形断面,宽度为 26 m,两侧坡度 1:1,底板厚度 1.5 m,泄槽边墙设置成变高度,0+002.90～0+024.16 段泄槽边墙高度由 2 m 渐变为 1.55 m,0+024.16～0+026.90 段泄槽边墙高度由 1.55 m 渐变为 3 m,边墙水平宽度 2 m。

　　3. 消能段(0+026.90～0+045.40)

　　消力池采用梯形断面,池长 18.5 m,池深 1.5 m。底宽为 26 m,两侧边墙坡度 1:1,底板厚度 2 m,边墙高度 3 m,边墙水平宽度 2 m。

9.1.3.2　进口段设计

　　控制段采用宽顶堰,断面采用梯形断面,底宽 26 m,宽顶堰泄流能力根据相关公式计算泄流曲线。

　　在保证下游消能设施安全的前提下,坝身溢洪道控制单宽流量为 3 m³/(s·m),对应堰上水深为 1.5 m,考虑 1.5 m 的安全超高,故堰顶低于坝顶 3.0 m,起调水位 1 001 m。

　　设计采用 20 年一遇标准,校核采用 50 年一遇标准,对应洪峰流量分别为 71 m³/s 和 86 m³/s。根据水文调洪计算结果,在校核标准洪水下,溢洪道宽度为 26 m,对应最大泄量 84 m³/s;设计标准最大泄量为 70 m³/s。

9.1.3.3　泄槽设计

　　本次设计泄槽做成等宽梯形断面,底宽 26 m,坡比 1:1。泄槽纵坡同为 1:1.5,底板厚度 1.5 m,边墙水平宽度 2 m。

　　首先进行特征水深计算,判断水流形态,具体可参考水力学手册,此处不再赘述。经计算,坡度为陡坡,水流为急流。

　　然后进行泄槽水面线计算,确定边墙高度。泄槽水面线根据能量方程,用分段求和法计算,具体可参考溢洪道设计规范,此处不再赘述。经计算,泄槽边墙采用变高度,首端墙高 2 m,末端墙高 1.55 m。

9.1.3.4　消能防冲设计

　　因溢洪道设在坝身,故消力池按照校核洪水标准 $P = 2\%$,相应溢洪道泄量 $Q = 84$ m³/s,采用底流消能。计算公式参照《淤地坝技术规范》(SL/T 804—2020),具体不再赘述。经计算,跃后水深 2.94 m,消力池深 1.5 m,池长 18.3 m。

　　因此,对消力池进行如下设计:消力池底板厚度 2 m,长度 18.5 m,消力池边墙采用贴坡设计,坡比 1:1,高度 3 m。

9.2　内蒙古自治区哈拉哈图 13#坝

9.2.1　工程概况

　　哈拉哈图 13#坝位于窟野河流域上游的乌兰木伦河支流哈拉哈图小流域内,内蒙古自治区鄂尔多斯市伊金霍洛旗阿勒腾席热镇柳沟村(见图 9-3)。地貌类型为黄土丘陵沟

· 310 ·　高标准免管护新型淤地坝理论技术研究与实践

壑区,整体地势较高,地形较平缓,两岸坡面及主沟道均为砒砂岩基底,其上覆盖沙土及砂砾土。坝址区位于干旱半干旱大陆性季风气候区,该地区多年平均气温6.2 ℃,极端最高气温36.9 ℃,极端最低气温−31.4 ℃,无霜期153 d。封冻期为11月至次年3月,解冻期为4~10月。该地区多年平均降水量为358.2 mm。年最大降水量642.7 mm(1961年),年最小降水量100.8 mm(1962年)。多年平均蒸发量为2 800 mm,最大冻土深度为2.1 m。

图9-3　伊金霍洛旗哈拉哈图13#淤地坝位置示意图

《内蒙古伊金霍洛旗哈拉哈图小流域13#骨干坝扩大初步设计》于2005年由鄂尔多斯市水利勘测设计院设计,2006年4月开建,2006年6月完工。原工程设计洪水标准为30年一遇,校核洪水标准为300年一遇,设计淤积年限为20年,原设计总库容168.49万m³,拦泥库容94万m³,滞洪库容74.49万m³,淤地面积17.12 hm²,设计最大坝高约17 m,坝顶长约339 m,平均坝顶宽4.0 m。

工程建设采用研发的高标准淤地坝技术,对哈拉哈图13#坝采用新型材料进行工程技术改造试验,开展采用新材料、新工艺在坝身布设泄流设施的技术试验,为坝体岸边无布设泄流设施条件时提供解决方案。

原工程主要由大坝和放水工程组成,原设计总库容168.49万m³。根据工程区实测1:2 000地形图,目前剩余库容111.73万m³,现状坝高16.7 m,坝顶长270 m,坝顶宽度5.0 m,坝顶兼作乡间道路(见图9-4、图9-5),淤泥面距坝顶13 m,坝体上游坡比1:2.9、下游坡比1:3.0。本次工程建设主要任务是在老坝的基础上新建坝身泄水建筑物,同时需考虑保留坝顶交通。

图 9-4　哈拉哈图 13$^\#$坝俯瞰图　　　　　　　图 9-5　哈拉哈图 13$^\#$坝现状坝顶

9.2.2　坝身泄水建筑物布置

　　泄水建筑物布置于坝身,采用正槽式开敞泄流,由进口段、泄槽段、消能段及海漫段组成。采用固化材料新建坝身溢洪道,为保证下游消能设施的安全性,根据已有的试验,认为采用坝身过流时单宽流量不宜超过 5 m³/(s·m)。在确定控制单宽流量的基础上,根据宽顶堰泄流公式确定堰上水深,考虑一定的超高后,在尽可能不改变坝高的情况下确定堰顶高程,然后根据调洪反算溢洪道的宽度。布置于坝身的溢洪道单宽流量控制为 5 m³/(s·m),设计成宽浅式溢洪道,通过调洪计算得到泄流宽度为 32 m。

9.2.3　坝身溢洪道设计

　　本工程泄水建筑物为无闸门控制溢洪道,过流断面为梯形断面,底宽 32 m,由进口段、泄槽段及消能段组成。

9.2.3.1　工程布置及结构形式

　　溢洪道采用开敞式,无坎宽顶堰泄流,堰顶高程 1 394.50 m。整个溢洪道由进口段、泄槽段、消能段及海漫段组成(见图 9-6)。

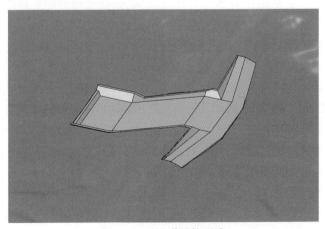

图 9-6　溢洪道结构形式

1. 进口段(0-010.75~0+006.00)

考虑到坝顶有交通需求且溢流宽度较宽,做交通桥代价较大,采用放缓坡做成过水路面。进口段 0-010.75~0-004.45 采用混凝土过水路面,梯形断面,底坡水平,底宽 32 m,高度 3.2 m,两侧坡度 8%,路面最低处高程 1 394.50 m,偏向上游,路面采用 20 cm 厚 C25 混凝土路面,下铺 40 cm 厚固化材料。进口段 0-004.45~0+006.00 采用固化材料,底坡水平,梯形断面,底宽 32 m,高度 3.2~2.06 m,两侧坡度 1:1,底板高程 1 394.50 m,厚度 1.0 m,边墙厚 1.0 m。桩号 0+000.00 和 0+004.00 堰顶下做深 0.5 m、宽 0.8 m 的固化材料齿墙。

2. 泄槽段(0+006.00~0+051.90)

泄槽段采用直线布置,全长 45.9 m,底坡 1:3.0。泄槽采用底宽相等的梯形断面,宽度为 32 m,两侧坡度 1:1,底板厚度 1.0 m,泄槽边墙设置成变高度,0+006.00~0+044.70 段泄槽边墙高度由 1.95 m 渐变为 1.33 m,0+044.70~0+051.90 段泄槽边墙高度由 1.33 m 渐变为 3.8 m,边墙厚度 1 m。

3. 消力池段(0+051.90~0+075.20)

消力池采用梯形断面,池长 20 m,池深 1.8 m。底宽为 32 m,两侧边墙坡度 1:1,底板厚度 1.5 m,边墙高度 3.8 m,边墙厚度 1.0 m。

4. 海漫段(0+075.20~0+085.20)

为了将消能后的水流安全送入下游河道,布设长 10 m、宽 38.2 m、厚 0.5 m 的铅丝石笼,将水安全送入下游河道。

9.2.3.2　进口段设计

1. 过水道路设计

由于坝顶有交通要求,且溢流宽度较大,做交通桥代价较大,故溢流堰前段做成长缓坡过水路面。

根据《公路路基设计规范》(JTG D30—2015),路基土应满足回弹模量大于或等于 40 MPa,压实度大于或等于 95%。回弹模量按《公路路基设计规范》(JTG D30—2015)附录 A 通过试验获得。根据《公路水泥混凝土路面设计规范》(JTG D40—2011),水泥混凝土路面弯拉强度不小于 4.5 MPa,在季节性冰冻地区,路面结构层的总厚度不应小于最小防冻厚度。本地区最大冻土厚度 2.1 m,路面结构层最小防冻厚度 0.6 m。

综上所述,道路采用 20 cm 水泥混凝土面层+40 cm 固化材料基层,路床土回弹模量和压实度应满足要求。

因过水路面后接控制段,过水路面为底宽 32 m、两侧坡比 8% 的梯形断面,控制段为底宽 32 m、两侧坡比 1:1 的梯形断面,故道路靠下游侧非溢流部分采用固化材料做一厚度 0.5 m 的贴坡挡墙用于挡水。

为防止水流对进口处边坡的冲刷,对溢洪道进口处的边坡进行防护,用水泥混凝土做一层 20 cm 厚的衬砌,范围自过水路面向下 2 m。

2. 控制段设计

控制段采用宽顶堰,断面采用梯形断面,底宽 32 m,宽顶堰泄流能力根据相关公式计算泄流曲线。

本工程为推广新工艺、新材料而进行的试验坝改建工程,在开展室内试验、现场实践的基础上,在保证下游消能设施安全的前提下,坝身溢洪道控制单宽流量为 5 m³/(s·m),对应堰上水深为 2.2 m,考虑 1 m 的安全超高,故堰顶低于坝顶 3.2 m,起调水位 1 394.50 m。

设计采用 30 年一遇标准,校核采用 300 年一遇标准,对应洪峰流量分别为 158 m³/s 和 343 m³/s。根据水文调洪计算结果,在校核标准洪水下,溢洪道宽度为 32 m,对应最大泄量为 162.5 m³/s;设计标准最大泄量为 53.1 m³/s。

9.2.3.3　泄槽设计

本次设计泄槽做成等宽梯形断面,底宽 32 m,坡比 1∶1。原坝体下游坡比 1∶3,故泄槽纵坡同为 1∶3,底板厚度 1 m,边墙厚度 1 m。

首先进行特征水深计算,判断水流形态,具体可参考水力学手册,此处不再赘述。经计算,坡度为陡坡,水流为急流。

然后进行泄槽水面线计算,确定边墙高度。泄槽水面线根据能量方程,用分段求和法计算,具体可参考溢洪道设计规范,此处不再赘述。经计算,泄槽边墙采用变高度,首端墙高 1.95 m、末端墙高 1.33 m。

9.2.3.4　消能防冲设计

因溢洪道设在坝身,故消力池按照校核洪水标准 $P=0.33\%$,相应溢洪道泄量 $Q=162.5$ m³/s,采用底流消能。计算公式参照《淤地坝技术规范》(SL/T 804—2020),具体不再赘述。经计算,跃后水深 3.71 m,消力池深 1.8 m,池长 20 m。

对消力池进行如下设计:消力池底板厚 1.5 m、长 20 m,消力池边墙采用贴坡设计,坡比 1∶1,高 3.8 m。

参 考 文 献

[1] 黄河勘测规划设计研究院有限公司. 内蒙古自治区高标准新工艺试验淤地坝鄂尔多斯市伊金霍洛旗阿勒腾席热镇柳沟村哈拉哈图 13# 坝试验工程[R]. 郑州:黄河勘测规划设计研究院有限公司, 2021.

[2] 鄂尔多斯市水利勘测设计院. 内蒙古伊金霍洛旗哈拉哈图小流域 13# 骨干坝扩大初步设计[R]. 鄂尔多斯:鄂尔多斯市水利勘测设计院, 2005.

第 10 章 水土保持监测体系

10.1 水土保持监测

我国水土保持监测历经 70 多年的发展,已经逐步走向自动化、集成化、智能化。传统的水土保持监测技术多为单一的坡面观测,且具有劳动密集型的特征,监测方法也比较单一,经常使用单纯的地面监测技术。随着水土保持监测技术的发展和进步,目前已经逐步向地域尺度监测转化,并且向技术密集型的生产方式过渡,可以实现连续性的自动监测,监测技术手段也逐渐呈现出多元化的趋势,能够将遥感技术应用到实际监测过程中,实现多源、多尺度的监测。

水土保持监测是指对水土流失的发生、发展、危害及水土保持效益等进行调查、观测、分析,从而获得与之相关的动态检测数据,为制定水土流失治理、生态环境建设等措施提供依据。一般情况下,水土保持监测可分为水土流失影响因子监测、水土流失状况监测、水土流失危害监测、水土保持措施及效益监测四种。其中,水土流失影响因子监测的主要对象包括水、风、地貌、植被类型、人为扰动活动等;水土流失状况监测的主要对象是水土流失类型、面积、强度、流失量;水土流失危害监测的主要对象是河道泥沙淤积、洪涝灾害、生态环境变化等;水土保持措施及效益监测的主要对象是水土保持设施、水土保持质量、防治工程效果等。另外,针对不同的区域特点,水土保持监测的内容也不相同。总的来说,水土保持监测的内容虽然多,但是能完整地反映出水土保持的现状及治理成效,方便后期水土保持措施的制订。所以,在开展水土保持工作时要认真做好监测工作,并充分利用各种先进技术及时创新、改进监测技术。

10.1.1 水土保持监测必要性

水土流失与生态安全密切相关,在我国诸多的生态问题中,水土流失涉及范围广、影响大、危害严重,一直受到国家的高度关注。随着国民经济和社会的发展,水土保持生态建设不断拓展和深化,迫切需要建立协调一致、系统完整的水土保持监测评价技术指标体系,及时掌握水土流失及其防治动态,为国家水土保持及经济社会宏观决策提供科学依据。

(1)水土保持监测是贯彻落实黄河流域生态保护和高质量发展重大国家战略的切实需要。

2019 年 9 月 18 日,习近平总书记在黄河流域生态保护和高质量发展座谈会上的讲话中提出"有条件的地方要大力建设旱作梯田、淤地坝等""要保障黄河长久安澜,必须紧紧抓住水沙关系调节这个'牛鼻子'"。《黄河流域生态保护和高质量发展规划纲要》提出,要"积极推进淤地坝建设,在晋陕蒙丘陵沟壑区积极推动建设粗泥沙拦沙减沙设施",

"建立跨区域淤地坝信息监测机制,实现对重要淤地坝的动态监控和安全风险预警"。由此可见,推动黄河流域生态保护和高质量发展是淤地坝建设面临的新形势、新要求,开展淤地坝水土保持监测是贯彻落实新要求的切实需要和重要举措。随着生态文明建设的兴起,国家对环境保护越来越重视,加之近几年水土流失现象严重,因此加强我国水土保持的监测尤为重要,水土保持监测能够有效监测现阶段我国水土资源的现状,对水土流失现象提前预警,一定程度上能够抑制水土资源流失现象的产生。与此同时,水土保持监测工作也迎来了新的发展机遇。首先,国家高度重视水土保持监测工作。党的十八大以后,国家就明确了水土保持是生态文明建设的重要内容。2015 年,《全国水土保持规划(2015~2030 年)》明确了水土保持的目标、任务。这一文件的出台给水土保持监测工作的开展打下了坚实的基础。其次,水土保持监测工作与领导干部考核直接挂钩,《中华人民共和国水土保持法》指出,在重点区域开展水土流失治理与预防工作,要实行责任制、奖罚机制。这就能充分调动各级政府的工作积极性,保障水土保持工作能深入基层。水土保持监测发展过程中,试验观测、区域考察等技术已经被广泛的研究,也取得了很多的成绩,目前研究的重点内容集中在信息系统建设,借助信息化手段,搭建水土流失监测模型,建立水土流失监测数据中心。数据中心的建立能够极大地提升监测数据的获取、处理能力,能够通过信息化手段及时监测与水土流失相关的数据信息,实现我国水土流失监测的连续性、系统性及及时性。

(2)水土保持监测可为淤地坝建设管理和安全运用管理提供有力支撑。

水土保持监测为发展高质量淤地坝的建设、运行及管理提供有力的支撑。通过综合应用大数据、互联网+、自动化监测、遥感遥测、5G 等新技术开展淤地坝监测,可及时了解淤地坝的建设动态、拦沙、淤积、蓄水、用水等情况,可为提升工程风险防控预警能力、保障淤地坝安全运行、淤地坝"现代化""精细化"运用管理提供关键基础数据和技术支撑。水土保持监测作为淤地坝建设质量及运营成效的评价指标,能客观地评价淤地坝建设成果。通过及时、连续、客观的监测数据,定量评价淤地坝在沟道调水、减沙、增产及乡村振兴、美丽乡村建设中的功能与成效,可为反映区域水沙关系、区域综合治理等提供关键基础数据,让淤地坝持续发挥以坝代路、蓄水养殖、拦泥淤地、滞洪减灾、保水保土等方面的作用,成为造福黄土高原地区人民的"幸福坝"。

10.1.2　水土保持监测现状

水土保持监测是从水土资源保护和良好生态环境的维护出发,对水土流失的原因、数量、强度、影响范围、危害和有效性进行动态监测的过程,是法律赋予水利行政部门的重要职能,它为国家生态建设的宏观决策提供了基本依据。当前,随着知识经济的不断发展,科学技术的飞速进步,水土保持工作内涵的进一步延伸,对水土保持管理的要求也越来越高。水土保持监测工作已变得十分重要,应当引起各级政府及相关主管部门的高度重视。目前,如何创新水土保持监测机制,全面提升监测水平,从而更好地为我国加快推进生态文明建设服务,是当前面临的新形势。

我国自 20 世纪 30 年代起便开始了水土保持科研试验工作。首次在福建省长汀县、重庆市北碚区、甘肃省天水市、陕西省西安市等地设立野外水土保持试验站。直到中华人民共和国成立后,水利部先后组织完成了3次全国土壤侵蚀调查工作,进而摸清了我国水土流失面积、分布及流失程度,为国家的生态建设决策提供重要依据。1991年颁布的《中华人民共和国水土保持法》中明确了水土保持监测的地位和作用,标志着中国水土保持监测工作进入一个新的发展阶段。2000年,水利部成立了水土保持监测中心,搭建了全面、科学、规范的水土保持监测系统。进入21世纪后,全国水土流失面积开始大幅度下降,国家生态建设投入大幅度增加,生态自然修复对控制水土流失起到了关键作用,社会资本高度介入土地开发,但生产建设活动造成的人为水土流失仍然严重。截至目前,全国已经建成1个中央级水土保持监测中心、7个流域监测中心站、31个省级监测站、175个监测站和736个监测点。

水土保持监测技术是基于预防水土流失及维持生态稳定的层面,采取大地监测技术及计算机三维出图等现代化技术措施,将水土流失区域、灾害等级、影响程度、治理对策等作为研究对象,对其实施系统性、全面性的实时监测与评价,在水土保持的监管与整治的平台之上对水土保持的问题给出了强有力的技术支持。水土流失对生态环境的危害不言而喻,而传统监测技术成本高、效率低、受区域限制,因此如何实时、高效、全面地监测水土流失的动态,是传统监测技术急需突破的瓶颈。

我国地质条件复杂多样,气候条件差异较大及区域经济发展不平衡,造成水土流失现象层出不穷,上升为生态保护的关键性问题。而水土保持监测技术存在诸多缺陷,严重制约了监测工作的进展。

(1)监测区域有限。

采用人工调查的方式进行监测已经不能适应时代的发展,此方式受区域性影响大,只适用于小区域的监测,人为因素占有重要部分,且其监测精度达不到规范要求,不能准确实施动态监测。用于大区域监测作业时,由于人手短缺而不能合理分配,对于监测区内高危地带的监测,无法通过人力来采集数据。

(2)数据采集方法需进一步改进。

其一,缺少项目研究经费,监测内容不够系统、全面,不能与小康社会生态文明、自然环境健康可持续发展相一致。其二,基本仪器由人工操作,数据收集效率低、精度低且对于动态化监测不能有效记录。整体来看,监测技术落后仍然是最为根本的问题,水土保持监测数据采集技术亟待更新。因此,需要从监测手段和监测管理等方面共同发力。

多部门水土保持监测与监管联动机制,是在水土保持监测和监督管理过程中,有效组织主管部门和有关部门之间的沟通及互补,并通过良好的沟通和有效的信息交流,整合有效资源,联合行动,协调监测和监督管理的常规运作模式。比常规水土保持监测工作体系能够汇集更丰富的人力、物力资源,投入更多的精力到水土保持监测中去,取得显著的效果,对水土保持监测十分重要。

(1)明确部门职责,落实相关责任。

目前,各部门还以开展各自职责范围内的监督管理工作为主,致使各个部门的职责高度分散化,进而导致了联动协作的困难。因此责任明确是一条基本原则,依托河长制的实施,采用召开联席会议等方式,明确各个联动部门的职责,才能够保证监测监管的高效、准确。只有确认了主管部门的职责后,才可以在水土保持监测监管中直接组织、指挥、协调、调度有关联动部门,各部门之间密切配合、相互协调,才能高效完成水土保持监测监管任务。

(2)先"联"而后"动",实现有效整合。

联动,应该先"联"后"动"。先"联"就是要实现相关行政及主管部门的协同联合。无论是同一行政区域、流域内纵向上的水土保持监测站或者监测点,还是跨流域、行政区的横向上的农业、林业、果业及国土等相关监测监管部门,只有将它们整合起来,实现信息、资源共享、统一指挥,才能真正发挥协调联动机制的作用。联动机制就是要实现多方联动、全面联动。后"动"就是要以联动机制的主管部门为中心,有效整合内部资源,准确判断水土资源状况,调集各监测监管力量。

(3)加强信息沟通,实现同步共享。

一个有效的多部门水保监测联动机制是水土保持管理工作能否成功开展的关键,这又很大程度上取决于能否进行良好的监测信息沟通。虽然国家在监测网络和信息平台建设上投入巨资,并且相关法律法规强调要加强信息共享机制,但是信息隔离和信息孤岛现象依然存在。因此,建立各协同部门之间高效、完整的信息沟通渠道就成为联动机制良性运作的前提条件之一。加强联动机制建设,完善信息沟通共享渠道,必须要做到对水土保持监测相关信息源的协同监测,并及时将所获取的信息、数据、资料实现联动监测部门同步共享。

10.1.3　水土保持监测技术、方法及设备现状

我国已经初步形成了空间尺度体系,能够在坡面等不同的空间尺度上选择不同的监测方法,在坡面尺度上,能够选择的监测方法有大型自然坡面径流场、试验坡面径流场等。对于一些小流域尺度上的监测,甚至可以对其径流量指标及泥沙含量等相关指标进行测量。同时我国目前已经建立完善了内容指标体系,能够准确测量水土相关现象,监测内容涵盖了风力侵蚀、径流泥沙、土壤等。我国建立的指标体系可以根据不同的监测情况进行适应性的调整,能够对不同的指标监测有所侧重。

10.1.3.1　**调查监测**

水土保持监测的基础方法以调查监测为主,也是其他后续监测能够得以实施的前提条件,所以水土保持中调查监测必不可少。通过调查可以全面整理现场问题,为后续决策和治理方案制定提供数据。主要针对项目区域内地形信息(地物和地貌)观测调查,包括自然地物如山地、平原、河滩河道和人工地物等,也包括项目中建于区域内的房屋、公路铁路、渠道管道等,地貌如坡度、坡长、坡形和坡向,还有项目区域水文地质情况的调查、植被覆盖情况调查、气象条件和水环境等。对区域内项目建设中占用的土地情况调查,包括项目占用土地面积、施工过程中临时占用场地和料场扰动地表面积、填方挖方情况、弃渣数量情况及堆放面积等,对水土流失造成危害损失情况和水土保持已建设施运行情况调查监测。

调查监测是指定期采用全线路调查的方式,通过现场实地勘测,采用 GPS 定位仪,结合地形图、全站仪、测高仪、尺具、照相机等测量仪器,按照不同的扰动类型进行调查,记录每个扰动类型区的基本特征及水土保持措施的实施情况。调查、巡查监测具有成本低、速

度快、容易掌握的特点,适合于大多数指标的监测。适合采用调查、巡查监测的指标主要有:

(1)项目区地形地貌、河流水系、植被、气候、土壤等水土流失影响因子。

(2)项目挖方、填方数量,工程取土、弃土、弃石、弃渣的数量、位置。

(3)工程损坏水土保持设施的数量,新增水土保持设施的数量和质量,生物措施的种类、成活率、保存率、覆盖度,防护工程的稳定性、完好程度和运行情况。

(4)水土流失对周边地区造成的危害及发展趋势。

(5)对于已开工的项目,项目区水土流失背景状况、从开工到开始监测这一段时间的水土流失只有通过调查才能获得。地面监测法主要监测水土流失量,通过在地面设置相应的观测设施,通过定期和不定期的观测来获得有关数据。适宜的地面监测方法有小区观测法、桩钉法、侵蚀沟体积量测法和量水堰法等。

10.1.3.2　地面定位观测

对不同地表扰动方式的侵蚀强度监测,采用地面观测方法。例如,插桩法、植被样地、设置河道取样点等,同时记录降雨的各相关要素。对于收集到的土样和水样采用室内试验进行处理,测量土样的容量、含水量和水样的体积、含沙量,从而得到降雨产生的悬移质、推移质的量。地面定位观测主要是监测典型坡面的水土流失量和水土保持措施的防治效益。从 20 世纪四五十年代开始,黄委的天水、西峰、绥德水土保持试验站就开展了水土流失试验观测,获得了多年的水土流失观测资料,为水土保持科学研究提供了重要的数据支撑。到 2016 年三站有控制站 16 个、径流场 63 个、雨量站 90 个,已被纳入全国水土保持基本监测点。依托全国水土流失动态监测与公告项目,黄河流域水土保持生态环境监测中心联合流域省级监测总站(中心)和监测站点所属管理单位开展了 40 多个典型监测站点的水土流失监测,监测内容包括降雨、径流、泥沙、植被覆盖度(郁闭度)、土壤水分等,其中降雨、径流、土壤水分、水位与流量监测基本实现自动化。近年来,黄河流域水土保持生态环境监测中心开展了 70 余个生产建设项目水土保持监测,其中铁路、公路和输油输气管道等线型项目 50 多个,大部分项目等级为大型及以上。项目分布在青海、甘肃、四川、宁夏、陕西、山西、河南、新疆等省(区),涉及范围广,地貌类型复杂,水土保持监测的开展有效地促进了人为水土流失防治。

根据项目区域不同的地表土壤扰动情况,采用定点、定位的地面观测,如量测法、测钎法、植被样方法等,收集到的土样和水样一般在实验室处理。地面定点观测主要针对水土流失量的变化、水土流失程度变化和拦渣保土量等指标进行。监测点根据监测内容和要求设置监测区域,通过定期观测和分布,收集土壤侵蚀深度和侵蚀量数据,采用典型采样法,获取土壤水分、容重和水沙浓度数据。用以上观测数据成果整理后与同类型区域内的平均流失量及允许流失量分析比较,用来验证监测区域水土保持工程布局及设计的合理性,根据对比结果在项目运行过程中做必要的修正补充。定点地面观测由于设备和观测方式限制,无法进行全方位、实时跟踪监测,需要扩大地面观测网络覆盖范围和观测试点密度,增加水土保持监测频次、健全监测内容,但实施需要加大投入人力与物力。地面定位观测主要是监测典型坡面的水土流失量和水土保持措施的防治效益。

10.1.3.3　GPS 定位技术监测

GPS 全球定位技术能够完成空间对地、空间对空间、地对空间的监测任务,GPS 定位具有以下特点:

(1)全球地面连续覆盖,从而保障全球、全天候连续、实时动态导航、定位。

(2)功能多,精度高,可为各类用户连续提供动态目标的三维位置、三维航速和时间信息。

(3)实时定位速度快,能够达到秒级水平。

(4)抗干扰性能好,保密性强。操作简单,观测简便。

(5)两观测点间不需通视。

据有关部门实际测算,GPS 卫星定位技术比常规大地测量技术至少节省 70% 的外业费用。GPS 定位技术已广泛应用于水土保持工程建设、水土流失监测和生态建设项目,取得了明显的效果。但是,在开发建设项目中,水土保持监测中的应用尚处于探索阶段,通过挖掘 GPS 定位技术潜力,可以应用于开发建设项目水土流失面积、弃土弃渣量、水土流失速度等方面的监测,如面积监测和体积监测。

(1)面积监测。应用 GPS 中的 RTK 技术,一台基站架设在某已知点或明显地物点上,该作业点尽量设在作业区的中心位置。用流动站跟踪地类边界线,经室内处理,可得到精度比较高的地类三维现状图,计算面积,定期监测,将得到面积的变化量。一般地,利用手持 GPS 也可完成面积测量,而且操作相当方便,只是精度相对较低。

(2)体积监测。将弃土弃渣区按一定网格划分,网格密度视精度要求而定,用 GPS 精确测量各网格交点的坐标,用计算机编辑生成数字地面模型,就可计算出精度比较高的体积量。水土流失速度监测:通过监测区域内由于水土流失引起的侵蚀沟的变化监测侵蚀速度。用 GPS 的 RTK 实时动态定位技术,把 GPS 的基站放在已建立控制网的某已知点上,流动站沿侵蚀沟连续采集点的坐标绘制出三维曲线。定期监测并比较变化情况。若用计算机处理,可以求得比较准确的变化量。

10.1.3.4　遥感监测

利用传统监测手段需要现场手工完成许多工作,效率低下、工作范围有限、投入成本高,不能及时有效地反映水土流失与治理现状。随着遥感技术与许多行业结合使用改善了计划实施严重阻滞的现状,与地理信息技术结合动态监测能力和完善的数据档案管理能力已成为水土保持监测的核心手段。对地面扰动斑、地面坡度、植被覆盖率等采取抽样监测和遥感监测;对于风力侵蚀的监测,由于其本身特点,需要监测范围面积大,监测获取数据资料过程非常漫长,如果采用遥感技术获取处理监测相关数据优势非常明显。卫星遥感技术发展有高分辨率、动监测和自动成图等趋势,更适应于水土保持监测。无人机低空遥感技术也具备全面性、精度高、时效性强、机动灵活和监测范围广等特点,在遥感监测中被大量使用推广。基于垂直摄影生成的三维模型土方量测量精度为 94.32%,证明了无人机在生产建设项目水土保持监测中应用的可行性和便利性。

10.1.3.5　资料分析法

资料分析法是开发建设项目水土保持监测的基础方法,通过整理已有主体工程设计资料、水土保持方案设计资料及收集到的其他相关资料,采用分析、统计、计算的方法获取结果。资料分析法可用于水土流失背景值、水土流失范围、水土流失危害区域、水土保持措施分布及数量等的初步确定,但分析结果均需结合实地调查或地面观测进行验证,以实际测得的真实结果为准。另外,水土保持效益监测指标多是通过前期所获取的监测资料的分析,采用相应的公式计算获得。

10.1.3.6　水土保持监测设备现状

想要顺利地开展水土保持监测工作,就需要借助水土保持监测设备,水土保持监测设备包括激光扫描、数字化摄影、实时摄像等应用,能够极大便捷数据的获取方式,通过网络实现设备终端之间的传输,水土保持监测数据可以实时传递到移动终端和收集终端,提升了水土保持监测的信息化水平,降低了数据获取成本。水土保持监测需要根据监测对象的不同,选择不同的设备,随着科学技术的发展,新的设备的研究和应用,设备的适用性逐渐增强,能够改变传统监测设备过度依赖于人、自动化程度低、监测能力差的特点,剔除人为因素对数据的干扰,能够获得更真实、可靠的数据。监测装备实现集成,充分发挥集成优势是现阶段检测设备研发的重点,单个一起、组合设备及成套设备构成了完整的检测装备。设备间的组合创新,能够将原来的固定监测设备进行优化,实现野外水土保持监测。

总的来说,我国水土保持监测工作既面临着机遇,也面临着挑战。如何抓住机遇、应对挑战,主要就是取决于政府及监测机构怎样改革、创新监测工作模式。新时期的水土保持监测工作应充分利用信息技术带来的优势,在充分利用新技术、新设备的同时也要重视水土保持智能监测体系的建设,构建高效协同的空天地一体化监测体系,其中空天地一体化的数据采集体系是发展建设的第一步,接下来简要介绍空天地一体化的数据采集体系。

10.1.3.7　生产建设项目水土保持信息化监管现状

生产建设项目水土保持信息化监管是全国各地水土保持强监管、保护生态环境的重要职责和重点工作,面对覆盖全国、数量巨大、年度多次的监管重任,监管工作及技术方法遇到了人工复核工作量大、识别分析难、快速精准监管效能低等瓶颈制约,迫切需要以人工智能为核心的高新技术支撑,破解技术难题。通过对遥感影像光谱信息、纹理结构等特征分析,影像特征增强技术,各类项目占地、土石方挖填量与弃渣量、建设工期、水土流失影响程度等级等大数据辅助,经过全面、精细、智能深度学习,同时运用发改、国土资源、城乡建设、环保、林业、水利、交通、电力等部门的相关信息大数据,通过关联分析,实现对生产建设项目的智能化识别。通过对项目特定的必备配套设施智能关联分析判别、相关图斑的归集,智能分析同一项目相关图斑的判别与归集。综合应用人工智能、大数据、云计算、互联网、物联网等高新科技,提高对"未批先建""未验先投""未批先弃"等违法违规行为的智能化、精准化判别率。为提升精准监管效率与效能,应加强水土保持重要敏感区的大数据智能支持,重点监管项目的智能跟踪,水土流失危害重点问题监控,细化项目开工前期、施工过程、工程完工3个时段的关键水土保持措施跟踪监管,更加及时、有效地全面支撑水土保持检查、监督、执法,全面提升监管效率与水平,促进生态优先、绿色发展,为国家高质量发展提供重要支撑和保障。

10.2　空天地一体化的采集体系构建研究

新时期对水土保持监测的要求越来越高,尤其是淤地坝等水土保持工作目前管理水平较低,安全监管能力较弱,相关信息化手段运用不足(见图 10-1、图 10-2)。《黄河流域生态保护与高质量发展规划纲要》明确,建立跨区域淤地坝信息监测机制,实现对重要淤地坝的动态监控和安全风险预警。通过空天地一体化的采集体系的构建以期实现建成覆盖整个管控区域的水土保持监测体系,为水土保持工作的科研、生产、管理提供服务,有效提升水土保持信息化水平,并预期实现两类功能:一是正常需求,能够迅速获取水土保持各类关键数据,具备大数据分析功能;二是能够及时感知水土保持异常行为,能够发出安全风险预警。针对淤地坝,要搭建淤地坝一体化监测预警平台(见图 10-3),开发淤地坝安全风险动态监测新技术。

图 10-1　淤地坝现场图

图 10-2　淤地坝防汛监测设施缺乏

图 10-3　空天地一体化的采集体系构建示意图

10.2.1　空基采集系统

　　随着无人机遥感技术的快速发展,其在水土保持监测、淤地坝信息数据采集等方面应用日益广泛。无人机遥感技术可将 GNSS 导航技术、无人机飞行技术、计算机技术结合在一起,在应用无人机遥感技术时可以有效管理各种监测设备,执行的监测任务更多,更好地适应复杂多样的勘察背景,快速收集到勘察区域生态环境信息与地形地貌。此外,建模处理遥感数据,突出无人机遥感技术的智能化与自动化。无人机遥感技术需要的设备类型有很多,如飞行器、控制器与控制台等,飞行器的组成包括电气设备、航空器平台、动力设备及导航装置等,其中最关键的当属无人机遥感系统。这一技术在应用过程中主要通过控制台控制管理飞行器飞行过程,将勘察地区的水土数据信息收集起来,之后将其传递到遥感监测平台中进行分析与处理,最后得出完整的水土信息。

　　无人机种类繁多,可根据不同工作的要求、性质进行选择。目前,常见的无人机大致分为两类:一类是旋翼无人机;另一类是固定翼无人机(见图 10-4)。这两类无人机各有其特点及优势,可根据工作需求进行选择。旋翼无人机具有价格低廉、体积小、易携带、不受飞行场地的限制等优势,但同时也具有飞行时间短、巡航面积小等问题,适合较小区域的水土保持监测数据采集工作;固定翼无人机具有升限高、长航时、巡航面积广、可搭载较重负荷传感器等优势,同时也具有价格昂贵、不易携带、容易受起飞场地的限制等缺点,总的来说适合较大区域的数据采集工作。

　　无人机搭载多种类型传感器,可实现对重点监测区域高清影像、高精度地形数据的快速获取,以及现场的实况拍摄(见图 10-5)。无人机遥感系统对淤地坝水土保持监测主要包括对水文及气候因素进行监测;工程规划区域对土体的扰动情况、开挖深度等;土石方堆积后土体的位移情况、变形特性;物种丰富程度,水土防护结构的数量及质量。对土石方堆放场地、河流边坡、坝体斜坡等部位的水土流失范围、程度进行监测,滑坡的可能性大

(a)旋翼无人机　　　　　　　　　　(b)固定翼无人机

图 10-4　旋翼无人机、固定翼无人机示意图

小,对场地附近形成的影响进行监测。水土保持治理项目(边坡防护、栽种植被、垦荒造林)的规模与程度;植被的生存状况、成活率及覆盖率;坝体防护结构的安全性、可靠性及正常运行;各种治理水土流失结构的防治成效等。

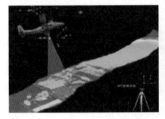

图 10-5　无人机结合传感器进行监测及采集示意图

10.2.2　天基采集系统

天基采集手段是指利用多种类型的人造卫星,结合相应的传感器对淤地坝等周围的水土保持进行监测。卫星种类的选择也是比较丰富的,如通信卫星、雷达观测卫星、高分辨率光学遥感卫星(见图 10-6)等。不同类型的卫星由于其搭载的传感器种类不同,所以获取的数据种类也不尽相同,新时期水土保持监测背景下可采用多源数据融合,结合不同类型数据的优点进行监测采集。基于遥感影像,可解译提取土地利用分布、植被覆盖度、水土保持措施分布等专题信息,建立水土保持信息数据库,为水土保持工作的开展提供本底数据;利用雷达观测卫星的 InSAR 技术具有监测范围大、全天候、精度高等优势,利用雷达波长干涉原理,实现对大面积地表变形的监测,从宏观角度及时感知隐患区域,适用于对水土保持工程措施和边坡稳定性的探测分析。

水土流失是动态变化的过程,工作人员可以根据实际情况采取科学的监测方法,发挥遥感技术作用监测水土流失。卫星遥感影像、卫星监测不同,其特点也具有一定差异。可以应用气象卫星大范围监测地面,因为其对时间具有较高的分辨率,所以用其处理相关信息数据时费用较低。与此同时,像元反映的信息具有较强的地域特点,更适用于范围较大、植被覆盖率高及物质均一之处。与此对比,卫星资源具有的优点较多,如多时相波段、较高的空间分辨率等,可以更准确地获取地表信息,最大限度地满足水土保持监测在空间、时间方面的要求,也是作为无人机遥感的补充,因此在水土保持监测中要发挥原有项目建设区域遥感影像资料的作用,应用 GNSS 监测建设项目地区的气候、地形、土地利用情况等,在遥感影像解译后对比各种数据变化情况,最后发挥遥感技术的作用,建立更加完善的水土保持数据库与监测数据范围,以监测结果作为基础综合分析获取的数据,提高水土保持监测数据准确性。

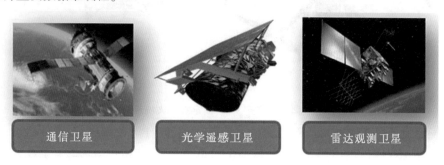

| 通信卫星 | 光学遥感卫星 | 雷达观测卫星 |

图 10-6　不同类型卫星平台

10.2.3　地基采集系统

地面水土保持监测技术起始时间最早,发展历程最长。目前,传统的地面水土保持监测技术已经达到成熟,难以适应新时期的水土保持监测。新时期的地面水土保持监测技术及设备均有很大的变化,依托物联网平台与 5G+北斗通信技术,开展地面土壤温度、墒情、降雨、植被覆盖等生态环境量分布式监测。结合遥感数据,建设淤地坝水土保持大数据感知层,同时加强重点淤地坝安全监测,采用重点部位(泄水建筑物)高精度观测+坝体宏观变形监测的设计思路,标准化、低成本的设计理念,研发物联网采集平台和高精度姿态传感器,实现坝体水土保持监测。地面数据监测,采集手段同样包含丰富的技术及设备,如通过在巡测车上加装相应的传感器,实现陆地巡航数据自动采集。另外,在水文站、淤地坝等观测区安装固定水文要素传感器,同时配合视频监控,能实时获取观测区水文数据;在合适地点布设气象传感器可以获得实时的气象数据,最终配合手机终端软件将多源数据汇总,进行展示(见图 10-7)。

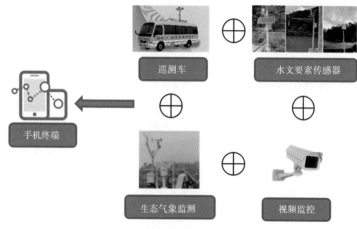

图 10-7　地基采集系统示意图

10.3　水土保持综合监测体系建设研究

10.3.1　水土保持监测内容

水土保持工作中水土保持监测是非常重要的组成部分,从合理利用并保持水土资源和维护可持续发展的良好生态环境出发,主要通过运用实地人工监测、遥感技术、全球卫星定位系统、地理信息系统等多种信息获取和处理手段,对水土流失的主要成因、数量、强度、影响范围、危害及其防治效果进行动态监测和评估,是水土流失预防监督和治理工作的基础。

水土保持实施中监测目的主要是加强对建设单位的管理,督促建设单位制订合理规范的水土保持方案,进一步完善监督治理体系,促进防治工作中技术与资金投入,提高防治效果。通过大量水土保持监测数据资料收集,为建立合理的水土流失预测和布设防治措施体系提供借鉴,也为研究各种类型水土流失规律与预防措施提供了有力数据支撑,提高水土流失灾害预报准确度、加强防护治理能力。

在区域内各项目水土保持监测中,应分为建设工程开工前、建设项目工程实施开工期和被扰动土地资源自然恢复期,要长期、定期、不定期地对水土保持措施的实施情况和完整性进行检查和监测,收集资料,保存监测记录。水土保持监测包括项目建设区扰动前的土壤侵蚀背景值的监测、项目区水土流失因子(主要有气象因子、土壤因子、植被因子、地形因子和人为扰动因子等)监测、项目区通过水土保持改善生态环境和农业生产条件变化调查、项目区水土流失动态状况与动态变化监测(包括造成的危害性程度监测)、水土保持实施效果监测和水土流失六项防治目标监测等几个方面。以上水土保持监测到的结果既能反映水土流失现状,又能充分反映监测区域项目在建设与生产过程中水土保持的防治效果。

按照《水土保持监测技术规程》(SL 277—2002)的规定,监测工作主要包括:

(1)水土流失影响因子监测。

关键对水文及气候因素进行监测;工程规划区域、对土体的扰动情况、开挖深度等;土石方堆积后土体的位移情况、变形特性;物种丰富程度,水土防护结构的数量及质量。

(2)水土流失状况与危害监测。

关键是对土石方堆放场地、河流边坡、坝体斜坡等部位的水土流失范围、程度进行监测,滑坡的可能性大小,对场地附近形成的影响进行监测。

(3)水土流失防治与效果监测。

水土保持治理项目(边坡防护、栽种植被、垦荒造林)的规模与程度;植被的生存状况、成活率及覆盖率;坝体防护结构的安全性、可靠性及正常运行;各种治理水土流失结构的防治成效等。

10.3.2　监测项目与指标评价

10.3.2.1　水土流失影响因子监测

1. 水力侵蚀或流水侵蚀

水力侵蚀或流水侵蚀是指由降雨及径流引起的土壤侵蚀,简称水蚀,包括面蚀或片蚀、沟蚀和冲蚀。

1) 面蚀或片蚀

面蚀是片状水流或雨滴对地表进行的一种比较均匀的侵蚀,它主要发生在没有植被或没有采取可靠的水土保持措施的坡耕地或荒坡上。它是水力侵蚀中最基本的一种侵蚀形式,面蚀又依其外部表现形式划分为层状、结构状、砂砾化和鳞片状的面蚀等。面蚀所引起的地表变化是渐进的,不易为人们觉察,但它对地力减退的速度是惊人的,涉及的土地面积往往是较大的。

2) 沟蚀

沟蚀是集中的线状水流对地表进行的侵蚀,切入地面形成侵蚀沟的一种水土流失形式。按其发育的阶段和形态特征又可细分为细沟侵蚀、浅沟侵蚀、切沟侵蚀。沟蚀是由片蚀发展而来的,但它显然不同于片蚀,因为一旦形成侵蚀沟,土地即遭到彻底破坏,而且由于侵蚀沟的不断扩展,坡地上的耕地面积随之缩小,使曾经是大片的土地被切割得支离破碎。

3) 冲蚀

冲蚀主要指沟谷中时令性流水的侵蚀。

2. 冻融侵蚀

冻融侵蚀主要分布在中国西部高寒地区,在一些松散堆积物组成的坡面上,土壤含水量大或有地下水渗出情况下冬季冻结,春季表层首先融化,而下部仍然冻结,形成了隔水层,上部被水浸润的土体成流塑状态,顺坡向下流动、蠕动或滑塌,形成泥流坡面或泥流沟。所以,此种形式主要发生在一些土壤水分较多的地段,尤其是阴坡。例如,春末夏初在青海东部一些高寒山坡、晋北及陕北的某些阴坡,常可见到舌状泥流,但一般范围不大。

3. 风力侵蚀

在比较干旱、植被稀疏的条件下,当风力大于土壤的抗蚀能力时,土粒就被悬浮在气流中而流失。这种由风力作用引起的土壤侵蚀现象就是风力侵蚀,简称风蚀。风蚀发生的面积广泛,除一些植被良好的地方和水田外,无论是平原、高原、山地、丘陵都可以发生,只不过程度上有所差异。风蚀强度与风力大小、土壤性质、植被盖度和地形特征等密切相关。此外,还受气温、降水、蒸发和人类活动状况的影响,特别是土壤水分状况是影响风蚀强度的极重要因素,土壤含水量越高,土粒间的黏结力越强,而且一般植被也较好,抗风蚀能力强。

采用修正通用水土流失方程(RUSLE)的水土保持服务模型,建立降雨侵蚀力、土壤可蚀性、地形因子和地表植被覆盖等数据源获取潜在和实际土壤侵蚀量,以二者的差值即潜在土壤侵蚀量与实际土壤侵蚀量的差值,作为生态系统水土保持功能的评估指标。计算方法如下:

$$A_{p} = R \cdot K \cdot \mathrm{LS} \tag{10-1}$$

$$A_{r} = R \cdot K \cdot \mathrm{LS} \cdot C \cdot P \tag{10-2}$$

$$A_{c} = R \cdot K \cdot \mathrm{LS} \cdot (1 - C \cdot P) \tag{10-3}$$

式中　A_{p}——潜在最大土壤侵蚀量,$t/(\mathrm{hm}^{2} \cdot 年)$;

　　　A_{r}——实际土壤侵蚀量,$t/(\mathrm{hm}^{2} \cdot 年)$;

　　　A_{c}——水土保持量,$t/(\mathrm{hm}^{2} \cdot 年)$;

　　　R——降雨侵蚀力因子,$\mathrm{MJ} \cdot \mathrm{mm}/(\mathrm{hm}^{2} \cdot 年)$;

　　　K——土壤可蚀性因子,$t \cdot \mathrm{hm}^{2} \cdot h/(\mathrm{hm}^{2} \cdot \mathrm{MJ} \cdot \mathrm{mm})$;

　　　LS——地形因子;

　　　C——植被覆盖与管理因子;

　　　P——水土保持措施因子。

10.3.2.2　水土保持措施及效益监测

(1)防治措施数量、质量:包括水土保持工程、生物和耕作等三大措施中各种类型的数量及质量。

(2)防治效果:包括蓄水保土、减少河流泥沙、增加植被覆盖度、增加经济收益和增产粮食等。

NDVI 与植被覆盖分布呈线性相关,因此大面积植被覆盖可用 NDVI 值进行计算,根据像元二分模型原理,每个像元的 NDVI 值可表示为有植被覆盖部分的 NDVI 与无植被覆盖部分的 NDVI 线性组合的形式,因此计算植被覆盖度 VFC 的公式可以表示为

$$\mathrm{NDVI} = \mathrm{VFC} \cdot \mathrm{NDVI}_{veg} + (1 - \mathrm{VFC}) \cdot \mathrm{NDVI}_{soil} \tag{10-4}$$

$$\mathrm{VFC} = \frac{\mathrm{NDVI} - \mathrm{NDVI}_{sii}}{\mathrm{NDVI}_{veg} - \mathrm{NDVI}_{soil}} \times 100\% \tag{10-5}$$

式中　VFC——植被覆盖度;

　　　NDVI_{soil}——无植被覆盖像元的 NDVI,理论上接近 0,但受众多因素影响,变化范围一般为$-0.1 \sim 0.2$;

　　　NDVI_{veg}——完全植被覆盖像元的 NDVI。

10.3.2.3　开发建设项目水土保持监测

随着我国国民经济和生产建设的发展,自然资源开发与基础设施建设的规模和力度逐渐增大,开发建设项目已经成为加剧局部地区水土流失的主要原因,对生态安全构成了威胁。开发建设项目水土流失是一种典型的人为加速侵蚀现象,无论从外营力,还是从其形式、分布、变化速度、强度及所造成的危害来看,它都与原地貌状况下的自然水土流失存在着显著差别。

1. 开发建设项目水土保持监测指标类及亚类确定

开发建设项目水土保持监测指标体系要全面反映施工期、运行期或植被恢复期项目防治责任范围内(项目建设区、直接影响区)的水土流失动态变化情况、水土保持措施实施情况及水土保持效益。因此,将指标类分为水土流失动态变化指标类、水土保持措施指标类及水土保持效益指标类。

1）水土流失动态变化指标类

开发建设项目防治责任范围内的水土流失状况随施工工艺和工程建设进度不同而发生变化,主要表现在发生范围、强度及形式、产生的危害等方面。为了掌握其动态变化规律,要对开发建设各阶段以上几项内容的动态变化情况进行实时监测。因此,水土流失动态变化指标类分为水土流失范围指标亚类、水土流失量指标亚类、水土流失危害指标亚类。

2）水土保持措施指标类

开发建设项目水土保持措施主要包括拦渣工程、护坡工程、土地整治工程、防洪工程、防风固沙工程、绿化工程等6项,主要监测各水土保持措施的动态实施情况,包括实施的进度、质量和数量。从措施的类别可以归纳为工程措施,林草措施两类。因此,将水土保持措施指标类分为工程措施指标亚类和林草措施指标亚类。

3）水土保持效益指标类

水土保持效益监测主要是对项目区内各阶段所采取的各类水土保持措施的防治效果的监测。因此,将水土保持效益指标类分为水土保持措施保存与运行情况指标亚类、保水保土效益指标亚类及综合评价指标亚类。

2. 开发建设项目水土保持监测指标的确定

开发建设项目水土保持监测指标的选择针对以上提出的指标类和指标亚类,进而落实到具体的监测指标。

1）水土流失动态变化监测指标类

（1）水土流失范围指标亚类。包括防治责任范围面积、扰动地表面积、水土流失面积、水面面积、永久建筑物面积、堆渣面积。

（2）水土流失状况指标亚类。包括水土流失形式、水土流失背景值、土壤侵蚀强度、径流模数、弃渣总量、弃渣流失模数。

（3）水土流失危害指标亚类。包括土壤肥力下降、洪涝灾害、滑坡崩塌等。

2）水土保持措施监测指标类

（1）工程措施指标亚类。包括拦渣工程数量及质量、护坡工程数量及质量、土地整治工程数量及质量、防洪工程数量及质量、防风固沙工程数量及质量。

（2）林草措施指标亚类。包括造林面积及质量、种草面积及质量。

3）水土保持效益监测指标类

（1）水土保持措施保存与运行情况指标亚类。包括林草成活率、林草覆盖度、郁闭度、工程措施保存率。

（2）保水保土效益指标亚类。包括减小土壤侵蚀模数、减小径流模数。

（3）综合评价指标亚类。包括扰动土地治理率、水土流失治理率、土壤流失控制比、植被恢复系数、林草植被覆盖率、拦渣率。

10.4　水土保持智能监测预警系统建设研究

10.4.1　智能化预警平台总体设计方案

结合水利部智慧水利顶层设计与智慧水保建设方案,充分利用现有数据基础与技术条件,通过必要监测感知设施实现各类实时数据的汇集,融合基础数据、遥感数据、DEM、倾斜摄影、水文气象等多源数据搭建水土保持数字化场景,构建智能模型,并通过数字化场景驱动智能业务模型实现"四预"安全度汛等业务的深度应用。

空天地一体化监测体系如图 10-8 所示。

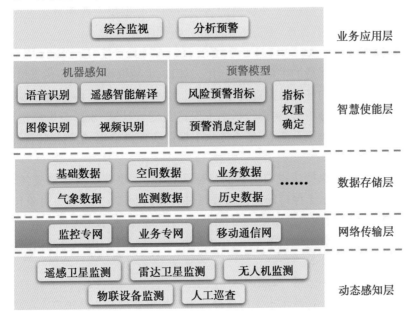

图 10-8　空天地一体化监测体系

智能化预警平台是集合了多种不同的信息采集手段,融合了空天地一体化的智能监测预警平台,其中包括了无人机巡检系统、遥感卫星监测系统、智能传感器综合评估等多个子系统集合而成。智慧水土保持的目标是建立动态反馈、智能决策的水土保持发展新模式。建设内容主要有水土流失监测终端物联网、高速互联网、数据库、水土流失综合防治决策系统、一体化管理系统、数据安全应急系统和对外公众服务平台等 7 方面。

智慧水土保持是在把传感器和装备嵌入各种水土保持因素监测设备中,实现水土保持监测物联网,再借助物联网、云计算、大数据挖掘等新技术,组合连接监测设备物联网、互联网和人类社会,对水土保持监测要素实现数据智能识别,对监测数据即时传输和系统存储,对海量数据智能挖掘和模拟仿真,以更加精细、及时、动态、开放的方式实现水土流失预防监督和水土流失综合治理方式的决策。智慧水土保持体系的总体构架包括构建高效协同的空天地一体化监测体系,建设信息监测网(一张网)、数据资源中心(一个库)和智能监控平台(一个平台)。

10.4.2　智能化监测预警平台总体架构

10.4.2.1　物理层

物理层是智慧水土保持的基础,主要进行水土保持监测数据的智能化采集,简单的处理和数据的传输、贮存,实现水土保持决策体系和水土保持目标客体的互联感知。采用

3S 技术、自动识别摄像、物联网、高速移动互联网等技术手段,智能感知和高速贮存气象、地形、水文、植被等水土保持基础监测信息。

10.4.2.2　数据层

通过物理层获取到的数据在数据层进行系统贮存,数据层为智慧水土保持提供及时有效的数据来源,全面支撑智慧水土保持的各项应用。数据层主要通过水土保持信息化建设,建成水土保持基础数据库、业务数据库和元数据库。

10.4.2.3　运算层

运算层是智慧水土保持的中枢,主要运用云计算、大数据挖掘、系统仿真模拟、人工智能的技术手段对收集到的基础数据进行信息加工、海量数据处理、业务流程规范、数表模型分析、智能决策、预测分析等,主要包括水土保持数据云计算、水土流失模型模拟、小流域治理智能规划和专家决策系统等,最终使水土保持实现科学化、集约化和智能化。

10.4.2.4　应用层

应用层是智慧水土保持建设与运营的目标和核心,主要进行信息集成共享、资源交换、业务协同等,为智慧水土保持的运营发展提供直接的服务,主要服务对象包括水土流失监测网站、数字土壤侵蚀数据网站、水利环境部门网站、智慧水土保持决策平台等,主要建设平台有水土流失综合治理决策系统、小流域治理规划系统、山地自然灾害防治系统、水土保持林规划设计系统等。

10.4.2.5　系统安全维护体系

系统安全维护体系是智慧水土保持建设与运营的重要保障。系统安全维护体系主要包括 3 部分:物理设施安全、系统数据安全和保障维护体系建立。

(1)物理设施安全。需要保证在智慧水土保持运行的过程中物理设备的完备性不受影响,如野外监测设备需要采取防护措施以保证不被野生动物破坏,网络传输线路不受人为破坏等。

(2)系统数据安全。主要指在智慧水土保持体系运行过程中数据和支撑系统的完备性。需要加强数据备份系统和数字认证,建立各水土保持部门的认证体系,保障信息安全。

(3)保障维护体系建立。主要指建立完整的信息安全组织体系,确立组织机构和岗位职责,加强对技术人员的技能培训,同时要建立起故障发生后的快速响应机制以确保智慧水土保持安全、高效的运营。

10.4.2.6　水土保持数据标准化体系

水土保持数据标准化体系是智慧水土保持建设和运营的重要支撑保障体系,完整的标准化体系应该涵盖标准及标准制定、运行和管理的整个过程。它主要包括智慧水土保持总体标准、信息资源标准、应用标准、基础设施标准和管理制度建设。

(1)总体标准是水土保持信息化建设中的总体性、框架性和基础性的标准,是标准规范体系建设中其他标准制定的基础,包括信息标准化指南、信息术语、信息文本图形符号等标准。

(2)智慧水土保持信息资源标准主要包括水土保持信息分类与编码、数据处理与交换、数据库表结构与标识符、数据访问、元数据等方面的标准,促进信息资源标准化、规范处理和整合。用于规范数据库建设中基础地理、预防监督、综合治理、监测评价等信息标准化入库的标准,对数据内容、数据结构、数据组织形式、数据文件命名及元数据等进行规范。

（3）智慧水土保持应用标准主要用于规范水土保持信息资源应用的标准,包括业务应用系统流程、业务应用技术规程、信息资源成果文档格式、信息资源目录和交换体系等方面的标准。

（4）智慧水土保持基础设施标准用于规范为数据库和应用系统建设提供基础支撑作用的标准,包括信息安全基础设施建设和计算机设备建设的标准,规范身份认证、网络信任、应用与备灾、网络基础设施建设、机房及配套设备建设等。

（5）管理制度建设用于规范水土保持信息化建设中的基础设施、数据库、应用系统建设的技术和运行的制度,包括工程建设管理办法、系统运行管理办法和制度、系统运行维护流程等。

10.4.3　主要内容

智慧水土保持体系的特点就是要在获取大量适时数据的基础上,进行数据挖掘和分析,做出最优的决策判断。近年来,虽然我国水土保持信息化建设取得了巨大成就,但是距实现智慧水土保持还有一定差距,主要体现在以下几方面:

（1）水土保持监测终端物联网尚未建成,智能数据采集硬件设施不足。

（2）技术标准体系建设滞后,影响智慧水土保持体系建设。

（3）水土保持数据库体系建设亟待完善。

（4）高速互联网,尤其是高速移动互联网建设还不完善,部分经济落后、水土流失严重地区暂时还无法覆盖移动数据网络,数据传输无法达到智慧水土保持的要求。

（5）面向大众和水土保持主管部门的应用平台建设不完善。

（6）适用于我国主要类型区的水土流失模型、水土保持智能规划系统等应用模型有待进一步系统研究开发。因此,需要加大建设力度,主要从以下几方面开展研究。

10.4.3.1　水土流失监测终端物联网构建

水土流失监测终端物联网是实现智慧水土保持的基础,是所有上层组件实现的数据来源,在未来的建设中需要加大投入资金,布设多种功能的数据探测终端,对水土保持基础数据进行智能获取,实现数据监测"可测即可见",实现对数据的即时响应。

10.4.3.2　高速互联网建设

高速互联网是实现物联网和互联网连接的纽带,在骨干网方面需要进一步建设水土保持光纤网,发展 IPV6 网络,增大网络带宽以满足日益增加的数据传输的需要。在网络末端,需要加大投入增加 4G/3G 等移动网络的覆盖范围,同时建设重点水土保持区域的Wi-Fi 局域网,实现小区域、小流域范围的物联网。

10.4.3.3　水土保持数据库建设

进一步继续建设和完善水土保持基础数据库、业务数据库和元数据库,加强各级数据的可伸缩性、安全性和共享性,提高数据库的更新和移植能力,优化数据库的组织形式和检索算法,使得数据的应用更有效率,为大数据的挖掘、云计算与决策及最终的面向公众和部门的智慧服务奠定数据基础。

10.4.3.4　水土流失综合防治决策系统构建

水土流失综合防治决策系统包括水土保持智能监督管理系统、水土流失智能预测系统、自然灾害预警防治系统和水土保持智慧规划系统,是在对水土保持数据进行挖掘和计算的基础上,以众多水土保持模型组件协同仿真模拟,以得出水土流失最优防治模式为目标的系统。未来还需进一步对其中水土保持模型进行完善和标定,开发适用不同尺度范围和地域的水土保持模型,逐步构建完善水土流失综合防治决策系统。

10.4.3.5　一体化管理系统构建

智慧水土保持是一项系统工程,需要各个部分协同工作,建立一体化管理系统主要包括两方面:一是数据管理一体化,需要建立各部门之间统一的软件系统,保证数据的规范化和无缝衔接;二是人员管理一体化,需要建立智慧水土保持各运行管理人员的操作规程一体化、人员培训一体化、规章制度一体化,使智慧水土保持高效运行。

10.4.3.6　数据安全应急系统构建

数据安全是智慧水土保持持续运行的保障,不可抗力的破坏、病毒入侵和黑客攻击都可造成数据的缺失和破坏,需要建立应对数据破坏的应急机制,做好数据和相关系统的备份,确保数据安全。

10.4.3.7　对外公众服务平台构建

智慧水土保持的最终目的是服务大众,对外公众服务平台则是整个智慧水土保持体系的输出终端。需要进一步完善各水土保持部门的门户网站的信息发布功能,在门户网站建设的基础上进一步开发短(彩)信信息、微博、微信等新媒体的主动预警和信息发布功能。

10.4.4　关键技术

近年来,黄委相关技术支撑单位重视信息技术研发和应用,在数字孪生、物联感知、智能识别算法、"四预"框架体系建设等系列核心技术和产品方面取得突破,为水土保持监测预警管理平台开发建设提供很好的工作基础。

10.4.4.1　数字孪生平台

研发数字孪生平台(见图10-9),搭载全球核心区域 2 m 影像与 30 m 地形、黄河流域 0.5 m 影像与 5 m 地形等,为 L1 级数字孪生工程提供数字化场景支撑。

深度整合多尺度、多种类、多空间、多时态时空数据,构建了 GIS+BIM+VR+数学模型的数字孪生环境,融合 L2-L3 级数字孪生场景,为防汛减灾、水资源调度、工程运行管理等提供全空间、全过程、全要素、智能化的决策支持环境。

基于数字孪生平台可开展历史/实时/未来水事件全过程演示、水工程全生命周期管理等全过程大场景应用,可融合构建河流、湖泊等水利要素,水库、堤防等工程要素,气象、水文要素,调度决策、运行管理要素等全要素数字孪生,支撑监测、预报、预警、预演、预案、决策全过程应用。

10.4.4.2　物联感知设备

针对水土保持监测预警和无线移动网络场景下即时通信问题,研发安全监管一根杆,

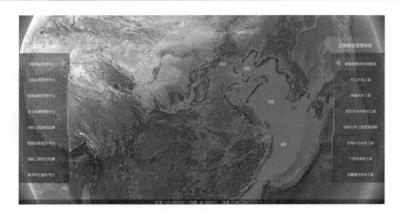

图 10-9　数字孪生平台

一根杆集成所有传感器及核心模块(包括雨量计、水位计、摄像头、集成控制器、高精度位移传感器、宏观变形监测传感器、太阳能及配套设施),维护方便,造价低廉,非汛期或非降雨期可远程控制传感器的功率,降低能耗,阴雨天可连续工作 2 周以上,在没有 4G 信号的区域,利用北斗卫星导航系统进行水雨情数据、关键变形数据的传输(见图 10-10)。

采集设备　　　　　　多路控制器　　　　　北斗短报文模块

图 10-10　物联感知设备核心部件

10.4.4.3　智能识别算法

平台具备垮塌变形智能识别算法,针对丁坝、护岸、堆垛、边坡等建筑物,借助网络高清红外摄像机实时获取现场视频,结合人工智能与机器视觉等技术,实现堤防险工无人值守的全天候监测,替代护岸工程的人工巡视检查工作,可以覆盖长度 50~150 m 坝体范围,监测精度为 0.2 m³(大于 0.2 m³ 物体发生滑塌时,系统可以实时做出反应),发现险情后 10 s 内系统可完成报警与信息上传云端工作,昼夜条件下均可工作(见图 10-11)。该技术适合水土保持监测预警重点部位外观变形监测使用。

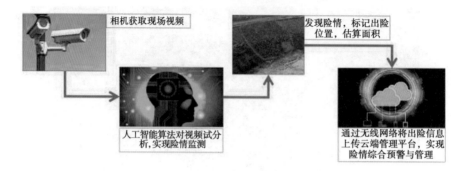

相机获取现场视频

发现险情,标记出险位置,估算面积

人工智能算法对视频试分析,实现险情监测

通过无线网络将出险信息上传云端管理平台,实现险情综合预警与管理

图 10-11　智能识别算法

10.4.4.4　水文计算能力

平台具备无资料小流域地区经验性、概念性和智慧化产汇流计算能力,各种能力相互印证,提高水土保持预报预警的准确性与科学性。

1. 经验分析法

经验分析法依据缺乏实测洪水资料小流域设计洪水计算时的雨洪同频假定,将洪水的频率分析转换为暴雨的频率分析,通过降雨预报或降雨监测,实时分析暴雨所达到的频率级别,对暴雨频率进行动态调整;结合地区水文手册,分析选定地区洪峰流量-面积经验公式、洪水总量-面积经验公式等,根据分析确定的暴雨频率,由地区洪水-面积经验关系式分别计算对应频率的洪峰流量、洪水总量等洪水要素,采用简化的三角形法或自主发明的洪水递减指数法分析计算对应频率的设计洪水过程线(见图 10-12)。

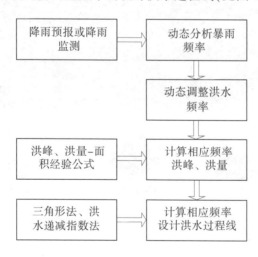

图 10-12　经验分析法流程

2. 分布式产汇流模拟算法

分布式产汇流模拟算法综合考虑土地利用、土壤质地、植被指数等多种因素,通过模拟入渗产流、地表水汇流、土壤水运动、地表-土壤-地下水交互等陆面水文过程,实现高分辨率、复杂地形产汇流过程的模拟。通过站点实测、遥感观测的动态叶面积指数(LAI)、茎面积指数(SAI)反映植被动态变化的影响。通过可变入渗容量产流方案,模拟

产流过程,用地表入渗曲线来表示网格内部地表入渗能力的分布,并通过参数实现对该曲线形状的调整,进一步实现对超渗和蓄满产流的计算。采用一维扩散波或运动波方程求解地表径流过程,采用一维 Richards 方程描述土壤水运动。为实现快速计算,采用了多CPU(中央处理器)并行计算传输方案。

3.雨洪沙相似性分析

基于历史暴雨–洪水大数据,根据实时或预报结果,通过空间分析、指标筛选、情景匹配、机器学习等方法,从庞大的历史过程中查找到最符合当前情况的降雨和洪水过程实例,并将信息推荐给决策者,让决策者在极短的时间内提出科学有效的应对方案(见图 10-13)。

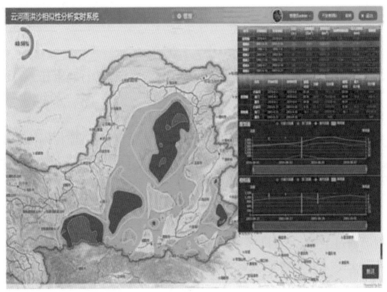

图 10-13　雨洪沙相似性分析系统

10.4.5　数据采集

在现有单坝有关特征指标基础上,统筹考虑水土保持安全运用,满足后续搭建水土保持监测预警平台及孪生场景与模型计算的要求,开展平台基本信息、物联感知信息、空间信息的采集工作(见图 10-14)。

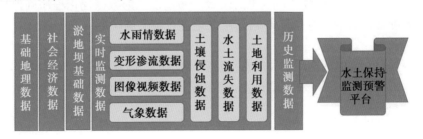

图 10-14　数据采集

10.4.5.1　平台基本信息

1. 基本指标

基本指标包括所属省(自治区)、市、县(区)、乡(镇),名称,类型,枢纽组成,所属流域,控制面积,坝体属性(坝高、坝顶长、坝顶宽等),库容与设计库容情况,所在位置坐标,建成时间等。

2. 运用安全情况

运用安全情况主要分为以下几种类型:改建情况、除险加固情况、旧坝改造提升情况、蓄水利用情况、占用或改变用途情况、存在风险隐患现状情况。

3. 下游设施情况

下游设施包括下游村庄情况、下游是否有居民及影响人数、下游是否有重要设施、下游社会经济情况。

4. 管护信息

水土保持管护信息包括水土保持责任管护主体,水土保持行政责任人、技术责任人和巡查责任人的姓名、联系方式、职务等信息。

10.4.5.2　物联感知信息

重点采集坝体安装的变形监测传感器、水位计、雨量计、视频监控等传感器数据,为后续应用提供支撑,主要包括变形角度、时间、位置、水位、降雨量等。接入地方既有的物联感知设施数据,进行数据的汇集。

10.4.5.3　空间信息

空间信息包括水土保持黄河流域遥感数据、DEM 数据、水文气象数据等,其中遥感数据、DEM 数据等通过卫星、无人机等 GIS 技术手段获取,实现空间信息的采集与处理;水文气象等数据通过接入水利部既有资源进行获取。

1. 静态数据

静态数据以水土保持基本信息为主要内容,包括水土保持基本指标、水土保持监测预警运用安全情况,下游设施情况,管护信息,隐患排查数据,三个责任人数据,一、二期坝点核实数据录入;空间信息的录入为辅,主要包括重要水土保持地区的遥感数据、DEM 数据、水文气象数据等。在录入系统之前首先进行数据检查,将所有数据进行有序化调整,将数据表格形式进行统一,建立三个数据表之间的对应关系,制定坝点特定的编码,以确保数据的唯一性、准确性。通过添加坝点编号的方式,对数据进行整理。针对未来数据录入可能发生的情况前置化,预留可变更的位置。通过以上的数据优化程序确保导出的数据格式及数据导出后下发地方的准确性,顺利地进行数据更新。

2. 动态数据

动态数据包括实时的物联感知信息,包括水位、雨量、位移变形等数据,也包括水土保持平台日常运行维护、安全巡检、暗访督查等内容的更新,以时间轴的方式对数据库中信息进行更替与扩充。

10.4.6　数据关联治理

以水利部发布的"水利一张图"和黄委发布的"黄河一张图"为依据,整合、融合既有数据,定制开发"水土保持一张图",形成水土保持系统各业务模块之间的数据联动更新机制,及时、持续、有效地更新水土保持基础空间、业务空间、卫星遥感影像数据。

对水土保持监测预警既有数据进行治理,管理各地区坝名、总库容、控制流域、坝高、位置信息等基础数据,水位、雨量预警指标,运行管理数据,以及水文数据、气象数据、DEM 数据和土地利用数据等其他基础数据,对数据进行有效筛选,剔除无效数据,形成全空间一体化且相互关联的数字底板。

10.4.7　搭建数字孪生场景

利用先进的测绘手段(卫星、无人机、雷达、GIS 等),采集构建项目建设区域多层次数字场景,在宏观层面展现区域地形地貌、河流水系、淤地坝、监测站点等空间分布,详细了解工程细节和运行情况,实现由粗到细、从宏观到微观、不同精度的数字映射。数字孪生场景由全流域基础数字场景、重点区域精细场景和局部区域超精细场景共同构成,可根据需求定期更新场景数据开展动态监测:

(1)全流域基础数字场景利用卫星遥感技术采集 1 m 影像和 15 m 格网地形数据进行构建,进行 L1 级别数字孪生场景搭建。

(2)重点区域精细场景利用卫星遥感技术采集 0.5 m 影像和 5 m 格网地形数据进行构建,进行 L2 级别数字孪生场景搭建。

(3)局部区域超精细场景通过无人机搭载多种传感器采集高精度影像、地形及实景三维模型等数据进行构建,并通过定期监测或不定期监测,对水土保持地区周边环境状况及库容情况、三大件情况等实行动态变化监测,进行 L3 级别数字孪生场景搭建。

10.4.8　水土保持智慧监管平台

10.4.8.1　统一标准

制定统一的数据标准、监测标准与接口标准,实现多源数据的整编接入与应用。

10.4.8.2　一个平台,分级授权,多级应用

水土保持监测预警管理平台前后端集中部署在黄河上中游局进行统一管理,统一应用平台。采用自上而下的多级权限管理体系,打通水利部、黄委、上中游局、省、市、县、乡、个人等各个层级的权限,按需分配使用与管理的功能和数据。

10.4.8.3　多形式集成

(1)采用数据接口的方式,向下兼容集成。水土保持监测预警管理平台向下兼容省、市、县等地方既有的水土保持管理系统相关数据,采用通用的数据接口,进行数据兼容。

(2)采用数据服务与图层服务形式,为"黄河一张图"与"水利一张图"提供服务,进行集成。向上可提供通用的数据服务与图层服务,接入"黄河一张图"与"水利一张图",纳入水利部、黄委水利防汛会商系统,为水土保持地区安全度汛、防汛会商和管理决策提供技术支撑。可提供的数据与图层内容包括但不限于:①水土保持地区统计基本信息(按区域、库容、建设年份等)与水土保持地区基本信息(三个责任人、位置、库容等);②"四预"的结果信息(降雨覆盖的水土保持地区数量统计、危险情况统计、预警预报等)。

(3)采用单点登录+单向用户同步的形式进行集成。将水利部、黄委用户同步到数据

库中,进行单点登录的授权,集成入"黄河一张图"与"水利一张图"中,作为独立子系统与防汛会商配合使用。可以提供的数与图层内容包括但不限于:①水土保持地区统计基本信息(按区域、库容、建设年份等)与水土保持地区基本信息(三个责任人、位置、库容等);②"四预"的结果信息(降雨覆盖的地区数量统计、危险情况统计、预警预报等);③"四预"数字孪生场景。

10.4.8.4　平台展示

1. 分布概况模块

智慧监管平台在此模块中,分为五个版面,包括行政区统计、建成年代统计、枢纽组成统计、库容统计和报警信息等(见图 10-15)。其中,行政区统计中列有陕西省榆林市包括榆阳区、横山区、府谷县、靖边县、定边县、米脂县、佳县、神木市等所有市、县(区)的水土保持地区重点统计概况,并以行政区划分条形图,在图中黄色为大型坝、绿色为中型坝。此模块可以形象地展示出不同行政区县所属的数量及大、中型坝的分布比例概况。其中,点击条形图中的条形可以显示出所属条形的具体详情,包括序号、坝名、类型、坝址、建成年月、枢纽组成、所在流域、控制面积、总库容、设计淤积库容、已淤积库容、滞洪库容等详细数据与情况。

图 10-15　智慧监管平台分布概况模块

按建成年代统计中分为四个条形,包括 1980 年前、1980~2000 年、2000~2020 年及 2020 年后。其中条形分布也以行政区为底版,此外还有按枢纽组成统计,条形分为大坝、两大件和三大件三种条形,库容统计中按设计淤积库容和已淤积库容划分了条形,其下还有报警信息版块,其中分为水情报警信息和工情报警信息。

2. 安全态势模块

此模块中主要集中了对水土保持地区安全监测设施情况统计,包括监测设施统计中的位移/变形设施统计、摄像机统计及监测设备统计信息,右侧为工情报警信息,内置时间、地市名、坝名、坝体位移及泄水部位变形等报警信息的显示(见图 10-16)。

图 10-16　智慧监管平台安全态势模块

3. 区域汛情模块

区域汛情模块见图 10-17。

图 10-17　区域汛情模块

1) 水位雨量监测

采用翻斗式雨量计实时自动化监测地区的雨量,雷达液位计实时自动化监测地区的水位。每座监测站点遥测水位站配置雷达水位计 1 套、数据采集终端 1 套。数据采集终端接收测站水位、雨量数据后,通过 GPRS 网络传输至数据中心。水位雨量遥测站采用测、报、控一体化的结构设计,包括遥测传感器(雨量计、水位计等)、数据采集终端、人工置数终端、通信设备、太阳能电源、蓄电池等。所选用雨量计主要参数:雨强范围 0.01~4 mm/min,允许通过最大雨强 8 mm/min;雨量采集分辨率 0.1 mm、0.2 mm、0.5 mm 任意可选;具备智能、定时、召测等工作制式;交流、直流、太阳能多种供电方式。所选用水位计主要参数:测量范围 1.5~30 m;测量盲区小于 1 m;测量精度 3 mm;最小显示分辨率 1 mm。

2) 渗压监测

根据坝体的长度选择 5 个相等间距的观测面,在观测面坝体内布设渗压计。采用振弦式渗压计对坝体内部实时自动化监测地区的渗压,通过在坝体里钻凿钻孔,把渗压计放置在钻孔里(与测压管结合使用)。通过测量渗压计的压力,再转化为水头高度(高程),结合安装深度及孔口高程得到坝体或者绕坝的浸润线高度(高程)。测量精度误差小于10 mm。每座监测站点配置振弦式渗压计1套(5支),与水位雨量监测系统共用数据采集终端。振弦式渗压计主要参数:坚固耐腐蚀,体积小巧,可方便放置于需要测量的狭小空间;多量程可选,通常设定为25 m水深;可同步测量埋设点温度;配套数据采集仪可自动控制测量,测量数据实时传输至监控平台软件;设备发生异常时能有效保存原始数据;测量范围0~250 kPa;测量精度±0.1%;耐水压为量程的1.2倍。

3)应力监测

根据坝体的长度选择5个相等间距的观测面,在观测面坝体内布设应力计。采用固定测斜仪对坝体内部实时进行自动化监测,监测站点的应力,其工作原理为:在坝体打孔,埋设专门的内部位移监测设备,实时地采集内部位移数据发送到服务器上,从而完成内部位移监测。通过钻孔的方式,将测斜探头通过连杆方式埋入地下,当坝体内部有位移变化时,测斜探头随之倾斜,信号电缆引入地面仪表连接测试,从而可精确测出水平位移量 Δx、Δy 或者倾角。根据 Δx、Δy 值的大小做出预报。每座监测站点配置固定测斜仪1套(5支),与水位雨量监测系统共用数据采集终端。固定测斜仪主要参数:由斜测仪、导向轮、连接杆、屏蔽电缆、数据采集网关等组成;测量范围±15°;灵敏度小于或等于9″;测量精度±0.1%;耐水压不低于1 MPa;读数精度±0.02 mm/500 mm。

4. 运行监管模块

运行监管模块见图10-18。

图10-18　运行监管模块

预警与报告安全等级设为蓝、黄、橙、红4个等级,实时监测数据一旦触及相应安全等级范围,即时通过监测系统界面显示、手机短信等方式,向水土保持监测预警所属区域的各级水行政主管部门负责人发送预警信息,也可通过网络电话联系监测地区安全责任管理部门启动相应等级的安全预案。监测设备野外运行期间一旦出现损毁、停工等情况,系统自动报告异常,在线提醒设备维护人员;待地面工作人员维护设备正常后,系统自动解除异常报告。

安全预报等级不同地区的蓝、黄、橙、红 4 个安全预报等级划分下限阈值。多项指标同时达到不同安全等级时,按照最高安全等级进行预警提示。各项指标均处于蓝色安全等级时,不进行预警提示。

水土保持监测预警安全自动化监测系统经过一年试运行,全面实现了预期目标。试运行期间,系统共发布雨量黄色预警 1 次,设备运行异常报告 2 次,未出现橙、红安全等级状况。为验证该系统监测数据的有效性,工作人员在每次降雨过程和试运行结束后,对水土保持地区各项监测指标进行了实地查勘。结果表明,各项监测数据及安全等级预警均能有效反映地区运行现场的真实情况。

智慧水土保持是在智慧地球的建设背景下,以新技术产生为支撑所出现的在水土保持领域的一项重大革新。我国是世界水土流失最严重的国家之一,随着物质生产的极大丰富,人们对水土保持的要求也与日俱增。水土保持工作需要实现集约化、智能化和动态化,同时要提高水土保持设施建设和当地经济发展的综合决策能力。智慧水土保持体系的构建,对建设社会主义生态文明具有重大意义。布设安全自动化监测系统,经过设计、安装、运行,均实现了水土保持监测预警运行安全自动化监测数据的采集和预报信息发布。目前,水土保持监测预警安全自动化监测系统顺利通过实践的稳定运行。运行结果表明,该系统采用先进的观测设备,人工及自动观测相结合,实现了信息的自动采集输入、自动计算和实时自动传输,突破了传统以人工为主的信息采集方式;布设的视频监控设备提升了水土保持地区安全监控能力;监测系统集成先进技术,实现了水土保持地区运行安全隐患预测预警;系统的建设和运行很大程度上增强了水土保持地区的运行安全管理,为各级水行政主管部门提供有效的决策依据。

参 考 文 献

[1] 向万丽,罗婷,靳艳.新时期水土保持监测工作探究[J].中国设备工程,2021(20):168-169.

[2] 董亚维,李晶晶,任婧宇,等.关于黄土高原地区淤地坝水土保持监测的几点思考[J].中国水土保持,2021(4):62-65.

[3] 张新玉,鲁胜力,王莹,等.我国水土保持监测工作现状及探讨——从长江、松辽流域监测调研谈起[J].中国水土保持,2014(4):6-9.

[4] 宋月君,刘荃,王凌云,等.河长制背景下的水土保持多部门联动监测机制研究[J].水土保持应用技术,2018(6):37-39.

[5] 陈英智.浅谈开发建设项目水土保持监测[J].水利天地,2003(11):22.

[6] 龚健雅.地理信息系统基础[M].北京:科学出版社,2001.

[7] 张琳琳,张艳,张文谦.无人机遥感在生产建设项目水土保持监测数据获取中的应用[J].绿色科技,2019(24):23-28.

[8] 冯明明,杨建英,史常青.采石场松散体坡面两种治理措施的水土保持效益[J].水土保持通报,2014,34(6):49-53.

[9] 曾红娟,史明昌,陈胜利,等.开发建设项目水土保持监测指标体系及监测方法初探[J].水土保持通报,2007(2):95-98.

[10] 李智勇,陈梦雪.3S 技术在生产建设项目水土保持"天地一体化"中的应用[J].浙江水利科技, 2018:97-99.

[11] 夏晶晶.三峡库区流域生态系统服务评估研究[J].湖北经济学院学报,2021,19(2):84-93,127.

[12] 沈思渊,席承藩.淮北涡河流域农业自然生产潜力模型与分析[J].自然资源学报,1991,6(1): 22-33.

[13] 孙振宁,谢云,段兴武.生产力指数模型 PI 在北方土壤生产力评价中的应用[J].自然资源学报, 2009,24(4):708-717.

[14] 韩荣青.招远市域主要作物土地生产力评价研究[J].河北师范大学学报,2008,32(5):687-692.

[15] 刘琳,姚波.基于 NDVI 象元二分法的植被覆盖变化监测[J].农业工程学报,2010,26(S1): 230-234.

[16] 周沙,黄跃飞,王光谦.黑河流域中游地区生态环境变化特征及驱动力[J].中国环境科学,2014,34 (3):766-773.

[17] 杜子涛,占玉林,王长耀.基于 NDVI 序列影像的植被覆盖变化研究[J].遥感技术与应用,2008,23 (1):47-50.

[18] 王治国,李文银,蔡继清.开发建设项目水土保持与传统水土保持比较[J].中国水土保持,1998 (10):16-19.

[19] 水利部.水利部办公厅关于印发生产建设项目水土保持信息化监管技术规定[R/OL].[2020-12- 01].http://swcc.mwr.gov.cn/ggl/201802/t20180208_1029522.html.

[20] 孙云,王念忠.水土保持信息化技术在强监管中的应用[C]//第二届中国水土保持学术大会论文 集.北京:中国水土保持学会,2019:610-617.

[21] 乔恋杰,万君宇,周春波.生产建设项目水土保持遥感监管工作的成效与思考[J].水土保持应用技 术,2020(6):52-53.

[22] 胡春宏,张晓明.黄土高原水土流失治理与黄河水沙变化[J].水利水电技术,2020(1):1-11.

[23] 刘晓燕,高云飞,马三保,等.黄土高原淤地坝的减沙作用及其时效性[J].水利学报,2018,49(2): 145-155.

[24] 马安利.淤地坝增产效益监测分析[J].人民黄河,2012,34(10):92-93,96.

[25] 李想.基于物联网的土质淤地坝监测预警系统[D].太原:太原理工大学,2018.

[26] 张峰,周波,李锋,等.三维激光扫描技术在淤地坝安全监测中的应用[J].水土保持通报,2017,37 (5):241-244,275.

[27] 王彦武,周波,马涛,等.低空无人机遥感技术在淤地坝水土资源监测中的应用[J].中国水土保持, 2019(10):64-66.

[28] 段茂志.淤地坝防洪溃坝风险评价与实时预警模型设计[D].西安:西安理工大学,2019.

[29] 段菊卿.小流域淤地坝建设的水土保持效益浅析[J].水土保持研究,2012,19(1):144-147.

[30] 罗西超.黄土高原淤地坝建设现状及其发展思路[J].中国水土保持,2016(9):24-25.

[31] 史红艳.黄土高原淤地坝防汛监控预警系统建设展望[J].中国防汛抗旱,2019,29(3):16-19.

[32] 喻权刚,马安利.黄土高原小流域淤地坝监测[J].水土保持通报,2015,35(1):118-123.

第 11 章　总结与展望

11.1　总　结

在过去的几十年中,淤地坝建设和利用虽然得到了一定程度的发展,但是由于认识问题、地域问题、适应性问题和投资问题等,同时由于土坝自身的缺陷,致使淤地坝在不同地区大规模发展受到了极大的制约,直接影响了水土流失区人民群众生产、生活条件的改善。针对依然严峻的生态环境、水土流失和水资源缺乏形势,大规模的淤地坝建设必将对水土流失区的生态恢复、环境改善、农业增收、经济发展等起到极其重要的作用。究竟可发展多少淤地坝,要发展多少淤地坝,如何在新形势下去发展新型淤地坝,如此种种都是我们长期面临的研究课题。

本书首先介绍了黄土高原的水土流失和治理情况、淤地坝的产生背景、发展过程、建设情况、理论技术研究进展和存在的问题,接着介绍了高标准新型淤地坝理论技术体系,系统地对水文计算理论方法、黄土固化新材料、新型坝的设计和施工、淤地坝应用试验研究等内容进行了详细的研究和分析,然后基于高标准新型淤地坝理论技术体系,对黄土高原小流域综合治理、新型淤地坝建设实践和水土保持监测体系也进行了说明。利用这些理论和技术可以实现淤地坝防溃决、免管护和多拦沙,构建长期安全稳定的淤地坝系,达到防治水土流失的目的,最终将助力黄河流域生态保护和高质量发展,让黄河成为造福人民的"幸福河"。

11.2　创新性成果

11.2.1　小流域高含沙洪水设计方法

由于超标准暴雨洪水特征时空差异显著,而目前小流域频率洪水方法主要由大中流域水文实测资料率定出设计关键参数并进行移用,其用于小流域洪水设计时对泥沙的影响考虑不足;另外,目前的可能最大洪水计算方法主要用于重要水利水电工程和核电工程,适用范围主要限于较大流域,而对于局地暴雨,特别是特小流域,可能最大洪水计算方法尚不成熟,考虑高含沙的可能最大洪水计算更无先例。

本书开展了不同尺度流域近千场次暴雨洪水泥沙过程研究,揭示了大中小流域不同尺度暴雨产洪产沙的尺度效应,研发了小流域暴雨产洪产沙动力学模型,实现了小流域频率洪水泥沙的精细化协同设计;发明了特小流域 PMP 估算方法、特小流域 PMF 直接估算方法、特小流域高含沙 PMF 估算方法,填补了特小流域高含沙 PMF 估算技术空白,构建了超标准洪水条件下高标准新型淤地坝过流运用的防护设计上限洪水边界计算方法体系。

11.2.2　研发坝面冲刷保护层新型材料

黄土高原砂石料缺乏,不宜大范围用于淤地坝坝面冲刷防护。通过对黄土的物质组成、物理力学性质及结构的研究,认为黄土湿陷性、崩解性强和抗冲性能差。对无机类、有机类及生物类黄土固化剂的加固机制、固化效果和应用现状进行总结论述,发现现有固化黄土强度较低、不能抵抗洪水冲刷的需求,不满足坝面防冲刷材料的技术现状。

本书基于室内宏-微观试验研究,研发疏水型抗冲刷固化黄土新材料,揭示固化黄土的火山灰效应、复合胶凝效应、填充增强效应和二次固化反应等内在改良机制;探究了固化黄土的宏观性能指标随养护龄期、固化剂掺量等因素的变化规律;基于配合比优化设计,将固化黄土材料的无侧限抗压强度提升到 10 MPa 以上,固化黄土耐崩解、低弹模、强度高、抗冲性能良好,关键性能指标优于 P·O 42.5 水泥,经检验,无侧限抗压强度提高 5%~15%、抗拉强度提高 10%~40%,25 次冻融循环残余强度提高 5%~10%,平均干缩系数降低 20%~30%;构建了筑坝新材料抗冲刷评价方法体系,提出 15 m/s 流速下冲刷 10 h 清水和浑水条件下满足淤地坝筑坝材料工程安全性能的固化剂最低掺量(15% 和 20%)。

11.2.3　新型坝工结构及设计方法

现行淤地坝为均质土坝,不能抵抗水流的冲刷,所以淤地坝不能漫顶溢流。多数中小型淤地坝没有溢洪道,大型淤地坝和重要中型淤地坝虽然设有溢洪道,但受全球气候变化影响,近年来局部极端暴雨事件频发,淤地坝遭遇超标准洪水漫顶溃坝事件时有发生,淤地坝运行管理仍然面临较大的漫顶溃坝的风险。

本书在总结已有过水土坝成功经验的基础上,提出了基于固化黄土新材料的防溃决新型坝工结构,明确了防溃决淤地坝防冲刷保护层的布置原则,给出了过水土坝的水力计算和稳定计算方法,建立了不同条件下抗冲刷结构防护体系,实现了淤地坝"漫而不溃"或"缓溃"。

11.2.4　防冲刷保护层施工设备及工艺

由于新型黄土固化防冲层施工新需求、淤地坝具有小斜坡施工的特点以及国内现有大型工程机械使用受限的问题,本书开展了黄土固化防护层施工工程模拟试验,设计了固化土防冲刷保护层"修—拌—铺—平—压—养"施工工序,构建了静-振结合交互式斜坡碾压方式,发明了淤地坝小坡面固化土防冲层快捷施工工艺,实现了淤地坝小斜坡防冲层施工技术规范、质量可控、易操作推广。发明了"拌和、摊铺、碾压"等施工全过程组合式成套设备,实现了固化土防冲刷层施工技术施工环节专业机械全程参与、高效、成本低廉的工程化应用。

11.3　展　望

加强淤地坝蓄水运用研究、淤地坝的监测预警研究、淤地坝建设支撑理论体系的研究、淤地坝综合效益研究、基于高标准新型淤地坝整套理论技术加强新材料用于土坝防速溃技术研究等。

11.3.1　淤地坝蓄水运用研究

《黄土高原地区水土保持淤地坝建设管理办法》规定,严禁淤地坝蓄水运用。但在淤地坝实际运用中,为缓解当地人畜饮水困难,发展灌溉和养殖,各地均不同程度地存在淤地坝蓄水情况。因此,对水资源匮乏、用水需求强烈的地区,在未淤满情况下,允许利用淤积库容进行蓄水,充分发挥淤地坝拦泥蓄水效益。

要满足淤地坝蓄水需求,就必须提高淤地坝建设标准。此外,各地水行政管理部门应加强对淤地坝蓄水利用的安全运用管理,根据洪水特点完善淤地坝防汛预案和淤地坝安全运用调度方案,严格执行蓄水红线,确保淤地坝安全运行。新建小流域坝系,在有常流水的沟道可配套部分塘坝、涝池等蓄水设施,为乡村振兴和农业发展提供水资源保障。

11.3.2　淤地坝的监测预警研究

淤地坝建设范围广、数量多,传统的管理模式与淤地坝建设的要求不相适应,而通过建立科学、高效、权威的监测体系,开展科学的监测工作,进一步认识和掌握水土流失及工程效益的基本规律。开展淤地坝监测工作,对于及时、准确地获取和反馈工程建设与管理动态信息,强化技术指导和科技成果推广,确保工程质量、进度和效益,综合评价工程建设的功能和效果,更好地实现建设目标具有十分重要的意义。

在淤地坝及其坝系中布设水尺或雷达水位计、雨量计等,在重要骨干坝及其坝系关键点位安装摄像头,对所在流域暴雨、洪水、径流及坝库蓄水、泥沙淤积、坝体与泄放水建筑物安全等进行监测监控,及时发布坝系水毁风险等预警信息,为科学合理的调度决策提供支撑。在监测方法中,注重高精度 DEM、5G 技术、智能化、云技术、大数据等新技术的应用研究,如利用智能雷达机器人监测淤地坝渗流、沉陷、塌空、裂缝等隐患。

11.3.3　新材料用于道路等领域

在公路建设过程中,砂石、水泥等道路建筑材料的大量消耗,导致了不少地区出现了砂石料紧缺的现象,严重制约了我国公路建设的发展速度,此问题在无砂石地区或缺乏砂石地区表现得尤为突出。砂砾、碎石、水泥、石灰等建材的开采、生产过程中对土地造成的破坏和污染难以修复等,这些不利于环境保护的因素引起了公众的强烈关注。同时,路基填料对路基强度、稳定性和施工后沉降标准有重要影响,处理不当会危及行车安全。优质的填料能很大程度地减少这些问题,但由此带来的工程成本大量增加也不容小觑。为此,采用新技术、新工艺的新型固化材料的开发和应用具有紧迫的现实意义。

对黄土填料掺加固化剂进行改良,并进行室内试验,研究改良黄土的路用性能,对广大黄土地区或无砂石骨料地区公路建设具有重要的现实意义。已有研究成果也表明固化黄土具有较高的强度、较好的水稳定性,可以满足道路工程的建设需求。为此,固化黄土在道路工程领域的推广应用具有良好的经济效益和社会效益。

11.3.4　新材料用于其他土坝防速溃技术研究

近年来极端天气经常出现,常规中小土坝水毁现象频频发生,水毁灾害给人民的生命及财产造成了很大损失。在洪水漫坝情况下,漫坝水流首先在下游坝坡形成初始冲坑,冲刷在开始阶段时均是缓慢渐进的,而当冲刷最终发展到坝顶上游边缘后,溃决过程将十分迅速剧烈。均质土坝的漫顶溃决过程表现为坝轴线方向的表层冲刷、上下游方向的"陡坎"形成及溯源冲刷,并伴随溃口边坡间歇性失稳坍塌。

本书介绍的新材料及铺设在下游坝坡形成的复合坝工结构,能够在一定范围内抵抗洪水的冲刷,实现免溃或缓溃的目标,基于上述原理,可研究将该技术体系应用到常规中小土坝中,对其消能效果、抗水流冲刷能力及变形稳定性等进行深入的研究和分析,从而为我国中小土石坝特别是城市上游的中小土石坝应对极端标准暴雨洪水提供理论基础和技术支撑。

11.3.5　加强小流域综合治理模式研究

小流域综合治理是根据小流域自然和社会经济状况及区域国民经济发展的要求,以小流域水土流失治理为中心,以提高生态经济效益和社会经济持续发展为目标,以基本农田优化结构和高效利用及植被建设为重点,建立具有水土保持兼高效生态经济功能的半山区小流域综合治理模式。

加强小流域综合治理技术措施中,在山坡水土保持工程中有梯田、山坡截流沟等,在山沟治理工程中有淤地坝、沟道蓄水工程等。淤地坝是其中蓄水兴利、防洪保安、淤地造田的核心措施,如何打造以新型淤地坝为统领,以小流域为单元,以土地利用规划为基础,在各个地块上配置水土保持林草措施、工程措施及农业技术措施,形成综合防治体系和模式,让绿水青山兼备金山银山,还需要进行系统、深入的研究。